ELEMENTARY
STATISTICS

제3판

알기 쉬운 통계 원리 기초통계학

최 원 지음

KM 경문사

머리말

"나라를 운영할 사람들은 통계활용법을 배워야 한다."

이 말을 남긴 사람은 누굴까? 통계학자일까? 아니다. 우리에게 백의의 천사로 알려진 플로렌스 나이팅게일이 남긴 말이다. 나이팅게일은 나라를 바르게 운영하려면 통계를 잘 이용해야 한다고 믿었다. 1854년에 발생한 러시아와 연합국 간의 '크림전쟁'에서 나이팅게일은 야전병원의 위생을 개선하기 위해 숫자로 야전병원의 상황을 정확히 파악하기 위해 노력했다. 그녀가 통계를 내기 전까진 아무도 크림전쟁에서 죽은 영국군의 수를 정확히 알지 못했다. 통계를 작성하기 위한 통일된 기준조차 없었다. 나이팅게일은 먼저 통계 작성기준을 세워 기록체계를 통일했다. 기준에 따라 입원, 부상, 질병, 사망 등의 내역을 매일 상세히 작성했다. 이 기록을 토대로 영국 정부에 크림전쟁의 상황을 전하고, 야전병원의 위생을 개선해야 한다고 주장했다. 일목요연하게 정리된 나이팅게일의 보고서를 본 영국정부는 야전병원의 위생을 개선하기 시작했다. 개선사업을 시작한 지 한 달이 지나자 야전병원의 사망률이 급격히 떨어졌다. 42%에 달하던 환자의 사망률이 2%까지 떨어졌다. 당시 사람들은 질병의 원인이 무엇이며, 깨끗해지면 왜 사망자가 줄어드는지 알지 못했다. 하지만 나이팅게일이 제시한 통계는 제대로 지켜진 위생이 사람을 살린다는 증거가 돼 수많은 사람들을 설득했다.

우리가 원하든 원하지 않든 우리 생활의 상당 부분은 이미 통계와 관련된 환경에 둘러싸여 있다. 이 과정에서 주어진 자료의 형태에 의미를 부여하기 위해 다양한 방법으로 자료를 분석하고, 이를 통해 자료가 추출된 모집단을 규명할 수 있게 한다. 통계는 어떤 사실 또는 주장에 대하여 객관적 근거를 제시하는 방식으로 그것을 정당화하려고 할 때 사용한다. 여기서 객관적 근거란 자료와 그에 대한 분석 결과 그리고 그에 대한 적절한 해석이다.

PREFACE

수학에서의 확률과 통계 영역은 학교수학의 다른 영역과는 매우 다른 독특한 특징을 나타낸다. 수학이 전체로는 연역적인 추론을 특히 강조하는 데 비해 확률과 통계는 귀납적 추론을 더 강조한다. 또 실용적 측면과 관련해서는 수학이 전체적으로 주어진 정보의 확실성을 전제로 하는 상황에서 논의가 시작되는 데 반해 확률과 통계는 주어진 정보가 부족하거나 불확실한 상황을 전제로 하여 출발한다. 그리고 가치 측면에서는 수학이 지식의 절대적 불변성을 강조하는 데 비해, 확률과 통계는 지식의 유용성과 상대성을 강조한다. 그 결과 수학이 전체적으로는 엄밀성과 규칙성 등의 미적 추구를 한다면, 통계는 근사적인 조화와 통일성의 미적 추구를 한다고 할 수 있다. 즉 수학이 밝은 태양 같은 아폴로적인 아름다움이라면, 통계는 모호한 달과 같은 디오니소스적 아름다움을 상대적으로 더 추구한다고 할 수 있을 것이다.

이 책은 디오니소스적 아름다움을 추구하기 위한 통계적인 사고방식을 함양하고, 실생활에서 제기되는 문제를 통계적인 방법으로 처리하고 이해할 수 있도록 구성하였다. 이러한 노력에도 불구하고 여러 가지로 미비한 점이 많으리라 생각되지만, 이 책이 학생 여러분의 통계적인 개념과 사고를 향상시키는 데 조금이라도 도움이 된다면 저자로서는 그 이상의 보람이 없을 것이다.

감사의 글

직접 강의를 진행하면서 이 책의 수정 및 교정에 많은 도움을 준 정유정 선생님과 이미혜 선생님에게 감사의 마음을 전한다. 그리고 어려운 여건 속에서도 이 책의 출판에 수고를 아끼지 않으신 경문사의 여러분에게 심심한 감사의 말을 전한다.

2022년 여름

송도 연구실에서

미리 보기

누구를 위한 책인가

우리는 원하든 원하지 않든 생활의 상당 부분이 이미 통계와 관련된 환경에 둘러싸여 있다. 이러한 환경에 대한 정확한 지식과 정보를 알고자 하는 독자들은 누구라도 이 책을 접할 수 있다. 이 과정에서 독자들은 주어진 자료의 형태에 의미를 부여하기 위해 다양한 방법으로 자료를 분석하고, 이를 통해 자료가 추출된 모집단을 규명할 수 있게 된다. 또한 주어진 자료 이외에도 관심 있는 주제에 대하여 자기 주도적으로 문제를 만들고, 질문에 답하기 위하여 이에 맞는 적절한 자료를 수집하고 다양한 통계적 기법을 활용하며 다양한 문제를 해결할 수 있다.

이 책을 시작하면서

고교 수학과 미적분학의 기초적인 이론을 학습한 사람은 누구라도 본 교재를 쉽게 이해할 수 있다. 특히 통계원리에서는 기초적인 적분 이론이 필요한데, 고교 또는 대학에서 이에 대한 기초적인 지식을 이해한 후에 본 교재를 학습한다면 도움이 될 것이다.

이 책의 구성요소

장별 학습목표

해당 장에서 다루는 내용에 대해 구체적으로 알려줌으로써 동기부여를 이루어 집중할 수 있게 한다.

> **학습목표**
>
> - 이산형 자료와 연속형 자료의 특징에 대하여 이해한다.
> - 도표와 그래프를 이용하여 다양한 자료를 정리하는 방법에 대하여 학습한다.
> - 하나의 숫자로 자료의 특성을 파악하는 방법에 대하여 학습한다.

도입글

해당 장의 내용을 왜 배워야 하는지, 어떤 내용을 중점으로 살펴보는지에 대해 알려준다.

> 다양한 사회현상에서 얻어진 통계자료를 분석하며 판단한다든가 다른 통계자료와 비교하기 위해서는 얻어진 통계자료를 정리하여야 하며, 그러기 위해서는 우선 자료를 분류하여야 한다. 이 장에서는 도표와 그래프를 이용하여 다양한 자료를 정리하고 하나의 숫자로 자료의 특성을 파악하는 방법에 대하여 학습한다.

개념과 공식

각 장마다 이론을 이해하는 데 반드시 필요한 개념과 공식을 서술하였다. 예제를 풀기 전에 개념을 반드시 이해한 후에 해결한다면 도움이 될 것이다.

> **정의 1**
>
> 어떤 실험의 표본공간 S 위에서 정의된 하나의 실숫값 함수를 확률변수(random variable)라고 한다. 바꾸어 말하면 한 특별한 실험에서 확률변수 X는 각 가능한 결과 $s \in S$에 하나의 실수 $X(s)$를 부여하는 어떤 함수이다. 특히 실수의 집합 $A = \{x : X(s) = x,\ s \in S\}$를 확률변수 X의 치역(range)이라고 한다.

미리 보기

이 책의 구성요소

다양한 예제

실생활에 적용되는 다양한 예제 | 본문에서 다룬 개념들을 응용한 문제를 풀이와 함께 담았다. 문제를 풀 때는 도움이 되는 공식이나 내용을 제시하였다.

예제 2

어떤 제품의 수명시간을 확률변수 X라고 할 때 X의 확률밀도함수는

$$f(x) = 100\frac{1}{x^2}, \quad x \geq 100$$

이라고 한다. 이 제품 5개 가운데 정확히 2개가 150시간 이내에 고장 나서 교체될 확률을 구하라.

풀이 먼저 i번째 제품이 150시간 이내에 고장 나서 교체되는 사건을 $A_i(i=1, 2, 3, 4, 5)$라고 하면

$$P(A_i) = \int_{100}^{150} 100\frac{1}{x^2}dx = \frac{1}{3}$$

이다. 사건 A_i는 독립이므로 구하는 확률은

$$\binom{5}{2}\left(\frac{1}{3}\right)^2\left(\frac{2}{3}\right)^3 = \frac{80}{243}$$

이다.

절별 연습문제 및 해답

해당 절이 끝날 때마다 정선된 문제를 통해 본문에서 익힌 내용의 개념을 확실히 다질 수 있는 토대를 제공한다. 자기주도적으로 연습문제를 해결할 것을 권장하며, 해결하기 어려운 문제는 부록의 해답을 참고하여 이해한다.

ELEMENTARY STATISTICS

EXERCISE 연/습/문/제 3.1

01 앞면이 나올 확률이 2/3, 뒷면이 나올 확률이 1/3인 동전 한 개를 3회 던진다고 하자. 앞면이 나오는 횟수를 확률변수 X라고 하면 X의 확률분포를 구하라.

02 다음 함수가 확률함수가 되는지를 조사하라.

학습 로드맵

이 책에서 다룬 주제를 제대로 이해하기 위해 필요한 선수 내용이 무엇이고 각 주제가 어떤 연계성을 갖고 있는지를 보여준다. 화살표는 전후의 개념보다는 관계성을 보여준다. 모든 장의 내용은 기본적으로 2장과 3장의 이해가 바탕이 되어야 한다. 일부 독립적인 장도 있지만 대부분 기본적인 개념을 바탕으로 조금 더 고차원적인 주제를 다루고 있으므로 순서대로 학습하는 것을 권한다.

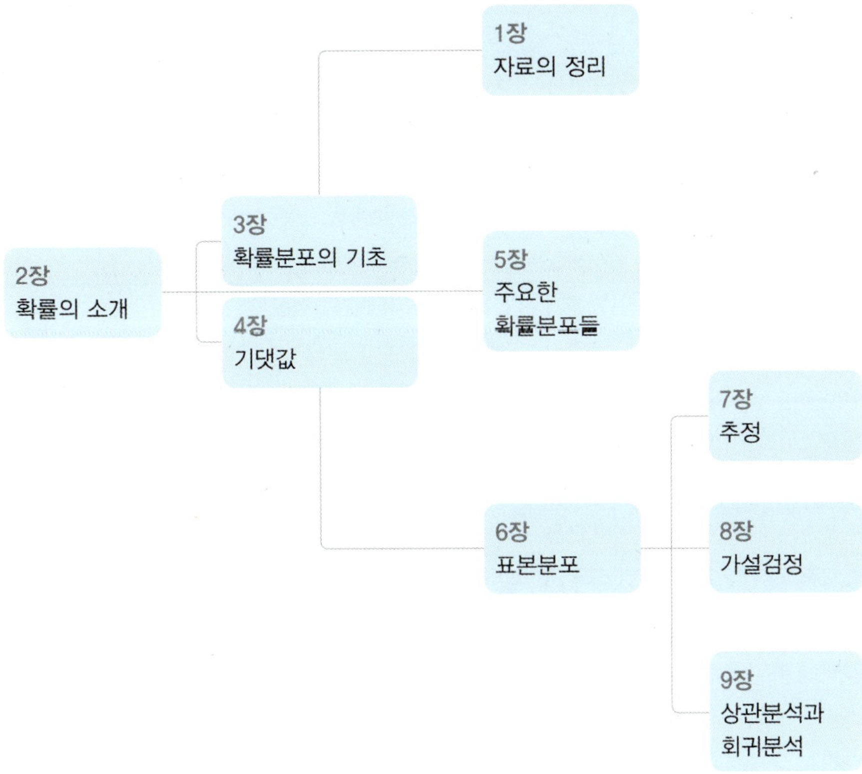

미리 보기

강의 계획

본 교재는 대학교 통계학 교양과목으로 한 학기 개설을 권장한다. 이에 한 학기 강의 계획서를 표준 스케줄 표에 맞추어서 강의하는 것이 가능하지만 교재 전체를 강의하는 것이 여유롭지 않다면 필요에 따라서 일정 부분을 생략하고 강의하는 것도 가능하다. 진도에 따라서 학생들 스스로 학습하도록 유도할 수 있다면 1장과 9장은 생략하고 강의하는 것도 가능하다.

▶ 표준 스케줄표 한 학기 강의

주차	해당 장	주차별 수업 내용
1	1장	도표를 통한 자료의 정리, 특성값을 이용한 자료의 정리
2	2장	집합이론, 확률의 의미와 성질
3	2장	조건부확률과 독립, 베이즈 정리와 확률나무
4	3장	확률변수와 분포, 분포함수
5	3장	이변량분포와 확률변수의 독립성
6	4장	확률변수의 기댓값과 기댓값의 성질, 분산
7	4장	중앙값과 최빈값, 공분산과 상관계수, 여러 가지 부등식
8	5장	베르누이 분포와 이항분포, 푸아송 분포
9	5장	기하분포와 균등분포, 지수분포
10	5장, 6장	정규분포, 표본분포와 카이제곱분포
11	6장, 7장	T분포, 추정의 개념과 최대우도추정
12	7장	모평균, 모비율, 모분산의 구간추정
13	8장	가설검정의 기본 원리와 모평균의 검정
14	8장	모비율의 검정과 모분산의 검정
15	8장	적합도 검정, 독립성 검정
16	9장	상관분석과 회귀분석

강의 보조자료

PPT 자료

교수/강사들의 효율적인 강의준비를 위해 온라인과 오프라인으로 강의 보조자료를 제공합니다. 경문사 홈페이지(https://kyungmoon.com) 자료실에 교수/강사님을 위한 교수용 PPT 자료를 제공합니다.

통계 소프트웨어 강의자료

기초통계학 이론 강의와 함께 통계 소프트웨어로써 R프로그램을 활용한 실습도 가능합니다. 경문사에서 출간된『R과 함께하는 기초통계학』에서 본 교재의 모든 내용에 대한 R프로그램을 만날 수 있습니다.

『R과 함께하는 기초통계학』
최원 · 김성연 지음 / 경문사 / 2018

차례

CONTENTS

차례

부록

CHAPTER

01 자료의 정리

학습목표

- 이산형 자료와 연속형 자료의 특징에 대하여 이해한다.
- 도표와 그래프를 이용하여 다양한 자료를 정리하는 방법에 대하여 학습한다.
- 하나의 숫자로 자료의 특성을 파악하는 방법에 대하여 학습한다.

다양한 사회현상에서 얻어진 통계자료를 분석하며 판단한다든가 다른 통계자료와 비교하기 위해서는 얻어진 통계자료를 정리하여야 하며, 그러기 위해서는 우선 자료를 분류하여야 한다. 이 장에서는 도표와 그래프를 이용하여 다양한 자료를 정리하고 하나의 숫자로 자료의 특성을 파악하는 방법에 대하여 학습한다.

1.1 도표를 통한 자료의 정리

통계자료는 수치적 자료와 범주형 자료로 구분된다. 수치적 자료는 관측된 값이 수치로 측정되는 자료를 말한다. 수치적 자료에서 우리가 관심이 있는 것은 관측된 값의 크기이므로 수치적 자료를 양적 자료라고도 한다. 수치적 자료는 셀 수 있는지 없는지에 따라서 이산형 자료(discrete data)와 연속형 자료(continuous data)로 구분된다. 연속형 자료는 다시 구간 척도형 자료(속성이 전혀 없는 절대적 원점이 존재하지 않는 자료)와 비율 척도형 자료(절대적 원점이 존재하여 비율의 의미가 존재하는 자료)로 구분할 수 있다. 범주형 자료는 관측결과가 몇 개의 범주 또는 항목의 형태로 나타나는 자료를 말한다. 범주형 자료에서 우리의 관심은 수치가 아니라 내용이므로 이를 양적 자료에 대응하여 질적 자료라고 한다. 따라서 각 범주에 속한 관측값의 개수가 우리의 관심 대상이 되는 것이다. 범주형 자료는 각 범주 간의 순서에 의미가 있는지 없는지에 따라서 다시 순위형 자료와 명목형 자료로 나눌 수 있다.

▼ 표 1

구 분			예
수치적 자료	연속형 자료	비율 척도	키, 무게, 나이, 상품가격
		구간 척도	온도, 지능지수
	이산형 자료		주사위 결과, 교통사고 건수
범주형 자료	순위형 자료		평점, 선호도
	명목형 자료		혈액형, 성별

사회현상에서 얻어진 통계자료를 분석하며 판단한다든가 다른 통계자료와 비교하기 위해서는 얻어진 통계자료를 정리하여야 하며, 그러기 위하여 우선 자료를 분류하여야 한다.

우리가 수집한 자료는 그 양이 많을수록 원래 자료를 그대로 나열해놓아서는 일목요연하게 그 자료의 성격을 파악하기 힘들다. 따라서 자료를 어떤 방법으로든 일단 정리해야 할 필요가 있다. 단순하게 자료를 크기 순서로만 배열하기로 한다면 줄기-잎 그래프를 이용할 수 있다. 예를 들어 다음 자료가 어느 학교 학생 50명의 수학성적이라고 하자.

35,	51,	40,	60,	70,	86,	96,	38,	40,	53
61,	43,	63,	70,	73,	88,	83,	76,	67,	54
66,	45,	54,	68,	77,	65,	80,	85,	55,	65
79,	41,	55,	61,	65,	52,	58,	62,	90,	48
77,	85,	72,	65,	58,	57,	72,	76,	78,	62

이들 성적은 두 자리 정수이기 때문에 10단위의 수 3, 4, 5, 6, 7, 8, 9를 세로로 나열하고, 그 각각에 해당하는 한 자릿수를 가로로 나열하면 다음을 얻는다.

3	5 8
4	0 0 3 5 8 1
5	1 3 4 4 5 7 5 2 8
6	0 1 3 7 8 5 5 6 5 2 2 1 5
7	0 0 3 6 7 2 7 2 6 8 9
8	6 8 3 0 5 5
9	6 0

여기서 10단위의 수를 나열한 세로 부분을 줄기라 하고, 각 자료의 1의 자릿수를 가로로 차례로 나열하여 이것을 잎이라고 한다. 이런 그림을 줄기-잎 그림이라고 한다.

줄기	잎
3	5 8
4	0 0 1 3 5 8
5	1 2 3 4 4 5 5 7 8 8
6	0 1 1 2 2 3 5 5 5 5 6 7 8
7	0 0 2 2 3 6 6 7 7 8 9
8	0 3 5 5 6 8
9	0 6

| 그림 1 | 줄기-잎 그림

위의 줄기-잎 그림에서 우리는 집중도가 높은 구간은 60점대이며, 50~70점대 사이에 대부분 위치하고 있다는 사실을 알 수 있다. 범위는 96−35=61이고, 60점대를 중심으로 근사적으로 좌우대칭적이며, 90점은 상위에서 2등, 상위에서 7등은 83점, 상위 20%는 78점 이상, 하위 20%는 52점 이하임을 알 수 있다.

예제 1

다음은 통계학 과목을 수강한 학생들의 학점 자료이다.

2.1	3.8	3.3	4.1	2.8
4.1	3.5	3.6	3.4	2.6
1.0	3.2	1.8	3.5	4.3
2.0	2.4	2.6	3.4	3.0

이 자료에 대한 줄기-잎 그림을 구하라.

풀이 여기서 1의 자릿수를 줄기로 놓고 소수점 첫째 자리를 잎으로 하여 차례로 쓰면 다음과 같이 나온다.

줄기	잎
1	0 8
2	0 1 4 6 6 8
3	0 2 3 4 4 5 5 6 8
4	1 1 3

한편 상자그림은 자료의 특징을 잘 요약해주는 사분위수(제1사분위수, 중앙값, 제3사분위수), 최댓값 및 최솟값인 다섯 수치요약을 그래프로 표현한 것이다. 다섯 수치요약에서 중앙값은 중심위치에 대한 측도이고, 사분위수 범위와 전체 자료의 범위는 자료의 퍼짐 정도를 나타내 준다. 이때 중앙값과 사분위수(제1사분위수에서 제3사분위수까지) 사이의 거리로 자료의 치우침을 알 수 있다. 상자그림에서 자료의 이상점을 파악할 수 있도록 그림에 표시해 주면 자료를 이해하는 데 매우 유용하다. 이상점은 울타리 바깥쪽에 있는 자료를 나타내며, 울타리는 제1사분위수와 제3사분위수에서 각각 사분위수 범위의 1.5배 한 값만큼 떨어진 값을 뜻한다.

상자그림을 그리는 순서는 다음과 같다.

1) 수집한 자료의 제1사분위수와 제3사분위수를 이용해서 상자를 그린다.
2) 중앙값을 상자의 중앙에 표시한다.
3) 다음 울타리 범위 안에서 최댓값과 최솟값을 찾아서 선으로 연결한다.

안울타리 : 제1사분위수 − 1.5 × (제3사분위수 − 제1사분위수),
바깥울타리 : 제3사분위수 + 1.5 × (제3사분위수 − 제1사분위수)

4) 울타리 바깥쪽에 있는 자료에 ∘ 기호로 나타낸다.
5) 상자그림에 알맞은 제목을 붙인다.

예제 2

다음은 어느 병원의 고혈압환자 20명의 나이를 조사한 자료이다. 위의 순서에 따라 이 자료에 대한 상자그림을 그려 보라.

32	37	39	40	41	41	41	42	42	43	44	45	45	45	46	47	47	49	50	51

풀이 1) 수집한 자료의 제1사분위수와 제3사분위수를 이용해서 상자를 그린다.

$$\text{제1사분위수} = \frac{x_{(5)} + x_{(6)}}{2} = 41, \quad \text{제3사분위수} = \frac{x_{(15)} + x_{(16)}}{2} = 46.5$$

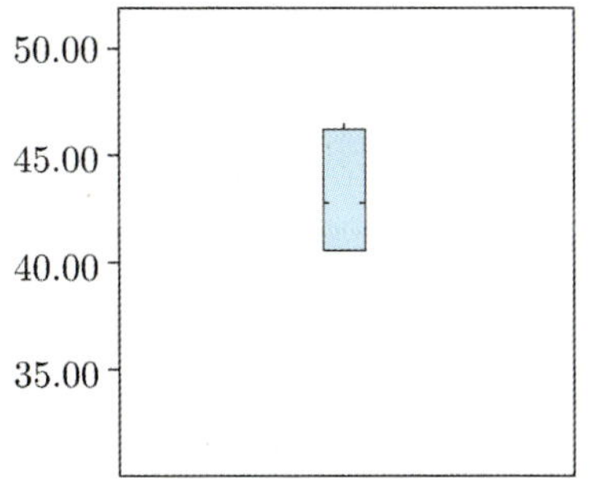

2) 중앙값을 상자의 중앙에 표시한다.

$$\text{중앙값} = \frac{x_{(10)} + x_{(11)}}{2} = 43.5$$

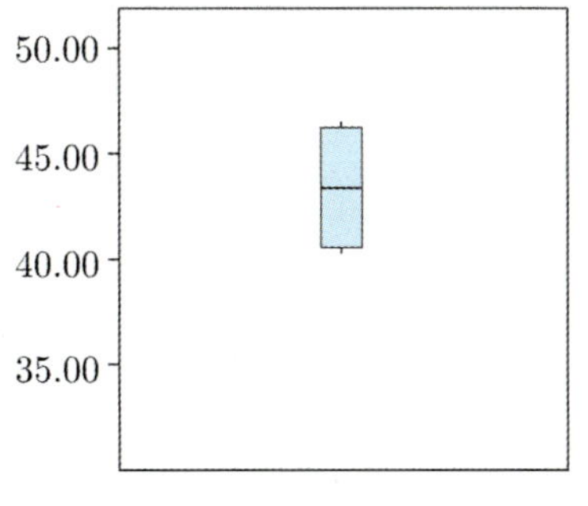

3) 울타리에 가장 인접한 최댓값 51과 최솟값 37을 선으로 연결한다.

$$\text{제1사분위수} - 1.5 \times (\text{제3사분위수} - \text{제1사분위수})$$
$$= 41 - 1.5 \times (46.5 - 41) = 32.75$$
$$\text{제3사분위수} + 1.5 \times (\text{제3사분위수} - \text{제1사분위수})$$
$$= 46.5 + 1.5 \times (46.5 - 41) = 54.75$$

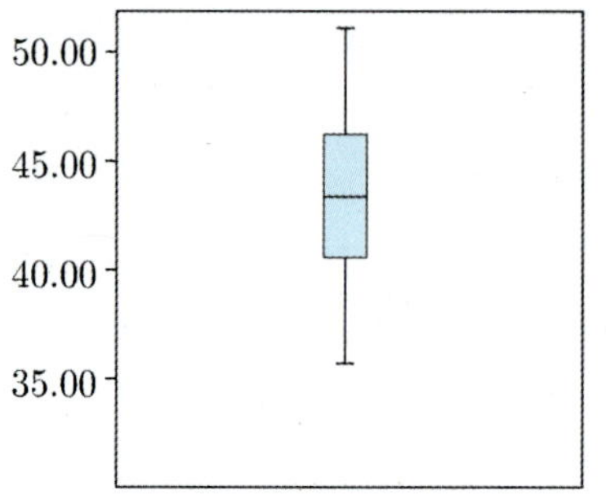

4) 울타리 바깥쪽에 있는 자료에 ◦ 기호로 나타낸다.

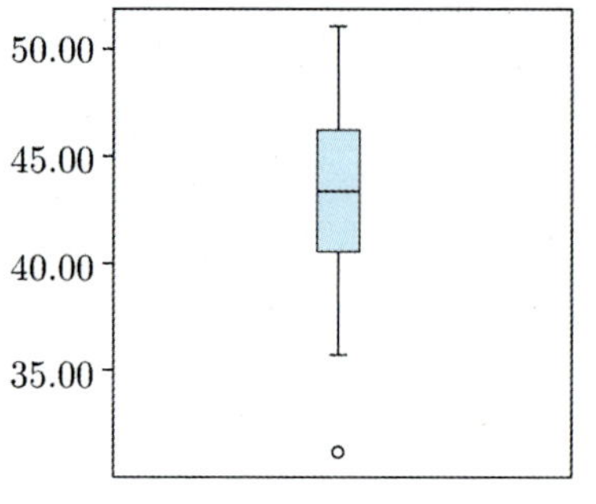

5) 상자그림에 알맞은 제목을 붙인다.

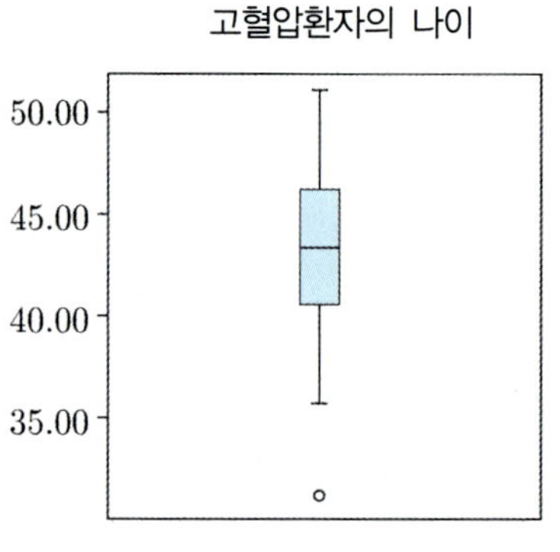

줄기-잎 그림, 상자그림과 유사하게 자료 정리를 위해 가장 손쉽게 사용하는 초기단계방법이 도수분포표이다. 이 방법은 원래 자료에 대한 본질적인 특성을 왜곡하거나 손상시키지 않으면서 원래 자료를 요약할 수 있을 뿐 아니라 자료를 더 간편하게 제시할 수 있는 것이다. 일반적으로 도수분포표를 작성할 때 제일 먼저 자료를 제한된 수효의 범주나 구간으로 나눈 다음 각 범주나 구간에 속하는 관측값들의 개수 또는 빈도수를 기록한다.

예를 들어 모 대학교 통계학과 졸업생 가운데 취업된 50명의 월급을 조사한 결과가 다음과 같다.

(단위 : 만원)

210	228	236	254	247	259	276	248	286	243	265	254	248	298	257
271	282	234	253	276	263	224	262	261	258	251	266	253	234	257
249	271	277	254	265	262	281	283	269	275	268	273	264	273	248
243	258	245	236	256										

얼핏 보기에 위와 같은 자료는 대상집단의 크기가 불과 50인데도 그 특성을 파악하기가 쉽지 않다. 이러한 자료를 좀 더 쉽게 이해하기 위해 각 측정값을 크기의 순서대로 나열하는 방안을 생각할 수 있다. 그러나 그보다는 적당한 수의 일정한 구간을 설정하여 각 구간에 속하는 값의 개수를 파악하여 제시하는 것이 더 효과적인 정리방안이 된다. 정리과정에서 작성자는 구간수를 몇 개로 할 것인지 또 구간의 간격, 즉 구간폭을 어느 정도로 할 것인지 결정해야 한다.

일반적으로 각 구간폭은 모든 구간에 대하여 동일하도록 선택된다. 그리고 구간수가 지나치게 많으면 자료를 요약하는 기능이 떨어질 것이고 또 지나치게 적으면 정보의 특성을 잃게 되므로 보통 6개 이상 20개 이하로 잡는 것이 일반적이다. 일단 구간수가 결정되면 관측값 가운데 최댓값에서 최솟값을 뺀 숫자를 결정된 구간수로 나누어 구간폭을 산정할 수 있다. 즉

$$\text{구간폭} = (\text{최대측정값} - \text{최소측정값}) / \text{구간수}$$

이다.

앞에서 제시한 대졸 초임에 대한 자료는 전부 정수로 표현되어 있어 이산적인 자료처럼 보인다. 그러나 자료를 더 간편하게 제시하기 위해 편의상 만원 단위로 측정한 것이므로 실제 임금은 만원 이하의 단위에서 반올림한 것이다. 따라서 자료를 만

원 단위로 정확히 표현하면 소수점 이하 자리 숫자가 생겨 연속형 자료로 이해되어야 할 것이다. 이러한 점을 감안하면, 각 구간을 표시하는 경곗값은 원래 자료보다 하나 더 많은 소수점을 가지는 숫자로 표기할 필요가 있으며 또한 모든 관측값을 반드시 한 구간에만 속하도록 책정하여야 할 것이다. 앞 자료의 경우는 최댓값이 298, 최솟값이 210이므로 계산의 편의상 구간폭을 10으로 잡아 9개 구간으로 정리하는 것이 적당할 것이다. 이상을 바탕으로 하여 도수분포표를 작성하면 표 2와 같다.

▼ 표 2

구간(X)	도수(f)	누적도수	상대도수(f/N)	누적상대도수
$209.5 \leq X < 219.5$	1	1	0.02	0.02
$219.5 \leq X < 229.5$	2	3	0.04	0.06
$229.5 \leq X < 239.5$	4	7	0.08	0.14
$239.5 \leq X < 249.5$	8	15	0.16	0.30
$249.5 \leq X < 259.5$	12	27	0.24	0.54
$259.5 \leq X < 269.5$	10	37	0.20	0.74
$269.5 \leq X < 279.5$	8	45	0.16	0.90
$279.5 \leq X < 289.5$	4	49	0.08	0.98
$289.5 \leq X < 299.5$	1	50	0.02	1.00
합계	50		1.00	

예제 3

다음은 학생 100명의 영어 성적을 나열한 자료이다. 이 자료를 도수분포표로 나타내라.

63	73	52	76	67	68	70	64	54	40	80	65	49	83	65	51	54	79	78	88
55	58	57	43	96	85	55	66	65	78	62	82	60	52	45	61	71	72	81	83
62	58	72	86	50	65	78	59	61	56	65	69	55	76	68	45	64	66	67	70
83	71	70	74	59	60	77	69	80	50	60	54	85	42	90	66	42	67	66	78
72	30	79	75	75	35	51	65	47	56	85	63	78	53	75	75	68	70	38	64

풀이 최저점이 30점, 최고점이 96점이므로 30점대, 40점대, …, 80점대, 90점대로 도수분포표를 만들기 위하여 계급의 크기를 29.5부터 10단위로 하면 계급수는 7이 되며 다음과 같은 도수분포표를 얻는다.

▼ 표 3

계급(X)	도수	누적도수	상대도수	누적상대도수
$29.5 \leq X < 39.5$	3	3	0.03	0.03
$39.5 \leq X < 49.5$	8	11	0.08	0.11
$49.5 \leq X < 59.5$	20	31	0.2	0.31
$59.5 \leq X < 69.5$	30	61	0.3	0.61
$69.5 \leq X < 79.5$	25	86	0.25	0.86
$79.5 \leq X < 89.5$	12	98	0.12	0.98
$89.5 \leq X < 99.5$	2	100	0.02	1.00
합계	100		1	

도수분포표는 어떤 의사결정문제의 해결을 돕도록 설계된 통계분석의 첫 단계에 불과하다. 도수분포표를 이용하여 도표 형태로 자료를 표현함으로써 더 효율적이고 시각적인 효과를 도모하는 경우를 흔히 볼 수 있다. 이를 위해 자주 사용되는 것이 히스토그램(histogram)인데 히스토그램은 도수분포를 이용하여 작성된 막대그래프(bar graph)이다. 이것은 각 범주나 구간의 값을 가로축에 나열하고 각 범주나 구간에 속하는 도수를 서로 다른 높이의 기둥에 의해 표시하는 방법이다.

이산적 자료의 경우는 각 구간의 값이 하나이므로 이러한 값들을 크기대로 나열한 뒤 해당 도수를 기둥의 높이로 표시하면 된다. 그러나 연속적 자료의 경우는 각 구간의 값이 일정한 범위로 표현되므로 임곗값으로 각 구간의 경계를 표현하거나 또는 각 구간의 값들을 대표하는 수치를 선정하여 표시한다. 이 경우에는 일반적으로 각 구간의 중앙에 위치한 값을 선정한다. 앞의 대졸 초임에 대한 자료를 막대그래프로 표시하면 다음과 같다.

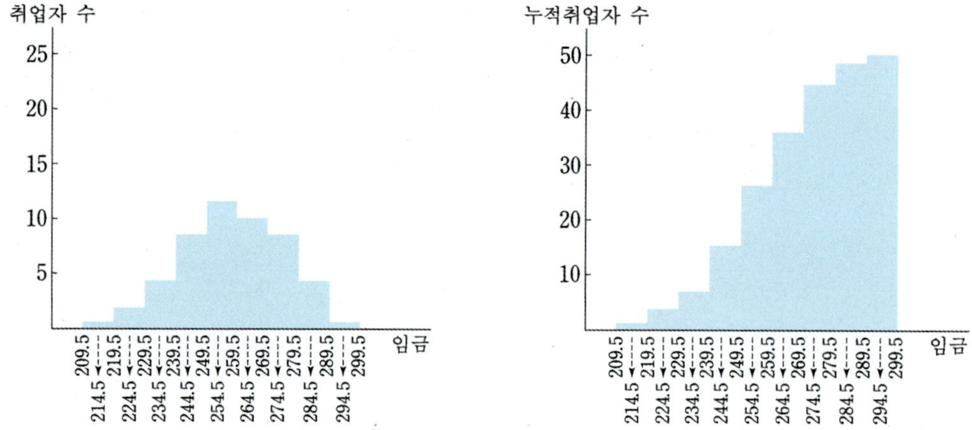

| 그림 2 | 히스토그램과 누적 히스토그램

그림 2에 나타난 바와 같이 각 구간은 임곗값으로 구분하거나 각 구간의 대푯값, 즉 중앙값인 214.5, …, 294.5에 의해 대변되도록 표기한다. 그리고 각 구간폭을 동일하게 책정하여야만 막대그래프 작성 시 동일 간격을 책정할 수 있다. 기둥의 높이는 도수, 상대도수 또는 필요에 따라서는 누적상대도수 가운데 어느 것을 사용하여 나타내도 상관없다. 이와 같이 막대그래프가 작성되면 각 구간의 비중을 시각적으로 쉽게 파악할 수 있고, 특히 구간수가 많아질수록 효율적으로 시각적인 설명을 제공할 수 있다.

그러나 구간수가 많을 경우 막대그래프는 기둥을 일일이 그려야 하는 번거로운 점이 있다. 이러한 점에 착안하여 제시된 것이 도수분포다각형 또는 누적도수분포다각형이다. 그림 3은 대졸 초임자의 자료에 대한 도수분포다각형과 누적도수분포다각형의 그림이다. 이것은 막대그래프에서 각 기둥의 중간점을 잡아서 이를 단순히 연

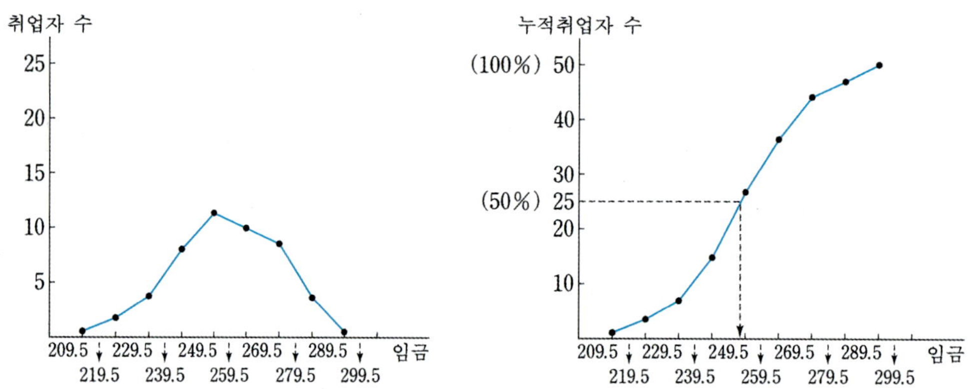

| 그림 3 | 도수분포다각형과 누적도수분포다각형

결시킨 것에 불과하다. 이렇게 함으로써 그림표 작성상의 번잡스러움을 덜 수 있으며, 더 중요한 장점은 두 개 이상의 서로 다른 집단의 도수분포다각형을 동시에 한 그림에 나타낼 수 있어 상호 비교가 용이해진다는 것이다. 특히 누적도수분포다각형을 이용할 경우에는 대상 집단 관측값의 중간값, 즉 작은 값부터 시작하여 중간에 위치한 값을 찾는다든지 또는 서로 다른 두 집단을 비교할 때 관측값들의 변화율 등을 쉽게 비교할 수 있다. 앞의 누적도수분포다각형 그림에 보이듯이 50%에 위치한 사람의 임금 수준은 누적백분율에 해당하는 거리만큼 세로축의 위치를 선정한 뒤 누적도수분포다각형을 이용하여 가로축에서 확인할 수 있다.

예제 4

다음 도수분포표를 지시된 그림으로 나타내라.

▼ 표 4

계급(X)	$0 \leq X < 10$	$10 \leq X < 20$	$20 \leq X < 30$	$30 \leq X < 40$
도수	2	6	9	14

계급(X)	$40 \leq X < 50$	$50 \leq X < 60$	$60 \leq X < 70$	$70 \leq X < 80$
도수	15	22	15	12

계급(X)	$80 \leq X < 90$	$90 \leq X < 100$	계
도수	4	1	100

(1) 히스토그램

(2) 도수분포다각형

(3) 누적도수분포다각형

풀이 (1) 계급의 폭을 가로로, 그 계급의 도수를 세로로 하는 직사각형군의 히스토그램이다.

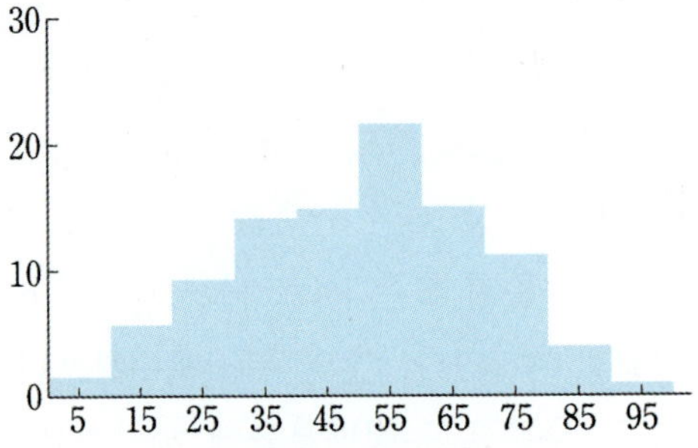

| 그림 4 | 히스토그램

(2) 도수분포다각형은 히스토그램의 각 직사각형 윗변의 중점을 차례로 선분으로 맺은 도수분포다각형이다.

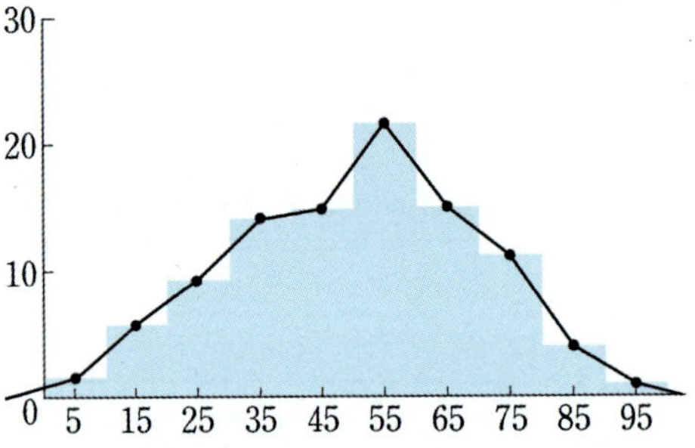

| 그림 5 | 도수분포다각형

(3) 도수분포표에서 도수를 누적도수로 나타낸 표, 즉 계급값 x_i에 누적도수

$$F_i = f_1 + f_2 + \cdots + f_i$$

를 대응시킨 표를 누적도수분포표라 하고 이것을 그림으로 나타낸 것을 누적도수분포표도, 직사각형 윗변의 오른쪽 끝, 즉 상한점을 차례로 선분으로 맺은 도형을 누적도수분포다각형이라 한다.

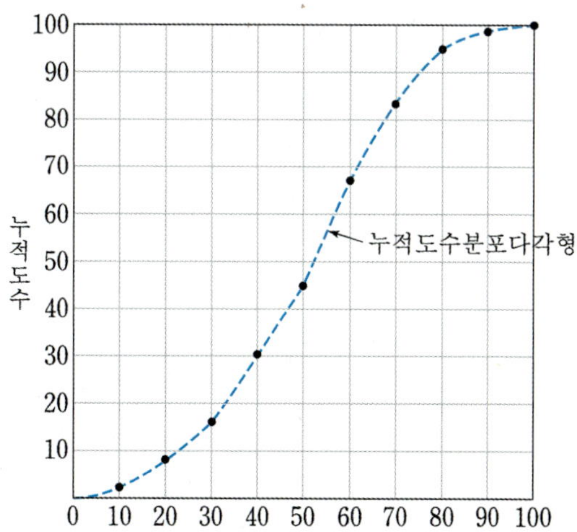

| 그림 6 | 누적도수분포다각형

도수분포형에는 다음 몇 가지가 있다.

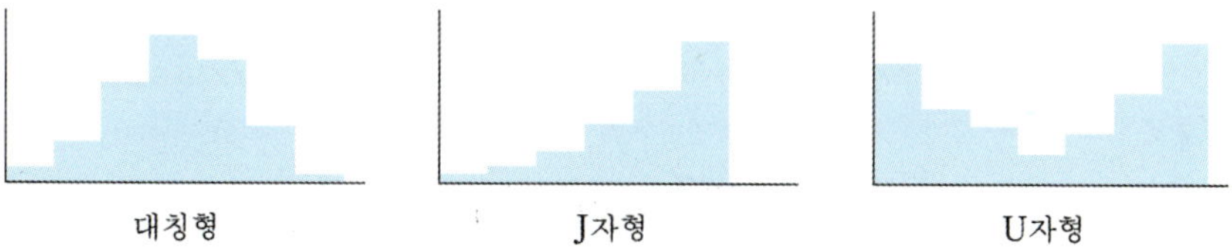

| 그림 7 | 여러 가지 히스토그램

이외에 L자형, 쌍봉형, 다봉형 등이 있다.

예제 5

다음 도수분포표는 어느 학교 학생 40명의 신장 분포이다. 이 자료를 히스토그램으로 나타내고, 이어서 도수분포다각형으로 나타내보자.

▼ 표 5

신장(X)	인원
$150 \le X < 156$	1
$156 \le X < 162$	2
$162 \le X < 168$	10
$168 \le X < 174$	16
$174 \le X < 180$	8
$180 \le X < 186$	2
$186 \le X < 192$	1
합계	40

풀이 (1)

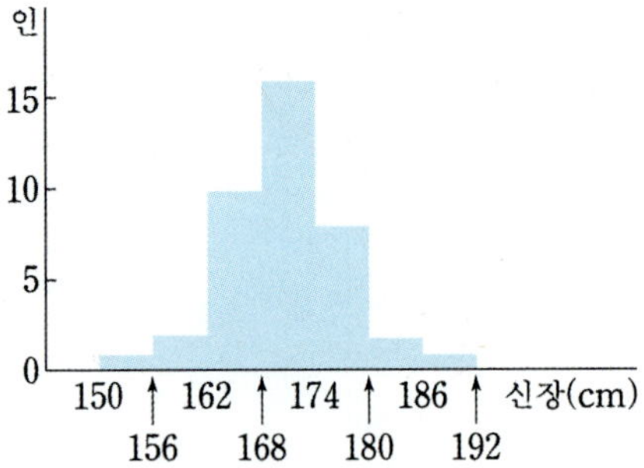

| 그림 8 | 히스토그램

(2) 도수분포다각형은 점 (147, 0), (153, 1), (159, 2), (165, 10), (171, 16), (177, 8), (183, 2), (189, 1), (195, 0)을 차례로 선분으로 연결하여 얻는다.

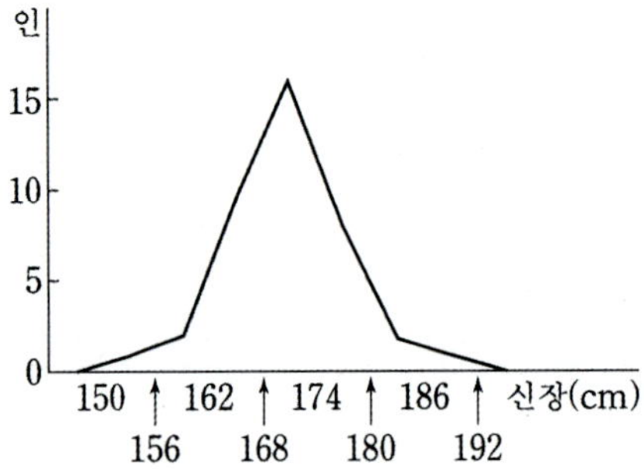

| 그림 9 | 도수분포다각형

막대그림표(bar chart)와 히스토그램과의 차이는 히스토그램은 도수분포 자료와 항상 연관되는 반면, 막대그림표는 어떤 범주의 자료든 전체적인 것을 표현한다.

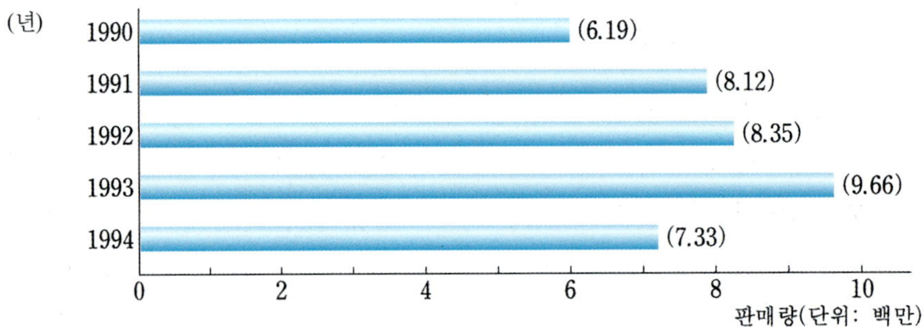

| 그림 10 | 자동차 판매의 막대그림표

예를 들면 앞의 그림은 국내 자동차 제조공장의 연간 승용차 판매량을 나타낸 막대그림표이다.

그림 10의 자료를 근거로 하여 시간의 구분으로 자료를 표현하고자 하면 이 자료를 선 그래프(line graph)로 나타낼 수 있다. 선 그래프는 부분적인 선의 연속으로써 시간에 따른 자료의 총 변화를 나타내는 것으로, 그림의 자료를 사용하여 선 그래프를 그리면 다음과 같다.

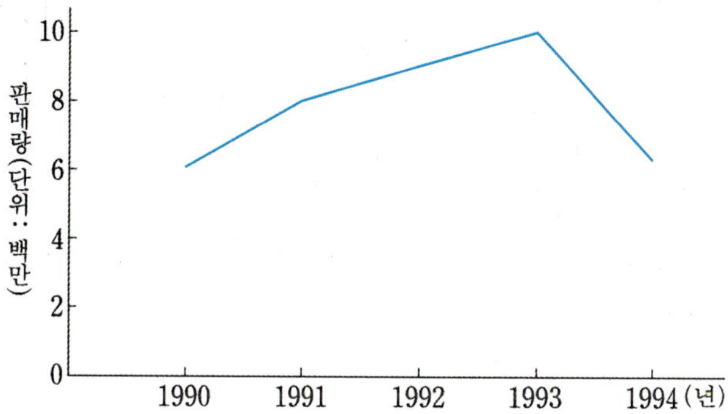

| 그림 11 | 자동차 판매의 선 그래프

원형 그림표(pie chart)는 전체적인 분포의 파악과 전체 합계의 분할로써 표현하기에 가장 적합한 그림표이다. 퍼센트 원형 그림표는 각 자료들을 쉽게 비교하기 위하여 각 자료들을 퍼센트로 바꾸어 표현한 것이다. 예를 들어 그림 12는 A 자동차 회사의 2010년도 차종별 판매에 대한 분포를 퍼센트 원형 그림표로 나타낸 것이다.

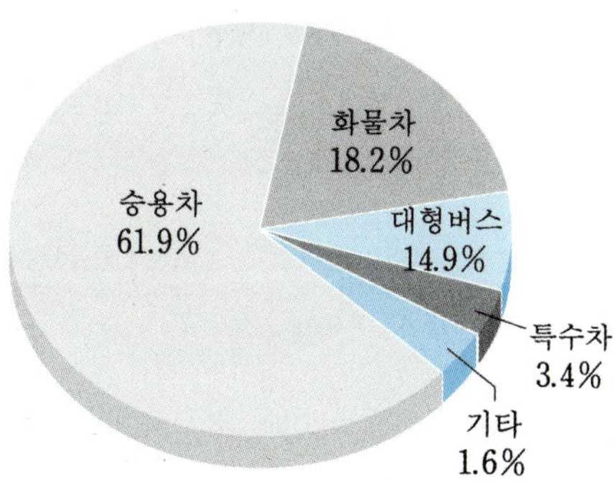

| 그림 12 | 차종별 판매에 대한 퍼센트 원형 그림표

예제 6

다음은 어느 대학교 졸업생의 2010년도 취업자 수를 나타낸 표이다. 이를 퍼센트 원형 그림표로 나타내라.

▼ 표 6 졸업생의 취업자 수

대학원 진학	대기업	중소기업	공무원	군대	미취업	계
300	1,500	2,000	500	500	200	5,000

풀이 대학원에 진학한 학생 300명을 원형 그림표상에 표현할 때

$$5000 : 300 = 360 : x$$

를 계산하면 $x = 21.6$, 즉 원형 그림표의 21.6°를 차지해야 한다. 마찬가지 방법에 의하여,

$$\begin{aligned} \text{대기업} &= 108° \\ \text{중소기업} &= 144° \\ \text{공무원} &= 36° \\ \text{군대} &= 36° \\ \text{미취업} &= 14.4° \end{aligned}$$

이다. 그러므로 다음 퍼센트 원형 그림표를 얻는다.

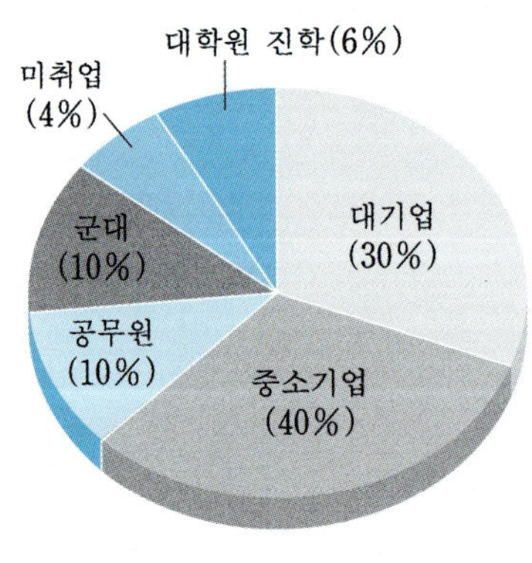

| 그림 13 | 취업에 대한 퍼센트 원형 그림표

EXERCISE 연/습/문/제 1.1

01 다음은 어느 반 학생들이 1분 동안 실시한 윗몸일으키기 기록을 조사하여 표로 나타낸 것이다.

남학생 윗몸일으키기 횟수				여학생 윗몸일으키기 횟수			
번호	횟수	번호	횟수	번호	횟수	번호	횟수
1	33	6	46	1	29	6	15
2	30	7	21	2	12	7	11
3	43	8	24	3	20	8	22
4	44	9	20	4	13	9	17
5	43	10	17	5	36	10	12

(1) 남자와 여자로 구분된 자료를 하나의 줄기-잎 그림으로 나타내고, 남학생과 여학생 중 어느 쪽 기록이 더 높은지, 그리고 그렇게 생각한 이유를 설명하라.

(2) (1)에서 만들어진 줄기-잎 그림에서 줄기의 수를 늘려서 좀 더 세분화하여 작성하고, 앞에서 만든 줄기-잎 그림과의 차이점을 설명하라.

(3) 줄기-잎 그림의 장점과 단점을 설명하라.

02 다음은 어느 나라의 중학생과 고등학생의 흡연 실태를 연도별로 조사하고, 이를 비교하기 위하여 그래프로 나타낸 것이다.

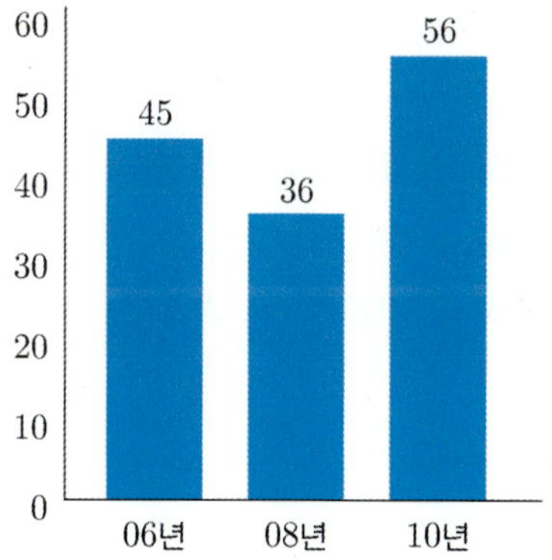

중학생 1000명당 흡연 학생 수

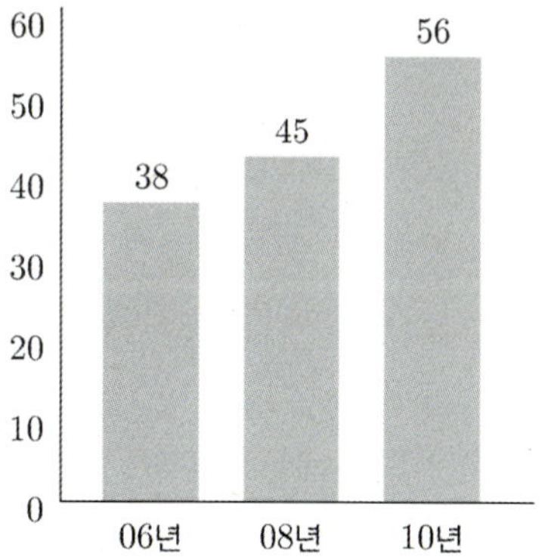

고등학생 500명당 흡연 학생 수

(1) 그래프에서 무엇이 잘못되었는지를 설명하고, 의미가 바르게 전달될 수 있도록 그래프를 수정하라.

(2) 막대그래프의 장점과 단점을 설명하라.

03 다음 표는 몇몇 동물의 최대 속력을 발굽이 있는 동물과 없는 동물로 분류하여 정리한 것이다.

발굽이 있는 동물		발굽이 없는 동물	
종류	속력(k/h)	종류	속력(k/h)
들소	50	고양이	48
엘크	73	치타	113
기린	52	닭	15
사람	45	코요테	69
사슴	56	코끼리	40
돼지	18	여우	68
영양	98	그레이하운드	63
경주마	77	곰	48
멧돼지	48	자칼	56
누	81	사자	81
얼룩말	65	토끼	56
		다람쥐	19
		칠면조	24

(1) 표를 보지 않은 상태에서 일반적으로 발굽이 있는 동물과 발굽이 없는 동물들 사이에는 속력에서 차이가 있다고 생각하는가 아니면 없다고 생각하는가? 그렇게 생각하는 이유와, 차이가 있다면 어떤 차이가 있는지 함께 설명하라.

(2) 어떻게 이 표에 있는 값들을 얻었을까?

(3) 표를 바탕으로 그래프를 그리고, 이를 이용하여 발굽이 있는 동물과 발굽이 없는 동물들 사이에 속력에 차이가 있는지를 설명하라.

(4) (3)에서 그린 그래프의 장점과 단점을 설명하라.

04 다음 표는 중학교에서 한 학급을 임의로 선택하여 그 학급 60명에 대한 혈액형 검사를 실시한 결과를 나타낸 것이다. 앞서 제시된 순서에 따라 이 자료에 대한 원그래프를 그리라.

A	B	B	A	A	O	A	AB	O	O	A	B	O	AB	B
B	A	O	B	A	B	B	O	AB	B	A	AB	A	B	A
O	A	A	B	AB	A	O	B	A	B	B	A	B	A	B
AB	B	A	O	AB	O	B	A	B	A	O	B	A	A	A

05 다음은 무작위 추출한 도시 근로자 20명의 주당 평균 근로시간이다.

42.4	49.4	49.9	45.9	51.4	54.3	49.1	53.4	46.8	50.4
52.4	48.3	56.5	47.0	46.3	54.2	53.8	44.1	54.9	43.7

(1) 적당한 구간을 설정하여 도수분포표를 작성하라.

(2) 작성된 도수분포표를 이용하여 각 구간별 상대도수 및 백분율을 산출하라.

06 다음 그림은 중학교 학생들의 주말 TV시청 시간을 조사하여 만든 누적도수의 그래프이다. 계급값이 3.5시간인 계급의 상대도수를 구하라.

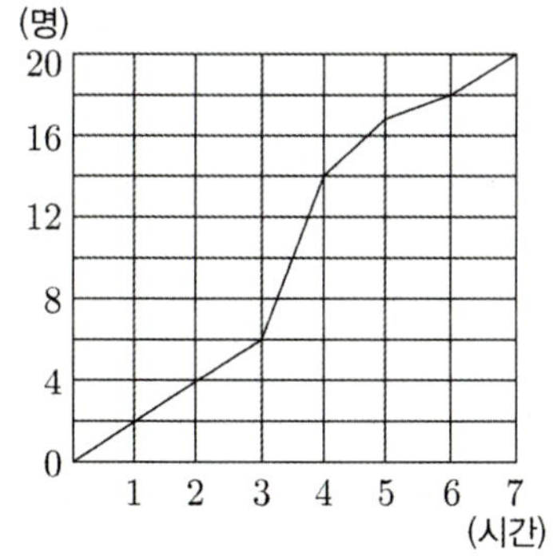

07 다음은 통계중학교의 수학성적에 대한 도수분포표이다.

점수(점)	1학년		2학년	
	도수	상대도수	도수	상대도수
50 이상~60 미만	21	0.105	21	C
60~70	A	0.2	63	0.21
70~80	54	0.27	96	0.32
80~90	B	0.3	72	D
90~100	25	0.125	48	0.16
합계	200	1.000	300	1.00

(1) ABCD에 알맞은 수를 구하라.

(2) 50점 이상 60점 미만인 학생이 차지하는 비율은 1학년과 2학년 중 어느 학년이 더 높은가?

(3) 1학년과 2학년에서 80점 이상인 학생은 각각 몇 %인가?

1.2 특성값을 이용한 자료의 정리

영재가 다니는 중학교에서 100m 달리기 대회에 출전하기 위해서는 달리기 보유 기록이 17초 이하여야 한다고 한다. 영재는 5번을 뛰어서 1회는 18초, 2회는 15초, 3회는 16초, 4회는 16초, 5회는 21초의 기록이 나왔다. 과연 영재는 대회에 출전할 수 있을까? 어떤 값이 영재의 기록을 대표하는지에 따라 그 결과는 달라질 것이다.

전국체육대회를 비롯한 각종 국제경기대회에서도 운동 경기의 결과를 대표하는 채점방법이 다양하며 평가된 결과에 따라 순위가 정해진다. 예를 들어 2008년 대회 기준으로 하계 올림픽의 경기 종목은 야구와 소프트볼의 정식종목 제외가 결정됨에 따라 총 36종이다.

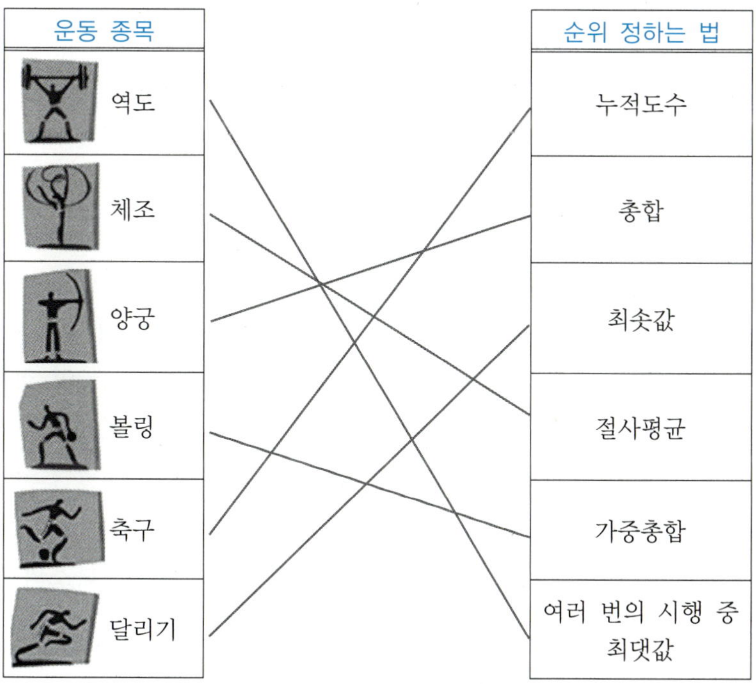

| 그림 1 | 운동 종목 순위 정하는 법

각각은 육상, 조정(노로 보트를 저어서 그 속도로 승부를 겨루는 경기), 배드민턴, 농구, 복싱, 카누, 사이클, 승마, 펜싱, 축구, 체조, 역도, 핸드볼, 하키, 유도, 레슬링, 수영, 수구, 비치발리볼, 다이빙, 싱크로나이즈, 근대5종(승마, 펜싱, 사격, 수영, 크로스컨트리 등 전혀 다른 5개 종목을 1명이 1일 1종목씩 5일간에 각기 다른 장소에서 실시하여 각 종목의 득점을 합하여 순위를 겨루는 경기), 태권도, 테니스, 탁구, 사격, 양궁, 트라이애슬론(한 사람이 연속 3종목 경기를 하는 것), 요트, 배구가 해당된다. 이 중 역도, 체조, 양궁, 볼링, 축구 그리고 달리기에 대해 채점하는 방법을 살펴보면 [그림 1]과 같다.

경기결과를 대표하는 채점처럼 자료 전체를 하나의 수로 요약하여 대표하는 값으로는 평균, 중앙값, 최빈값 등이 있다. 이와 같은 대푯값들은 자료의 중심 경향성을 값 하나로 측정하며 각각 다음과 같이 설명한다.

1.2.1 평균

가장 일반적으로 사용되는 대푯값으로 산술평균이 있다. 자료 전체의 개별수치를 전부 더한 다음 자료집단에 속한 숫자들의 개수로 나누어 준 값으로, 평균이라고 부른다.

연구대상이 되는 집단의 규모를 N, 그리고 집단 내에 속한 N개의 수치를 변수 X_i에 의해 표시하자. 이때 평균은 다음 방법으로 구한다.

$$\mu = \frac{X_1 + X_2 + \cdots + X_N}{N} = \frac{1}{N}\sum_{i=1}^{N} X_i$$

산술평균은 자료값을 전부 더한 다음 사용된 자료의 개수로 나누어 계산하는데, 이것도 자료가 구간별로 그룹화된 형태로 제시되면 원래 자료값들이 정확히 얼마였는지 확인할 길이 없다. 따라서 일정한 가정에 의해 다른 방법으로 계산할 수밖에 없다. 즉 구간의 중간값이 각 구간에 속한 값들을 대표할 수 있다고 가정한 뒤 이 대표적 수치를 해당 도수만큼씩 여러 번 더함으로써 실제 수치의 합산에 대신하는 것이다. 따라서 원래 $\mu = \frac{1}{N}\sum X_i$로 정의된 평균 계산공식은 다소의 수정이 필요하다. 각 구간의 대푯값을 X_i^c라 하고 이에 대응하는 도수를 f_i^c라 하면 평균은 다음 식과 같이 정의될 수 있다(단, 이때 구간수는 m개라 가정함).

m개 구간으로 구분된 자료의 평균;

$$\mu = \frac{1}{N}\sum_{i=1}^{m} X_i^c f_i^c = (f_1^c X_1^c + f_2^c X_2^c + \cdots + f_m^c X_m^c) \cdot \frac{1}{N}$$

이제 1.1절에서 다룬 대졸 초임에 대한 실제 자료를 이 식에 대입하여 평균을 구하면

$$\begin{aligned}\mu &= \frac{1}{50}(214.5\times 1 + 224.5\times 2 + 234.5\times 4 + 244.5\times 8 + 254.5\times 12 \\ &\quad + 264.5\times 10 + 274.5\times 8 + 284.5\times 4 + 294.5\times 1) \\ &= \frac{12885}{50} = 257.7\end{aligned}$$

이 되며 이는 원 자료가 알려져 있을 때 $\mu = \frac{1}{N}\sum_{i=1}^{m} X_i$에 의하여 구한 값 258.08과 거의 같으므로 간편 계산법으로서 충분한 가치가 있다.

그러나 위 식에 의한 평균의 계산도 구간수가 많아지거나 구간 대푯값이나 또는 도수가 커질수록 계산하는 데 어려움이 있다. 이러한 점을 감안하여 고안된 것을 가평균법이라 한다. 가평균은 일반적으로 전체 분포의 중간 위치에 있는 구간의 대푯값으로 정하나 이론상으로는 어느 구간의 대푯값을 선정하여도 무방하다. 일단 가평균(assumed mean)이 선정되면 각 구간의 대푯값(X_i)과 가평균(M_a)과의 차이 $d_i = X_i - M_a$가 산출될 수 있으며, 이때 평균은 다음 식과 같이 정의된다.

$$\mu = M_a + \bar{d} = M_a + \frac{1}{N}\sum_{i=1}^{m} d_i f_i \quad (\text{단, } \bar{d}\text{는 } d_i\text{의 평균})$$

이 식을 이용한 평균의 계산과정을 보이고자 원 자료를 표 1과 같이 정리하였다.

▼ 표 1

구간	구간의 중간점(X_i)	도수(f_i)	$d_i = X_i - M_a$	$d_i f_i$
$209.5 \le X < 219.5$	214.5	1	-40	-40
$219.5 \le X < 229.5$	224.5	2	-30	-60
$229.5 \le X < 239.5$	234.5	4	-20	-80
$239.5 \le X < 249.5$	244.5	8	-10	-80
$249.5 \le X < 259.5$	254.5	12	0	0
$259.5 \le X < 269.5$	264.5	10	$+10$	100
$269.5 \le X < 279.5$	274.5	8	$+20$	160
$279.5 \le X < 289.5$	284.5	4	$+30$	120
$289.5 \le X < 299.5$	294.5	1	$+40$	40
합계		$N = \sum f_i = 50$		$\sum d_i f_i = 160$

표에서처럼 가평균을 254.5로 선정하면 평균은 다음과 같이 계산된다.

$$\mu = M_a + \bar{d} = M_a + \frac{1}{N}\sum_{i=1}^{m} d_i f_i = 254.5 + \frac{1}{50} \times 160 = 257.7$$

이 계산결과는 가평균법을 이용하지 않았을 경우와 정확히 동일함을 알 수 있다.

1.2.2 중앙값

자료의 대표적 수치로서 자료의 중심 위치를 찾아내는 데 사용되는 또 하나의 개념으로 중앙값이 있다. 이것은 크기순서에 따라 배열된 숫자들 가운데 중앙에 위치하는 값으로 정의된다. 따라서 자료를 동일한 규모의 두 집단으로 나누는 작업이 필요할 때 적당한 대푯값 산출방안이 된다.

한 집단 숫자들의 중앙값을 찾아내는 작업은 일단 숫자들을 크기에 따라 배열하면 어려울 것이 없다. 만일 자료들의 집합에 포함된 수치의 개수가 홀수이면 그 중앙값은 가장 작거나 큰 값으로부터 중앙에, 즉 $\frac{N+1}{2}$번째 위치한 수치를 찾으면 된다. 그러나 자료 전체의 개수가 짝수이면 정확히 중앙에 위치하는 숫자는 없다. 대신 두 개의 숫자가 중앙 위치 양쪽에 있게 된다. 따라서 일반적으로 이들 두 숫자 가운데 값을 구하여 중앙값으로 정한다. 예를 들어 모 대학교 졸업생 중 취업된 10명만을 추출하여 월급을 살펴보았더니 다음과 같았다.

(단위: 만원)

210, 259, 265, 271, 263, 251, 249, 262, 268, 248

중앙값을 계산하기 위해서는 자료를 작은 값부터 큰 값으로 배열한다. 항목수가 10이므로 중앙값은 $\frac{N+1}{2} = 5.5$번째에 위치한다. 이는 5번째와 6번째의 중간을 의미하며 구하려는 중앙값은 $(259+262)/2 = 260.5$(만원)이 된다.

자료가 구간별 도수분포표 형태로 제시되면, 위의 방법으로 중앙값을 쉽사리 찾을 수 없다. 따라서 그룹화된 자료로부터 중앙값을 계산하기 위해 다음의 공식을 사용하게 된다.

그룹화된 자료의 중앙값

$$M_d = M_i + \frac{\frac{N+1}{2} - F}{f_{med}} \cdot c$$

단, M_i : 중앙값 구간의 하한값, F : 중앙값 구간 이전까지의 누적도수,
f_{med} : 중앙값 구간의 도수, c : 구간폭

표 1의 총 자료수(N)가 50이므로 중간 위치는 $\frac{N+1}{2} = 25.5$번째가 된다. 한편 $239.5 \sim 249.5$ 구간까지의 누적도수는 15이고, $249.5 \sim 259.5$ 구간까지 포함한 누적도수는 27이므로, 25.5번째 위치는 후자 구간에 속하는 것임을 알 수 있다. 이를 중앙값 구간이라 한다. 이 구간에 속하는 인원수는 12명이고, 이 구간의 간격은 10명이다. 그리고 중앙 위치(25.5)는 중앙값 구간 이전까지의 누적인원수 15로부터 $25.5 - 15 = 10.5$ 거리에 있다. 따라서 중앙값은 중앙값 구간의 값 가운데 오히려 상한값에 가까운 값이 될 것임을 알 수 있다.

주어진 자료를 이용하면 다음과 같이 중앙값이 산출된다.

$$M_d = 249.5 + \frac{25.5 - 15}{12} \cdot 10 = 258.25$$

1.2.3 최빈값

최빈값은 자료 중 가장 여러 번 측정된 값이나 항목, 즉 가장 빈도수가 많은 수치나 범주를 말한다. 예를 들어 한 건설회사가 서울과 안양 두 지역에 아파트를 지어 분양하고자 하는데 18평, 25평, 36평과 42평의 네 가지 모형을 적절히 배합하여 건축할 계획이라고 하자. 분양신청접수에 앞서 서울과 안양의 분양대상자를 각각 100명씩 적절한 절차에 따라 선정하여 희망하는 아파트의 규모를 조사한 결과 다음과 같은 표를 얻었다.

서울의 경우 가장 빈도가 높은 모델은 36평형의 C모델로서 이것이 최빈값이 된다. 이와 같은 결과는 건설회사가 서울 지역에 아파트를 건설하는 데 4개의 서로 다른 규모의 아파트 중 어떤 평형을 가장 많이 짓는 것이 유리한지에 관한 의사결정에 좋은 참고가 된다.

▼ 표 2

모델	크기(항목)	희망세대수(도수)	
		서울	안양
A	18평형	15	30
B	25 〃	20	26
C	36 〃	40	24
D	42 〃	25	20
	합계	100	100

최빈값(mode)은 도수분포에서 정상점을 말하는데 분포가 오직 하나의 정상점을 가질 경우를 단봉분포라 하고 이때 정상점에 해당하는 자료값을 최빈값이라 한다. 경우에 따라서 최빈값은 2개 이상 존재할 수도 있고 측정된 자료의 수가 적어 반복되는 자료가 없을 경우 최빈값이 없을 수도 있다. 2개의 서로 다른 자료가 동일한 최대빈도를 가지면 그 분포는 쌍봉형이 되고, 또한 동일한 최대빈도가 많으면 다봉형이라고 한다.

예제 1

에어컨 제작회사에서 지난 여름 8명의 판매원이 7월 한 달 동안 판매한 에어컨 수가 다음과 같을 때 판매원 1명의 실적을 이용하여 최빈값을 구하라.

8, 11, 5, 14, 9, 11, 17, 11

풀이 최빈수는 가장 많은 관찰도수를 가지는 값이다. 그러므로 최빈값은 11이다.

예제 2

다음은 어느 학급의 학생의 인기도를 조사한 자료이다. 세 후보 K, L, J를 대상으로 20명이 인기도 조사에 참가하였다. 최빈값을 구하라.

K,	K,	L,	L,	K,	J,	K,	K,	L,	J
J,	K,	L,	J,	L,	K,	K,	L,	K,	J.

풀이 K가 9번, L이 6번, J가 5번 반복되었다. 그러므로 K는 최빈값이며, 즉 인기가 가장 많은 학생으로 대표된다.

수량적 자료의 경우 자료들이 그룹화되지 않은, 즉 동일 간격을 가지는 구간으로 구분하여 정리되지 않은 상태로 제시되었다. 그러나 자료의 양이 많을수록 이와 같은 기초적 방법에 의해 대푯값을 계산하는 과정은 점차 비효율적이 된다. 따라서 자료를 일단 크기에 따라 구간별로 정리한 도수분포표를 작성한 다음, 추가적인 가정을 통해 계산하는 방법이 필요하다.

▼ 표 3 대졸취업자의 월급

구간(X_i)	구간중앙 대푯값	빈도도수 (f_i)	누적 도수	상대도수 (f_i/N)	누적 상대도수
$209.5 \leq X < 219.5$	214.5	1	1	0.02	0.02
$219.5 \leq X < 229.5$	224.5	2	3	0.04	0.06
$229.5 \leq X < 239.5$	234.5	4	7	0.08	0.14
$239.5 \leq X < 249.5$	244.5	8	15	0.16	0.30
$249.5 \leq X < 259.5$	254.5	12	27	0.24	0.54
$259.5 \leq X < 269.5$	264.5	10	37	0.20	0.74
$269.5 \leq X < 279.5$	274.5	8	45	0.16	0.90
$279.5 \leq X < 289.5$	284.5	4	49	0.08	0.98
$289.5 \leq X < 299.5$	294.5	1	50	0.02	1.00
합계		$50\left(=N=\sum_{i=1}^{9} f_i\right)$	50	1.00	

최빈값은 가장 여러 번 발생한 수치이며, 따라서 원 자료를 같은 수치별로 발생도수를 정리하면 저절로 확인된다. 그러나 일단 자료가 표 3처럼 구간별 도수분포표 형태로 정리되어 제시되면 이러한 방법으로는 최빈값을 찾을 길이 없다.

따라서 구간별도수가 가장 큰 249.5~259.5 구간(이 구간을 최빈구간이라 함)에 속하는 어떤 값이 아마 가장 여러 번 관측되었을 것이라고 가정하는 방법을 택할 수밖에 없다. 이 경우 우선 해당 구간의 중간값을 편의상 최빈수로 택하는 방법이 있을 것이다. 그러나 표 3에서처럼 자료의 분포가 최빈구간의 중앙값을 중심으로 대칭관계에 있지 않을 경우 254.5를 최빈값으로 삼기에는 석연치 않은 점이 있다. 최빈구간 아래 구간도수가 8, 위 구간도수가 10인 점을 감안하면 최빈값은 최빈구간의 중앙으로부터 위쪽에 있다고 보는 것이 합리적일 것이다. 이러한 점을 감안하여 일반적으로 최빈값은 다음 공식을 통해 계산된다.

$$M_0 = L_i + \left(\frac{\Delta l}{\Delta l + \Delta h}\right) \cdot c$$

단, L_i : 최빈구간의 하한값(lower limit of the model class)

Δl : 최빈구간의 도수와 아래 구간도수와의 차이

Δh : 최빈구간의 도수와 위 구간도수와의 차이

c : 구간폭(class interval)

따라서 최빈값은

$$M_0 = L_i + \frac{\Delta l}{\Delta l + \Delta h} \cdot c$$
$$= 249.5 + \frac{4}{4+2} \cdot 10$$
$$= 256.17$$

과 같이 산출된다.

지금까지 우리는 여러 가지 대푯값을 비교·검토하였다. 자료의 중심위치를 측정하는 대푯값들로 평균, 중앙값, 최빈값 등이 유용하지만, 이들 값만으로는 자료의 분포특징을 나타내 주지 못한다. 다음은 어느 두 반의 수학성적을 표와 점그림으로 나타낸 것이다. 이처럼 평균, 중앙값, 최빈값이 모두 같은 두 종류의 자료에 대하여 분명히 다른 특성, 즉 자료의 퍼짐 정도를 나타내는 통계량이 더 필요한 것이다. A반은 B반에 비하여 60이라는 값을 중심으로 좀 더 조밀하게 모여 있고, B반은 60을 중심으로 넓게 퍼져 있다는 것을 알 수 있다.

반	수학 성적												
A	55	55	55	55	60	60	60	60	60	65	65	65	65

평균=중앙값=최빈값=60

A반

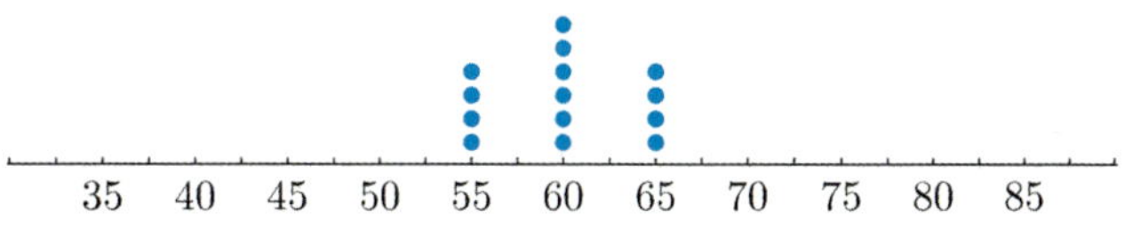

반	수학 성적												
B	35	40	45	50	55	60	60	60	65	70	75	80	85

평균=중앙값=최빈값=60

B반

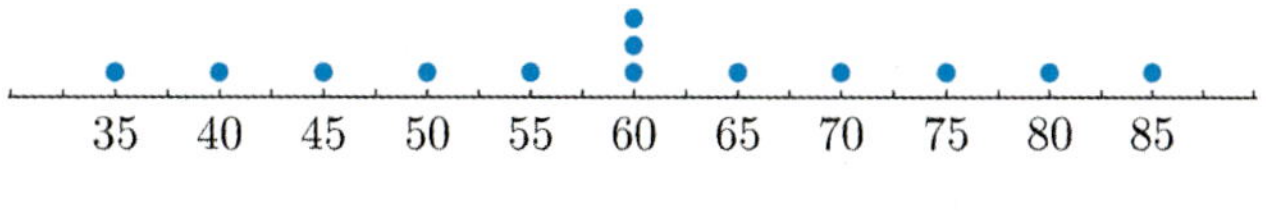

자료가 얼마나 넓게 퍼져 있고 분포되어 있는가는 변동의 측도 또는 산포의 측도를 구하여 알 수 있다. 자료의 변동을 나타내는 통계량에는 평균편차, 분산과 표준편차 등이 있다. 이러한 산포에 대한 통계량은 그 값이 클수록 변동이 크고 광범위하게 퍼져 있다는 것을 나타낸다.

1.2.4 평균편차(mean deviation)

수집된 자료의 어떤 값도 무시하지 않으면서, 그리고 평균값의 영향을 제거시킨 상태에서 자료들이 분포되어 있는 정도를 측정하는 방법이 있다. 이 방법은 원래 자료를 일단 새로운 숫자로 전환시키는 과정을 수반한다. 즉 모든 자료값으로부터 평균을 빼는데, 이 결과 산출된 일련의 숫자를 우리는 편차(deviation)라 한다. 이렇게 계산된 편차는 자료집단 내의 각 숫자가 평균으로부터 어느 방향으로 얼마나 멀리 떨어져 있는지를 나타내준다.

이 과정을 공식화하기 위해 N개의 값 X_1, X_2, $\cdots$, X_N이 각각 평균(μ)으로 부터의 편차(D_i)로 전환되었다고 하자. 이제 이 새로운 변숫값, 즉 편차들을 $D_i = X_i - \mu$ $(i = 1, 2, 3, \cdots, N)$과 같이 나타낼 수 있으며, 이때 그 평균은 영이 된다. 즉 $\sum_{i=1}^{N}(X_i - \mu) = \sum D_i = 0$이다.

앞의 모 대학교 졸업생 중 취업자들 가운데 뽑은 10명의 월급에서 평균은 254.6만원이므로 각각의 편차는 다음과 같음을 알 수 있다.

$$D_i = \{-44.6,\ -6.6,\ -5.6,\ -3.6,\ 4.4,\ 7.4,\ 8.4,\ 10.4,\ 13.4,\ 16.4\}$$

(단위: 만원)

따라서

$$\begin{aligned}\sum_{i=1}^{10}(X_i - \mu) &= -44.6 - 6.6 - 5.6 - 3.6 + 4.4 + 7.4 + 8.4 + 10.4 + 13.4 + 16.4 \\ &= 0\end{aligned}$$

이 됨을 알 수 있다.

일단 이와 같이 평균으로부터의 편차가 계산되면 이 숫자들을 통하여 자료가 퍼져 있는 정도를 나타낼 수 있는 단일계수를 찾는 작업이 필요하다. 가장 손쉬운 이론적 방안은 편차들의 절댓값의 평균을 구하는 것이다. 이를 평균편차(mean deviation)라 하며 다음과 같이 정의한다.

$$\text{평균편차} \ \ M.D. = \frac{1}{N}\sum_{i=1}^{N} | X_i - \mu |$$

앞에서 구한 편차들을 토대로 평균편차를 구해보면,

$$M.D. = \frac{1}{10}(44.6 + 6.6 + 5.6 + 3.6 + 4.4 + 7.4 + 8.4 + 10.4 + 13.4 + 16.4)$$
$$= 12.08 \text{ (만원)}$$

이 된다. 따라서 이 집단의 각 값은 산술평균으로부터 떨어져 있는 거리가 평균적으로 120,800원임을 알 수 있다.

이와 같이 편차의 절댓값을 이용하여 산포도를 측정하는 방안은 좋은 산포도 측정방법에 요구되는 대부분의 특성을 만족시킨다. 단 평균편차의 공식이 절댓값 부호를 포함하고 있어 수학적으로 조작하기 불편한 점이 있음을 지적할 수 있다.

1.2.5 표준편차와 분산

평균편차의 평균은 0이 되므로 편차의 절댓값이 수학적 조작이 곤란함에도 불구하고 평균편차를 사용하게 된다. 이러한 문제를 해결하기 위한 하나의 방안으로 편차를 제곱한 값들의 평균을 구할 수 있다. 편차 제곱의 평균을 우리는 분산(variance)이라 일컫는다. 이렇게 계산된 분산은 자료가 흩어져 있는 정도를 측정하는 데 요구되는 여러 조건을 충족시키는 전형적인 산포도 측정방안이다. 즉 분산은 평균으로부터의 편찻값을 이용하여 계산되므로 평균값과는 독립적으로 산정되며, 주어진 자료의 모든 값을 이용할 뿐만 아니라 조작이 상당히 쉽다. 또한 분산값은 자료의 조그만 변화에도 아주 민감하여 예컨대 100개의 숫자로 형성된 집단의 자료 중 어느 하나의 값만 변해도 분산값이 달라질 정도의 정밀성을 갖추고 있다.

이제 평균으로부터의 편차들을 제곱한 값들의 평균이라 정의되는 분산은 (대상집단이 모집단으로 간주될 때) 일반적으로 σ^2으로 표기되며 다음과 같이 정의한다(여기서 σ^2은 그리스문자 '시그마'의 제곱이다).

$$\text{모집단의 분산} \ \ \sigma^2 = \frac{1}{N}\sum_{i=1}^{N}(X_i - \mu)^2$$

분산은 주어진 자료단위를 제곱한 상태로 계산되므로 사용된 자료와 같은 단위로 표시하려면 분산의 제곱근을 구해야 할 것이다. 분산의 제곱근, 즉 $\sqrt{\sigma^2}$ 또는 σ를 표준편차(standard diviation)라 한다. 표준편차는 분산을 대신하여 자료의 산포도를 묘사하기 위해 사용된다. 모집단의 표준편차는 다음과 같이 정의된다.

$$\sigma = \sqrt{\frac{1}{N}\sum_{i=1}^{N}(X_i - \mu)^2}$$

앞의 평균편차를 구한 자료를 이용하여 모분산과 표준편차를 구하면 다음과 같다.

$$\text{모분산} \quad \sigma^2 = \frac{1}{10}\{44.6^2 + 6.6^2 + 5.6^2 + 3.6^2 + 4.4^2 + 7.4^2 + 8.4^2 + 10.4^2 + 13.4^2 + 16.4^2\} \times 10000^2 \fallingdotseq 308.71 \times 10000^2 (\text{원})$$

$$\text{표준편차} \quad \sigma \fallingdotseq 17.57 \times 10000 = 14300 (\text{원})$$

일반적으로 분산 σ^2의 값에 대한 정확한 해석은 평균편차에 비해 어렵다. 왜냐하면 분산의 정도가 측정단위에 따라 달리 나타나기 때문이다. 예컨대 위의 모분산 및 표준편차의 계산 예에서는 1원 단위로 측정한 결과였지만 이를 만원 단위로 계산해보면

$$\text{모분산} \quad \sigma^2 \fallingdotseq \frac{1}{10}\{44.6^2 + 6.6^2 + 5.6^2 + 3.6^2 + 4.4^2 + 7.4^2 + 8.4^2 + 10.4^2 + 13.4^2 + 16.4^2\} \fallingdotseq 308.71 (\text{만원})$$

$$\text{표준편차} \quad \sigma \fallingdotseq 17.57 (\text{만원})$$

이므로, 따라서 이 두 쌍의 값을 비교해보면 1원 단위로 측정하였을 경우의 분산이 만원 단위로 측정한 결과를 사용할 때보다 더 커짐을 알 수 있다. 물론 표준편차의 값은 원래 측정단위와 같은 단위로 표현되므로 변동이 없다.

앞에서 사용한 예에서 볼 수 있듯이 모집단의 크기가 상당히 작음에도 불구하고 분산이나 표준편차는 계산하는 과정이 지루하다. 이러한 계산상의 짐을 덜고자 통계학자들은 간편계산법을 고안해냈다. 다음의 공식이 바로 간편계산용 σ^2의 정의이다. 다음의 식은 X_i^2의 평균에서 X_i의 평균(μ)의 제곱을 차감한 것이 분산과 같아짐을 의미하고 있다.

모집단의 분산

$$\sigma^2 = \left(\frac{1}{N}\sum_{i=1}^{N} X_i^2\right) - (\mu)^2$$

지금까지 제시된 분산에 관한 공식은 자료들이 구간별로 분류되어 정리되지 않은 상태를 전제로 한 것이다. 그러나 특히 자료의 양이 많아질수록 우리는 일반적으로 동일 간격을 가지는 몇 개의 구간을 설정하고 각 구간에 속하는 자료의 개수를 헤아리고 정리하여 이른바 도수분포표를 작성한다. 구간수 그리고 각 구간의 대푯값(각 구간의 중앙값 또는 중간 위치의 값)을 선정하는 방법은 이미 대푯값 계산 방법을 설명할 때 다루었으므로 생략하기로 한다. 일단 자료가 도수분포표 형태로 정리되면 분산은 다음 공식에 의해 계산된다.

$$\sigma^2 = \frac{1}{N}\sum_{i=1}^{m}(X_i - \mu)^2 f_i = \sum_{i=1}^{m}(X_i - \mu)^2\left(\frac{f_i}{N}\right)$$

즉, 각 구간별 대푯값 편차를 제곱하고 해당 구간의 도수를 곱하여 얻은 숫자들의 평균을 구하는 것이다. 이는 각 구간에 속한 여러 개의 숫자들을 일일이 평균으로부터 차감하여 편차를 계산하는 대신 각 구간의 대푯값으로부터의 편차에 이 구간에 속하는 자료의 개수를 곱함으로써 계산을 단순화하는 어림셈 방법이다. 앞에서 사용한 표에 근거하여 위의 공식을 이용하면 $\sigma^2 = 293$이 된다.

EXERCISE 연/습/문/제 1.2

01 다음 표는 영재가 기르는 나팔꽃의 키를 일주일 동안 조사하여 나타낸 것이다. 그러나 화요일과 토요일에는 할머니 댁에 다녀와 키를 재지 못하였다.

요일	일	월	화	수	목	금	토
식물의 키(cm)	2	3		6	8	12	

(1) 위의 표에서 나팔꽃 키의 평균을 구할 수 있는가? 있다면 그 값은 무엇이며, 없다면 왜 구할 수 없는지 그 이유를 설명하라.

(2) 위의 표에서 나팔꽃 키의 중앙값을 구할 수 있는가? 있다면 그 값은 무엇이며, 없다면 왜 구할 수 없는지 그 이유를 설명하라.

(3) 위의 표에서 나팔꽃 키의 최빈값을 구할 수 있는가? 있다면 그 값은 무엇이며, 없다면 왜 구할 수 없는지 그 이유를 설명하라.

02 영재네 반에서 수학시험을 보았다. 답이 맞으면 5점, 틀리거나 빈칸은 2점씩 감점하는 시험이다. 영재네 반 학생의 수는 33명이다. 모든 학생은 20문제 모두에 답을 적었고, 채점 결과 모든 학생들은 10문항 이상을 맞췄다. 또한 전체 학생들의 점수를 살펴보니 10문항을 맞춘 학생부터 20문항을 모두 맞춘 학생까지 골고루 3명씩 같은 점수가 부여되어 있었다.

(1) 영재네 반 학생들의 수학 성적의 평균은 몇 점인가?

(2) 산술평균 공식을 사용하지 않고, 평균을 구할 수 있는 방법을 설명하라.

03 어느 아파트단지에서 어린이 놀이터를 만들기 앞서 단지 내에 살고 있는 어린이들의 연령층을 파악하고자 16명을 임의로 선정하여 나이를 조사해보니 다음과 같았다.

1, 4, 8, 4, 11, 7, 3, 11, 9, 7, 3, 7, 3, 7, 10, 8

다음을 구하라.

(1) 평균연령 (2) 중앙값 (3) 최빈값

(4) 범위 (5) 표준편차

04 다음은 한국, 미국, 일본의 총 인구 및 연평균 증가율을 나타낸 표이다. 세 나라 전체의 연평균 인구증가율을 구하라.

	인구	연평균 인구증가율(%)
한국	37,407	1.5
미국	226,546	0.9
일본	117,060	0.6

05 다음은 어느 학급 학생 30명의 100m 달리기 기록을 조사하여 히스토그램으로 나타낸 것이다. 100m 달리기 기록의 분산을 구하라.

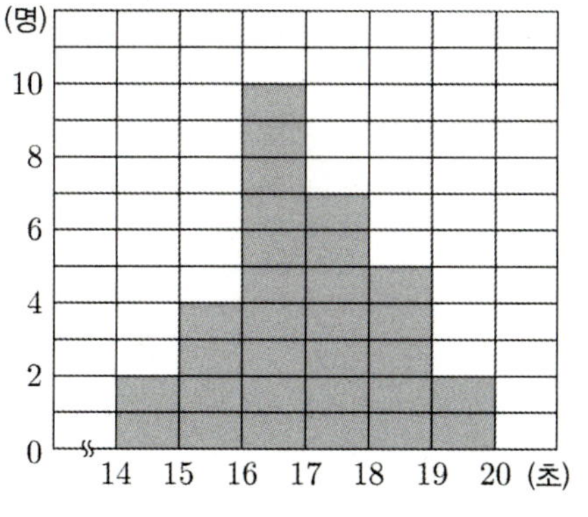

06 다음은 어느 부대에서 사격대표를 뽑기 위해 A, B, C, D, E 다섯 명의 병사들이 다음의 그림과 같이 1부터 9까지 숫자가 적힌 표적을 향해 각각 10발씩 사격을 한 후, 각 병사들의 표적지를 회수하여 확인한 결과이다.

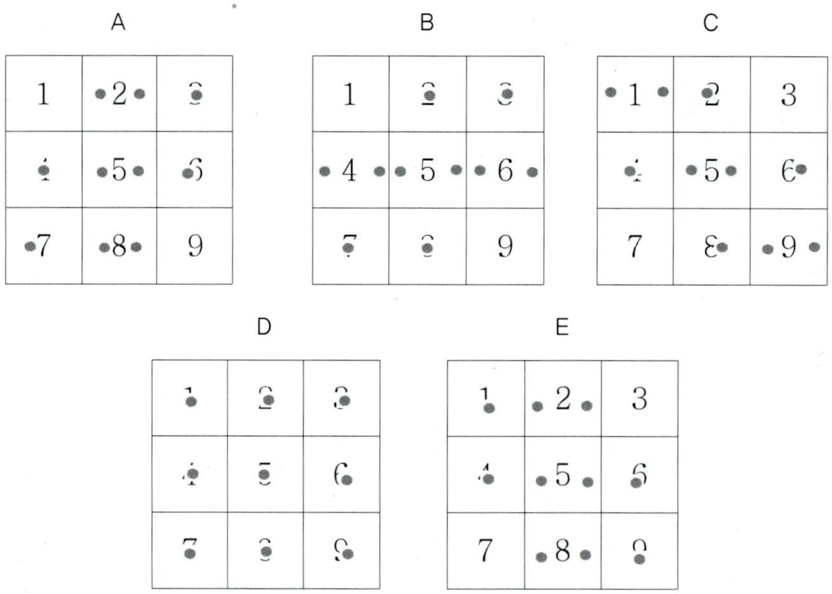

이 부대에서는 어느 병사를 대표로 뽑아야 하는가? 그 이유를 함께 설명하라.

CHAPTER

02 확률의 소개

학습목표

- 확률을 이용하여 불확실한 현상을 분석하는 능력을 키운다.
- 확률의 성질을 통하여 다양한 확률을 계산하는 능력을 키운다.
- 특정 조건 아래서 하나의 사건이 발생할 확률과 사건의 독립성에 대하여 학습한다.
- 어느 한 사건의 확률을 새로운 정보에 입각하여 결정하는 과정에 관한 법칙을 학습하고, 이를 통해 새로운 정보에 나타난 결과가 발생할 것을 조건으로 하는 조건부 확률을 학습한다.

이 장에서는 다양한 확률이론을 학습하고, 이를 통하여 불확실한 사회현상을 분석하며, 무질서하고 우연으로만 보이는 사회현상 속에서 규칙을 찾는 방법을 익힌다. 이를 위해 확률의 정의구역인 사건의 개념과 다양한 확률의 성질을 학습한다. 또한 어느 한 사건의 확률을 새로운 정보에 입각하여 결정하는 과정에 관한 법칙을 통하여 새로운 정보에 나타난 결과가 발생할 것을 조건으로 하는 조건부 확률을 학습한다.

2.1 집합이론

통계학에서 가장 문제 되는 부분은 불확실성이다. 왜냐하면 미지의 집단에 대한 특성을 미리 알 수도 없고, 따라서 의사결정과정에서 정확한 예측을 할 수도 없기 때문이다. 그러므로 이러한 문제를 분석할 때 어떤 사건이 발생할 가능성을 우선 평가해야 한다. 예를 들면 표본에 의거한 분석이 모집단의 특성을 얼마나 정확하게 반영할 수 있는지 또는 의사결정에 의한 결론이 실제로 발생할 가능성은 어느 정도인지 하는 등의 문제이다. 이러한 문제에 대한 분석은 결국 한 사건이 발생할 확률을 확인하는 것으로 파악할 수 있다.

미래는 기계처럼 반드시 확정적으로 전개되지 않으며, 오히려 통계적인 법칙이 작용한다. 결정론적인 단정 대신에 확률적 예측을 하는 것이 현실적이다. 미래의 일을 알아내는 수단의 하나로서 출발한 확률이 등장한 시기는 과학세계와는 거리가 먼 도박장이었다. 일반적으로 확률의 수학적인 이론은 주사위를 포함한 어떤 도박문제들에 관해 연구한 프랑스 수학자 파스칼에 의하여 시작되었다고 보고 있다.

1654년 이후 파스칼과 페르마와의 사이에 몇 통의 서신왕래가 있었지만 그중 확률론과 관련한 내용이 담긴 편지는 모두 세 통이다. 확률론의 실질적 출발점이 된 이 편지를 파스칼이 쓴 동기는 친구 드 메레가 문의한 도박과 관련한 문제 때문이었다. 그들이 푼 어떤 문제들은 이후 300년 동안 뛰어난 풀이 가운데 하나로 평가받았다.

일상사가 모두 방정식으로만 표시된다면 모든 일을 한눈에 쉽게 알 수 있으므로 더없이 편리하다. 그러나 일상생활에서 간단한 함수식으로는 표현할 수 없는 현상이 많다. 가령 태어나는 아이의 성을 예측할 때 그 결과는 방정식으로 나타낼 수 없다. 또한 주사위를 던졌을 때 나올 수 있는 눈의 개수를 알아보려 할 때 어떤 수가 나올지 방정식으로는 나타낼 수 없다. 그러나 사람의 눈에는 아무리 무질서한 것처럼 보이는 현상일지라도 거기에는 반드시 어떤 법칙성이 존재하며, 확률이론은 겉보기에는 무질서하고 우연으로만 보이는 것들 속에서 질서를 밝혀내는 것을 목적으로 한다.

어떤 현상의 결과를 미리 확실하게 알지 못할 때 그 결과를 얻기 위한 과정을 실험(experiment)이라고 한다. 예를 들면 한 개의 동전을 10번 던지는 실험에서 실험자가 앞면을 적어도 5번 얻을 확률을 구하고자 할 때 동전을 10번 던지는 과정, 또는 어떤 장소에서 기온을 100일 동안 매일 정오에 관측하는 실험에서 한 사람이 이 기간 동안의 평균기온이 어떤 특정한 값보다 작을 확률을 구하고자 할 때 기온을 관측하는 과정 등이 모두 실험의 예가 된다.

한 실험의 모든 가능한 결과들의 모임을 그 실험의 표본공간(sample space)이라고 한다. 다시 말하면 표본공간은 가능한 결과들의 집합(set)으로 생각할 수 있고, 각각의 결과는 표본공간에 있는 한 원(element)으로 생각할 수 있다. 또한 표본공간의 부분집합을 사건(event)이라고 한다. 한 실험에서 어떤 사건이 일어났다(an event occurs)라고 하는 것은 그 실험의 결과가 사건을 특정시키는 어떤 조건들을 만족했다는 것을 의미한다. 다시 말하면 표본공간에 있는 어떤 결과들은 그 사건이 일어난 것을 나타내고 나머지 결과들은 그 사건이 일어나지 않은 것을 나타낸다.

예제 1

동전을 2번 던지는 실험을 시행할 때 동전의 앞면을 H로, 뒷면을 T로 표시할 때, 표본공간 S를 구하라.

풀이

$$S=\{HH, TH, HT, TT\}$$

이다. 이때 적어도 앞면이 한 번 나올 사건 A는 S의 부분집합 $A=\{HH, TH, HT\}$이고, 앞면이 한 번도 나오지 않는 사건 B는 S의 부분집합 $B=\{TT\}$이다.

예제 2

한 개의 동전을 앞면이 나올 때까지 던지는 실험에서 표본공간 S를 구하라.

풀이

$$S=\{H, TH, TTH, TTTH, \cdots\}$$

이다. 이 경우 표본공간 S는 무한집합이다. 이 실험에서 3회째 앞면이 나오는 사건 A는 S의 부분집합 $A=\{TTH\}$이다.

예제 3

어떤 기계의 수명시간에 대해 측정하는 실험에서 표본공간 S를 구하라.

풀이 이 실험에서 가능한 관찰값은 음이 아닌 실수이며, 표본공간 S는

$$S=\{x \mid 0 \le x < \infty\}$$

이다. 이 실험에서 20시간 이상 기계가 작동하는 사건 A는 S의 부분집합 $A=\{x \mid x \ge 20\}$이다.

지금까지 보았듯이 집합이론의 기본적인 언어와 개념은 확률이론의 발전을 위한 자연스러운 배경을 제공해준다. 이제 집합이론의 기본적인 개념과 표기법을 복습해보자.

만일 사건 A를 정의하는 부분집합에 속하는 모든 결과들이 사건 B를 정의하는 부분집합에도 속한다면, 사건 A는 다른 사건 B에 포함된다고 하며, $A \subset B$로 표시한다. 이 경우 A는 B의 한 부분집합이라고 한다.

또한 어떤 사건들은 가능한 경우가 발생하지 않을 수도 있다. 예를 들어 예제 3의 경우 음수가 나온다는 것은 불가능하며 따라서 음수를 얻을 사건은 어떤 결과도 포함하지 않는 S의 부분집합으로 정의된다. S의 이러한 부분집합을 공집합(empty set, null set)이라 하며, ϕ로 표시한다.

포함관계와 공집합에 대하여 다음 성질들이 성립한다.

$$\phi \subset A \subset S$$
$$A \subset B,\ B \subset A \Leftrightarrow A = B$$
$$A \subset B,\ B \subset C \Rightarrow A \subset C$$

두 사건 A와 B의 어느 한 집합에는 반드시 속하는 모든 결과들을 포함하는 사건을 합사건(union event)이라 하고, $A \cup B$로 표시한다. n개의 사건 A_1, A_2, $\cdots$, A_n의 합은 이러한 n개의 사건들 가운데 적어도 하나에 속하는 모든 결과들

을 포함하는 사건으로 정의하며, $A_1 \cup A_2 \cup \cdots \cup A_n$ 또는 $\bigcup_{i=1}^{n} A_i$로 표시한다.

한편 두 사건 A와 B에 대하여 A와 B 동시에 속하는 모든 결과들을 포함하는 사건을 A와 B의 교사건(intersection event)이라 하고, $A \cap B$로 표시한다. n개의 사건 $A_1, A_2, \cdots, A_n$의 교집합은 이러한 n개의 사건들에 공통인 결과들을 포함하는 사건으로 정의하며, $A_1 \cap A_2 \cap \cdots \cap A_n$ 또는 $\bigcap_{i=1}^{n} A_i$로 표시한다.

임의의 사건 A, B, C의 합사건과 교사건에 대하여 다음과 같은 성질들이 성립한다.

$$A \cup B = B \cup A,\quad A \cup A = A,\quad A \cup \phi = A,\quad A \cup S = S$$
$$A \cap B = B \cap A,\quad A \cap A = A,\quad A \cap \phi = \phi,\quad A \cap S = A$$
$$A \cap B \cap C = (A \cap B) \cap C = A \cap (B \cap C)$$
$$A \cup B \cup C = (A \cup B) \cup C = A \cup (B \cup C)$$

사긴 A에 대하여 A에 속하지 않고 S에 있는 모든 결과들을 포함하는 사건을 A의 여사건(complement event)이라 하고, A^c로 표시한다. 또한 두 사건 A와 B가 공통으로 결과를 가지고 있지 않으면 A와 B는 배반사건(disjoint event)이라 한다. 다시 말하면 A와 B가 배반사건이기 위한 필요충분조건은 $A \cap B = \phi$이다. 임의의 사건들의 집합에 있는 어느 두 사건도 공통으로 어떤 결과를 가지고 있지 않으면 그 집합에 있는 사건들은 서로 배반이라고 한다. 특히 n개의 사건 $A_1, A_2, \cdots, A_n$이 두 조건

(1) $i \neq j$에 대해 $A_i \cap A_j = \phi$

(2) $\bigcup_{i=1}^{n} A_i = S$

를 만족하면 n개의 사건 $A_1, A_2, \cdots, A_n$을 S의 분할(partition)이라 한다.

여사건에 대하여 다음과 같은 성질들이 성립한다.

$$(A^c)^c = A,\quad \phi^c = S,\quad S^c = \phi,\quad A \cup A^c = S,\quad A \cap A^c = \phi$$

예제 4

주사위를 한 번 던져서 나오는 눈의 수를 관찰하는 실험에서 표본공간과 짝수와 홀수 눈이 나오는 경우, 3의 배수가 나오는 경우를 사건으로 표시하라.

풀이 표본공간 S는

$$S=\{1,\ 2,\ 3,\ 4,\ 5,\ 6\}$$

이다. 사건 A를 짝수 눈이 나오는 경우, 사건 B를 홀수 눈이 나오는 경우, 사건 C를 3의 배수가 나오는 경우라고 하면

$$A=\{2,\ 4,\ 6\}\quad B=\{1,\ 3,\ 5\}\quad C=\{3,\ 6\}$$

으로 표현된다. 이 경우

$$A\cup B=S,\ A\cap B=\phi,\ A\cap C\subset A,\ A\cap C\subset C,$$
$$A^c=B,\ (A\cup C)^c=\{1, 5\}$$

가 성립한다.

예제 5

1에서 9까지 숫자가 하나씩 적힌 9개의 공이 들어 있는 주머니에서 한 개의 공을 꺼내는 시행을 한다. 꺼낸 공에 적힌 숫자가 홀수인 사건을 A, 8의 약수인 사건을 B, 3의 배수인 사건을 C라고 할 때 다음을 구하라.

(1) $A\cup B$ (2) $A\cap C$ (3) $B\cap C$

(4) A^c (5) B^c (6) $A^c\cap B^c$

풀이 먼저 표본공간을 S라 하면

$$S=\{1,\ 2,\ 3,\ 4,\ 5,\ 6,\ 7,\ 8,\ 9\}$$

이며, 세 사건 A, B, C는

$$A=\{1,\ 3,\ 5,\ 7,\ 9\},\quad B=\{1,\ 2,\ 4,\ 8\},\quad C=\{3,\ 6,\ 9\}$$

이므로

(1) $A \cup B = \{1,\ 2,\ 3,\ 4,\ 5,\ 7,\ 8,\ 9\}$

(2) $A \cap C = \{3,\ 9\}$

(3) $B \cap C = \phi$

(4) $A^c = \{2,\ 4,\ 6,\ 8\}$

(5) $B^c = \{3,\ 5,\ 6,\ 7,\ 9\}$

(6) $A^c \cap B^c = \{6\}$

EXERCISE 연/습/문/제 2.1

01 서로 다른 두 개의 동전을 던지는 실험에서 두 개 모두 앞면이 나오는 사건을 A, 두 개 모두 뒷면이 나오는 사건을 B라고 할 때 다음 물음에 답하라.

(1) $A \cap B$를 구하라.

(2) A^c과 B^c을 구하라.

(3) A와 B가 서로 배반사건인지를 말하라.

(4) A^c과 B^c이 서로 배반사건인지를 말하라.

02 한 개의 주사위를 던지는 시행에서 짝수 눈이 나오는 사건을 A, 소수 눈이 나오는 사건을 B라고 할 때 다음을 구하라.

(1) 표본공간 S (2) $A \cap B$

(3) $A \cup B$ (4) $A^c \cap B$

03 한 개의 동전을 두 번 던지는 시행에서 앞면을 H, 뒷면을 T라 하자. 두 번 모두 앞면이 나오는 사건을 A, 앞면이 적어도 한 번 나오는 사건을 B, 뒷면이 적어도 한 번 나오는 사건을 C라고 할 때 다음을 구하라.

(1) $A \cup B$ (2) $A \cap C$ (3) B^c

04 전체집합 S와 S의 부분집합 A가 다음과 같을 때 A의 여집합 A^c을 구하라.

(1) $S = \{x : 0 < x < 1\}$, $A = \left\{x : \frac{5}{8} \le x < 1\right\}$

(2) $S = \{(x, y) : |x| + |y| \le 2\}$, $A = \{(x, y) : x^2 + y^2 < 2\}$

05 1부터 10까지 숫자가 적힌 10장의 빨간 카드와 10장의 파란 카드로 구성된 카드 한 벌로부터 한 장의 카드를 뽑는다고 하자. A를 짝수가 적힌 카드를 뽑는 사건, B를 파란 카드를 뽑는 사건, C를 5보다 작은 숫자가 적힌 카드를 뽑는 사건이라고 하자. 이때 표본공간 S를 기술하고 다음의 사건을 S의 부분집합으로 기술하라.

(1) $A \cap B \cap C$ (2) $B \cap C^c$ (3) $A \cup B \cup C$

(4) $A \cap (B \cup C)$ (5) $A^c \cap B^c \cap C^c$

2.2 확률의 의미와 성질

2.1절에서 소개한 집합이론을 확률개념에 도입하기 위하여 우선 집합과 확률개념의 상호관계를 명백히 밝혀둘 필요가 있다. 어떤 실험의 시행을 통하여 발생할 수 있는 모든 결과를 포함하는 집합을 전체집합이라고 한다. 이와 같이 실험의 모든 결과를 나타내는 전체집합은 확률이론에서의 표본공간개념과 일치한다. 전체집합을 구성하는 각 원소를 확률이론에서는 표본공간을 구성하는 표본점이라 하며, 이는 실험결과로 얻어진 개별적인 사건을 의미한다. 확률이론에서는 일반적으로 실험 또는 관측을 통해서 얻은 결과를 사건이라고 하는데, 이는 집합이론에서의 부분집합과 같은 개념이다.

▼ 표 1

집합론적 개념	집합론적 용어	확률론적 용어	확률론적 개념
한 집합의 모든 원소	전체집합	표본공간	실험의 모든 가능한 결과
개별 구성인자	원소	표본점	개별 실험결과
하나 또는 둘 이상의 구성인자 모임	부분집합	사건	하나 또는 둘 이상의 실험결과

이제 확률을 세 가지로 나누어서 자세하게 알아보도록 하자.

2.2.1 수학적 확률

한 개의 주사위를 던지는 시행에서 1, 2, 3, 4, 5, 6의 눈 가운데 어떤 눈이 나올지는 우연에 의해 좌우되므로 정확히 예측할 수 없다. 그러나 정상적으로 만들어진 주사위라면 각 눈이 나올 가능성은 모두 같다고 기대할 수 있으므로 각 눈이 나올 가능성은 모두 $\frac{1}{6}$이다.

이와 같이 어떤 시행에서 사건 A가 일어날 가능성을 수로 나타낸 것을 사건 A가 일어날 확률이라 하고, 기호로 $P(A)$와 같이 나타낸다. $P(A)$의 P는 확률을 뜻

하는 probability의 첫 글자이다.

일반적으로 어떤 시행의 결과가 유한개이고 각 근원사건이 일어날 가능성이 같은 정도로 기대될 때, 표본공간 S의 원소 개수를 $n(S)$, 사건 A의 원소 개수를 $n(A)$라고 하면 사건 A의 일어날 확률 $P(A)$는

$$P(A)=\frac{n(A)}{n(S)}$$

이다. 이것을 사건 A가 일어날 수학적 확률이라고 한다.

수학적 확률

어떤 시행의 결과가 유한개이고 각 근원사건이 같은 정도로 일어날 것이 기대될 때, 표본공간 S에서 사건 A가 일어날 수학적 확률은

$$P(A)=\frac{n(A)}{n(S)}=\frac{\text{사건 } A\text{의 원소 개수}}{\text{표본공간 } S\text{의 원소 개수}}.$$

예제 1

한 개의 주사위를 던질 때 5 이하의 눈이 나올 확률을 구하라.

풀이 이 경우 표본공간을 S, 5 이하의 눈이 나오는 사건을 A라 하면, $S=\{1, 2, 3, 4, 5, 6\}$, $A=\{1, 2, 3, 4, 5\}$이므로

$$P(A)=\frac{n(A)}{n(S)}=\frac{5}{6}$$

이다.

예제 2

세 명의 자녀를 둔 부모 중에서 자녀 구성이 서로 다른 부모를 한 쌍씩 모은 후 그중에서 임의로 한 쌍의 부모를 뽑을 때 다음을 구해보자. (단 딸과 아들의 순서가 다르면 자녀 구성이 다른 경우이다.)

(1) 첫째 자녀가 딸일 확률 (2) 딸이 한 명일 확률

풀이 우선 자녀가 3명일 때 가능한 모든 자녀 구성을 생각한 후 각 조건을 만족하는 경우를 구한다. 수학적 확률을 구하기 위해서는 모든 경우의 수와 특정한 사건이 일어나는 경우의 수를 각각 구한다.

딸을 D, 아들을 S로 나타내면 표본공간은

$$\{(D, D, D), (D, D, S), (D, S, D), (S, D, D), (D, S, S), (S, D, S), (S, S, D), (S, S, S)\}.$$

(1) 첫째 자녀가 딸인 사건은

$$\{(D, D, D), (D, D, S), (D, S, D), (D, S, S)\}.$$

따라서 첫째 자녀가 딸일 확률은 $\frac{4}{8}=\frac{1}{2}$이다.

(2) 딸이 한 명인 사건은

$$\{(D, S, S), (S, D, S), (S, S, D)\}.$$

따라서 딸이 한 명일 확률은 $\frac{3}{8}$이다.

예제 3

그림 1과 같이 엎어 놓은 세 개의 컵 A, B, C 중 하나의 컵 속에 주사위가 들어 있다. 세 개의 컵 중에서 하나의 컵을 선택하여 그 컵 속에 주사위가 들어 있으면 상품을 주는 게임을 한다. 게임에 참여한 사람이 하나의 컵을 선택하면 진행자는 선택한 컵 이외의 주사위가 들어 있지 않은 컵을 보여주면서 선택한 컵을 바꿀 기회를 준다. 이때 컵을 바꾸는 것이 상품을 타는 데 유리한지 불리한지 판정하라.

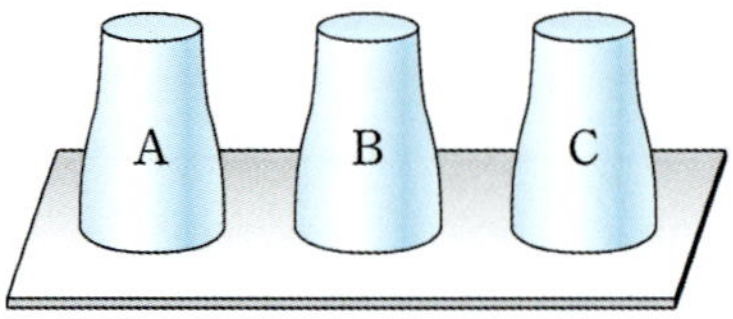

| 그림 1 | 컵 A, B, C

풀이 게임에 참여한 사람이 A컵을 선택할 때 주사위가 A, B, C컵에 들어 있는 각 경우에 대하여 컵을 바꾸면 상품을 탈 수 있는지 없는지 조사한다.

주사위가 들어 있는 컵을 ○, 들어 있지 않은 컵을 ×로 나타내면 주사위가 들어 있는 경우는 아래와 같이 세 가지이므로 게임에 참여한 사람이 하나의 컵을 선택한 다음 컵을 바꾸지 않으면 상품을 탈 확률은 $\frac{1}{3}$이다.

▼ 표 2

A	B	C
○	×	×
×	○	×
×	×	○

게임에 참여한 사람이 A컵을 선택한 다음 컵을 바꾸는 경우를 생각해보자.

(i) 주사위가 A컵에 들어 있는 경우
진행자는 B컵 또는 C컵을 보여줄 것이고 이때 컵을 바꾸면 상품을 탈 수 없다.

(ii) 주사위가 B컵에 들어 있는 경우
진행자는 C컵을 보여줄 것이고 이때 컵을 바꾸면 상품을 탈 수 있다.

(iii) 주사위가 C컵에 들어 있는 경우
진행자는 B컵을 보여줄 것이고 이때 컵을 바꾸면 상품을 탈 수 있다.

따라서 위의 세 가지 경우 가운데 탈 수 있는 경우가 두 가지이므로 컵을 바꾸면 상품을 탈 확률은 $\frac{2}{3}$이고, B컵 또는 C컵을 선택한 다음 컵을 바꾸는 경우에도 확률은 같으므로 컵을 바꾸는 것이 상품을 타는 데 유리하다.

2.2.2 통계적 확률

수학적 확률은 각 근원사건이 일어날 가능성이 같은 정도로 기대된다는 가정하에 정의하였다. 그러나 윷을 던졌을 때 등이 나올 확률, 비가 올 확률, 남아의 출생률 등의 자연현상이나 사회현상은 그 결과가 같은 정도로 기대된다고 하기 어렵다. 이와 같은 경우에는 시행을 여러 번 반복함으로써 어떤 사건이 일어나는 전체적인 경향을 예측할 수 있다.

▼ 표 3

던진 횟수(n)	100	200	300	500	1000
앞면이 나온 횟수(r_n)	47	91	139	229	459
상대도수$\left(\frac{r_n}{n}\right)$	0.47	0.455	0.463	0.458	0.459

표 3은 앞면과 뒷면의 모양이 다른 어떤 단추를 여러 번 던져서 앞면이 나온 횟수를 조사한 것이다.

이 표에서 단추 앞면이 나오는 경우의 상대도수 $\frac{r_n}{n}$ 값은 n이 커짐에 따라 일정한 값 0.46에 가까워짐을 알 수 있다. 일반적으로 같은 시행을 n번 반복하였을 때 사건 A가 일어난 횟수를 r_n이라 하면, 시행횟수 n이 한없이 커짐에 따라 상대도수 $\frac{r_n}{n}$은 일정한 값 p에 가까워진다.

이때 p를 사건 A의 통계적 확률이라고 한다.

통계적 확률

일정한 조건에서 같은 시행을 n번 반복하여 사건 A가 일어난 횟수를 r_n이라 할 때, n을 한없이 크게 함에 따라 상대도수 $\frac{r_n}{n}$이 일정한 값 p에 가까워지면 p를 사건 A의 통계적 확률이라고 한다.

통계적 확률을 경험적 확률이라 하고, 수학적 확률을 선험적 확률이라고 한다.

예제 4

윷가락 한 개를 던지는 시행을 n번 반복할 때 등이 나오는 횟수 r_n을 조사한 결과가 표 4와 같았다. 윷가락의 등이 나올 통계적 확률을 소수점 첫째 자리까지 구하라.

▼ 표 4

n	100	200	400	1000
r_n	39	86	152	410

풀이 상대도수 $\frac{r_n}{n}$의 값을 차례로 구해보면 0.39, 0.43, 0.38, 0.41이므로 n의 값이 커질수록 0.4에 가까워짐을 알 수 있다. 따라서 등이 나올 통계적 확률은 0.4이다.

예제 5

다음 표는 실험쥐 100마리에게 담배연기 농축물을 매일 일정량씩 투여하였을 때 농축물을 투여한 기간에 따라 생존한 쥐의 수를 나타낸 것이다. 이때 농축물을 투여한 후 11일 동안 생존한 실험쥐가 앞으로 3일 이내에 사망할 확률을 구하라.

▼ 표 5

기간(일)	생존한 쥐의 수(마리)
10	80
11	60
12	48
13	36
14	20
15	12

풀이 우선 11일 동안 생존한 쥐의 수와 14일 동안 생존한 쥐의 수를 비교하여 12일부터 14일 사이에 사망한 쥐의 수를 구한다.
각 근원사건이 일어날 가능성이 같지 않을 때는 통계적 확률을 사용한다는 사실에 주목하라. 주어진 표에서 농축물을 투여하기 시작한 후 11일 동안 생존한 실험쥐는 60마리이고, 3일 후인 14일 동안 생존한 실험쥐는 20마리이므로 11일로부터 3일 이내에 사망한 실험쥐는 40마리이다. 따라서 구하는 확률은

$$\frac{40}{60}=\frac{2}{3}.$$

참고 실험 자료가 주어지고 확률을 구하는 문제는 통계적 확률로 계산한다.

2.2.3 기하학적 확률

그림 2와 같이 반지름의 길이가 각각 9, 3인 두 원 A, B가 있다. 원 내부의 각각의 점을 잡을 가능성이 같은 정도로 기대된다고 하면 원 A의 내부에서 임의의 한 점을 잡을 때 그 점이 원 B의 내부의 점일 확률 p는

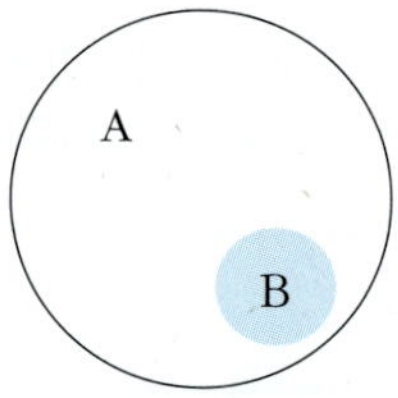

| 그림 2 |
기하학적 확률

$$p = \frac{(\text{원 } B\text{의 넓이})}{(\text{원 } A\text{의 넓이})} = \frac{\pi \cdot 3^2}{\pi \cdot 9^2} = \frac{1}{9}$$

이라 할 수 있다. 이와 같이 길이, 넓이, 시간 등 경우의 수가 무한히 많아서 그 수를 셈할 수 없을 때의 확률은 다음과 같이 구한다.

기하학적 확률

연속적인 변량을 크기로 갖는 전 사건의 영역 S 안에서 각각의 점을 잡을 가능성이 같은 정도로 기대될 때, 영역 S에 포함되어 있는 영역 A에 대하여 영역 S에서 임의로 잡은 점이 영역 A에 속할 확률은

$$P(A) = \frac{(\text{영역 } A\text{의 크기})}{(\text{영역 } S\text{의 크기})}$$

이고, 이와 같은 확률을 기하학적 확률이라고 한다.

예제 6

(1) $-2 \le a \le 6$을 만족하는 실수 a에 대하여 이차방정식 $x^2 + ax + a = 0$이 실근을 가질 확률을 구하라.

(2) 한 변의 길이가 2인 정사각형 $ABCD$의 내부에 임의로 한 점 P를 잡을 때 삼각형 ABP의 넓이가 1보다 작을 확률을 구하라.

풀이 (1) 이차방정식 $x^2+ax+a=0$의 판별식을 D라 할 때 이차방정식이 실근을 가지려면

$$D = a^2 - 4a \ge 0, \quad a(a-4) \ge 0.$$

그러므로 $a \le 0$ 또는 $a \ge 4$이다.

그런데 $-2 \leq a \leq 6$이므로 선택할 수 있는 a값의 범위는

$$-2 \leq a \leq 0, \quad 4 \leq a \leq 6.$$

따라서 구하는 확률은

$$\frac{4}{6-(-2)} = \frac{1}{2}.$$

(2) 그림 3과 같이 두 변 AD, BC의 중점을 각각 M, N이라 하면 점 P가 $\overline{MN}$ 위에 있을 때 삼각형 ABP의 넓이는

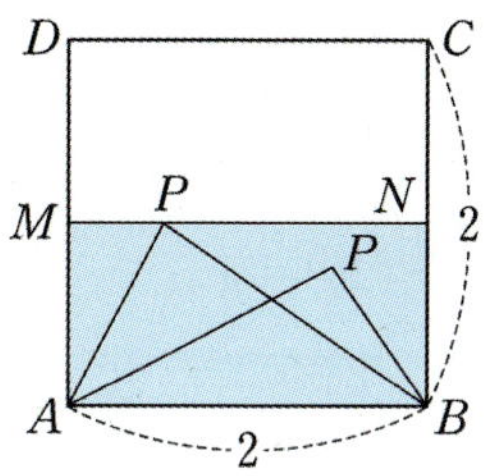

| 그림 3 | 예제 6의 그림

$$\frac{1}{2} \cdot 2 \cdot 1 = 1.$$

따라서 점 P가 사각형 $ABNM$의 내부에 있을 때 삼각형 ABP의 넓이는 1보다 작으므로 구하는 확률은

$$\frac{\square ABNM}{\square ABCD} = \frac{2}{4} = \frac{1}{2}.$$

이제 확률의 성질에 대하여 알아보도록 하자.

2.2.4 확률의 기본성질

수학적 확률을 이용하여 확률의 성질을 살펴보자. 어떤 시행에서 표본공간 S의 임의의 한 사건을 A라 하면 A는 S의 부분집합이므로

$$0 \leq n(A) \leq n(S).$$

이 부등식의 각 변을 $n(S)$로 나누면

$$\frac{0}{n(S)} \le \frac{n(A)}{n(S)} \le \frac{n(S)}{n(S)}. \quad (\text{단 } n(S) \neq 0)$$

그러므로 $0 \le P(A) \le 1$가 성립한다.

특히 표본공간 S와 공사건 ϕ의 확률은 다음과 같다.

$$P(S) = \frac{n(S)}{n(S)} = 1, \quad P(\phi) = \frac{n(\phi)}{n(S)} = 0$$

확률의 기본성질

1. 임의의 사건 A에 대하여 $0 \le P(A) \le 1$.
2. 표본공간 S에 대하여 $P(S) = 1$.
3. 공사건 ϕ에 대하여 $P(\phi) = 0$.

예제 7

흰 공 3개, 검은 공 2개가 들어 있는 주머니에서 임의로 한 개의 공을 꺼낼 때 다음을 구하라.

(1) 흰 공이 나올 확률

(2) 흰 공 또는 검은 공이 나올 확률

(3) 파란 공이 나올 확률

풀이 (1) $\frac{3}{5}$ (2) 1 (3) 0

2.2.5 확률의 덧셈정리

표본공간 S의 두 사건 A, B의 원소 개수를 $n(A)$, $n(B)$라 하면 합사건 $A \cup B$의 원소 개수 $n(A \cup B)$와 곱사건 $A \cap B$의 원소 개수 $n(A \cap B)$ 사이에는

$$n(A \cup B) = n(A) + n(B) - n(A \cap B)$$

인 관계가 성립한다. 제시된 식의 양변을 $n(S)$로 나누면

$$\frac{n(A\cup B)}{n(S)}=\frac{n(A)}{n(S)}+\frac{n(B)}{n(S)}-\frac{n(A\cap B)}{n(S)}. \quad (\text{단 } n(S)\neq 0)$$

이므로 $P(A\cup B)=P(A)+P(B)-P(A\cap B)$이 성립한다.

특히 A, B가 서로 배반사건이면 $P(A\cap B)=0$이므로

$$P(A\cup B)=P(A)+P(B).$$

이상을 정리하면 다음과 같다.

확률의 덧셈정리

임의의 두 사건 A, B에 대하여

$$P(A\cup B)=P(A)+P(B)-P(A\cap B).$$

특히 두 사건 A, B가 배반사건, 즉 $A\cap B=\phi$이면

$$P(A\cup B)=P(A)+P(B).$$

확률의 덧셈정리는 세 개의 사건에 대해서도 성립한다. 세 사건 A, B, C에 대하여

$$P(A\cup B\cup C)=P(A)+P(B)+P(C)-P(A\cap B)$$
$$-P(B\cap C)-P(C\cap A)+P(A\cap B\cap C).$$

특히 세 사건 A, B, C가 서로 배반사건, 즉 $A\cap B=\phi$, $B\cap C=\phi$, $C\cap A=\phi$ 이면

$$P(A\cup B\cup C)=P(A)+P(B)+P(C).$$

예제 8

어느 학급의 전체 학생들을 대상으로 조사한 결과 A 영화를 본 학생은 34%, B 영화를 본 학생은 52%, 두 영화를 모두 본 학생은 16%였다. A 영화 또는 B 영화를 본 학생은 전체의 몇 %인지 구하라.

풀이 A 영화를 본 사건을 A, B 영화를 본 사건을 B라 하면

$$P(A)=0.34,\ P(B)=0.52,\ P(A\cap B)=0.16.$$

그러므로 $P(A\cup B)=P(A)+P(B)-P(A\cap B)=0.34+0.52-0.16=0.7$이다.
따라서 A 영화 또는 B 영화를 본 학생은 전체의 70%이다.

예제 9

과수원이 밀집되어 있는 어느 마을에 매미나방이라는 해충이 퍼져 많은 과수원에서 살충제를 사용한다고 한다. 살충제는 A, B 두 종류가 있으며 A 살충제를 사용하는 과수원은 전체 $\frac{3}{5}$, B 살충제를 사용하는 과수원은 전체 $\frac{1}{3}$이고, A, B 두 살충제를 모두 사용하는 과수원은 전체 $\frac{1}{6}$이다. 이 마을에서 한 과수원을 임의로 택할 때 이 과수원이 A 살충제 또는 B 살충제를 사용하는 과수원일 확률을 구하라.

풀이 A, B 살충제를 사용하는 과수원을 택하는 사건을 각각 A, B라 하면 구하는 확률은 두 사건의 합사건 $A\cup B$가 일어날 확률이다. 이때 확률의 덧셈정리를 이용하면 합사건의 확률을 구할 수 있다.
선택한 과수원이 A 살충제를 사용하는 과수원인 사건을 A, B 살충제를 사용하는 과수원인 사건을 B라 하면

$$P(A)=\frac{3}{5},\ P(B)=\frac{1}{3},\ P(A\cap B)=\frac{1}{6}.$$

따라서 구하는 확률은

$$\begin{aligned}P(A\cup B)&=P(A)+P(B)-P(A\cap B)\\&=\frac{3}{5}+\frac{1}{3}-\frac{1}{6}=\frac{23}{30}\end{aligned}$$

예제 10

어느 예술 고등학교에서 음악, 미술, 무용을 전공하는 학생이 각각 50명, 200명, 100명이라고 한다. 학생들 가운데 임의로 한 명을 뽑을 때,

이 학생이 음악 또는 미술을 전공하는 학생일 확률을 구하라. (단, 모든 학생은 반드시 하나의 분야를 전공한다고 하자.)

풀이 음악과 미술을 동시에 전공하는 학생은 없으므로 음악 또는 미술을 전공하는 학생을 뽑을 확률은 음악을 전공하는 학생을 뽑을 확률과 미술을 전공하는 학생을 뽑을 확률을 더한 것과 같다. 두 사건 A, B가 배반사건일 때는 $P(A\cup B)=P(A)+P(B)$를 이용한다는 사실에 주목하라.
350명의 학생 가운데 임의로 한 명을 뽑을 때, 음악을 전공하는 학생을 뽑는 사건을 A, 미술을 전공하는 학생을 뽑는 사건을 B라 하면

$$P(A)=\frac{50}{350}=\frac{1}{7},\quad P(B)=\frac{200}{350}=\frac{4}{7}.$$

그런데 음악과 미술을 동시에 전공하는 학생은 없으므로

$$P(A\cap B)=0.$$

따라서 두 사건 A, B는 서로 배반사건이므로 구하는 확률은

$$P(A\cup B)=P(A)+P(B)=\frac{1}{7}+\frac{4}{7}=\frac{5}{7}$$

2.2.6 여사건의 확률

임의의 사건 A에 대하여 사건 A와 그 여사건 A^c는 서로 배반사건이므로 확률의 덧셈정리에 의하여

$$P(A\cup A^c)=P(A)+P(A^c).$$

그런데 $A\cup A^c=S$이고 $P(S)=1$이므로

$$1=P(A)+P(A^c).$$

그러므로

$$P(A^c)=1-P(A).$$

여사건의 확률

사건 A의 여사건 A^c에 대하여

$$P(A^c) = 1 - P(A).$$

예제 11

세 개의 동전을 동시에 던질 때 뒷면이 적어도 한 개 나올 확률을 구하라.

풀이 세 개의 동전을 동시에 던질 때 뒷면이 적어도 한 개 나오는 사건을 A라 하면 A의 여사건은 세 개 모두 앞면이 나오는 사건이므로

$$P(A^c) = \frac{1}{8}.$$

따라서 $P(A) = 1 - P(A^c) = 1 - \frac{1}{8} = \frac{7}{8}$이다.

예제 12

과학 과목에서는 학생들이 제출한 수행평가 과제물에 대하여 다음의 표와 같이 등급을 나누어 1등급부터 5등급까지 각 등급에 해당하는 과제물에 각각 40점, 38점, 36점, 34점, 32점의 점수를 준다고 한다. 과제물 가운데 임의로 한 개를 선택할 때 이 과제물의 점수가 적어도 34점일 확률을 구하라.

▼ 표 6

등급	비율(%)
1	10
2	25
3	35
4	25
5	5
계	100

풀이 '적어도 ~인 사건', '~이상인 사건', '~이하인 사건' 등의 확률을 구하는 문제에서 그 경우가 많아 복잡할 때에는 여사건의 확률을 이용하면 편리하다. 과제물의 점수가 적어도 34점인 사건을 A라 하면 A의 여사건은 과제물의 점수가 32점인 사건이므로

$$P(A^c) = \frac{5}{100} = \frac{1}{20}.$$

따라서 $P(A) = 1 - P(A^c) = 1 - \frac{1}{20} = \frac{19}{20}$이다.

EXERCISE 연/습/문/제 2.2

01 두 개의 주사위를 동시에 던질 때, 나오는 눈의 합이 3 또는 6이 될 확률을 구하라.

02 A, B 두 주사위를 동시에 던질 때, A주사위에서 나온 눈을 x, B주사위에서 나온 눈을 y라고 할 때, $x+2y=5$일 확률을 구하라.

03 1에서 30까지의 숫자가 각각 적힌 30장의 카드가 있다. 이 카드 중에서 임의로 한 장을 뽑을 때, 그것이 4의 배수 또는 9의 배수일 확률을 구하라.

04 다섯 개의 점 좌표 A(0, 6), B(8, 0), C(10, 0), D(10, 10), E(0, 10)로 만들어지는 오각형의 내부에 임의의 점 P를 선택하였을 때, 각 APB가 둔각이 될 확률을 구하라. 단, 원주율은 3으로 계산한다.

05 남자 2명, 여자 3명의 5명 중에서 두 명의 학급대표를 뽑으려고 할 때, 여자가 적어도 한 명 뽑힐 확률을 구하라.

06 1부터 6까지의 눈을 가진 주사위를 차례대로 세 번을 던질 때, 나타나는 세 개의 눈 중에서 최댓값과 최솟값의 차이가 1보다 클 확률을 구하라.

07 다음 그림과 같이 밑에서 6번째 계단에서 A가 주사위를 던져 짝수가 나오면 그 수만큼 올라가고, 홀수가 나오면 그 수만큼 내려간다고 할 때, 두 번 주사위를 던진 후 한 계단 내려갈 확률을 구하라.

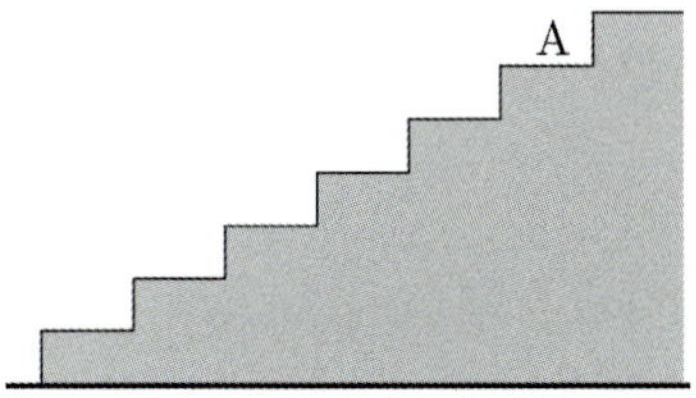

08 정사면체의 네 면에 0, 1, 2, 3의 네 숫자를 차례로 적어 놓았다. 이 정사면체를 두 번 던져 처음에 밑에 깔린 숫자를 x, 나중에 밑에 깔린 숫자를 y라 할 때, $x+2y=6$ 또는 $x+y>4$가 될 확률을 구하라.

2.3 조건부확률과 독립

지금까지의 확률은 표본공간에 특별한 조건이 붙지 않을 때 결정되는 확률개념들이었다. 지금까지 우리가 공부한 확률은 어떤 실험에서 한 사건이 발생할 확률에 국한되어 있었다. 그러나 경우에 따라서는 특정 조건 아래서 어느 사건이 발생할 확률을 고려하게 되는데 이와 같은 상황에서의 확률을 조건부확률이라고 한다. 이러한 경우에는 두 번 이상의 단계를 거치는 실험을 하게 되며 두 번째 단계의 실험은 일반적으로 첫 번째 단계의 실험결과에 영향을 받게 되고, 따라서 두 번째 실험단계에서 나오는 특정 결과의 확률은 첫 번째 단계의 실험결과의 특정 조건에 좌우된다. 예를 들어 한 은행이 신입사원 선발을 위해 모 대학 경상대학에 10명의 졸업자를 추천 의뢰하였는데 이들 추천된 학생들은 1차에서 필기시험, 2차에서 구술시험을 치르기로 되어 있다고 하자. 이 경우 추천된 학생이 두 번째 시험에서 합격할 확률에 1차 관문을 통과해야 한다는 조건이 붙게 됨을 알 수 있다.

표본공간이 S인 한 실험이 시행되고 S에 있는 모든 사건에 대한 확률도 주어졌다고 하자. 우리는 어떤 사건 B가 일어났을 때 사건 A가 일어날 확률을 구해야 하는 문제를 해결하고자 한다.

이러한 문제 등에 대해서는 사건 B가 일어났기 때문에 관찰가능한 실험결과들이 표본공간 S의 부분집합 B의 원소들뿐이고, 따라서 모든 가능한 실험결과들의 집합이 사실상 B로 제한된다. 이러한 경우에 모든 가능한 실험결과들의 집합이 B임을 분명하게 하기 위하여 이를 사건 B가 일어난 것에 대한 사건 A의 조건부확률(conditional probability)이라 하고 $P(A|B)$로 표시한다. 만일 사건 B가 일어난 것을 안다면 그 실험결과는 B에 포함된 결과 중의 하나일 것이다. 그러므로 A가 일어날 확률을 계산하기 위하여 우리들은 A가 일어나는 것을 초래하는 B에 있는 집합들을 고려하여야 할 것이고, 분명히 그러한 집합은 $P(A \cap B)$이다. 그러므로 조건부확률은 $P(A \cap B)$에 의하여 나타나는 총 확률 $P(B)$의 비로써 정의한다.

만일 A와 B가 $P(B) > 0$인 임의의 두 사건이면

$$P(A|B) = \frac{P(A \cap B)}{P(B)}$$

이다. $P(B)=0$이면 조건부확률 $P(A|B)$는 정의되지 않는다.

▼ 표 1

$P(A)=\dfrac{n(A)}{n(S)}$	$P(A\cap B)=\dfrac{n(A\cap B)}{n(S)}$	$P(A\|B)=\dfrac{n(A\cap B)}{n(B)}$
전체에서 A의 비율	전체에서 $A\cap B$의 비율	B 안에서 A의 비율
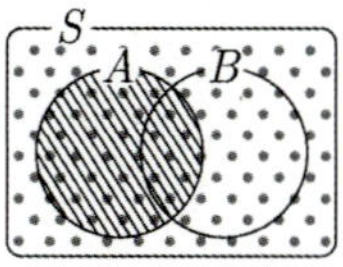	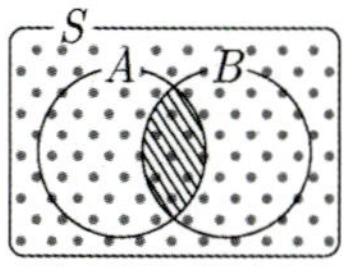	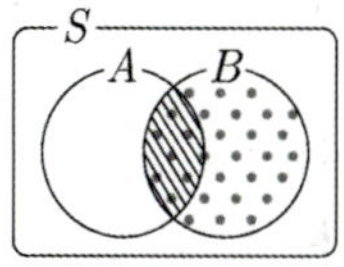

다시 말하면 조건부확률은 표본공간이 S인 원래 실험으로부터 S의 부분집합인 한 사건 B를 새로운 표본공간으로 축소한 실험에서의 사건에 대한 확률을 의미한다.

예제 1

두 개의 주사위를 던지는 실험에서 두 주사위의 눈의 합을 X라고 하자. X가 홀수라고 할 때 X가 8보다 작을 확률을 구하라.

풀이 A가 $X<8$인 사건이고 B는 X가 홀수인 사건이라고 하면 $P(A|B)$가 우리가 구하려는 확률이다. $A\cap B$는 X가 3, 5, 7인 사건이고 표본공간은 36가지이므로

$$P(A\cap B)=\frac{2}{36}+\frac{4}{36}+\frac{6}{36}=\frac{1}{3},$$

$$P(B)=\frac{2}{36}+\frac{4}{36}+\frac{6}{36}+\frac{4}{36}+\frac{2}{36}=\frac{1}{2}$$

이다. 그러므로

$$P(A|B)=\frac{P(A\cap B)}{P(B)}=\frac{2}{3}$$

일반적으로 두 사건 A와 B가 동시에 일어나려면 먼저 사건 B가 일어난 후에 사건 A가 일어나거나, 사건 A가 일어난 후에 사건 B가 일어나야만 한다. 그러므

로 $P(A \cap B)$는 사건 B가 일어날 확률 $P(B)$와 B가 일어났다는 조건 아래서 사건 A가 일어날 확률 $P(A|B)$의 곱과 같다. 동일한 개념으로 순서를 바꾸어 생각하면 $P(A)$와 $P(B|A)$의 곱과도 같아야 한다. 그러므로

$$P(A \cap B) = P(A)P(B|A) = P(B)P(A|B)$$

가 성립하는데, 이 식은 조건부확률의 정의에 의해 명백하게 성립한다.

두 사건에 관한 곱의 규칙은 유한개의 사건으로 확장될 수 있다.

$A_1,\ A_2,\ \cdots,\ A_n$이

$$P(A_1) > 0,\ P(A_1 \cap A_2) > 0,\ \cdots,\ P(A_1 \cap A_2 \cap \cdots \cap A_{n-1}) > 0$$

을 만족하는 임의의 사건이라고 하자. 그때

$$\begin{aligned} &P(A_1 \cap A_2 \cap \cdots \cap A_n) \\ &= P(A_1)P(A_2|A_1)P(A_3|A_1 \cap A_2)\cdots P(A_n|A_1 \cap A_2 \cap \cdots \cap A_{n-1}). \end{aligned}$$

예제 2

3개의 붉은 공과 5개의 푸른 공이 들어 있는 주머니로부터 3개의 공을 비복원추출한다고 할 때 3개의 공 모두가 푸른색일 확률을 구하라.

풀이 A_i를 $i(i=1,\ 2,\ 3)$번째 꺼낸 공이 푸른색일 사건이라고 하면

$$P(A_1) = \frac{5}{8},\ P(A_2|A_1) = \frac{4}{7},\ P(A_3|A_1 \cap A_2) = \frac{3}{6}$$

이다. 그러므로 3개의 공이 모두 푸른색일 사건 $A_1 \cap A_2 \cap A_3$에 대한 확률은

$$\begin{aligned} P(A_1 \cap A_2 \cap A_3) &= P(A_1)P(A_2|A_1)P(A_3|A_1 \cap A_2) \\ &= \left(\frac{5}{8}\right)\left(\frac{4}{7}\right)\left(\frac{3}{6}\right) = \frac{5}{28} \end{aligned}$$

이다.

일반적으로 사건 B가 주어진 경우에 사건 A가 일어날 조건부확률 $P(A|B)$는 사건 A가 일어날 확률 $P(A)$와 같지 않다. 그러나 어떤 사건 A가 일어났다는 사실이 사건 B가 일어날 확률에 영향을 미치지 않거나 또는 반대로 사건 B가 일어

났다는 사실이 사건 A가 일어날 확률에 영향을 미치지 않는 경우를 생각할 수 있다. 이를 수식으로 표현하면

$$P(A|B)=P(A),\ \ P(B|A)=P(B)$$

이고, 이 식은 조건부확률의 정의에 의해 다음과 같이 표현할 수 있다.

정의 1

두 사건 A와 B가

$$P(A\cap B)=P(A)\cdot P(B)$$

를 만족하면 A와 B는 서로 **독립**(independent)이라고 한다.

독립사건과 배반사건 사이에는 다음과 같은 관계가 있다. 두 사건 A와 B가 서로 배반사건이면서 동시에 서로 독립인 사건이 되기 위해서는 $0=P(A\cap B)=P(A)P(B)$가 성립하여야 하므로 A와 B 중 적어도 한 사건에 대한 확률은 0이어야 한다. 그러므로 $P(A)>0$, $P(B)>0$일 때 A와 B가 서로 독립사건이면 배반사건이 될 수 없고, 배반사건이면 독립인 사건이 될 수 없다.

예제 3

어떤 회로가 몇 개의 부품으로 이루어져 있는 문제를 생각하자. 2개의 독립부품이 고장이 없이 작동할 사건을 각각 A와 B라 하고, 각 부품이 고장이 없을 확률은 $P(A)=p_1$과 $P(B)=p_2$라고 하자. 두 부품이 직렬과 병렬로 연결되어 있을 때 이 회로가 제대로 작동할 확률을 구하라.

풀이 두 부품이 직렬로 연결되어 있을 때 이 회로가 제대로 작동할 확률은 각 부품이 고장이 없을 확률의 곱인

$$P(A\cap B)=P(A)P(B)=p_1p_2$$

로 주어진다.

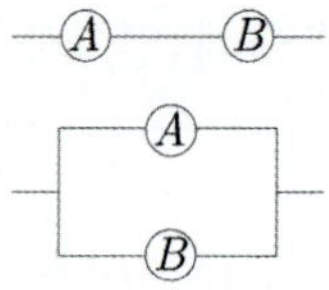

| 그림 1 | 직렬과 병렬

한편 두 부품이 병렬로 연결되어 있을 때에는 두 부품 중 하나만 작동하여도 되므로 이 회로가 제대로 작동할 확률은

$$P(A \cup B) = P(A) + P(B) - P(A \cap B) = p_1 + p_2 - p_1 p_2$$

로 주어진다.

독립성은 3개 이상의 사건에 대하여도 성립한다.

정의 2

n개의 사건 $A_1, A_2, \cdots, A_n$이

$$P(A_1 \cap A_2 \cap \cdots \cap A_n) = P(A_1)P(A_2)\cdots P(A_n)$$

이 성립하면 n개의 사건은 서로 독립(mutually independent)이라고 한다.

예제 4

한 기계가 불량률 $p(0 < p < 1)$, 양호율 $q = 1 - p$로써 한 품목을 생산한다고 가정하자. 6개의 품목을 무작위로 뽑아 검사하고, 이들에 관한 결과가 서로 독립이라고 가정하자. 6개의 품목 중 정확히 2개가 불량품일 확률을 구하라.

풀이 표본공간 S는 각각이 불량품 또는 양호품인 6개 품목의 모든 가능한 배열을 포함한다고 할 수 있다. $i = 1, \cdots, 6$에 대하여 A_i를 그 표본에서 i번째 품목이 불량품인 사건, B_i를 이 품목이 양호품인 사건이라고 하자. 6개 품목에 대한 결과는 서로 독립이므로 불량품과 양호품의 어떤 특별한 배열을 얻는 확률은 단순히 그 품목에 관한 각 확률의 곱이 될 것이다. 예를 들면

$$
\begin{aligned}
&P(B_1 \cap A_2 \cap B_3 \cap A_4 \cap B_5 \cap B_6) \\
&= P(B_1)P(A_2)P(B_3)P(A_4)P(B_5)P(B_6) \\
&= qpqpqq = p^2q^4
\end{aligned}
$$

이다. 2개의 불량품과 4개의 양호품을 포함하는 S의 어떤 다른 특별한 배열의 확률도 역시 p^2q^4이 됨을 알 수 있다. 그러므로 6개 품목 가운데 정확히 2개의 불량품이 있을 확률은 2개의 불량품을 포함하는 어떤 특별한 배열의 확률 p^2q^4에 그런 배열들의 수를 곱함으로써 얻을 수 있다. 2개의 불량품과 4개의 양호품을 포함하는 다른 배열의 수는 $\binom{6}{2}$이므로 정확히 2개의 불량품을 얻을 확률은 $\binom{6}{2}p^2q^4$이다.

이제까지의 집합이론을 이용하여 도출한 확률법칙을 정리하면 다음 표와 같다.

▼ 표 2

사건형태별 확률	표시법	서로 배반인 경우	서로 배반이 아닌 경우	
			독립이 아닌 경우	독립인 경우
여사건의 확률	$P(A^c)$	$1-P(A)$	—	—
합사건의 확률	$P(A \cup B)$	$P(A)+P(B)$	$P(A)+P(B)$ $-P(A \cap B)$	$P(A)+P(B)$ $-P(A)\cdot P(B)$
조건부확률	$P(A\|B)$	0	$P(A \cap B)/P(B)$	$P(A)$
교사건의 확률	$P(A \cap B)$	0	$P(A)\cdot P(B\|A)$	$P(A)\cdot P(B)$

EXERCISE 연/습/문/제 2.3

01 어떤 정책에 대한 의견을 도시에 사는 사람 145명, 농촌에 사는 사람 105명에게 선호도를 조사했더니 다음 표와 같았다.

	찬성	반대	무응답
도시	100	30	15
시골	50	50	5

(1) 도시에 살고 있고 정책에 찬성할 확률을 구하라.

(2) 도시에 살고 있다는 사실을 알고 있을 때, 정책에 찬성할 확률을 구하라.

(3) 정책에 찬성한다고 할 때, 도시에 살고 있을 확률을 구하라.

02 어느 학급은 남학생 18명, 여학생 16명으로 이루어져 있다. 이 학급의 모든 학생은 중국어와 일본어 중 한 과목만 수업을 받는다고 한다. 남학생 중에서 중국어 수업을 받는 학생은 12명이고, 여학생 중에서 일본어 수업을 받는 학생은 7명이다. 이 학급에서 선택된 한 학생이 중국어 수업을 받는다고 할 때 이 학생이 여학생일 확률을 구하라.

03 주머니 안에 파란색 공 3개, 노란색 공 3개, 빨간색 공 3개를 넣었다.

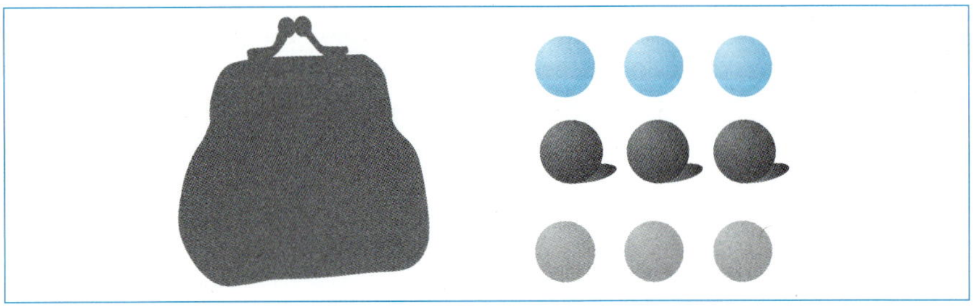

(1) 처음에 노란 공을 꺼내고, 다시 꺼낸 공을 상자 안에 넣고 다시 노란 공을 꺼낼 확률을 구하라.
(2) 처음에 빨간 공을 꺼내고, 처음에 꺼낸 공을 다시 상자 안에 넣지 않고 다음에 빨간 공을 꺼낼 확률을 구하라.
(3) 처음에 노란 공을 꺼내고, 처음에 꺼낸 공을 다시 상자 안에 넣지 않고 다음에 파란 공을 꺼낼 확률을 구하라.

04 항아리 속에 흰 공 2개와 검은 공 2개가 들어 있다. 두 개를 차례로 비복원추출할 때, 첫 번째 공이 흰색일 때 두 번째 공이 흰색일 확률과, 두 번째 공이 흰색이고 첫 번째 공의 색깔을 모를 때 그 색이 흰색일 확률은 각각 얼마인가?

05 주머니에 w개의 하얀 공과 b개의 검은 공이 들어 있다. 하나의 공을 꺼내 그 색깔을 확인한 다음 같은 색깔의 공 a개를 주머니에 더 넣는다고 하고 이러한 과정을 n회 계속한다고 하자. 이제 W_i와 B_i는 각각 $i(i=1,\ 2,\ \cdots,\ n)$번째 꺼낸 공이 하얀 공일 사건과 검은 공일 사건이라고 하자. $P(W_2)$와 $P(B_2)$를 구하라.

2.4 베이즈 정리와 확률나무

확률이론의 법칙을 응용함에 있어서 흥미로운 것 중의 하나는 새로운 정보에 입각하여 지금까지 알려지지 않은 확률을 추정하는 것이다. 베이즈 정리란 어느 한 사건의 확률을 새로운 정보에 입각하여 결정하는 과정에 관한 법칙으로, 새로운 정보에 나타난 결과가 발생할 것을 조건으로 하는 일종의 조건부확률에 관한 공식으로 표현된다.

예를 들어 한국 국민 가운데 약 5%가 고혈압(H)를 앓고 있다고 하자. 즉 한국 국민 중 어느 한 사람을 선택하였을 때 그 사람이 고혈압일 확률 $P(H)$는 0.05라고 하자. 만일 새로운 의료조사 결과 고혈압 환자 중 음주(A)하는 사람은 75%, 그리고 고혈압이 아닌 사람(H^c) 중 음주하는 사람이 50%라는 사실이 밝혀졌다고 하자. 그러면 이러한 정보를 이용하여 음주하는 사람 중 얼마가 고혈압인지, 즉 $P(H|A)$의 값이 어떻게 되는지를 확인할 수 있다.

이것을 조건부확률이론으로 전개하여 보도록 하자. S가 한 실험의 표본공간이고 S 안의 n개 사건 $A_1, A_2, \cdots, A_n$이 S의 한 분할을 형성한다고 하자.

만일 사건 B가 S에 있는 임의의 사건이라고 하면 사건 $A_1 \cap B$, $A_2 \cap B$, $\cdots$, $A_n \cap B$는 B의 한 분할을 형성할 것이다(그림 1). 그러므로

$$B = (A_1 \cap B) \cup (A_2 \cap B) \cup \cdots \cup (A_n \cap B)$$

이고 확률의 성질에 의해

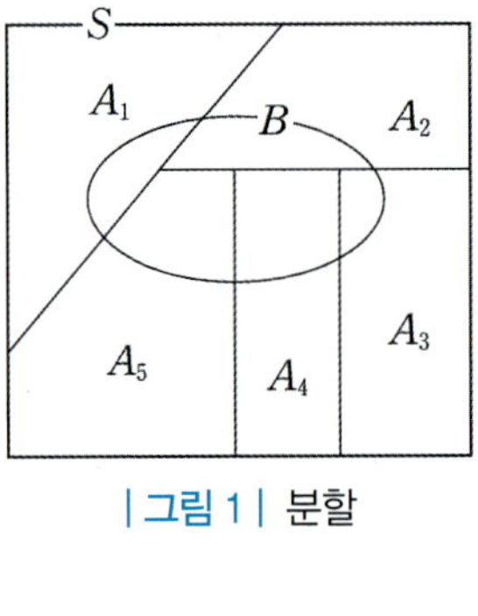

| 그림 1 | 분할

$$P(B) = P(A_1 \cap B) + P(A_2 \cap B) + \cdots + P(A_n \cap B) = \sum_{k=1}^{n} P(A_k \cap B)$$

가 성립한다. 만일 $k = 1, 2, \cdots, n$에 대하여 $P(A_k) > 0$이면

$$P(A_k \cap B) = P(A_k)P(B | A_k)$$

이므로 우리는 다음 공식을 얻을 수 있다.

성질 1 **전확률공식(total probability formula)**

사건 $A_1, A_2, \cdots, A_n$이 표본공간 S의 분할이고 $P(A_k) > 0 (k = 1, 2, \cdots, n)$이면 임의의 사건 B의 확률은 다음과 같이 구할 수 있다.

$$P(B) = \sum_{k=1}^{n} P(A_k)P(B|A_k)$$

일반적으로 어떤 사건 B의 가능한 원인이 여러 가지인 경우에 원인 A_i에 대한 확률은 조건부확률의 정의

$$P(A_i | B) = \frac{P(A_i \cap B)}{P(B)}$$

와 전확률공식에 의하여 다음 성질을 얻을 수 있다.

성질 2 **베이즈 정리(Bayes Theorem)**

사건 $A_1, A_2, \cdots, A_n$이 표본공간 S의 한 분할을 형성하고 $P(A_k) > 0$ $(k = 1, 2, \cdots, n)$이라고 하자. 그리고 B를 $P(B) > 0$인 임의의 사건이라고 하자. 그때

$$P(A_i|B) = \frac{P(A_i)P(B|A_i)}{\sum_{k=1}^{n} P(A_k)P(B|A_k)}, \quad i = 1, 2, \cdots, n$$

이 성립한다.

예제 1

어느 공장에서 세 대의 기계 M_1, M_2, M_3를 이용하여 각각 전 제품의 20%, 30%, 50%를 생산하고, 각 기계로부터 생산되는 제품의 불량률은 각각 1%, 2%, 3%라고 하자. 이 공장에서 생산된 제품들 중에서 무작위로 뽑은 하나의 제품이 불량품이었다면 이 불량품이 기계 M_2에 의하여 생산되었을 확률을 구하라.

풀이 이 공장에서 생산되는 전 제품의 집합을 표본공간 S라고 하고, 제품이 기계 M_i $(i=1, 2, 3)$에 의하여 생산된 사건을 A_i라고 하자. 그리고 B를 그 제품이 불량품일 사건이라고 하자. 무작위로 추출된 제품이 기계 M_i $(i=1, 2, 3)$에 의하여 생산되었을 확률은

$$P(A_1)=0.2, \quad P(A_2)=0.3, \quad P(A_3)=0.5$$

이고, 기계 M_i에 의하여 생산된 한 제품이 불량품일 확률은

$$P(B|A_1)=0.01, \; P(B|A_2)=0.02, \; P(B|A_3)=0.03$$

이다. 그러므로 베이즈 정리에 의하여 구하고자 하는 확률은

$$\begin{aligned} P(A_2|B) &= \frac{P(A_2)P(B|A_2)}{\sum_{k=1}^{3} P(A_k)P(B|A_k)} \\ &= \frac{(0.3)(0.02)}{(0.2)(0.01)+(0.3)(0.02)+(0.5)(0.03)} = 0.26 \end{aligned}$$

이다.

베이스 정리 이론은 확률나무의 이론을 이용하면 단순화시킬 수 있다. 예를 들어 어느 회사 입사시험에서 1차 시험에 합격할 확률은 0.5이고, 1차 시험에 합격한 후 2차 시험에 합격할 확률은 0.8이다. 어떤 사람이 두 가지 시험에 합격할 확률은 어떻게 될까?

이러한 유형의 문제는 수형도를 이용하면 일목요연해진다. 이것을 더 자세한 표현으로 이용하면 그림 2와 같이 확률나무 그림을 이용할 수 있다.

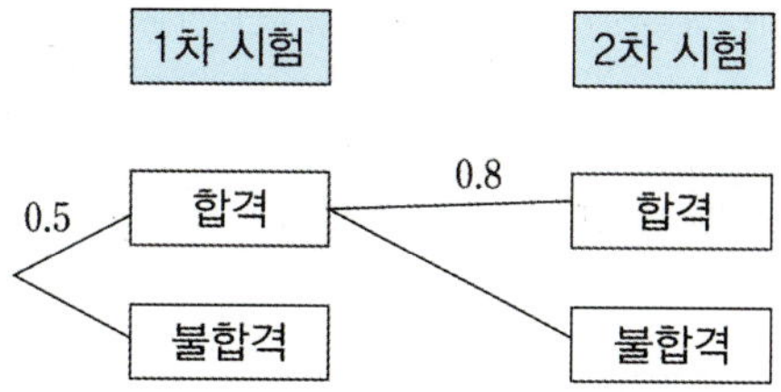

| 그림 2 | 확률나무의 예시

2차 시험에서 합격한다는 것은 1차 시험에서 합격한다는 조건이 달려 있는 것이다. 수형도를 그려보면 그 전후관계가 명확하다. 이는 조건부 확률이다. 두 가지 시험에서 모두 합격한다는 것은 '그리고' 사건이다. 연이은 가지의 확률을 곱하는 것이 바로 '그리고' 사건의 확률이다. 그러므로 확률의 곱셈정리를 이용하면 다음과 같이 해결할 수 있다.

$$P(\text{1차 시험에서 합격} \cap \text{2차 시험에서 합격})$$
$$= P(\text{1차 시험에서 합격})$$
$$\times P(\text{2차 시험에서 합격} \mid \text{1차 시험에서 합격})$$

위의 공식 적용보다 확률나무라고 부르는 의사결정나무로 분석을 분별 있게 할 수 있다. 어느 가지에 딸려 있는 가지는 바로 조건이 딸린 가지다. 연이어 있는 가지들은 '그리고' 사건인 것이다. 그러므로 사건들 가운데 어느 사건이 어느 사건의 조건인지 도식적으로 표현해준다. 풀이는 공식을 이해하고 적용하는 것보다 그림을 이해하고 계산하는 편이 훨씬 정확하고 쉽다. 사건을 분석하는 수형도만 제대로 그리고 가지마다 확률을 잘 적기만 하면 풀이는 더 정확하고 쉽게 된다.

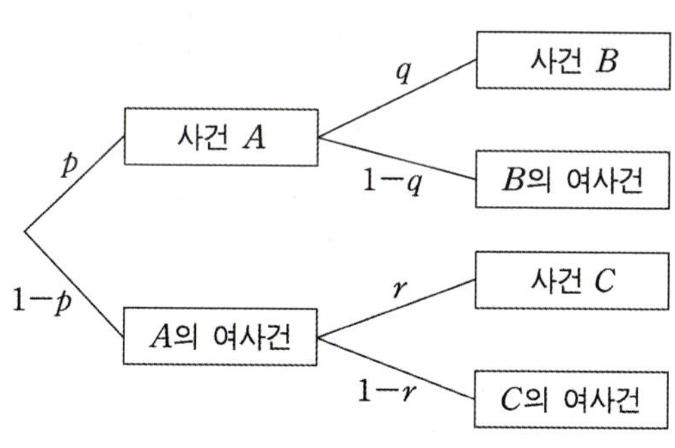

| 그림 3 | 확률나무

그림 3을 이해하면 이 그림 하나로 조건부확률, 확률의 곱셈정리 등을 전체 사건 안에서 볼 수 있다. 무엇보다 중요한 것은 그림으로 사건을 일목요연하게 분석하는 능력이 구체적으로 길러진다는 것이다.

예제 2

어느 나라의 운전면허시험은 A, B, C의 3단계를 순서대로 거친다고 한다. 갑이 운전면허시험에 응시할 때 A, B, C 단계에서 합격할 확률이 각각 2/3, 3/4, 7/12이라고 하자. 갑이 이 시험에서 불합격했을 때 그것이 B 단계였을 확률을 구하라. (단 한 단계에서 불합격하면 다음 단계에 응시할 수 없다.)

풀이 확률나무 그림을 이용하여 풀어 보자.

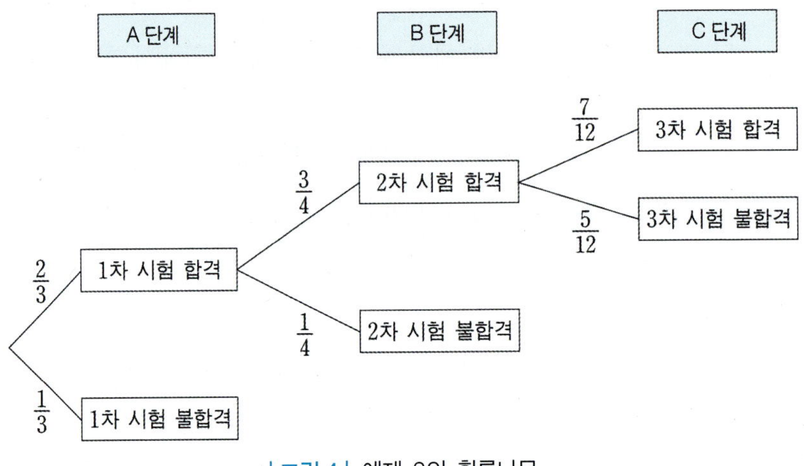

| 그림 4 | 예제 2의 확률나무

불합격한 가지들의 확률을 더하고 그 합에 대하여 B 단계인 2차 시험에서 불합격한 확률의 비율을 구하면 된다. 그림을 보면서 곧바로 계산식을 적을 수 있다.

$$\frac{\frac{2}{3}\times\frac{1}{4}}{\frac{1}{3}+\frac{2}{3}\times\frac{1}{4}+\frac{2}{3}\times\frac{3}{4}\times\frac{5}{12}}=\frac{4}{17}$$

예제 3

어떤 광물질 A, B가 있다. 각 광물질에 X선을 쏘았을 때 A 물질은 100번의 실험 가운데 88번은 붉은색을, 나머지는 푸른색을 나타냈고, B 물질은 100번의 실험 가운데 92번은 붉은색을, 나머지는 푸른색을 나타냈다고 한다. 광물질 A, B가 같은 비율로 섞여 있는 표본 가운데 하나를 뽑아 X선을 쏘았더니 붉은색을 나타냈을 때 꺼낸 광물질이 A일 확률을 구하라.

풀이 확률나무 그림을 그려서 풀면 다음과 같다.

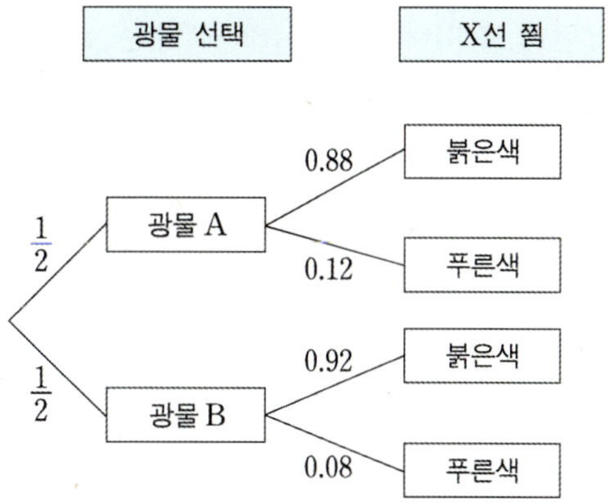

| 그림 5 | 예제 3의 확률나무

위의 확률나무 그림에서 붉은색을 나타낸 광물의 비율을 구해서 그중에서 광물 A가 차지하는 비율을 계산하면 된다.

$$\frac{\frac{1}{2}\times 0.88}{\frac{1}{2}\times 0.88+\frac{1}{2}\times 0.92}=\frac{22}{45}$$

EXERCISE 연/습/문/제 2.4

01 두 개의 상자에 긴 볼트와 짧은 볼트가 들어 있다. 한 상자에는 60개의 긴 볼트와 40개의 짧은 볼트가 들어 있고 다른 상자에는 10개의 긴 볼트와 20개의 짧은 볼트가 들어 있다. 하나의 상자를 무작위로 선택하고 그 상자로부터 한 개의 볼트를 무작위로 뽑는다고 가정하자. 뽑힌 볼트가 긴 볼트일 확률은 얼마인가?

02 각각 1, 2, 3으로 번호가 붙은 3개의 주머니가 있는데, 그 안에 5개의 공이 들어 있다. 그런데 주머니 $i(i=1,\ 2,\ 3)$에는 i개의 하얀 공과 $5-i$개의 검은 공이 들어 있다. 이제 주머니 하나를 무작위로 선택하고, 선택한 주머니 안에서 한 개의 공을 꺼내는 실험을 한다고 하자. 이때 하얀 공이 추출될 확률을 구하고 또 하얀 공이 추출되었다는 조건하에서 추출된 하얀 공이 3번 주머니에서 나왔을 확률은 얼마인가?

03 내가 받은 이메일의 10%는 '여행'이라는 단어가 들어있다. '여행'이라는 단어가 들어있는 이메일의 50%는 광고이고, '여행'이라는 단어가 들어있지 않은 이메일의 20%가 광고이다. 내가 받은 이메일이 광고일 때 이 이메일에 '여행'이라는 단어가 들어있을 확률을 구하라.

04 A시에 있는 T고교 졸업생을 조사하였더니 70%가 A시 출신이었다. 또 이들 중 60%는 A시 소재의 대학교에 진학하였다. 한편 A시 출신이 아닌 T고교 졸업생 중 90%는 다른 도시에 있는 대학교로 진학하였다. 조사 대상자 중 임의로 한 학생을 선택하였더니 이 학생은 다른 도시에 있는 대학교로 진학한 학생이었다. 이때 이 학생이 A시 출신이었을 확률을 구하라. (단, T고교 졸업생 전부가 대학교에 진학하였다고 한다.)

05 의사는 김씨가 질병 X를 가지고 있다고 70% 확신을 가지고 있다. 그래서 검사 A를 하라고 했다. 검사 A는 환자가 질병 X를 가지고 있으면 양성 반응이 나온다. 건강한 사람에게는 양성반응이 나오지 않는다. 검사결과는 양성이었고, 그때 김씨가 자신은 당뇨병을 앓고 있다고 처음으로 의사에게 알려주었다. 환자가 당뇨병을 앓고 있다는 정보가 질병 X를 가지고 있다는 70%의 확신에 영향을 미친 것은 아니었지만 검사 A의 해석에는 분명히 영향을 미쳤다. 검사 A는 건강한 사람에는 절대로 양성반응을 보이지 않지만 당뇨병이 있는 사람에게는 20%만큼 양성반응을 보인다. 이렇게 검사 A에서 양성반응을 보였을 때 김씨가 질병 X를 가지고 있다고 의사는 어느 정도 확신할 수 있는가?

CHAPTER

03 확률분포의 기초

학습목표

- 표본공간에 속하는 원소들과 관련된 여러 가지 특성들을 숫자로 표현하는 능력을 익힌다.
- 이산형 분포와 연속형 분포의 특징에 대하여 학습한다.
- 확률분포의 특징을 정확하게 확인하기 위해서 누적확률을 이용한 함수에 대해 학습한다.
- 이변량 결합분포와 주변분포에 대하여 학습하고 이를 통하여 독립성 개념을 이해한다.

한 실험에서 표본공간에 속하는 원소들과 관련된 여러 가지 특성들을 숫자로 표현할 수 있는데, 실제로 실험의 주된 관심사는 그 원소보다도 숫자로 측정되는 특성값인 경우가 많다. 이 장에서는 이러한 숫자의 특징을 통하여 이산형 분포와 연속형 분포의 성질을 이해하고, 누적확률을 이용한 분포함수의 성질을 학습한다. 또한 2개 이상의 변량에 대하여 다루어지는 결합분포와 주변분포에 대하여 학습하고 이를 통하여 독립성의 개념을 이해한다.

3.1 확률변수와 분포

우리는 일상생활에서 끊임없이 의사결정을 하고 있으며 이러한 의사결정은 불확실성 아래서 수행된다. 예를 들어 한 회사가 새로운 상품을 개발하여 이를 생산 판매하기 위해 생산시설을 확충하고자 할 경우, 이 상품에 대한 수요수준을 확신하지 못한 채 의사를 결정하게 된다. 또한 한 개인이 주식을 구입하려 할 때 무엇을 사는 것이 가장 유리할지 확신할 수 없는 가운데 의사를 결정하는 문제 등을 들 수 있다. 이와 같은 수요수준, 증권수익률 등은 수없이 많은 값을 취할 수 있다. 따라서 이들은 항상 동일한 값을 갖는 상수가 아니라 그 값이 수시로 변하는 변수로 취급할 수 있다.

이와 같이 한 실험에서 표본공간에 속하는 원소들과 관련된 여러 가지 특성들을 수치로 표현할 수 있는 데, 실제로 실험의 주된 관심사는 그 원소보다도 수치로 측정되는 특성치인 경우가 많다고 하겠다. 구체적으로 예를 들면 표본공간 내의 원소들이 사람들일 경우 사람과 관련된 특성치로 체중, 신장, 연령, 지능지수, 또는 연간소득 등과 같은 수치들이 관심사일 수 있다. 그러므로 표본공간 내의 각 원소에 대하여 관심 있는 특성치를 대응시킬 수 있는 방법이 필요하다.

정의 1

어떤 실험의 표본공간 S 위에서 정의된 하나의 실숫값 함수를 확률변수(random variable)라고 한다. 바꾸어 말하면 한 특별한 실험에서 확률변수 X는 각 가능한 결과 $s \in S$에 하나의 실수 $X(s)$를 부여하는 어떤 함수이다. 특히 실수의 집합 $A = \{x : X(s) = x,\ s \in S\}$를 확률변수 X의 치역(range)이라고 한다.

예제 1

하나의 동전을 두 번 던지는 실험에서

$$X(s) = s\text{에서의 } H\text{의 개수}$$

라고 할 때 X의 치역을 구하라.

풀이 이 경우 표본공간 S는

$$S = \{HH, HT, TH, TT\}$$

이다. 여기서 관찰되는 앞면 H의 수가 관심사라고 하면 확률변수 X는

$$X(s) = s\text{에서의 } H\text{의 개수}$$

로 정의할 수 있다.

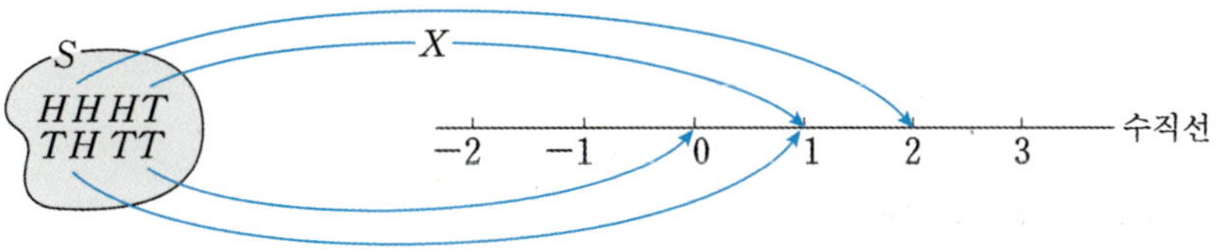

| 그림 1 | 확률변수

그러므로 확률변수 X가 취할 수 있는 값들은

$$X(HH) = 2,\ \ X(HT) = 1,\ \ X(TH) = 1,\ \ X(TT) = 0$$

이므로 X의 치역은 $A = \{0, 1, 2\}$이다.

또한 Y가 같은 표본공간에서 두 면이 같으면 1, 다르면 0으로 대응하는 확률변수라고 하면

$$Y(HH) = Y(TT) = 1,\ \ Y(HT) = Y(TH) = 0$$

이므로 Y의 치역은 $A = \{0, 1\}$이다.

예제 2

하나의 동전을 독립적으로 계속해서 던지는 실험에서 확률변수 X를 앞면이 처음으로 나올 때까지 동전을 던진 시행횟수라고 하자. X의 치역을 구하라.

풀이 예를 들어 $s = TTH$이면 $X(s) = 3$이 된다. 다시 말하면 $X = x\,(x = 1, 2, 3, \cdots)$라는 것은 처음 $x-1$번의 뒷면이 나오고 x번째 앞면이 나오는 경우를 의미한다. 분명히 확률변수 X의 치역은 $A = \{1, 2, 3, 4, \cdots\}$이다.

예제 3

직사각형 $S = \left\{(x, y) : 0 \le x \le 2,\ 0 \le y \le \frac{1}{2}\right\}$로부터 한 점 (x, y)를 무작위로 뽑는 실험에서 확률변수 X를 뽑은 점의 x좌표라고 하자. X의 치역을 구하라.

풀이 예를 들어 $s = \left(1, \frac{1}{4}\right)$이면 $X(s) = 1$이다. 그러므로 확률변수 X의 치역은 $A = \{0 \le X \le 2\}$이다.

예제 3에서 뽑은 점의 y좌표도 하나의 확률변수가 될 수 있으며, 또한 원점에서 뽑은 점까지의 거리도 하나의 확률변수가 될 수 있다.

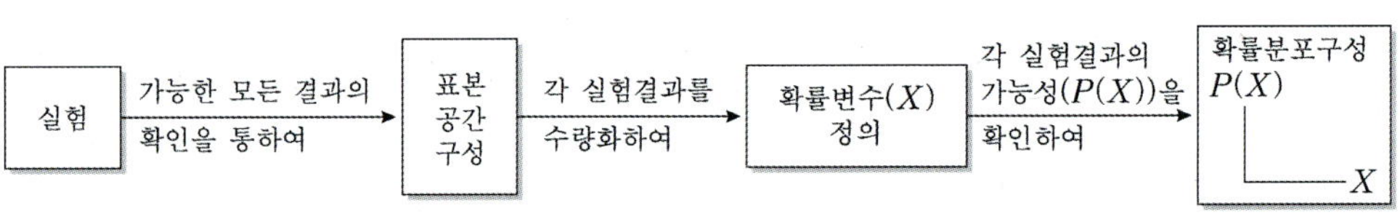

| 그림 2 | 확률분포 전개도

각 실험결과의 특징을 실수로 표시함으로써 확률변수를 정의하면 확률변수의 특정한 값이 발생할 가능성을 산출할 수 있다. 가장 간단한 확인방법은 모든 가능한 확률변수의 값이 갖는 상대도수를 구하는 것이다. 이와 같이 확률변수가 취할 수 있는 값과 이 값들이 발생할 가능성이 상대도수에 의해 확인되면 비로소 우리는 확률분포를 구성할 수 있다. 확률모형을 구성하는 과정을 도표화하면 그림 2와 같다.

예제 4

예제 1의 실험에서 $P(X=x)$을 구하라.

풀이 A의 부분집합 $C=\{X=1\}$에 대하여 S의 부분집합 A를

$$A=\{s\in S\ :\ X(s)\in C\}$$

라고 하면 $A=\{HT,\ TH\}$이다. 그러므로

$$P(X\in C)=P(X=1)=P(A)=\frac{1}{4}+\frac{1}{4}=\frac{1}{2}$$

이다. 마찬가지로 $P(X=0)=\frac{1}{4}$, $P(X=2)=\frac{1}{4}$이 되고, 이것을 다음과 같은 표로 표현할 수 있다.

▼ 표 1

x	0	1	2
$P(X=x)$	$\frac{1}{4}$	$\frac{1}{2}$	$\frac{1}{4}$

이 표는 확률변수 X의 치역 A에 속하는 원소들에 대한 확률분포를 나타내고 있는데 이 분포를 더 간단하게

$$P(X=x)=\binom{2}{x}\left(\frac{1}{2}\right)^2,\ x\in A$$

로 표현할 수도 있다.

예제 4에서 우리는 분포의 표와 식을 이용하여 A의 임의의 부분집합 C에 대한 확률

$$P(X\in C)$$

를 구할 수 있다. 만일 확률변수 Y를

$$Y(s)=s\text{에서 } T\text{의 개수}$$

로 정의하면 Y의 확률분포는 X와 같지만 X와 Y는 서로 다른 확률변수이다.

예제 5

예제 2의 실험에서 $P(X=x)$를 구하라.

풀이 $s=H$이면 $X(s)=1$이므로

$$P(X=1)=\frac{1}{2}$$

이 성립한다. 마찬가지로 $s=TH$이면 $X(s)=2$이므로

$$P(X=2)=\left(\frac{1}{2}\right)\left(\frac{1}{2}\right)=\frac{1}{4}$$

이다. 일반적으로 $X=x\,(x=1,\ 2,\ 3,\ \cdots)$라는 것은 처음 $x-1$번의 뒷면이 나오고 x번째 앞면이 나오는 경우를 의미하므로

$$P(X=x)=\left(\frac{1}{2}\right)^{x-1}\left(\frac{1}{2}\right)=\left(\frac{1}{2}\right)^{x},\quad x=1,\ 2,\ 3,\ \cdots$$

이 성립한다.

예제 6

예제 3의 실험에서 뽑은 점이 S의 어떤 주어진 부분집합에 놓여 있을 확률은 그 부분집합의 넓이와 같다고 하자. $P(x_1 \le X \le x_2)$을 구하라.

풀이 표본공간 S의 넓이는 1이고 만일 확률변수 X가 뽑은 점의 x좌표이면, $0 \le x_1 \le x_2 \le 2$인 임의의 수 x_1과 x_2에 대하여 $P(x_1 \le X \le x_2)$는 그림 3에서의 넓이일 것이다.

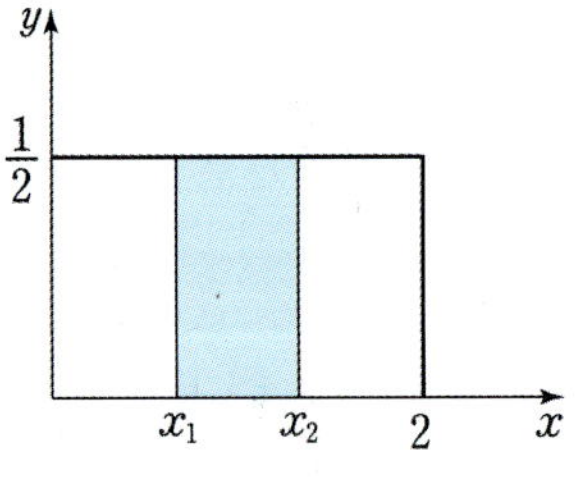

| 그림 3 | 예제 6의 그림

그러므로

$$P(x_1 \le X \le x_2)=\frac{1}{2}(x_2-x_1)$$

이 성립한다.

확률분포를 구성할 때 확률변수 값이 표현되는 방법에 따라 우리는 이산형 분포와 연속형 분포로 구별한다.

정의 2

확률변수 X가 단지 유한 k개의 값 x_1, x_2, $\cdots$, x_k 또는 무한개의 열 x_1, x_2, $\cdots$를 취하면 확률변수 X는 이산형 분포(discrete distribution)를 가진다고 한다. 즉 이산형 분포란 확률변수의 치역이 가산집합일 경우를 의미한다. 확률변수 X가 이산형 분포를 가지면 X의 확률함수(probability function)는 임의의 실수 x에 대하여

$$f(x) = P(X = x)$$

와 같은 함수로 정의된다.

X의 가능한 값이 아닌 어떤 점 x에 대하여 명백하게 $f(x) = 0$이다. 또한 x_1, x_2, $\cdots$가 X의 모든 가능한 값이면 $\sum_{i=1}^{\infty} f(x_i) = 1$이다.

그림 4는 하나의 확률함수를 그린 것인데 이 그림에서 수직선분은 가능한 값 x에 일치하는 $f(x)$의 값을 표시하며, 수직선분의 높이의 합은 1이다. 그러므로 함수 f가 이산형 분포의 확률함수이면 f는 다음 성질을 만족하여야 한다.

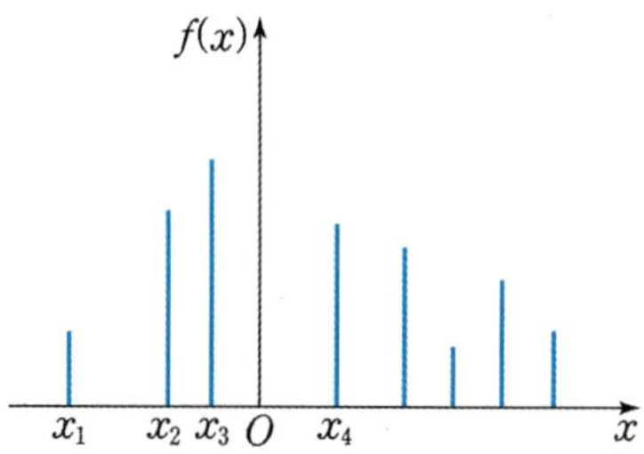

| 그림 4 | 확률함수

(1) 모든 x에 대해 $f(x) \geq 0$ (2) $\sum_{x \in R} f(x) = 1$

또한 X가 이산형 분포를 가지면 실수의 부분집합 A의 확률은

$$P(X \in A) = \sum_{x_i \in A} f(x_i)$$

로부터 구할 수 있다.

예제 7

확률변수 X의 확률함수가 다음과 같다고 하자.

$$f(x) = \begin{cases} 2^{-x}, & x = 1,\ 2,\ 3,\ \cdots \\ 0, & \text{기타} \end{cases}$$

$f(x)$는 하나의 확률함수임을 보이고 $A = \{1,\ 3,\ 5,\ \cdots\}$라고 할 때 $P(X \in A)$를 구하라.

풀이 분명히 $f(x) \geq 0$이고

$$\sum_{x=1}^{\infty} 2^{-x} = \frac{\frac{1}{2}}{1-\frac{1}{2}} = 1$$

이므로 $f(x)$는 하나의 확률함수이다.
한편 $A = \{1,\ 3,\ 5,\ \cdots\}$라고 하면

$$P(X \in A) = \sum_{x \in A} f(x) = \frac{\frac{1}{2}}{1-\frac{1}{2^2}} = \frac{2}{3}$$

이다.

예제 8

성공의 확률 p를 갖는 실험을 독립적으로 n번 시행한다고 가정하자. 성공의 횟수를 확률변수 X라고 할 때 X의 확률함수를 구하라.

풀이 확률변수 X를

$$X(s) = s\text{에서의 성공의 횟수}$$

라고 하면 X의 치역은 $A = \{0,\ 1,\ 2,\ \cdots,\ n\}$이다. 정확히 x번의 성공과 $n-x$번의 실패를 포함하는 n번의 시행의 어떤 특별한 배열을 얻을 확률은 $p^x(1-p)^{n-x}$이다. 이러한 형태에 관한 $\binom{n}{x}$개의 다른 배열이 있으므로 X의 확률함수 $f(x)$는 다음과 같다.

$$f(x) = P(X = x) = \begin{cases} \binom{n}{x} p^x (1-p)^{n-x}, & x = 0,\ 1,\ 2,\ \cdots,\ n \\ 0, & \text{기타} \end{cases}$$

EXERCISE 연/습/문/제 3.1

01 앞면이 나올 확률이 2/3, 뒷면이 나올 확률이 1/3인 동전 한 개를 3회 던진다고 하자. 앞면이 나오는 횟수를 확률변수 X라고 하면 X의 확률분포를 구하라.

02 다음 함수가 확률함수가 되는지를 조사하라.

$$f(x)=\begin{cases}\dfrac{x+2}{25}, & x=1,\ 2,\ 3,\ 4,\ 5\\ 0, & \text{기타}\end{cases}$$

03 하나의 주사위를 독립적으로 6번 던지는 실험에서 1의 눈이 관찰된 횟수를 확률변수 X라고 할 때 X의 확률함수를 구하라.

04 한 상자 속에 7개의 빨간 공과 3개의 파란 공이 들어 있다고 가정하자. 만일 5개의 공을 무작위로 비복원추출한다면 이때 얻는 빨간 공 수의 확률함수를 구하라.

05 확률변수 X가 다음과 같은 확률함수를 가지는 이산형 분포를 한다고 하자.

$$f(x)=\begin{cases}c\left(\dfrac{2}{3}\right)^{x}, & x=1,\ 2,\ 3,\ \cdots\\ 0, & \text{기타}\end{cases}$$

상수 c의 값을 결정하라.

06 확률변수 X가 다음과 같은 확률함수를 가지는 이산형 분포를 한다고 하자.

$$f(x)=\begin{cases}\dfrac{x}{15}, & x=1,\ 2,\ 3,\ 4,\ 5\\ 0, & \text{기타}\end{cases}$$

이때 $P(X=1$ 또는 $X=2)$, $P\left(\dfrac{1}{2}< X < \dfrac{5}{2}\right)$, $P(1 \le X \le 2)$의 값을 구하라.

3.2 연속형 분포

3.1절에서 우리는 확률변수가 취할 수 있는 값이 유한개이거나 가산 무한개인 이산형 분포에 대하여 알아보았다. 그러나 확률변수가 취할 수 있는 값이 셀 수 없는 경우도 존재한다. 예를 들면 기차가 어떤 역에 도달하는 시각, 백열전구의 수명시간 등과 같이 어떤 범위 내의 모든 값을 생각하여야 하는 경우가 있다. 그러한 확률변수를 연속형 분포를 가지는 확률변수라고 하는데, 이 절에서는 연속형 분포에 대하여 알아보기로 한다.

정의 1

임의의 구간 A에 대하여

$$P(X \in A) = \int_A f(x)dx$$

가 성립하는 실수에서 정의된 음이 아닌 함수 f가 존재하면 확률변수 X는 **연속형 분포**(continuous distribution)를 가진다고 하고, 함수 f를 X의 **확률밀도함수**(probability density function)라고 한다.

확률밀도함수는 수없이 많은 사건을 갖는 확률함수를 이용하여 만든 도수분포 다각형의 형태로 파악할 수 있다. 예를 들어 다음과 같은 전자제품 대리점의 일일 매상고를 확률밀도함수화한 표를 생각하자.

▼ 표 1

매상고(X)	확률
$0 < X \leq 1{,}000$	0
$1{,}000 < X \leq 2{,}000$	0.05
$2{,}000 < X \leq 3{,}000$	0.25
$3{,}000 < X \leq 4{,}000$	0.30
$4{,}000 < X \leq 5{,}000$	0.25
$5{,}000 < X \leq 6{,}000$	0.10
$6{,}000 < X \leq 7{,}000$	0.05

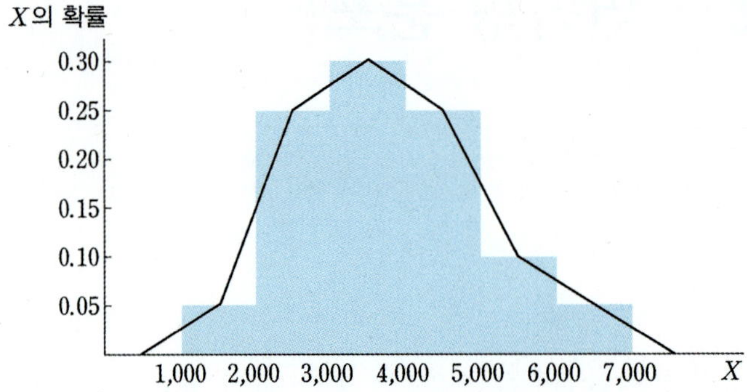

| 그림 1 | 일일 매상고의 상대도수분포다각형

이 결과를 이용하여 상대도수분포표 및 상대도수분포다각형을 작성한 것이 그림 1이다. 그림은 표를 막대그래프화한 뒤 각 기둥의 중앙을 연결하여 얻은 일종의 도수분포다각형이다. 여기서 계급 구간을 1,000으로부터 점차 줄여 500 또는 250 단위씩으로 설정하여 표를 재작성하여 막대그래프를 도출하고 또 도수분포다각형으로 도시하면 그림 2와 같다.

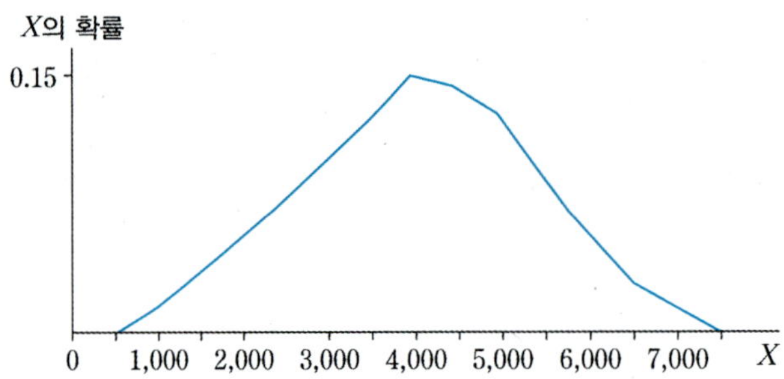

(a) 계급 간격을 반으로 줄인 경우

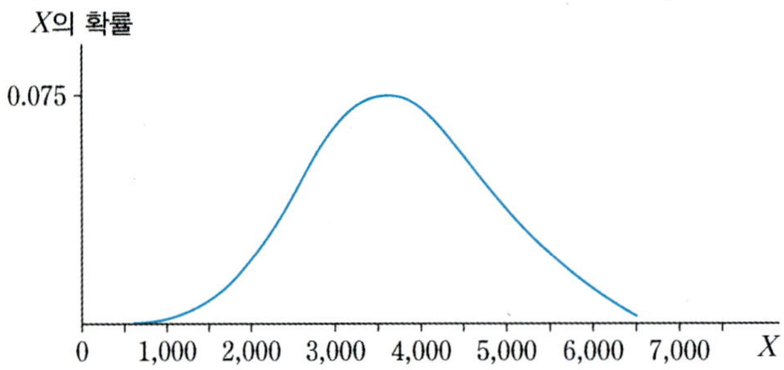

(b) 계급 간격을 $\frac{1}{4}$로 줄인 경우

| 그림 2 | 계급 간격을 세분화할 경우 일일 매상고의 상대도수분포다각형

이러한 과정에서 우리는 두 가지 특징을 발견할 수 있다. 첫째, 도수분포다각형의 높이는 점차 낮아지고, 둘째, 그 모양은 매끄러운 연속선의 형태로 변화하는 것이다. 이러한 작업을 계속하여 계급 구간을 0까지 접근시킨다면 계급(또는 사건)의 수는 무한히 커질 것이며, 이때 형성되는 도수분포다각형은 어느 곳에서도 꺾이거나 각을 이루지 않는 아주 매끄러운 확률밀도함수의 형태가 될 것이다.

정의 1에 의하면 확률변수 X가 연속형 분포를 가질 경우 X가 실수 전체의 어떤 부분집합에 속할 확률은 그 부분집합상에서 X의 확률밀도함수를 적분함으로써 구할 수 있다. 그리고 모든 확률밀도함수는 이산형 분포의 확률함수와 마찬가지로 다음의 두 조건을 만족하여야 한다.

$$(1)\ f(x) \geq 0 \qquad\qquad (2)\ \int_{-\infty}^{\infty} f(x)dx = 1$$

그림 3은 하나의 확률밀도함수를 그린 것인데, 이 그림에서 곡선 아래의 총 넓이는 1이고, $P(a \leq X \leq b)$의 값은 그늘진 부분의 넓이와 같다.

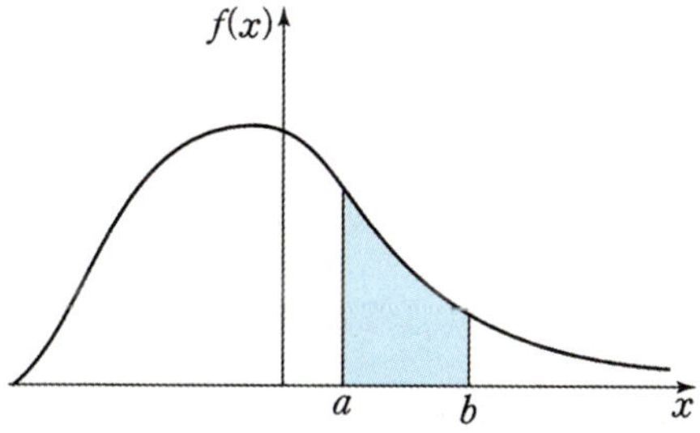

| 그림 3 | 확률밀도함수

만일 확률변수 X가 연속형 분포를 가진다면 한 점 x에 대하여 $P(X=x)=0$이고, 따라서

$$P(X < a) = P(X \leq a) = \int_{-\infty}^{a} f(x)dx$$

가 성립한다. 이러한 이유 때문에 유한개 또는 무한개의 점에서 확률밀도함수의 값은 임의로 변화될 수 있다. 즉 X의 확률밀도함수 값은 X의 확률분포에 영향을 미치지 않고 임의로 변화될 수 있다. 그러므로 확률변수의 확률밀도함수는 유일하지 않다.

예제 1

확률변수 X의 확률밀도함수가 다음과 같다고 할 때 상수 c를 결정하고, $P(X \geq 1)$을 구하라.

$$f(x) = \begin{cases} c(4x - 2x^2), & 0 < x < 2 \\ 0, & \text{기타} \end{cases}$$

풀이 여기서 c는 상수이다. 모든 확률밀도함수는 $\int_{-\infty}^{\infty} f(x)dx = 1$이므로

$$\int_0^2 f(x)dx = \int_0^2 c(4x - 2x^2)dx = \frac{8}{3}c = 1$$

이다. 따라서 $c = \frac{3}{8}$이다. 그리고

$$P(X \geq 1) = \int_1^{\infty} f(x)dx = \frac{3}{8}\int_1^2 (4x - 2x^2)dx = \frac{1}{2}$$

예제 2

어떤 제품의 수명시간을 확률변수 X라고 할 때 X의 확률밀도함수는

$$f(x) = 100\frac{1}{x^2}, \quad x \geq 100$$

이라고 한다. 이 제품 5개 가운데 정확히 2개가 150시간 이내에 고장 나서 교체될 확률을 구하라.

풀이 먼저 i번째 제품이 150시간 이내에 고장 나서 교체되는 사건을 $A_i(i = 1, 2, 3, 4, 5)$라고 하면

$$P(A_i) = \int_{100}^{150} 100\frac{1}{x^2}dx = \frac{1}{3}$$

이다. 사건 A_i는 독립이므로 구하는 확률은

$$\binom{5}{2}\left(\frac{1}{3}\right)^2\left(\frac{2}{3}\right)^3 = \frac{80}{243}$$

이다.

EXERCISE 연/습/문/제 3.2

01 X의 확률밀도함수가 다음과 같을 때 $P(X \le 1)$을 구하라.

$$f(x) = \begin{cases} \dfrac{x}{2}, & 0 < x < 2 \\ 0, & \text{기타} \end{cases}$$

02 X의 확률밀도함수가 다음과 같다고 하자.

$$f(x) = \begin{cases} \dfrac{1}{x^2}, & x > 1 \\ 0, & \text{기타} \end{cases}$$

$A = \{1 < x < 3\}$, $B = \{2 < x < 6\}$일 때 $P(A \cup B)$를 구하라.

03 확률변수 X의 확률밀도함수가 다음과 같다고 하자.

$$f(x) = \begin{cases} \dfrac{1}{36}(9 - x^2), & -3 \le x \le 3 \\ 0, & \text{기타} \end{cases}$$

확률밀도함수의 그래프를 그리고 다음 확률을 계산하라.

(1) $P(X < 0)$　　(2) $P(-1 \le X \le 1)$　　(3) $P(X > 2)$

04 X의 확률밀도함수가 다음과 같다고 하자.

$$f(x) = \begin{cases} \dfrac{1}{8}x, & 0 \le x \le 4 \\ 0, & \text{기타} \end{cases}$$

(1) $P(X \le t) = \dfrac{1}{4}$인 t의 값을 구하라.

(2) $P(X \ge t) = \dfrac{1}{2}$인 t의 값을 구하라.

3.3 분포함수

확률분포의 특징을 더욱 정확하게 확인하기 위해서는 누적확률을 이용한 함수에 대해 살펴볼 필요가 있다.

정의 1

실수 x에 대하여

$$F(x) = P(X \leq x) = P(s \in S \ : \ X(s) \leq x)$$

와 같이 정의된 함수 F를 확률변수 X의 누적분포함수(cumulative distribution function) 또는 간단히 분포함수라고 한다.

분포함수는 확률변수의 분포를 정할 수 있고, 또한 하나의 확률변수 X에 대하여 분포함수는 유일하게 존재하며 X의 분포에 의하여 완전하게 정해진다. 그러므로 X의 식으로 표현되는 모든 사상들의 확률을 분포함수를 이용하여 구할 수 있으며, 한 실험에 대한 확률분포 모형의 건설도 분포함수를 이용하여 가능하다.

예제 1

동전 두 개를 던지는 실험에서 앞면의 개수를 확률변수 X로 정의하면 X의 분포함수를 구하라.

풀이

$$F(x) = P(X \leq x) = \begin{cases} 0, & x < 0 \\ \dfrac{1}{4}, & 0 \leq x < 1 \\ \dfrac{3}{4}, & 1 \leq x < 2 \\ 1, & x \geq 2 \end{cases}$$

이다.

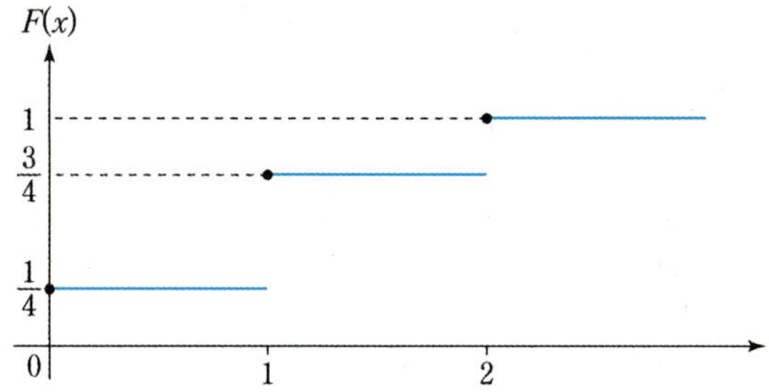

| 그림 1 | 예제 1의 분포함수 그래프

동일한 실험에서 뒷면의 개수를 확률변수 Y로 정의하면 Y의 분포함수도 X의 분포함수와 같다.

확률변수 X가 연속형 분포를 갖는 경우 확률밀도함수 f에 대해 X의 분포함수는

$$F(x) = P(X \le x) = \int_{-\infty}^{x} f(t)dt$$

로 표현된다. 양변을 x에 대하여 미분하면 다음과 같은 분포함수와 확률밀도함수 사이의 관계식을 얻을 수 있다.

$$\frac{dF(x)}{dx} = f(x)$$

예제 2

확률밀도함수가 다음과 같다고 하자.

$$f(x) = \begin{cases} x, & 0 \le x \le \sqrt{2} \\ 0, & \text{기타} \end{cases}$$

X의 분포함수를 구하라.

풀이 $x < 0$일 때 $f(x) = 0$이므로 $F(x) = 0$이다. $0 \le x \le \sqrt{2}$일 때 $f(x) = x$이므로 $F(x) = P(X \le x) = \int_0^x t dt = \frac{x^2}{2}$이다. $x > \sqrt{2}$일 때 $F(x) = \int_0^{\sqrt{2}} x dx = 1$이다.

분명히 $\dfrac{dF(x)}{dx}=f(x)$가 성립한다.

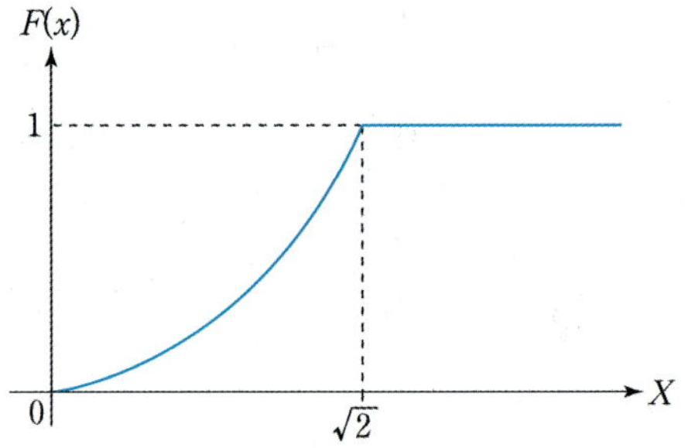

| 그림 2 | 예제 2의 분포함수 그래프

분포함수는 실수 전체 위에서 정의된 함수이며 임의의 점 x에서 $F(x)$의 값은 구간 $0 \le F(x) \le 1$에 있는 한 수임에 틀림없다. 또한 임의의 확률변수 X의 분포함수는 다음과 같은 세 가지 성질을 갖는다.

분포함수의 성질

1. 함수 $F(x)$는 비감소함수(nondecreasing function)이다. 즉 $x_1 < x_2$이면 $F(x_1) \le F(x_2)$이다.
2. $F(-\infty) = \lim_{x \to -\infty} F(x) = 0,\ F(\infty) = \lim_{x \to \infty} F(x) = 1$
3. 분포함수는 항상 우측 연속이다. 즉 모든 점 x에 대하여 $F(x) = \lim_{y \to x,\ y > x} F(y) = F(x^+)$가 성립한다.

일반적으로 위의 세 가지 성질을 만족하는 함수 F는 어떤 확률변수 X의 분포함수가 된다. 예제 1은 이산형 분포이고

$$F(0) = \frac{1}{4}, \quad F(1) = \frac{3}{4}, \quad F(2) = 1$$

임을 알 수 있다. 또한 예제 2는 연속형 분포이고 이 경우 분포함수는 모든 점에서 연속함수이다. 한편 하나의 확률변수 X의 분포함수를 안다면, 그때 X가 어떤 특

정한 실구간에 속할 확률은 분포함수를 이용하여 결정할 수 있다.

성질 1 **분포함수를 이용한 확률의 계산**

(1) $P(X > x) = 1 - F(x)$

(2) $x_1 < x_2$와 같은 어떤 주어진 값 x_1, x_2에 대하여

$$P(x_1 < X \le x_2) = F(x_2) - F(x_1)$$

(3) $P(X < x) = \lim_{y \to x,\ y < x} F(y) = F(x^-)$

(4) 어떤 주어진 값 x에 대하여

$$P(X = x) = F(x^+) - F(x^-)$$

예제 3

예제 1에서 $P(X < 1)$, $P(X = 1)$, $P(0 < X \le 3)$을 구하라.

풀이 이 경우

$$P(X < 1) = F(1^-) = \frac{1}{4}$$

$$P(X = 1) = F(1) - F(1^-) = \frac{1}{2}$$

$$P(0 < X \le 3) = F(3) - F(0^+) = \frac{3}{4}$$

임을 쉽게 알 수 있다.

확률분포에서 모든 관계식에 등호가 있는 경우와 없는 경우를 주의 깊게 구별하는 것은 매우 중요하다. 만일 한 주어진 값 x에서 $F(x)$에 하나의 도약이 있다면 $P(X \le x) \ne P(X < x)$이다. 그러나 연속형 분포에 대하여 분포함수는 항상 연속함수이므로 등호는 큰 문제가 되지 않는다. 특히 성질 1의 (4)는 이산형 분포의 경

우에는 $P(X=x)$의 값이 도약의 높이를 의미하는데 연속형 분포처럼 도약이 없는 경우에는 $P(X=x)=0$이 되어 이 식이 연속형 분포를 특징지을 수 있는 중요한 식이 된다.

분명히 앞의 세 가지 성질을 만족하는 어떤 함수 F는 어떤 확률변수의 분포함수가 된다. 우리는 하나의 확률변수를 포함하는 어떤 확률이 그 변수의 분포함수로서 결정될 수 있다는 사실을 알았다. 그러므로 우리는 한 실험과 표본공간 S, 그리고 표본공간 S상의 한 함수로서 X를 명백하게 언급할 필요 없이 하나의 확률변수 X의 분포함수를 특정시키고, 이러한 분포함수를 고려함으로써 확률변수 X의 행동을 연구할 것이다.

EXERCISE 연/습/문/제 3.3

01 어느 버스정류장을 버스가 매시 0분, 10분, 20분, 30분, 40분, 50분의 10분 간격으로 발차하고 있다. 한 사람이 시각표를 모르고 정류장에 와서 버스를 탄다고 하자. 기다려야 할 시간을 X분이라고 할 때 확률변수 X의 분포함수와 확률밀도함수를 구하라.

02 X의 분포함수가 다음과 같다고 하자.

$$F(x)=\begin{cases} 0, & x < -1 \\ 1/4, & -1 \le x < 1 \\ 1/2, & 1 \le x < 3 \\ 3/4, & 3 \le x < 5 \\ 1, & x \ge 5 \end{cases}$$

다음 확률을 구하라.

(1) $P(X \le 3)$　　(2) $P(X = 3)$

(3) $P(X \ge 1)$　　(4) $P(-0.4 < X < 4)$

03 한 개의 동전을 앞면을 처음으로 얻을 때까지 계속하여 던진다고 가정하고 확률변수 X를 그때까지 던진 횟수라고 가정하자. X의 분포함수를 구하고 그래프를 그려라.

04 어떤 전기 시스템에서 전압 X에 대한 분포함수가 다음과 같다고 하자.

$$F(x)=\begin{cases} 0, & x < 0 \\ \dfrac{x}{1+x}, & x \ge 0 \end{cases}$$

X의 확률밀도함수를 구하라.

05 하나의 주사위를 던지는 실험에서 관찰되는 주사위 눈의 수를 확률변수 X라고 할 때 X의 분포함수를 구하고 분포함수를 이용하여 $P(X=3)$의 값을 구하라.

3.4 이변량분포

어떤 확률실험이 각각 이산형 분포를 가지는 두 확률변수 X와 Y를 포함한다고 하자. 예를 들면 동전과 주사위를 동시에 던지는 실험에서 확률변수 X는 동전 앞면의 수이고, 다른 확률변수 Y는 주사위 눈의 수라고 할 수 있다. 만일 X와 Y가 둘 다 유한개의 가능한 값들을 가지는 이산형 분포를 한다면, 그때 쌍 (X, Y)에 관한 단지 유한개의 다른 가능한 값 (x, y)가 있을 것이다. 또한 X와 Y가 무한개의 가능한 값들을 가지는 이산형 분포를 한다면 그때는 또한 쌍 (X, Y)에 관한 무한개의 가능한 값들이 있을 것이다. 이러한 모든 경우를 X와 Y는 하나의 이산형 결합분포(discrete joint distribution)를 가진다고 한다.

xy평면에 있는 임의의 점 (x, y)에 대하여 함수

$$f(x, y) = P(X = x, Y = y)$$

를 X와 Y의 결합확률함수(joint probability function)라고 한다. 만일 (x, y)가 확률변수 (X, Y) 쌍에 관한 가능한 값들 가운데 하나가 아니면 $f(x, y) = 0$임에 틀림없다.

결합확률함수는 하나의 확률변수인 경우와 유사하게 다음과 같은 성질을 만족하여야 한다.

(1) 모든 (x, y)에 대하여 $f(x, y) \geq 0$

(2) $\sum_x \sum_y f(x, y) = 1$

또한 xy평면의 임의의 부분집합 A에 대하여

$$P[(X, Y) \in A] = \sum_{(x, y) \in A} \sum f(x, y)$$

가 성립한다.

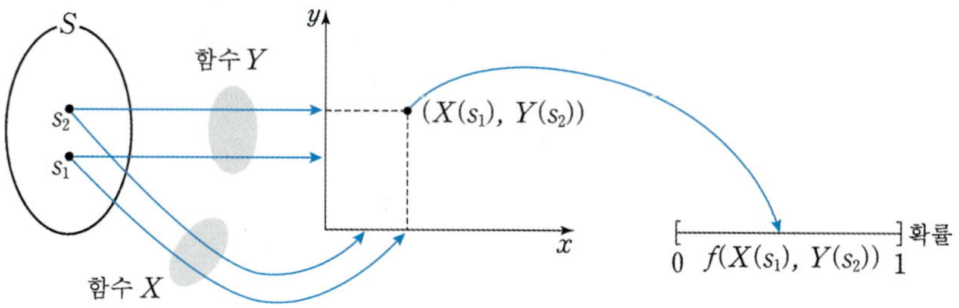

| 그림 1 | 결합분포

예제 1

하나의 동전을 세 번 던지는 실험을 생각하자. 이 실험에서 동전을 처음 두 번 던졌을 때까지 관찰된 앞면의 개수를 확률변수 X, 세 번 모두 던졌을 때 관찰되는 앞면의 개수를 확률변수 Y라고 하면 X와 Y의 결합확률함수를 구하고 $P(X \geq 1,\ Y \geq 1)$과 $P(X=2)$의 값을 구하라.

풀이 X는 0, 1, 2의 값을 취하고 Y는 0, 1, 2, 3의 값을 취하게 된다. 그러므로 (X, Y)는 표본공간 S를 정의구역으로 하고, 이차원 공간상 순서쌍들의 집합

$$A=\{(x,\ y)\ :\ x=0,\ 1,\ 2,\ y=0,\ 1,\ 2,\ 3\}$$

을 치역으로 하는 실숫값 함수이다. 이제 표본공간 S 안의 8가지 가능한 결과에 같은 확률이 부여된다고 하자. 예를 들어 $s=HTH$ 또는 $s=THH$이면 $(X(s),\ Y(s))=(1,\ 2)$이고, 이 경우 $P[(X,\ Y)=(1,\ 2)]=P\{THH,\ HTH\}=\frac{2}{8}$이다.

유사한 방법으로 X와 Y의 결합확률함수를 구하면 표 1과 같다.

▼ 표 1

X \ Y	0	1	2	3
0	$\frac{1}{8}$	$\frac{1}{8}$	0	0
1	0	$\frac{2}{8}$	$\frac{2}{8}$	0
2	0	0	$\frac{1}{8}$	$\frac{1}{8}$

이제 $P(X \geq 1,\ Y \geq 1)$과 $P(X=2)$의 값을 구해보기로 하자.

$x \geq 1,\ y \geq 1$을 만족하는 모든 값에 대하여

$$P(X \geq 1,\ Y \geq 1) = f(1,\ 1) + f(1,\ 2) + f(1,\ 3) + f(2,\ 1) + f(2,\ 2) + f(2,\ 3) = \frac{3}{4}$$

과 같이 $f(x,\ y)$를 더함으로써 값을 구할 수 있다. 또한

$$P(X=2) = \sum_{y=0}^{3} f(2,\ y) = \frac{1}{4}$$

이다.

X와 Y가 결합확률함수가 f인 이산형 결합분포를 가진다고 하자. 이때 X의 함수

$$f_1(x) = P(X=x) = \sum_y P(X=x,\ Y=y) = \sum_y f(x,\ y)$$

를 X의 주변확률함수(marginal probability function)라고 한다. 즉 f_1은 고정된 x에서 모든 y에 대한 결합확률함수의 합으로 구할 수 있기 때문에 f_1을 xy평면에서 고정된 x 주변의 모든 y들에 대한 확률의 합으로 생각할 수 있다.

유사하게 Y의 함수

$$f_2(y) = \sum_x f(x,\ y)$$

를 Y의 주변확률함수라고 한다.

예제 2

X와 Y가 예제 1의 결합확률함수를 가진다고 하자. X와 Y의 주변확률함수를 구하라.

풀이 X의 주변확률함수는 표 1의 각 열에 있는 값을 더함으로써 얻을 수 있다. 즉

$$f_1(0) = \sum_{y=0}^{3} f(0,\ y) = \frac{1}{4},$$

$$f_1(1) = \sum_{y=0}^{3} f(1,\ y) = \frac{1}{2},$$

$$f_1(2) = \sum_{y=0}^{3} f(2,\ y) = \frac{1}{4}$$

이다. 이를 표로 나타내면

▼ 표 2

x	0	1	2
$f_1(x)$	$\frac{1}{4}$	$\frac{1}{2}$	$\frac{1}{4}$

이다. 마찬가지로 Y의 주변확률함수 f_2는 표 3과 같다.

▼ 표 3

y	0	1	2	3
$f_2(y)$	$\frac{1}{8}$	$\frac{3}{8}$	$\frac{3}{8}$	$\frac{1}{8}$

xy평면상의 임의의 부분집합 A에 대하여

$$P[(X,\ Y) \in A] = \int\int_A f(x,\ y)dxdy$$

와 같이 평면상에서 정의된 음이 아닌 함수 f가 존재하면 확률변수 X와 Y는 연속형 결합분포(continuous joint distribution)를 가진다고 한다. 이 경우 함수 f를 X와 Y의 결합확률밀도함수(joint probability density function)라고 한다.

결합확률밀도함수는 다음의 두 가지 성질을 만족하여야 한다.

(1) $f(x,\ y) \geq 0$ (2) $\int_{-\infty}^{\infty}\int_{-\infty}^{\infty} f(x,\ y)dxdy = 1$

또한 X와 Y가 연속형 결합분포를 가지면 xy평면의 유한 또는 무한 점들과 직선은 확률 0을 갖게 된다.

그림 2는 결합확률밀도함수의 한 예이다. 그림에서 $z = f(x,\ y)$ 아래와 xy평면 위의 총 부피는 1이고 $(X,\ Y)$가 A에 속할 확률은 밑면 A를 갖고 높이가 $z = f(x,\ y)$에 의해 형성된 입체의 부피와 같게 된다. 즉

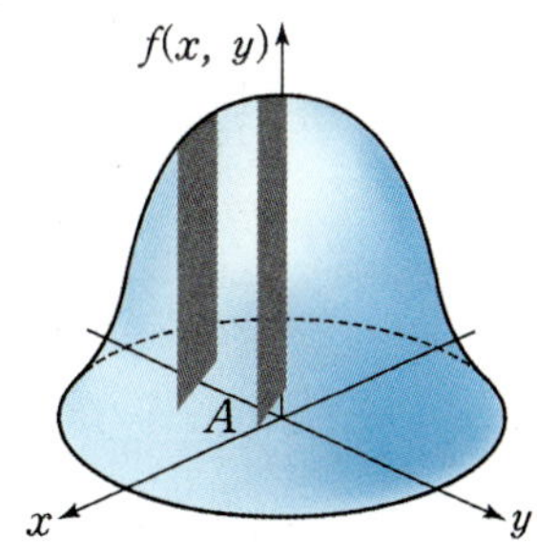

| 그림 2 | 결합확률밀도함수

일변량 연속형 확률분포에서 확률의 값은 넓이이고 결합확률분포에서는 확률은 부피가 된다.

예제 3

X와 Y의 결합확률밀도함수가 다음과 같을 때 상수 c를 구하라.

$$f(x,\ y)=\begin{cases} c(x+y), & 0<x<1,\ 0<y<1 \\ 0, & \text{기타} \end{cases}$$

풀이

$$\int_0^1\int_0^1 c(x+y)dxdy=1$$

이어야 하므로 $c=1$이다.

예제 4

X와 Y의 결합확률밀도함수가 다음과 같다고 하자.

$$f(x,y)=\begin{cases} cx^2y, & x^2\le y\le 1 \\ 0, & \text{기타} \end{cases}$$

상수 c의 값을 구하고 $P(X\ge Y)$를 구하라.

풀이

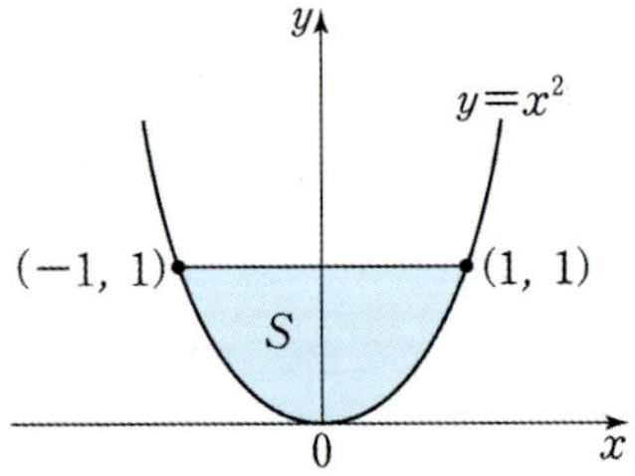

| 그림 3 | $(x,\ y)$의 영역

$f(x,\ y)>0$인 점 $(x,\ y)$의 집합을 S라고 하면

$$\int\int_S f(x,\ y)dxdy=\int_{-1}^1\int_{x^2}^1 cx^2ydydx=\frac{4}{21}c=1$$

이므로 상수 c의 값은 $\frac{21}{4}$이다. 한편 $x\ge y$를 만족하는 S의 부분집합을 A라

고 하면

$$P(X \geq Y) = \int\int_A f(x,\ y)dxdy = \int_0^1 \int_{x^2}^x \frac{21}{4} x^2 y dy dx = \frac{3}{20}$$

이다. 또한 X와 Y는 연속형 결합분포이므로

$$P(X = Y) = 0$$

이다.

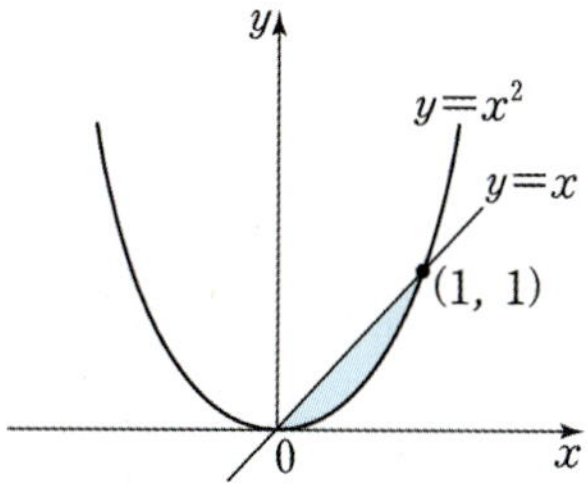

| 그림 4 | $X \geq Y$의 영역

X와 Y가 결합확률밀도함수가 f인 연속형 결합분포를 가진다고 하자. 이때 X의 함수

$$f_1(x) = \int_{-\infty}^{\infty} f(x,\ y)dy, \quad -\infty < x < \infty$$

를 X의 주변확률밀도함수(marginal probability density function)라고 한다. 즉 $f_1(x)$의 값은 X의 어떤 주어진 값 x에 대하여 $f(x,\ y)$를 Y의 모든 가능한 값 y 상에서 적분함으로 얻어진다.

유사하게 Y의 함수

$$f_2(y) = \int_{-\infty}^{\infty} f(x,\ y)dx, \quad -\infty < y < \infty$$

를 Y의 주변확률밀도함수라고 한다.

예제 5

예제 3에서 X와 Y의 주변확률밀도함수를 구하라.

풀이 $f_1(x) = \int_0^1 (x+y)dy = x + \frac{1}{2}, \quad 0 < x < 1$

$f_2(y) = \int_0^1 (x+y)dx = y + \frac{1}{2}, \quad 0 < y < 1$

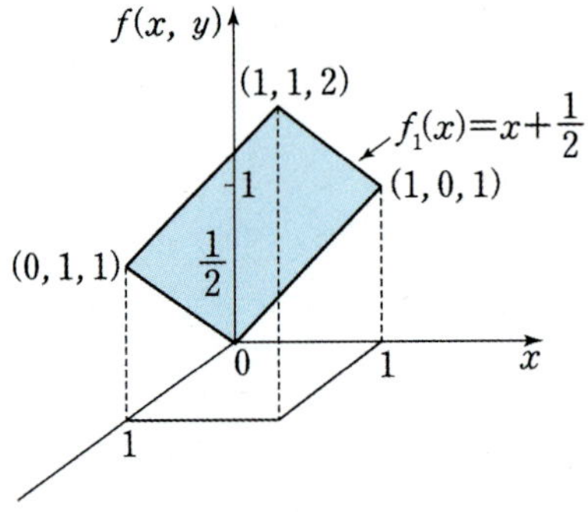

| 그림 5 | $f_1(x)$의 그래프

예제 6

X와 Y의 결합확률밀도함수가 예제 4와 같다고 할 때 X와 Y의 주변확률밀도함수를 각각 구하라.

풀이 분명히 $-1 \le x \le 1$에 대하여 $x^2 \le y \le 1$이 아니면 $f(x, y) = 0$이다. 그러므로 $-1 \le x \le 1$에 대하여

$$f_1(x) = \int_{-\infty}^{\infty} f(x, y)dy = \int_{x^2}^{1} \frac{21}{4}x^2 y dy = \frac{21}{8}x^2(1-x^4)$$

이다.

마찬가지로 $0 \le y \le 1$에 대하여 $-\sqrt{y} \le x \le \sqrt{y}$가 아니면 $f(x, y) = 0$이다. 그러므로 $0 \le y \le 1$에 대하여

$$f_2(y) = \int_{-\infty}^{\infty} f(x, y)dx = \int_{-\sqrt{y}}^{\sqrt{y}} \frac{21}{4}x^2 y dx = \frac{7}{2}y^{5/2}$$

이다.

EXERCISE 연/습/문/제 3.4

01 확률변수 X와 Y의 결합확률함수가 다음과 같다고 하자.

X \ Y	1	2	3	4
1	0.1	0	0.1	0
2	0.3	0	0.1	0.2
3	0	0.2	0	0

$P(X \geq 2, Y \geq 2)$, $P(X=1)$의 값을 구하라.

02 확률변수 X와 Y의 결합확률함수가 다음과 같다고 하자.

$$f(x,\ y) = \begin{cases} c|x+y|, & x=-2,\ -1,\ 0,\ 1,\ 2,\ y=-2,\ -1,\ 0,\ 1,\ 2 \\ 0, & \text{기타} \end{cases}$$

이때 다음을 구하라.

(1) 상수 c의 값

(2) $P(X=0,\ Y=-2)$

(3) $P(X=1)$

(4) $P(|X-Y| \leq 1)$

03 확률변수 X와 Y의 결합확률밀도함수가 다음과 같다고 하자.

$$f(x,\ y) = \begin{cases} c(x^2+y), & 0 \leq y \leq 1-x^2 \\ 0, & \text{기타} \end{cases}$$

이때 다음을 구하라.

(1) 상수 c의 값

(2) $P(0 \leq X \leq \frac{1}{2})$

(3) $P(Y \leq X+1)$

(4) $P(Y=X^2)$

04 X와 Y의 결합확률함수가 다음과 같다고 하자.

$$f(x,\ y)=\begin{cases}\dfrac{1}{16}, & x=1,\ 2,\ 3,\ 4,\ \ y=1,\ 2,\ 3,\ 4\\ 0, & \text{기타}\end{cases}$$

X와 Y의 주변확률함수를 구하라.

05 X와 Y의 결합확률밀도함수가 다음과 같다고 하자.

$$f(x,y)=\begin{cases}\dfrac{3}{2}y^2, & 0\le x\le 2,\ \ 0\le y\le 1\\ 0, & \text{기타}\end{cases}$$

X와 Y의 주변확률밀도함수를 구하라.

3.5 확률변수의 독립성

X와 Y가 확률변수이면 두 개의 서로 다른 사건

$$E = \{X \in A\}, \quad F = \{Y \in B\}$$

를 정의할 수 있다. 2장에서 두 사건의 독립성의 정의를 이용하면 사건 E와 F가 독립이라는 것은

$$P(E \cap F) = P(X \in A,\ Y \in B) = P(X \in A)P(Y \in B)$$

가 성립하는 것이다. 특히 위의 관계식이 성립할 때 두 확률변수 X와 Y는 독립(independent)이라고 한다. 이것은 확률변수 X에 의하여 표현되는 임의의 사건과 확률변수 Y로 표현되는 임의의 사건이 서로 독립임을 의미한다. 바꾸어 말하면 A를 그 발생 여부가 단지 X값에 의존하는 어떤 사건, B를 그 발생 여부가 단지 Y값에 의존하는 어떤 사건이라고 하면 두 확률변수 X와 Y가 독립이기 위한 필요충분조건은 사건 A와 B에 대하여 A와 B가 독립인 것이다.

이 논의는 확률함수 또는 확률밀도함수를 이용하여도 위의 식과 유사한 다음의 식으로 독립성을 표현할 수 있다.

정리 1

확률변수 X와 Y의 결합확률함수 또는 결합확률밀도함수를 $f(x, y)$, 각각의 주변확률함수 또는 주변확률밀도함수를 $f_1(x)$, $f_2(y)$라고 하면 X와 Y가 독립이기 위한 필요충분조건은

$$f(x, y) = f_1(x)f_2(y)$$

인 것이다.

예제 1

3.4절의 예제 1에서 주어진 실험을 생각하자. 이 경우 X와 Y의 독립성을 조사하라.

풀이 분명히 $f(0, 0)=\frac{1}{8}$이고 3.4절의 예제 1에서 이미 계산해본 것과 같이

$$f_1(0)=\frac{1}{4},\ f_2(0)=\frac{1}{8}$$

이다. 그러므로 $f(0, 0) \neq f_1(0)f_2(0)$이고, 따라서 X와 Y는 독립이 아니다.

예제 2

X의 확률분포가 표 1과 같다.

▼ 표 1

x	-2	-1	1	2	계
$f(x)$	1/4	1/4	1/4	1/4	1

$Y=X^2$이라고 할 때 X와 Y가 독립인지 조사하라.

풀이 X와 Y의 결합분포를 구하면 표 2와 같다.

▼ 표 2

X \ Y	1	4	계
-2	0	1/4	1/4
-1	1/4	0	1/4
1	1/4	0	1/4
2	0	1/4	1/4
계	1/2	1/2	1

위 표에서 $P(X=-2,\ Y=1)=0$인데, 이 값은 $P(X=-2)$와 $P(Y=1)$의 곱으로 표현되지 않으므로 X와 Y는 독립이 아니다.

예제 3

X와 Y의 결합확률밀도함수가 다음과 같다.

$$f(x,\ y) = \begin{cases} 2, & x,\ y > 0,\quad x + y < 1 \\ 0, & \text{기타} \end{cases}$$

X와 Y의 독립성을 조사하라.

풀이 이 경우 X와 Y의 주변확률밀도함수는

$$f_1(x) = \int_0^{1-x} 2dy = 2(1-x),$$

$$f_2(y) = \int_0^{1-y} 2dx = 2(1-y)$$

이므로 $f(x,\ y) = f_1(x)f_2(y)$가 성립하지 않는다. 그러므로 X와 Y는 독립이 아니다.

예제 4

X와 Y의 결합확률밀도함수가 다음과 같다고 하자.

$$f(x,\ y) = \begin{cases} \dfrac{5y}{4}, & -1 \le x \le 1,\ x^2 \le y \le 1 \\ 0, & \text{기타} \end{cases}$$

X와 Y가 독립인지 조사하라.

풀이 $x < -1$ 또는 $x > 1$인 경우, $f(x,\ y) = 0$이므로 $f_1(x) = 0$이다.

$-1 \le x \le 1$인 경우, X의 주변확률밀도함수는

$f_1(x) = \displaystyle\int_{x^2}^{1} \frac{5y}{4} dy = \frac{5}{8}[y^2]_{x^2}^{1} = \frac{5(1-x^4)}{8}$이다.

한편 $y < 0$ 또는 $y > 1$인 경우 $f_2(y) = 0$이다.

$0 \le y \le 1$인 경우에는 Y의 주변확률밀도함수는

$f_2(y) = \displaystyle\int_{-\sqrt{y}}^{\sqrt{y}} \frac{5y}{4} dx = \frac{5y}{4}[x]_{-\sqrt{y}}^{\sqrt{y}} = \frac{5}{2}y^{\frac{3}{2}}$이다.

그러므로 $f(x,\ y) \ne f_1(x)f_2(y)$이 되어 X와 Y는 독립이 아니다.

EXERCISE 연/습/문/제 3.5

01 3.4절의 연습문제 4, 5번에서 확률변수 X와 Y가 독립인지 확인하라.

02 X와 Y의 결합확률밀도함수가 다음과 같다고 하자.

$$f(x,\ y) = \begin{cases} 2xe^{-y}, & 0 \le x \le 1,\ 0 < y < \infty \\ 0, & \text{기타} \end{cases}$$

X와 Y는 독립인가?

03 두 독립인 확률변수 X와 Y가 어떤 장소에서 일 년 동안의 강우량을 나타낸다고 하자. 또한 각 확률변수의 확률밀도함수 g가 다음과 같다고 하자.

$$g(x) = \begin{cases} 2x, & 0 \le x \le 1 \\ 0, & \text{기타} \end{cases}$$

$P(X + Y \le 1)$의 값을 구하라.

04 한 동전을 두 번 던지는 실험에서 첫 번째 던진 동전이 앞면이면 $X=1$, 뒷면이면 $X=0$, 처음 던진 것과 두 번째 던진 것이 모두 앞면이면 $Y=1$, 그렇지 않으면 $Y=0$이라고 하자. X와 Y의 결합확률함수를 구하고 X와 Y가 독립인지 조사하라.

05 X와 Y의 결합확률밀도함수가 다음과 같다고 하자.

$$f(x,\ y) = \begin{cases} e^{-(x+y)}, & x \ge 0,\ y \ge 0 \\ 0, & \text{기타} \end{cases}$$

X와 Y의 독립성을 조사하라.

CHAPTER

04 기댓값

학습목표

- 확률분포의 특징을 표현하는 특성값에 대하여 학습한다.
- 확률분포의 중심 위치를 나타내는 특성값으로 평균을 이해하고 이에 대한 다양한 성질을 학습한다.
- 확률분포가 중심 위치 주변에 어느 정도로 밀집되어 있는가를 파악할 수 있는 특성값으로서 분산을 이해하고 이에 대한 다양한 성질을 학습한다.
- 중앙값과 최빈값을 이해하고 이에 대한 다양한 성질을 학습한다.
- 두 변수들 간의 관계에 대한 정보를 알려주는 공분산과 상관계수를 이해하고 이에 대한 다양한 성질을 학습한다.
- 확률의 하한 또는 상한을 구하는 데 유용하게 이용되는 다양한 부등식에 대하여 학습한다.

사건 전체의 확률과 함께 이들이 지니는 대표적인 특성을 확인하는 작업도 필요하다고 할 것이다. 이 장에서는 확률분포의 중심 위치를 나타내는 특성값으로 평균과 함께 확률분포가 중심 위치 주변에 어느 정도로 밀집되어 있는가를 파악할 수 있는 특성값으로 분산 및 중앙값과 최빈값 그리고 두 변수들 간의 관계에 대한 정보를 알려주는 공분산과 상관계수의 개념과 성질에 대하여 학습하도록 한다.

4.1 확률변수의 기댓값

어느 도시에서의 연평균 강수량, 6월의 평균기온, 공장 근로자의 평균임금 등과 같이 평균은 우리 생활의 일부분이 되고 있음을 알 수 있다. 일상생활에서 자주 이용되는 평균은 통계학에서는 기댓값 또는 수학적 기댓값으로 불리는데, 이는 확률변수 X를 정의하고 X의 확률분포를 가정할 때 가정한 확률분포의 중심 위치를 나타내는 분포의 한 특성값이다.

정의1

(1) 확률변수 X의 치역이 R이고, 확률함수가 f인 이산형 분포를 가진다고 가정하자. 그때

$$\sum_{x \in R} |x| f(x) < \infty \tag{1}$$

이면 확률변수 X는 기댓값이 존재한다고 하며, 이 경우 값

$$E(X) = \sum_{x \in R} x f(x) \tag{2}$$

를 X의 기댓값(expectation)이라고 한다.

(2) 확률변수 X가 확률밀도함수가 f인 연속형 분포를 가진다면 X의 기댓값 $E(X)$는 다음과 같다.

$$E(X) = \int_{-\infty}^{\infty} x f(x) dx \tag{3}$$

이산형 분포와 마찬가지로 연속형 분포에서도 적분

$$\int_{-\infty}^{\infty} |x| f(x) dx$$

가 존재하는 경우 X의 기댓값은 존재한다고 하며, 이 경우 X의 기댓값은 식 (3)에 의하여 구할 수 있다.

기댓값이라는 용어는 노름에서 그 어원을 찾을 수 있다. 예를 들어 한 사람이 1, 2, 2라는 숫자가 적힌 공이 들어 있는 상자에서 하나의 공을 꺼낸다고 가정하자.

꺼낸 공에 적힌 숫자가 1일 때는 30원을 받고, 번호가 2일 때는 3원을 받는다고 하자. 그러면 30원에 대하여는 '$\frac{1}{3}$의 청구권'이 부여되고 3원에 대하여는 '$\frac{2}{3}$의 청구권'이 있다고 보는 것이 타당할 것이다. 그러므로 그 사람이 받을 수 있는 기대금액은

$$30\left(\frac{1}{3}\right)+3\left(\frac{2}{3}\right)=12\,(\text{원})$$

이 될 것이다.

기댓값과 평균(mean)이라는 용어는 같이 사용될 수 있다. 즉 $E(X)$는 X 분포의 기댓값 또는 평균이라고 부른다. 확률변수의 기댓값 또는 그 분포의 평균은 분포의 무게중심의 의미로 생각할 수 있다. 예를 들어 그림 1의 확률함수를 생각해보자.

x축은 추가 달린 무게 없는 긴 막대로 생각할 수 있다. 만일 각 점 x_i에 무게 $f(x_i)$인 추가 막대에 달렸다면, 그 막대는 점 $E(X)$에 지지될 경우 균형이 유지될 것이다. 그러나 x값이 클 경우 여기에 부여된 확률값이 조금만 변하더라도 분포의 평균은 크게 영향을 받는다. 예를 들어 작은 양의 확률을 갖는 점 x_i 중의 하나를 원점에서 충분히 먼 점으로 이동시키면, 비록 원점에서 먼 점이라고 할지라도 분포의 평균을 그 점으로 이동시킬 수 있다.

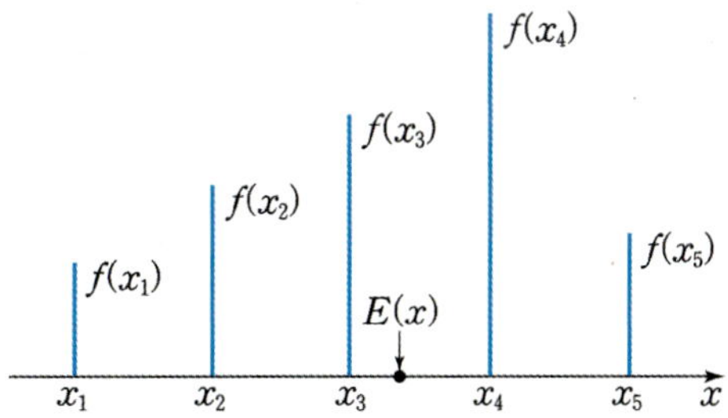

| 그림 1 | 기댓값의 의미

예제 1

하나의 동전을 세 번 던지는 실험에서 앞면의 횟수를 확률변수 X라고 할 때 X의 기댓값을 구하라.

풀이 확률변수 X가 취할 수 있는 값은 0, 1, 2, 3이고 이 값에 대한 확률함수는

$$P(X=0)=\frac{1}{8},\ P(X=1)=\frac{3}{8},\ P(X=2)=\frac{3}{8},\ P(X=3)=\frac{1}{8}$$

이므로 X의 기댓값 $E(X)$는

$$E(X)=0\left(\frac{1}{8}\right)+1\left(\frac{3}{8}\right)+2\left(\frac{3}{8}\right)+3\left(\frac{1}{8}\right)=\frac{3}{2}$$

이다.

예제 1에서의 기댓값 1.5는 확률변수 X의 관찰 가능한 값은 아니다. 기댓값 1.5의 의미는 동일한 조건하에서 동전을 세 번 던지는 실험을 무한히 반복하였을 때 관찰되는 X값들의 산술평균이 1.5에 한없이 접근해갈 것으로 기대할 수 있다는 의미로, X의 확률분포에 대한 중심 위치를 가리키는 값이 1.5라는 것이다.

예제 2

확률변수X의 확률밀도함수 f가

$$f(x)=\begin{cases}2x, & 0<x<1\\ 0, & \text{기타}\end{cases}$$

라고 할 때 X의 기댓값을 구하라.

풀이

$$E(X)=\int_{-\infty}^{\infty}xf(x)dx=\int_{0}^{1}2x^2dx=\frac{2}{3}$$

이다.

확률변수 X가 취할 수 있는 값은 어떤 실험에서 발생할 수 있는 사건들의 결과를 특징적으로 나타내는 숫자이다. 이와 같은 각 사건들의 특징을 필요에 따라 변

형시킬 수 있다. 물론 이 경우 변형된 숫자와 본래 숫자와는 수리적인 연관성을 갖는 것이 일반적이다. 바꾸어 말하면 본래 숫자를 변형시킬 때 우리는 확률변수의 함수식을 이용하는 것이다. 예를 들어 확률변수 X가 두 주사위를 던져서 나타난 점들의 합을 나타내고 이러한 실험의 결과에 따라 일정한 상금을 줄 수 있다고 하자. 만일 이들 점의 합에 100을 곱한 만큼의 상금을 준다면 상금을 나타내기 가장 간편한 식은 $100X$가 될 것이다. 상금액수를 Y라는 변수로 표시한다면 $Y=100X$의 관계식이 성립하며 Y는 X와 일차함수 관계에 있음을 알 수 있다. 또한 본래 확률변수의 함수로 정의된 Y도 새로운 확률변수가 됨을 알 수 있다. 이것은 Y가 이 실험에서 받을 수 있는 상금액수를 대변하고 있으며, 각종 상금액을 받을 수 있는 확률이 동시에 정의되기 때문이다. 이와 같은 사실을 이용하여 다음과 같은 성질을 얻을 수 있다.

성질 1

X가 확률변수일 때 X의 함수로 표현되는 모든 $r(X)$도 확률변수가 된다.

위의 성질을 수학적으로 증명하는 번거로움을 피하면서도 우리는 이 성질이 지니는 의미를 쉽게 이해할 수 있을 것이다. 즉 X가 실험의 결과를 나타내는 일련의 숫자들이라 보고 X의 함수 $r(X)$는 이들 결과에 따른 상금액수라고 파악하되, 상금 결정방법에 따라 $r(X)$는 $100X$, X^2, $\log X$ 등이 될 수 있다고 보면 되는 것이다. 단 여기서 중요한 것은 상금액을 나타내는 $r(X)$의 값이 X의 값과는 달라지지만, $r(X)$의 개별값이 발생할 확률은 본래 확률변수 X가 발생할 확률과 동일하다는 것이다. 이 사실은 다음의 예에서 확인할 수 있다.

예제 3

X의 확률함수 f가 다음과 같다고 하자.

▼ 표 1

x	-1	0	1
$f(x)$	0.3	0.4	0.3

이때 $Y=X^2$의 확률함수를 구하라.

풀이 $Y=X^2$이므로 $X=-1,\ 1$일 때 $Y=1$이고, $X=0$일 때 $Y=0$이다. 그러므로 Y의 확률함수 g는

$$g(0)=P(Y=0)=P(X=0)=0.4,$$
$$g(1)=P(Y=1)=P(X=-1)+P(X=1)=0.6$$

이다.

예제 3에서 $Y=X^2$의 기댓값을 구하여 보자. Y의 기댓값은

$$E(Y)=\sum_y yg(y)=0\cdot P(Y=0)+1\cdot P(Y=1)=0.6$$

인데 이 값은

$$\begin{aligned} E(X^2) &= \sum_x x^2 f(x) \\ &= (-1)^2\cdot P(X=-1)+0^2\cdot P(X=0)+1^2\cdot P(X=1)=0.6 \end{aligned}$$

과 같다는 사실을 알 수 있다.

그러므로 우리는 확률변수 $r(X)$의 기댓값을 다음과 같이 정의한다.

정리 1

확률변수 X가 확률함수 또는 확률밀도함수가 f라 하고 $Y=r(X)$라고 하자. 또한 이산형인 경우 $\sum_x |r(x)|f(x)<\infty$가 성립하고 연속형인 경우 $\int_{-\infty}^{\infty}|r(x)|f(x)dx<\infty$가 성립한다고 하자. 이 경우 확률변수 $Y=r(X)$의 기댓값은

$$E[r(X)]=\begin{cases} \sum_x r(x)f(x), & \text{이산형 분포} \\ \int_{-\infty}^{\infty} r(x)f(x)dx, & \text{연속형 분포} \end{cases}$$

이다.

예제 4

확률변수 X는 두 주사위 눈의 합이라 하고 $Y=r(X)=100X$라 하면, Y는 상금액수를 의미한다고 할 수 있다. 이때 평균적으로 기대할 수 있는 상금액수를 구하라.

풀이

$$\begin{aligned} E[r(X)] &= \sum_x 100x P(X=x) \\ &= 100(2)\frac{1}{36}+100(3)\frac{2}{36}+100(4)\frac{3}{36}+\cdots+100(12)\frac{1}{36} \\ &= 700 \end{aligned}$$

이다.

정리 1은 두 개의 확률변수로 일반화시킬 수 있다. 확률변수 X, Y의 결합확률밀도함수가 f이고 $Z=r(X, Y)$라고 하자. 이때 Z의 기댓값은

$$E(Z)=E[r(X, Y)]=\begin{cases} \sum_x \sum_y r(x, y)f(x, y), & \text{이산형} \\ \int \int r(x, y)f(x, y)dxdy, & \text{연속형} \end{cases}$$

이다.

예제 5

확률변수 X와 Y의 결합확률밀도함수가 다음과 같다고 하자.

$$f(x, y)=\begin{cases} x+y, & 0<x<1,\ 0<y<1 \\ 0, & \text{기타} \end{cases}$$

$E(X)$, $E(Y)$, $E(XY^2)$을 구하라.

풀이 $E(X)=\int_0^1\int_0^1 xf(x, y)dxdy=\int_0^1\int_0^1 x(x+y)dxdy=\frac{7}{12}$이고, 마찬가지 방법으로

$$E(Y)=\int_0^1\int_0^1 y(x+y)dxdy=\frac{7}{12}$$

이다. 한편

$$E(XY^2) = \int_0^1 \int_0^1 xy^2(x+y)dxdy = \frac{17}{72}$$

이다.

예제 5에서 X와 Y의 주변확률밀도함수 f_1과 f_2에 대해

$$E(X) = \int_0^1 xf_1(x)dx, \quad E(Y) = \int_0^1 yf_2(y)dy$$

임에 유의하라.

EXERCISE 연/습/문/제 4.1

01 50명의 학생으로 구성된 한 반에서 나이 i인 학생 수 n_i는 다음과 같다.

나이	학생 수
18	20
19	22
20	4
21	3
25	1

이 반에서 한 학생을 무작위로 추출했을 때, 학생의 나이 기댓값은 얼마인가?

02 주사위 한 개를 던져서 나오는 눈의 수를 확률변수 X라고 할 때 $E[(X-3)^2]$을 구하라.

03 당첨제비가 3개 들어 있는 10개의 제비 중에서 3개의 제비를 뽑는다고 하자. 이때 확률변수 X는 뽑힌 당첨제비의 개수를 나타낸다. 이때 X의 기댓값을 구하라.

04 X와 Y의 결합확률함수가 다음과 같다고 하자.

$$f(x,\ y)=\begin{cases}\dfrac{1}{3}, & (x,\ y)=(0,\ 0),\ (0,\ 1),\ (1,\ 1)\\ 0, & \text{기타}\end{cases}$$

이때 $E\left[\left(X-\dfrac{1}{3}\right)\left(Y-\dfrac{2}{3}\right)\right]$를 구하라.

05 확률변수 X와 Y의 결합확률밀도함수가 다음과 같다.

$$f(x,y)=\begin{cases}2, & x+y<1,\ x,\ y>0\\ 0, & \text{기타}\end{cases}$$

(1) X와 Y는 독립인가?

(2) $E(X)$, $E(Y)$, $E(XY)$를 구하라.

06 확률변수 X의 확률함수가 다음과 같다고 하자.

$$f(x)=\begin{cases}\dfrac{|x-2|}{7}, & x=-1,\ 0,\ 1,\ 3\\ 0, & \text{기타}\end{cases}$$

이때 $E(X)$와 $E(X^2)$을 구하라.

4.2 기댓값의 성질

분포가 연속형이든지 또는 이산형이든지 확률변수가 취할 수 있는 값들이 많아지고, 또한 확률변수의 함수로 정의되는 새로운 확률변수의 기댓값을 구하고자 할 때 우리는 계산의 간편화를 위한 몇 가지 성질을 학습할 필요가 있다.

성질 1

$Y = aX + b(a, b$: 상수)이면

$$E(Y) = aE(X) + b.$$

X가 확률밀도함수가 f인 연속형 분포를 갖는다고 가정하자. 그러면

$$\begin{aligned} E(Y) = E(aX+b) &= \int_{-\infty}^{\infty} (ax+b)f(x)dx \\ &= a\int_{-\infty}^{\infty} xf(x)dx + b\int_{-\infty}^{\infty} f(x)dx \\ &= aE(X) + b \end{aligned}$$

이다. 이산형 분포에 대해서도 유사한 방법으로 증명된다.

성질 1을 수학적으로 표현하면 "확률변수 X의 기댓값은 선형성이 보존된다"는 것을 의미한다. 성질 1을 이용하면 $E(X) = 3$이고, $Y = 2X + 5$일 경우 $E(Y) = 2E(X) + 5 = 11$이 된다는 사실을 알 수 있다.

성질 2

확률변수 X, Y를 각각의 기댓값이 존재하는 확률변수라고 하면

$$E(X+Y)=E(X)+E(Y)$$

가 성립한다.

두 확률변수의 합이나 차의 기댓값은 각 변수의 기댓값들의 합이나 차와 같아진다는 것으로, 이는 다음과 같이 쉽게 증명된다. X와 Y는 결합확률밀도함수가 f인 연속형 결합분포를 가진다고 하자. 그러면

$$\begin{aligned} E(X+Y) &= \int_{-\infty}^{\infty}\int_{-\infty}^{\infty}(x+y)f(x,\ y)dxdy \\ &= \int_{-\infty}^{\infty}\int_{-\infty}^{\infty}xf(x,\ y)dxdy+\int_{-\infty}^{\infty}\int_{-\infty}^{\infty}yf(x,\ y)dxdy \\ &= E(X)+E(Y) \end{aligned}$$

가 성립한다. 이산형 분포에 대해서도 유사하게 증명된다.

성질 1과 2는 다음과 같이 일반화될 수 있다.

임의의 상수 $a_1,\ a_2,\ \cdots,\ a_n$과 b에 대하여

$$E(a_1X_1+a_2X_2+\cdots+a_nX_n+b)=a_1E(X_1)+a_2E(X_2)+\cdots+a_nE(X_n)+b$$

가 성립한다.

예제 1

빨간 공과 파란 공이 들어 있는 상자에서 빨간 공의 비율이 p라고 하자. 이 상자에서 n개의 공을 무작위로 복원추출(with replacement)한다고 가정하고, 확률변수 X를 추출된 빨간 공의 개수라고 하자. 이때 X의 기댓값을 구하라.

풀이 이 분포는 5장에서 이야기할 이항분포의 한 예이다. 먼저 n개의 확률변수 $X_1,\ X_2,\ \cdots,\ X_n$을 다음과 같이 정의하자.

$$X_i = \begin{cases} 1, \text{ 추출된 } i\text{번째 공이 빨간색} \\ 0, \text{ 추출된 } i\text{번째 공이 피란색} \quad (i=1,\ 2,\ \cdots,\ n) \end{cases}$$

n개의 공이 복원으로 추출되기 때문에 확률변수 $X_1,\ X_2,\ \cdots,\ X_n$은 독립이다. 우리는 모든 공들이 무작위 순서에 의해 상자 속에 배열되어 있으며, 이러한 배열에서 n개의 공이 추출된다고 생각할 수 있다. 그러므로 $i=1,\ 2,\ \cdots,\ n$에 대하여

$$P(X_i=1)=p,\ \ P(X_i=0)=1-p$$

이고, 따라서 $E(X_i)=1 \cdot p+0 \cdot (1-p)=p$이다. $X_1,\ X_2,\ \cdots,\ X_n$의 정의에 의해 $X_1+X_2+\cdots+X_n$은 추출된 빨간 공의 총 개수이므로

$$X=X_1+X_2+\cdots+X_n$$

이며, 성질 2에 의해

$$E(X)=E(X_1)+E(X_2)+\cdots+E(X_n)=np$$

이다.

성질 3

확률변수 $X,\ Y$를 각각의 기댓값이 존재하는 독립인 확률변수라고 하면

$$E(X \cdot Y)=E(X) \cdot E(Y)$$

가 성립한다.

$X,\ Y$가 결합확률밀도함수가 f인 연속형 결합분포를 가진다고 가정하자. 확률변수 $X,\ Y$가 독립이므로

$$f(x,\ y)=f_1(x)f_2(y)$$

가 성립한다. 그러므로

$$\begin{aligned} E(X \cdot Y) &= \int_{-\infty}^{\infty}\int_{-\infty}^{\infty}(xy)f(x,\ y)dxdy \\ &= \left(\int_{-\infty}^{\infty}xf_1(x)dx\right)\left(\int_{-\infty}^{\infty}yf_2(y)dy\right)=E(X) \cdot E(Y) \end{aligned}$$

이다. 이산형 분포에 대해서도 유사하게 증명된다.

만일 각각의 기댓값이 존재한다면 성질 2에 의해 확률변수들의 합의 기댓값은 항상 그들 각각의 기댓값의 합과 같게 된다. 그러나 곱의 기댓값은 항상 각각의 기댓값의 곱과 같지는 않게 된다. 그들은 독립인 경우에만 항상 같게 된다.

한편 성질 3의 역은 성립하지 않는다. 즉 확률변수들의 곱의 기댓값이 그들 각각의 기댓값의 곱과 같다고 해서 그들 확률변수들이 항상 독립인 것은 아니다.

예제 2

X와 Y의 결합확률함수가 다음과 같다고 하자.

$$f(x,\ y)=\begin{cases}\dfrac{1}{4}, & (x,\ y)=(1,\ 0),\ (0,\ 1),\ (-1,\ 0),\ (0,\ -1)\\ 0, & \text{기타}\end{cases}$$

성질 3의 역이 성립하지 않음을 보여라.

풀이 $E(X)=E(Y)=0$이고 $XY=0$이므로 $E(XY)=0$이다. 그러므로

$$E(XY)=E(X)E(Y)$$

가 성립한다. 그러나

$$0=P(X=0,\ Y=0)\neq P(X=0)P(Y=0)=\left(\frac{1}{2}\right)\left(\frac{1}{2}\right)$$

이므로 X과 Y는 독립이 아니다.

EXERCISE 연/습/문/제 4.2

01 3개의 확률변수 $X_1,\ X_2,\ X_3$가 독립이고 $i=1,\ 2,\ 3$에 대하여

$$E(X_i)=0, \quad E(X_i^2)=1$$

이라고 하자. 이때 $E[X_1^2(X_2-4X_3)^2]$의 값은 얼마인가?

02 X과 Y의 결합확률밀도함수가 다음과 같다고 하자.

$$f(x,\ y)=\begin{cases} 2, & 0<x<y,\ 0<y<1 \\ 0, & \text{기타} \end{cases}$$

$E(X)E(Y)=E(XY)$가 성립하는지를 조사하라.

03 X의 확률밀도함수가 다음과 같다고 하자.

$$f(x)=\begin{cases} 2(1-x), & 0<x<1 \\ 0, & \text{기타} \end{cases}$$

이때 $E(6X+3X^2)$을 구하라.

04 어떤 공장에서 생산되는 인형은 10개 중 1개의 비율로 불량품이고, 이 인형을 포장하는 상자는 111개 중 1개가 불량품이다. 1개의 상자에 인형 1개씩 넣어 포장한 상품 111개 중 불량품이 아닌 상품의 개수를 X라 할 때, X의 기댓값을 구하라.

4.3 분산

확률변수 X의 기댓값으로는 단지 분포의 중심 위치에 대한 정보만을 얻을 수 있으며, 분포의 흩어진 정도를 판별할 수는 없다. 실제로 평균, 즉 분포의 중심 위치는 같으면서도 분포 모습이 서로 다른 경우들이 많이 있기 때문에 확률분포가 중심 위치 주변에 어느 정도로 밀집되어 있는가를 파악할 수 있는 적절한 측도가 필요하다. 따라서 우리는 확률분포의 산포도(dispersion)에 대하여 알아보기로 한다.

정의 1

X를 평균 $\mu = E(X)$를 갖는 확률변수라고 하자. 이때 $(X-\mu)^2$의 기댓값

$$E[(X-\mu)^2]$$

이 존재하면 이 값을 X의 분산(variance) 또는 X 분포의 분산이라 하고 $Var(X)$ 또는 σ^2으로 표시한다. 또한 분산의 음이 아닌 제곱근을 확률변수의 표준편차(standard deviation)라 부르고 σ로 표시한다.

$Var(X)$는 $(X-\mu)^2$의 기댓값이므로 $Var(X) \geq 0$이다.

한 분포의 분산은 그 분포의 평균 주위에서 분포의 흩어진 정도를 나타낸다. 작은 분산값은 확률분포가 평균 주위에 집중적으로 분포되어 있음을 나타내며, 큰 분산값은 확률분포가 평균 주위에 넓게 퍼져 있음을 나타낸다.

예제 1

확률변수 X가 두 주사위의 눈의 합을 나타낸다고 할 때 X의 분산을 구하라.

풀이 $E(X) = 7$이므로,

$$\begin{aligned}Var(X) &= \sum_x (x-7)^2 P(X=x) \\ &= (2-7)^2\frac{1}{36} + (3-7)^2\frac{2}{36} + \cdots + (12-7)^2\frac{1}{36} \\ &= \frac{210}{36}\end{aligned}$$

이 된다.

예제 2

X와 Y의 확률밀도함수가 각각 다음과 같다고 하자.

$$f(x) = \begin{cases} \dfrac{1}{2a}, & -a < x < a \\ 0, & \text{기타} \end{cases}, \quad g(y) = \begin{cases} \dfrac{1}{4a}, & -2a < y < 2a \\ 0, & \text{기타} \end{cases}$$

X와 Y의 분산을 구하라.

풀이 X의 평균 μ_X는

$$\mu_X = E(X) = \int_{-a}^{a} x\frac{1}{2a}dx = 0$$

이므로

$$Var(X) = E[(X-\mu_X)^2] = \int_{-a}^{a} x^2\frac{1}{2a}dx = \frac{a^2}{3}$$

이다.

Y의 평균 μ_Y도

$$\mu_Y = E(Y) = \int_{-2a}^{2a} y\frac{1}{4a}dy = 0$$

이므로

$$Var(Y) = E[(Y-\mu_Y)^2] = \int_{-2a}^{2a} y^2\frac{1}{4a}dy = \frac{4a^2}{3}$$

이다. 그러므로 Y의 확률분포가 X의 확률분포에 비하여 평균 0을 중심으로 더 넓게 퍼져 있음을 의미한다.

다양한 분포에 대해 분산값을 구하기 위해서는 분산의 성질에 대하여 알아볼 필요가 있다.

성질 1

$Var(X)=0$이기 위한 필요충분조건은 $P(X=c)=1$을 만족하는 상수 c가 존재하는 것이다.

분산은 음이 될 수 없으므로 분산이 0이라는 것은 가장 작은 분산값이 되며, 이 경우 분포는 한 점에 집중되어 있음을 의미한다.

성질 2

임의의 상수 a, b에 대하여

$$Var(aX+b)=a^2\,Var(X)$$

가 성립한다.

만일 $E(X)=\mu$라고 하면 $E(aX+b)=a\mu+b$이고, 따라서

$$\begin{aligned} Var(aX+b) &= E[(aX+b-a\mu-b)^2]=E[(aX-a\mu)^2] \\ &= a^2E[(X-\mu)^2]=a^2\,Var(X) \end{aligned}$$

가 성립한다.

X의 분포를 실직선상을 따라 b만큼 이동하면 b만큼 분포의 평균은 변하지만 그 평균 주위에서의 분포의 산포에는 영향을 미치지 않으므로 분산은 변화가 없을 것이다. 또한 실직선상의 원점에 관하여 X의 분포를 대칭이동하면 원래 분포의 거울상인 분포가 생길 것이며 이 분포는 평균은 변하겠지만 평균 주위의 산포 정도는 변하지 않을 것이다.

성질 2는 X의 기댓값과는 달리 "확률변수 X의 분산은 선형성이 보존되지 않는다"는 것을 의미한다. 성질 2를 이용하면 $Var(X)=2$일 때 $Var(2X+3)=4\,Var(X)=8$이 된다는 사실을 알 수 있다.

성질 3

만일 $E(X)=\mu$라고 하면 $Var(X)=E(X^2)-[E(X)]^2$가 성립한다.

$$
\begin{aligned}
Var(X) &= E[(X-\mu)^2] = E(X^2-2\mu X+\mu^2) \\
&= E(X^2)-2\mu E(X)+\mu^2 = E(X^2)-\mu^2
\end{aligned}
$$

이므로 성질 3이 성립한다.

성질 4

확률변수 X와 Y가 독립이면

$$Var(X+Y) = Var(X)+Var(Y)$$

가 성립한다.

성질 4를 보이기 위하여 $E(X)=\mu_X$, $E(Y)=\mu_Y$라고 하면

$$E(X+Y)=\mu_X+\mu_Y$$

이나. 그러므로

$$
\begin{aligned}
Var(X+Y) &= E[(X+Y-\mu_X-\mu_Y)^2] \\
&= E[(X-\mu_X)^2+(Y-\mu_Y)^2+2(X-\mu_X)(Y-\mu_Y)] \\
&= Var(X)+Var(Y)+2E[(X-\mu_X)(Y-\mu_Y)]
\end{aligned}
$$

이고 X와 Y는 독립이므로

$$E[(X-\mu_X)(Y-\mu_Y)] = E(X-\mu_X)E(Y-\mu_Y)=0$$

이다. 따라서

$$Var(X+Y) = Var(X)+Var(Y)$$

가 성립한다.

4.2절에서 우리는 기댓값이 존재하는 경우 확률변수들의 합에 대한 기댓값이 각

각의 기댓값의 합과 항상 같음을 보았다. 그러나 4.3절의 성질 4에 의하면 유사한 성질이 분산에 대해 성립하기 위해서는 독립이라는 조건이 있어야 함을 알 수 있다. 독립이 아닌 확률변수들의 합의 분산은 후에 논의할 것이다.

성질 2와 4는 다음과 같이 일반화할 수 있다. 임의의 상수 a_1, a_2, $\cdots$, a_n과 b에 대하여 확률변수 X_1, X_2, $\cdots$, X_n이 독립일 때

$$Var(a_1X_1 + a_2X_2 + \cdots + a_nX_n + b) = a_1^2\,Var(X_1) + a_2\,Var(X_2) + \cdots + a_n\,Var(X_n)$$

이 성립한다.

예제 3

확률변수 X의 값에서 평균 μ를 뺀 값을 표준편차 σ로 나눈 값을 Z라고 하면 $Z=\dfrac{X-\mu}{\sigma}$는 X의 일차함수로서 새로운 확률변수가 된다. 이제 Z의 평균과 분산을 구하라.

풀이

$$E(Z) = E\left(\frac{X-\mu}{\sigma}\right) = E\left(-\frac{\mu}{\sigma}+\frac{1}{\sigma}X\right) = -\frac{\mu}{\sigma}+\frac{1}{\sigma}\mu = 0$$

$$Var(Z) = Var\left(\frac{X-\mu}{\sigma}\right) = Var\left(-\frac{\mu}{\sigma}+\frac{1}{\sigma}X\right) = \frac{1}{\sigma^2}\,Var(X) = \frac{1}{\sigma^2}\sigma^2 = 1$$

이상의 결과에서 $Z=\dfrac{X-\mu}{\sigma}$는 평균이 0, 분산이 1이 되는 특수한 변수가 된다. 이러한 특징을 갖도록 정의된 변수 Z를 표준화변수(standardized variable)라고 하는데, 후에 이 개념은 중요하게 활용된다.

EXERCISE 연/습/문/제 4.3

01 4.2절의 예제 1에서 X의 분산을 구하라.

02 $Z=\dfrac{X-\mu}{\sigma}$일 때 $T=10Z+50$의 분산을 구하라.

03 한 개의 주사위를 4번 던지는 실험에서 주사위를 던져 나온 수에 따라 원점에서 출발하여 수직선 위를 움직이는 동점 P가 있다고 하자. 주사위를 던져서 나온 수가 1, 2, 3, 4이면 P가 양의 방향으로 1만큼 움직이고, 5, 6의 눈이 나오면 점 P는 움직이지 않으며 점 P의 좌표를 X라 하자. X의 기댓값과 분산을 구하라.

04 확률변수 X와 Y의 확률밀도함수 $f(x)$와 $g(y)$가 다음과 같다고 하자.

$$f(x)=\begin{cases}\dfrac{1}{\pi}, & 0<x<\pi\\ 0, & \text{기타}\end{cases},\quad g(y)=\begin{cases}\dfrac{1}{2}\sin y, & 0<y<\pi\\ 0, & \text{기타}\end{cases}$$

X와 Y 각각의 분산을 구하고 두 분산을 비교하라.

05 X의 확률밀도함수가

$$f(x)=\lambda e^{-\lambda x},\ x>0$$

이라고 할 때 X의 분산을 구하라.

06 확률변수 X와 Y의 결합확률밀도함수가 다음과 같다고 하자.

$$f(x,\ y) = \begin{cases} 3e^{-3x}e^{-y}, & 0 < x < \infty,\quad 0 < y < \infty \\ 0, & \text{기타} \end{cases}$$

(1) X와 Y는 독립인가?

(2) $3X + Y$의 분산을 구하라.

4.4 중앙값과 최빈값

4.4.1 중앙값

우리는 평균을 그 분포의 중심으로 공부하였다. 그러나 분포의 중심으로 간주할 수 있는 또 다른 특성값이 존재한다. 이것은 전체 확률을 동일한 두 부분으로 나누는 점으로 생각할 수 있는데, 이 점을 우리는 분포의 중앙값(median)이라고 부른다. 그러나 분포에 따라서는 전체 확률이 정확하게 같은 두 부분으로 나누어지는 점이 없을 수도 있고, 또는 그러한 점이 하나 이상 있을 수도 있다. 그러므로 중앙값의 공식적인 정의는 이러한 가능성을 모두 포함하는 충분히 일반적인 것이어야 할 것이다.

정의 1

임의의 확률변수 X에 대하여

$$P(X \le m) \ge \frac{1}{2}, \ P(X \ge m) \ge \frac{1}{2}$$

을 만족하는 점 m을 X의 중앙값(median)이라고 부른다.

모든 분포는 최소한 하나의 중앙값을 가지며, 어떤 분포에 대해서는 구간 내의 모든 점이 중앙값일 수 있다. 그리고 $P(X<m)=P(X>m)$인 점 m이 존재하면, 즉 점 m이 실질적으로 전체 확률을 동일한 두 부분으로 나눈다면 m은 당연하게 X의 중앙값이 될 것이다.

예제 1

X가 다음과 같은 이산형 분포를 가진다고 하자.

$$P(X=1)=0.1,\ P(X=2)=0.2,$$
$$P(X=3)=0.3,\ P(X=4)=0.4$$

X의 중앙값을 구하라.

풀이

$$P(X\le 3)=0.6>\frac{1}{2},\ P(X\ge 3)=0.7>\frac{1}{2}$$

이므로 값 3은 이 분포의 유일한 중앙값이다.

예제 2

X가 다음과 같은 이산형 분포를 가진다고 하자.

$$P(X=1)=0.1,\ P(X=2)=0.4,$$
$$P(X=3)=0.3,\ P(X=4)=0.2$$

X의 중앙값을 구하라.

풀이

$$P(X\le 2)=\frac{1}{2},\ P(X\ge 3)=\frac{1}{2}$$

이므로 $2\le m\le 3$ 안의 모든 값 m은 이 분포의 중앙값이 될 것이다.

예제 3

X는 확률밀도함수가 다음과 같은 연속형 분포를 가진다고 가정하자.

$$f(x)=\begin{cases}3x^2, & 0<x<1\\ 0, & \text{기타}\end{cases}$$

X의 중앙값을 구하라.

풀이 이 분포의 유일한 중앙값은

$$\int_0^m 3x^2dx = \int_m^1 3x^2dx = \frac{1}{2}$$

인 수 m이 될 것이다. 이 수는 $m = \sqrt[3]{\frac{1}{2}}$ 이다.

예제 4

X는 확률밀도함수가 다음과 같은 연속형 분포를 가진다고 가정하자.

$$f(x) = \begin{cases} \frac{1}{2}, & 0 \le x \le 1 \\ 1, & 2.5 \le x \le 3 \\ 0, & \text{기타} \end{cases}$$

X의 중앙값을 구하라.

풀이 $1 \le m \le 2.5$ 내의 임의의 값 m에 대하여

$$P(X \le m) = P(X > m) = \frac{1}{2}$$

이다. 그리므로 $1 \le m \le 2.5$ 내의 모든 값 m이 이 분포의 중앙값이 된다.

앞에서 언급한 바와 같이 어떤 분포에서, 비록 작지만 양의 확률을 그 분포의 어느 부분으로부터 제거하여 충분히 큰 값에 이 확률을 할당함으로써 평균을 매우 크게 만들 수 있다. 그러나 중앙값은 확률의 유사한 변화에 의해 크게 영향을 받지 않는다. 만일 임의의 양의 확률이 중앙값보다 더 큰 값으로부터 제거되어 임의의 큰 값에 할당되어도 새로운 분포의 중앙값은 원래 분포의 중앙값과 같을 것이다.

예를 들어 어떤 지역의 가구당 연평균 수입이 2,000만원이라고 가정하자. 이 경우 평균이 2,000만원이라는 것은 그 지역 내의 불과 몇 가구만이 실제로 2,000만원 정도의 수입을 갖고, 극히 일부 가구는 2,000만원이 훨씬 넘는 수입을 가지고 있을 수도 있다. 그러나 그 지역의 가구당 수입의 중앙값이 2,000만원이라면 적어도 그 가구의 반은 2,000만원 또는 그 이상의 수입을 가지고 있음에 틀림없다.

4.4.2 최빈값

통계에서의 자료를 분석할 때 수집된 자료 가운데 가장 여러 번 측정된 값이나 항목, 즉 가장 빈도수가 많은 수치나 범위에 관심을 가질 수 있다. 예를 들어 서울시 지하철 공사에서 아르바이트 검표원을 효율적으로 배치하기 위해 하루 중 어느 시간대에 승객이 가장 많은가를 조사하여 본 결과, 대략 오전 8시 전후와 오후 7시 전후로 나타났다면 이 두 값이 가장 많은 빈도수를 갖는 값이 될 것이다. 이를 이용하여 우리는 다음과 같은 정의를 할 수 있다.

정의 2

확률변수 X의 확률함수 또는 확률밀도함수 $f(x)$가 최댓값을 갖는 점 x를 그 분포의 최빈값(mode)이라고 한다.

예제 5

X의 확률함수가 다음과 같다고 하자.

$$f(x)=\begin{cases}\left(\frac{1}{2}\right)^x, & x=1,\ 2,\ 3,\ \cdots \\ 0, & \text{기타}\end{cases}$$

X의 최빈값을 구하라.

풀이

$$f(1)>f(2)>\cdots>f(n)>\cdots$$

이므로 $x=1$이 이 분포의 유일한 최빈값이다.

예제 6

X의 확률밀도함수가 다음과 같다고 하자.

$$f(x) = \begin{cases} 12x^2(1-x), & 0 < x < 1 \\ 0, & \text{기타} \end{cases}$$

X의 최빈값을 구하라.

풀이 $f(x)$가 최대가 되는 점을 구하기 위해

$$f'(x) = 24x - 36x^2 = 12x(2-3x) = 0$$

으로 하면 $x = \frac{2}{3}$에서 $f(x)$는 최대가 됨을 알 수 있다. 그러므로 $x = \frac{2}{3}$가 이 분포의 유일한 최빈값이 된다.

EXERCISE 연/습/문/제 4.4

01 다음과 같은 확률함수 또는 확률밀도함수를 갖는 분포의 중앙값을 구하라.

(1) $f(x)=\begin{cases}\binom{4}{x}\left(\frac{1}{4}\right)^x\left(\frac{3}{4}\right)^{4-x}, & x=0,\ 1,\ 2,\ 3,\ 4\\ 0, & \text{기타}\end{cases}$

(2) $f(x)=\begin{cases}e^{-x}, & x>0\\ 0, & \text{기타}\end{cases}$

(3) $f(x)=\dfrac{1}{\pi(1+x^2)}, \quad -\infty<x<\infty$

02 다음과 같은 확률밀도함수를 갖는 분포의 최빈값을 구하라.

$$f(x)=\begin{cases}\frac{1}{2}x^2e^{-x}, & 0<x<\infty\\ 0, & \text{기타}\end{cases}$$

03 다음과 같은 분포함수를 갖는 분포의 중앙값을 구하라.

$$F(x)=\begin{cases}0, & x<0\\ \frac{1}{8}x^3, & 0\le x<2\\ 1, & x\ge 2\end{cases}$$

04 $0<p<1$일 때 $P(X\le\xi_p)\ge p$, $P(X\ge\xi_p)\le 1-p$를 만족하는 수 ξ_p를 확률분포의 제p분위수($100p$ 퍼센트)라고 한다. 다음과 같은 확률밀도함수를 갖는 분포의 20% 값을 구하라.

$$f(x)=\begin{cases}4x^3, & 0<x<1\\ 0, & \text{기타}\end{cases}$$

4.5 공분산과 상관계수

확률변수들의 평균, 중앙값, 분산 등은 분포에 대한 유용한 정보를 제공해주기는 하지만 두 변수들 간의 관계에 대한 어떤 정보도 제공해주지는 못한다. 예를 들면 평균이 각각 μ_X와 μ_Y인 두 확률변수 X와 Y에서, 만일 X값이 μ_X보다 커지면 Y값도 μ_Y보다 커지고, X값이 μ_X보다 작아질 때는 Y값도 μ_Y보다 작아지는 경향이 있다면 $(X-\mu_X)(Y-\mu_Y)$는 양의 큰 값으로 나타날 것이며, X값이 증가함에 따라 Y값이 감소하는 경향을 보인다면 $(X-\mu_X)(Y-\mu_Y)$는 음의 큰 값으로 나타날 것으로 예상된다. 그러므로 $(X-\mu_X)(Y-\mu_Y)$에 대한 기댓값은 확률변수 X의 증감에 따른 확률변수 Y의 증감에 대한 경향을 파악할 수 있는 특성값으로 사용할 수 있다.

X와 Y가 지정된 결합분포를 가지는 확률변수라 하고,

$$E(X)=\mu_X,\ \ E(Y)=\mu_Y,\ \ Var(X)=\sigma_X^2,\ \ Var(Y)=\sigma_Y^2$$

이라고 하자. 이때

$$E[(X-\mu_X)(Y-\mu_Y)]$$

를 X와 Y의 공분산(covariance)이라 하고 $Cov(X, Y)$로 표시한다. $Cov(X, Y)$의 값은 양, 음 또는 0일 수 있다.

한편 $0<\sigma_X^2<\infty$, $0<\sigma_Y^2<\infty$인 경우 값

$$\frac{Cov(X,\ Y)}{\sigma_X \sigma_Y}$$

를 X와 Y의 상관계수(correlation coefficient)라고 하며 $\rho(X, Y)$로 표시한다.

상관계수의 값은 $-1 \le \rho(X, Y) \le 1$이며, 만일 $\rho(X, Y) > 0$이면 X와 Y는 양(positive)의 상관관계가 있다 하고, $\rho(X, Y) < 0$이면 음(negative)의 상관관계가

있다고 하며 $\rho(X, Y)=0$이면 상관관계가 없다고 한다.

이제 공분산과 상관계수의 성질에 대하여 알아보자.

성질 1

$\sigma_X^2 < \infty$, $\sigma_Y^2 < \infty$인 임의의 확률변수 X와 Y에 대하여

$$Cov(X, Y) = E(XY) - E(X)E(Y).$$

성질 1은 다음과 같이 증명된다.

$$\begin{aligned} Cov(X, Y) &= E(XY - \mu_X Y - \mu_Y X + \mu_X \mu_Y) \\ &= E(XY) - \mu_X E(Y) - \mu_Y E(X) + \mu_X \mu_Y \\ &= E(XY) - \mu_X \mu_Y \end{aligned}$$

예제 1

다음 X, Y의 결합확률분포표를 이용하여 X, Y의 상관계수를 구하라.

▼ 표 1

X \ Y	0	1	2	$f_1(x)$
0	3/28	9/28	3/28	15/28
1	3/14	3/14	0	6/14
2	1/28	0	0	1/28
$f_2(y)$	10/28	15/28	3/28	1

풀이 먼저 X와 Y의 분산을 구해보자.

$$E(X) = 1/2,\ E(X^2) = 4/7$$

이므로 $Var(X) = \frac{9}{28}$이다.

$$E(Y) = 3/4,\ E(Y^2) = 27/28$$

이므로 $Var(Y) = \frac{45}{112}$이다.

한편 $Cov(X,\ Y)=E(XY)-E(X)E(Y)=-9/56$이므로

$$\rho(X,\ Y)=\frac{-9/56}{\sqrt{\frac{9}{28}}\sqrt{\frac{45}{112}}}=-\frac{\sqrt{5}}{5}$$

이다.

예제 2

$X,\ Y$의 결합확률밀도함수가 다음과 같다.

$$f(x,\ y)=\begin{cases}3x, & 0\le y\le x\le 1\\ 0, & \text{기타}\end{cases}$$

$X,\ Y$의 상관계수를 구하라.

풀이 X와 Y의 상관계수를 구하기 위해 $Cov(X,\ Y)$를 먼저 구하면

$$E(XY)=\int_0^1\int_0^x xy(3x)dydx=\frac{3}{10},$$
$$E(X)=\int_0^1\int_0^x x(3x)dydx=\frac{3}{4},$$
$$E(Y)=\int_0^1\int_0^x y(3x)dydx=\frac{3}{8}$$

이다. 그러므로

$$Cov(X,\ Y)=E(XY)-E(X)E(Y)=\frac{3}{160}$$

이다. 한편 $E(X^2)=\frac{3}{5}$, $E(Y^2)=\frac{1}{5}$이므로

$$\rho(X,\ Y)=\frac{Cov(X,\ Y)}{\sigma_X\sigma_Y}=\frac{\frac{3}{160}}{\sqrt{\frac{3}{5}-\left(\frac{3}{4}\right)^2}\sqrt{\frac{1}{5}-\left(\frac{3}{8}\right)^2}}=\frac{\sqrt{57}}{19}$$

이다.

성질 2

X와 Y가 $0 < \sigma_X^2 < \infty$이고 $0 < \sigma_Y^2 < \infty$인 독립인 확률변수이면

$$Cov(X, Y) = \rho(X, Y) = 0$$

이 성립한다.

확률변수 X와 Y가 독립이면 $E(XY) = E(X)E(Y)$이므로 성질 1에 의해

$$Cov(X, Y) = \rho(X, Y) = 0$$

이 성립한다.

성질 2의 역은 일반적으로 참이 아니다. 즉 독립이 아닌 두 개의 확률변수들은 상관관계가 없을 수도 있다. 이에 대한 성질은 이미 4.2절에서 공부하였다. 이제 우리는 독립이 아닌 확률변수들의 합에 대한 분산을 구할 것이다.

성질 3

X와 Y가 $Var(X) < \infty$ 그리고 $Var(Y) < \infty$인 확률변수들이라면

$$Var(X + Y) = Var(X) + Var(Y) + 2Cov(X, Y)$$

가 성립한다.

$E(X+Y) = \mu_X + \mu_Y$이므로

$$\begin{aligned} Var(X+Y) &= E[(X+Y-\mu_X-\mu_Y)^2] \\ &= E[(X-\mu_X)^2 + (Y-\mu_Y)^2 + 2(X-\mu_X)(Y-\mu_Y)] \\ &= Var(X) + Var(Y) + 2Cov(X, Y) \end{aligned}$$

가 성립한다.

예제 3

X와 Y가 독립인 확률변수이고, X의 확률밀도함수 f_1과 Y의 확률밀도함수 f_2가 다음과 같다고 하자.

$$f_1(x) = \begin{cases} \frac{1}{2}, & -1 < x < 1 \\ 0, & \text{기타} \end{cases}, \quad f_2(y) = \begin{cases} 10, & 0 < y < \frac{1}{10} \\ 0, & \text{기타} \end{cases}$$

$Z = X^2 + Y$라고 할 때 X와 Z의 상관계수를 구하라.

풀이 $E(X) = E(X^3) = 0$이고 X와 Y는 독립이므로

$$E(XY) = E(X)E(Y) = 0$$

이다. 그러므로 X과 Z의 공분산은

$$Cov(X, Z) = E[X(X^2 + Y)] - E(X)E(X^2 + Y) = 0$$

이고, 따라서 X과 Z의 상관계수도 0이다.

$x^2 < z < x^2 + \frac{1}{10}$이므로 X와 Z 사이에 강한 연관관계가 있지만 선형관계는 아니다. 상관계수는 이러한 비선형관계를 측정하는 것이 아니며, 실제로 이 예제에서 상관계수는 0임을 알 수 있다.

EXERCISE 연/습/문/제 4.5

01 확률변수 X와 Y의 결합확률밀도함수가 다음과 같다고 하자.

$$f(x,\ y) = \begin{cases} 3, & 0 \le x \le 1, \quad x^2 \le y \le \sqrt{x} \\ 0, & \text{기타} \end{cases}$$

X와 Y의 공분산과 상관계수를 구하라.

02 확률변수 U, V에 대하여 $X = aU + b$, $Y = cV + d$라고 하자. $Cov(X,\ Y)$와 $\rho(X,\ Y)$를 U, V로 표현하라.

03 A자동차 대리점에서 300일 동안 판매원 수 Y에 따라 자동차를 판매대수 X를 나타내는 분할표가 다음과 같다고 하자. 이때 두 확률변수 X와 Y의 공분산과 상관계수를 구하라.

X \ Y	2	3	합계
0	24	36	60
1	30	60	90
2	51	99	150
합계	105	195	300(일)

04 두 확률변수 X와 Y는 다음의 성질을 가지는 것이 가능한가를 조사하라.

$$E(X) = 3,\ E(Y) = 2,\ E(X^2) = 10,\ E(Y^2) = 29,\ E(XY) = 0$$

05 $Var(X) = 9$, $Var(Y) = 4$ 그리고 $\rho(X,\ Y) = -\frac{1}{6}$이라고 할 때

$$Var(X - 3Y + 4)$$

의 값을 구하라.

4.6 여러 가지 부등식

우리는 마르코프 부등식(Markov inequality)과 체비쇼프 부등식(Chebychev inequality)에 대하여 공부할 것이다. 이 부등식들은 확률의 하한 또는 상한을 구하는 데 유용하게 이용되고 있는데, 이 한곗값들은 정확한 확률에 가까운 값이라고 할 수는 없으나 이론적인 측면에서 유용하게 이용되고 있다.

마르코프 부등식

확률변수 X의 함수 $r(X)$에 대하여 $r(X) \geq 0$이고 $E[r(X)]$가 존재하면 임의의 수 $t > 0$에 대하여

$$P[r(X) \geq t] \leq \frac{E[r(X)]}{t}$$

가 성립한다.

증명 편의상 X는 확률밀도함수가 f인 연속형 분포를 가진다고 가정하고

$$A = \{x : r(x) \geq t\}$$

라고 하면

$$\begin{aligned} E[r(X)] &= \int_{-\infty}^{\infty} r(x) f(x) dx \\ &= \int_A r(x) f(x) dx + \int_{A^c} r(x) f(x) dx \end{aligned}$$

가 성립한다. 집합 A상에서 $r(x) \geq t$이므로

$$E[r(X)] \geq \int_A r(x) f(x) dx \geq \int_A t f(x) dx = tP[r(X) \geq t]$$

가 성립한다. 이산형 분포의 경우에도 증명은 유사하다. ■

평균이 1인 음이 아닌 확률변수 X에 대하여 $P(X \geq 100)$의 가능한 최댓값이 0.01이라는 사실은 마르코프 부등식으로부터 알 수 있다.

> **체비쇼프 부등식**
>
> X를 분산이 존재하는 확률변수라고 하자. 그러면 임의의 주어진 수 $t > 0$에 대하여
>
> $$P(|X - E(X)| \geq t) \leq \frac{Var(X)}{t^2}$$
>
> 가 성립한다.

증명 마르코프 부등식에서 $r(X) = [X - E(X)]^2$이라고 하자. 그러면 $r(X) \geq 0$이고 $E[r(X)] = Var(X)$이다. 그러므로 마르코프 부등식에 의해

$$P(|X - E(X)| \geq t) = P(r(X) \geq t^2) \leq \frac{Var(X)}{t^2}$$

가 성립한다. ■

체비쇼프 부등식은 마르코프 부등식의 특수한 경우이다. 마르코프 부등식과 체비쇼프 부등식은 응용면에서 매우 중요하다. 예를 들어 $Var(X) = \sigma^2$ 그리고 $t = k\sigma$라고 하면 체비쇼프 부등식은

$$P(|X - E(X)| \geq k\sigma) \leq \frac{1}{k^2}$$

로 된다. 이 결과는 임의의 주어진 확률변수가 평균으로부터 표준편차의 k배 이상 떨어져 있을 확률은 $\frac{1}{k^2}$을 초과할 수 없음을 의미한다. 이 책에서 논의될 많은 확률변수와 분포들에 대하여 이 확률은 실제로 $\frac{1}{k^2}$보다는 훨씬 더 작을 것이다.

체비쇼프 부등식은 이 확률이 모든 분포에 대하여 틀림없이 $\frac{1}{k^2}$이든가 또는 더 작다는 사실 때문에 매우 유용하다.

예제 1

어떤 가게에서의 하루당 고객 수 X는 오랜 동안의 조사에 의하여 평균이 20명이고 표준편차가 2명인 분포를 따른다고 한다. 어느 날 고객 수가 16명보다 많고 24명보다 적을 확률은 적어도 얼마 이상인가를 구하라.

풀이 구하고자 하는 확률은 $P(16 < X < 24)$이고 체비쇼프 부등식으로부터

$$P(|X - E(X)| < k\sigma) \geq 1 - \frac{1}{k^2}$$

이 성립하는데 $E(X) = 20$, $\sigma = 2$이므로 $k = 2$일 때

$$E(X) - k\sigma = 16,\ E(X) + k\sigma = 24$$

이다. 그러므로

$$P(16 < X < 24) \geq 1 - \left(\frac{1}{2}\right)^2 = \frac{3}{4}$$

이다.

예제 2

평균이 40이고 표준편차가 5인 확률변수 X에 대하여

$$P(40 - b < X < 40 + b) \geq 0.95$$

가 되는 b를 구하라.

풀이 체비쇼프 부등식으로부터

$$P(|X - E(X)| < k\sigma) \geq 1 - \frac{1}{k^2}$$

이므로 $b = k\sigma$, $1 - \frac{1}{k^2} = 0.95$로부터 $k = \sqrt{20}$이다. 그러므로

$$b = k\sigma = \sqrt{20} \times 5 = 10\sqrt{5}$$

이다.

EXERCISE 연/습/문/제 4.6

01 평균이 70인 확률변수 X가 $P(65 < X < 75) \geq 0.90$을 만족할 때 X의 표준편차를 구하라.

02 평균이 100이고 표준편차가 10인 확률변수에 대해 체비쇼프 부등식을 사용하여 다음 확률의 값을 추정하라.

(1) $P(X < 120)$ (2) $P(X > 75)$

03 평균이 0.5이고 표준편차가 0.15인 확률변수 X에 대해 $P(0.2 < X < 0.8)$의 값을 추정하라.

04 X가 $E(X) = 3$, $E(X^2) = 13$인 확률변수라고 하자. 이때 $P(-2 < X < 8)$의 하한을 구하라.

05 냉장고를 생산하는 공장의 일주일간 생산량은 평균이 500인 확률변수 X를 따른다고 한다. 확률변수 X의 분산이 100일 때 이번 주 생산량이 400에서 600 사이가 되는 확률의 하한을 구하라.

CHAPTER

05 주요한 확률분포들

학습목표

- 실험의 결과가 두 가지 형태로 구분되는 이항분포와 기하분포에 대하여 학습한다.
- 단위시간에 무한히 많은 실험이 독립적으로 적용되는 경우에 사용되는 푸아송 분포에 대하여 학습한다.
- 어떤 사건이 발생하기 전까지 경과한 시간의 분포를 나타낼 경우에 사용되는 지수분포에 대하여 학습한다.
- 많은 실험의 결과들을 대표하는 정규분포에 대하여 학습한다.
- 중심극한 정리를 통하여 정규분포가 아닌 임의의 확률분포도 점근적으로 정규분포에 가까워진다는 사실을 학습한다.

3장에서는 확률변수 X가 결정되면 그 확률변수에 대한 확률함수 $f(x)$가 결정되고, 따라서 X의 확률분포가 결정된다는 사실을 다루었다. 이 장에서는 확률론이나 통계학에서 널리 사용되는 여러 가지 확률분포를 다룬다. 확률변수 X의 성질에 따라 X가 이산확률변수이면 그의 분포를 이산확률분포라 하고, 연속확률변수 X의 분포를 연속확률분포라 한다. 이산확률분포로는 이항분포, 초기하분포, 푸아송 분포, 기하분포, 음이항분포 등이 있으며, 연속확률분포에는 정규분포를 비롯하여 균등분포, 지수분포, 코시 분포, 감마 분포, 베타 분포 등이 있는데, 이 장에는 중요한 몇 가지 분포에 대하여 학습한다.

5.1 베르누이 분포와 이항분포

일상생활에서 우리는 어느 실험의 결과가 두 가지 형태로 구분되는 경우를 쉽게 찾아볼 수 있다. 예를 들면 동전을 던지는 실험은 그 결과가 앞면이거나 뒷면이 된다. 대학입학시험을 비롯한 여러 시험의 결과는 합격 또는 불합격으로 결과를 생각할 수 있고, 생산제품은 우량품과 불량품으로 판정할 수 있다. 이 밖에도 한 집단을 남녀로 구분하거나 일정 기준연령 이상과 이하로 나눌 수도 있고, 상품가격이 오르거나 내리는 것으로 파악하는 등 많은 현상들이 이러한 유형에 속함을 알 수 있다. 이와 같이 두 가지 결과로 특정지어지는 실험들을 설명하는 데 가장 기본적이고 중요한 역할을 하는 것이 이항분포이다.

두 가지 실험결과만을 가지는 통계실험을 생각할 때 앞면이나 불량품 또는 성공의 가능성을 $p(0 \le p \le 1)$라 하고, 확률변수 X를 실험결과가 '성공'이면 $X=1$, '실패'이면 $X=0$이라 할 때, 성공과 실패 확률은 각각

$$P(X=0)=1-p, \quad P(X=1)=p$$

이다. 따라서 $q=1-p$라 하면 확률변수 X의 확률함수는

$$f(x)=\begin{cases} 1-p, & x=0\text{일 때} \\ p, & x=1\text{일 때} \end{cases}$$

또는

$$f(x)=\begin{cases} p^x q^{1-x}, & x=0,\ 1\text{일 때} \\ 0, & \text{다른 곳에서} \end{cases}$$

으로 표현이 가능하다. 이와 같이 확률변수 X가 위 식과 같이 주어지는 확률함수를 가지는 경우 X는 모수 p인 베르누이 분포(Bernoulli distribution)를 따른다 하고 $X \sim B(1,\ p)$로 나타낸다. 이때 확률변수 X가 모수 p인 베르누이 확률분포 $B(1,\ p)$에 따르는 경우 X의 기댓값과 $x=0$에 관한 2차 적률은 각각 다음과 같다.

$$E[X] = 0 \cdot P(X=0) + 1 \cdot P(X=1) = p,$$
$$E[X^2] = 0^2 \cdot P(X=0) + 1^2 \cdot P(X=1) = p$$

따라서 $X \sim B(1, p)$인 확률변수의 분산은

$$Var(X) = E[X^2] - E[X]^2 = p - p^2 = pq$$

이다.

한편 확률변수들 $X_1, \cdots, X_n$이 독립이고 각각의 $X_i\,(i=1, \cdots, n)$가 $B(1, p)$에 따를 경우 확률변수들 $X_1, \cdots, X_n$은 모수 p인 n개의 베르누이 시행을 따른다 하고, 확률변수열 $X_1, X_2, \cdots$가 독립이고 각각의 $X_i\,(i=1, 2, \cdots)$가 $B(1, p)$에 따를 경우 확률변수열 $X_1, X_2, \cdots$는 모수 p인 베르누이 시행열을 따른다고 한다.

예제 1

앞면이 나올 가능성이 1/3인 찌그러진 동전을 반복해서 세 번 던질 때 확률변수 X를 앞면이 나온 횟수라 하자. 이때 확률변수 X의 확률분포를 구하라.

풀이 동전을 반복해서 세 번 던지는 경우의 표본공간과 확률변수가 취하는 값, 그리고 각 경우의 확률은 표 1과 같다.

▼ 표 1

표본공간	(TTT)	$(HTT)\,(THT)\,(TTH)$	$(HHT)\,(THH)\,(HTH)$	(HHH)
X값	0	1	2	3
각 표본점의 확률	$\left(\frac{2}{3}\right)^3$	$\left(\frac{2}{3}\right)^2\left(\frac{1}{3}\right)$	$\left(\frac{2}{3}\right)\left(\frac{1}{3}\right)^2$	$\left(\frac{1}{3}\right)^3$
$P(X=x)$	$\left(\frac{2}{3}\right)^3$	$3\left(\frac{2}{3}\right)^2\left(\frac{1}{3}\right)$	$3\left(\frac{2}{3}\right)\left(\frac{1}{3}\right)^2$	$\left(\frac{1}{3}\right)^3$

따라서 확률변수 X의 확률분포는 다음과 같은 확률함수를 갖는다.

$$f(x)=\begin{cases}\dfrac{8}{27}, & x=0\\ \dfrac{4}{9}, & x=1\\ \dfrac{2}{9}, & x=2\\ \dfrac{1}{27}, & x=3\\ 0, & \text{다른 곳에서}\end{cases}$$

위의 경우에 구한 확률 $P(X=x)$를 조합의 수

$$\binom{3}{0}=1,\quad \binom{3}{1}=3,\quad \binom{3}{2}=3,\quad \binom{3}{3}=1$$

을 이용하면 다음과 같이 간단히 나타낼 수 있다.

$$P(X=x)=\binom{3}{x}\left(\frac{1}{3}\right)^{x}\left(\frac{2}{3}\right)^{3-x},\quad x=0,\ 1,\ 2,\ 3$$

그리고 이미 언급한 바와 같이 확률 $P(X=x)$는 매 시행에서 성공률이 1/3인 베르누이 시행을 세 번 독립적으로 반복할 때 x번 성공할 확률을 나타낸다. 이와 같이 매 시행에서 성공률이 $p(0<p<1)$인 베르누이 시행을 n번 독립적으로 반복 시행할 때 성공한 횟수를 확률변수 X라 하면, X가 취할 수 있는 값은 0, 1, ⋯, n이고 x번 성공할 확률은

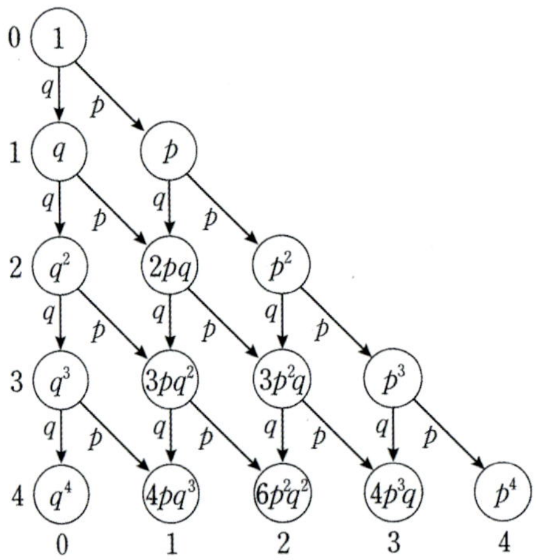

| 그림 1 | 이항확률 그림

$$f(x) = P(X=x) = \binom{n}{x} p^x q^{n-x}, \quad q = 1-p, \quad x = 0,\ 1,\ \cdots,\ n$$

과 같이 유도할 수 있으며, 이 함수 $f(x)$는 확률함수의 조건을 만족한다. 그리고 이와 같은 확률함수를 가지는 경우 확률변수 X는 모수가 n, p인 이항분포(binomial distribution)를 따른다 하고 $X \sim B(n,\ p)$로 나타낸다.

예제 2

한 개의 공정한 주사위를 4번 던질 때 1의 눈이 나타날 확률분포를 구하라.

풀이 1의 눈이 나온 횟수를 X라 하면 X가 취할 수 있는 값은 0, 1, 2, 3, 4이고 매 시행에서 1의 눈이 나올 가능성은 1/6이므로 확률변수 X의 확률함수는

$$f(x) = \binom{4}{x}\left(\frac{1}{6}\right)^x\left(\frac{5}{6}\right)^{4-x}, \quad x = 0,\ 1,\ 2,\ 3,\ 4$$

이다. 따라서 각 경우의 확률과 확률분포는 다음과 같다.

$$X=0\text{인 경우 : } f(0) = \binom{4}{0}\left(\frac{1}{6}\right)^0\left(\frac{5}{6}\right)^4 = 0.482$$

$$X=1\text{인 경우 : } f(1) = \binom{4}{1}\left(\frac{1}{6}\right)^1\left(\frac{5}{6}\right)^3 = 0.386$$

$$X=2\text{인 경우 : } f(2) = \binom{4}{2}\left(\frac{1}{6}\right)^2\left(\frac{5}{6}\right)^2 = 0.116$$

$$X=3\text{인 경우 : } f(3) = \binom{4}{3}\left(\frac{1}{6}\right)^3\left(\frac{5}{6}\right)^1 = 0.015$$

$$X=4\text{인 경우 : } f(4) = \binom{4}{4}\left(\frac{1}{6}\right)^4\left(\frac{5}{6}\right)^0 = 0.001$$

▼ 표 2

X값	0	1	2	3	4	합계
확률	0.482	0.386	0.116	0.015	0.001	1.000

모수 p인 n개의 베르누이 시행열에 대하여 i번째 베르누이 시행이 성공이면 $X_i = 1$, 실패이면 $X_i = 0$이라 하고 새로운 확률변수 X를

$$X = \sum_{i=1}^{n} X_i$$

라 하자. 그러면 X는 n번의 베르누이 시행에서 성공한 횟수를 나타내고, 확률변수 X는 n번 모두 실패하는 경우인 $X=0$에서부터 n번 모두 성공하는 경우인 $X=n$까지의 정수를 취할 수 있다. 이와 같이 독립적으로 반복되는 n번의 베르누이 시행에서 성공한 횟수 X에 관한 확률분포는 이항분포가 된다.

그러므로

$$\begin{aligned} E(X) &= E(X_1 + X_2 + \cdots + X_n) \\ &= E(X_1) + E(X_2) + \cdots + E(X_n) = np, \\ Var(X) &= Var(X_1 + X_2 + \cdots + X_n) \\ &= Var(X_1) + Var(X_2) + \cdots + Var(X_n) = np(1-p) \end{aligned}$$

가 된다.

4.2절의 예제 1은 이항분포의 평균을 구하는 방법을 자세하게 진술하고 있다.

예제 3

동전 1개를 5회 던질 때 앞면이 나오는 횟수를 확률변수 X라고 하자. X의 평균과 분산, $P(X \le 2)$을 구하라.

풀이 이 경우 X는 이항분포를 따르므로

$$E(X) = np = 5\left(\frac{1}{2}\right) = \frac{5}{2}, \quad Var(X) = np(1-p) = 5\left(\frac{1}{2}\right)\left(\frac{1}{2}\right) = \frac{5}{4}$$

이다. 한편 부록의 이항분포표를 이용하면 $P(X \le 2) = \frac{1}{2}$임을 쉽게 알 수 있다.

EXERCISE 연/습/문/제 5.1

01 확률변수 X가 평균이 20이고 표준편차가 4인 이항분포를 따른다고 할 때 n의 값을 구하라.

02 이항분포 $B(3,\ p)$를 따르는 확률변수 X에 대하여 $P(X \geq 1) = \dfrac{19}{27}$일 때 이항분포 $B(5,\ 2p)$를 따르는 확률변수 Y에 대하여 $P(Y \geq 1)$을 구하라.

03 확률변수 X가 이항분포 $B(5,\ 1/2)$를 따르고 확률변수 $aX+b$의 평균이 0, 분산이 1일 때 상수 a, b의 곱 ab를 구하라. (단, $a > 0$)

04 한 개의 주사위를 6번 던질 때 6의 약수인 눈이 나오는 횟수의 제곱과 그 외의 눈이 나오는 횟수의 제곱의 차를 확률변수 Y라고 할 때 Y의 평균을 구하라.

05 2000개의 확률변수 $X_1,\ X_2,\ \cdots,\ X_{2000}$ 각각이 확률밀도함수가

$$f(x) = \frac{1}{4},\quad -1 < x < 3$$

인 실직선상에서 주어진 연속형 분포로부터 독립인 확률변수라고 하자. 이들 확률변수들이 0보다 큰 총 개수를 Y라고 할 때, Y의 분포와 $E(Y)$, $Var(Y)$를 구하라.

5.2 푸아송 분포

이산확률분포 중 이항분포 다음으로 자주 이용되는 것으로 푸아송(Poisson) 분포가 있다. 이 분포는 창시자인 프랑스의 수학자 푸아송(S. D. Poisson)의 이름을 따서 명명한 것으로, 푸아송은 1837년 논문에서 여자와 어린이의 자살자 수는 물론 프러시아 군대에서 병사가 말에 깔려 죽을 확률을 비교적 정확하게 묘사할 수 있는 분포를 제시하였다. 그는 특히 프러시아 군대에서 1년마다 말에 채여 사망하는 병사의 수를 관찰한 바, 군대에서 위험에 노출된 병사의 수효가 많은 반면 이러한 원인으로 사망할 가능성은 매우 희박하다는 사실에 입각하여 본격적으로 연구되었다. 이와 같이 단위시간 또는 단위공간에 무한히 많은 실험이 독립적으로 적용되는 경우에 사용되는 분포가 푸아송 분포로, 사용되는 예로 다음과 같은 경우를 들 수 있다.

(1) 책의 한 쪽당 오자 수
(2) 한 지역에 살고 있는 연령 100세인 노인 수
(3) 하루 동안 잘못 걸려온 전화 수
(4) 어떤 방사능 물질의 지정된 시간 동안 방전된 알파입자 수

이상과 같은 문제에서 푸아송 분포는 네 가지 기본적인 가정이 충족되면 단위시간이나 넓이당 특정 사건의 발생확률을 결정하는 데 사용할 수 있다. 첫째, 단위기간(예를 들면 1시간)은 많은 수의 부분단위기간(예를 들면 1초)으로 나누어지며, 이 부분단위기간 내에서 특정 사건이 발생할 확률은 희박할 정도로 짧은 소 단위기간으로 분할될 수 있을 것, 둘째, 소 단위기간 중 사건이 발생할 확률은 고려대상 전체 기간 중 일정할 것, 셋째, 각 소 단위기간 중 사건이 두 번 이상 발생할 확률이 무시될 정도로 적을 것, 마지막으로, 각 기간에서의 사건발생은 서로 독립적일 것을 요구하고 있다.

이상의 조건들은 까다롭고 확인하기 힘든 것처럼 보이나, 앞에서 열거한 여러 예들은 대체적으로 이들 조건에서 크게 벗어나지 않는 상황에 속하는 문제들이다.

이제 푸아송 분포의 특성을 알기 위하여 다음과 같은 함수를 생각하자.

$$f(x) = \begin{cases} \dfrac{\lambda^x}{x!} e^{-\lambda}, & x = 0,\ 1,\ 2,\ \cdots,\ \lambda > 0 \\ 0, & \text{다른 곳에서} \end{cases}$$

확률변수 X가 주어진 확률함수를 가지는 경우 X는 모수 λ인 푸아송 분포(Poisson distribution)를 따른다 하고, $X \sim P(\lambda)$로 나타낸다.

이 분포를 따르는 모집단을 특징짓는 데 필요한 특성값, 즉 모수는 단위시간당 평균발생률을 의미한다. 따라서 모수 λ의 값은 특정 단위시간(예를 들면 1분, 1시간 등)당 사건의 평균발생건수로 정의된다.

$X \sim P(\lambda)$이면 모수 λ의 값은 단위시간당 평균사건발생률로서 정의되었으므로 모수 λ값 자체가 평균이 된다. 그러므로 X의 평균과 분산은 각각 다음과 같음을 알 수 있다.

$$E(X) = \lambda, \quad Var(X) = \lambda$$

그림 1은 $X \sim P(0.5)$의 확률함수를 나타낸다.

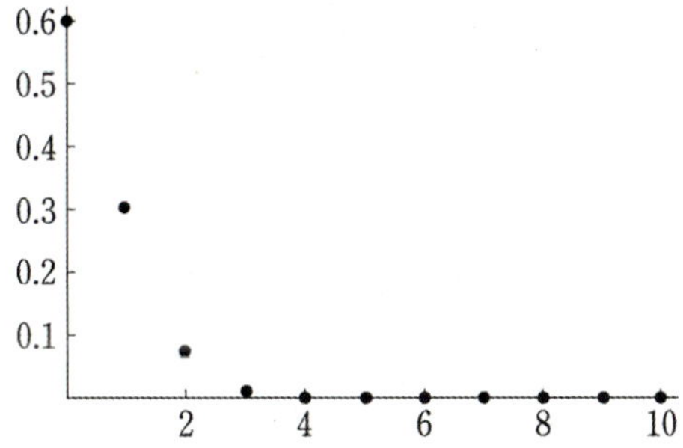

| 그림 1 | $X \sim P(0.5)$의 확률분포

예제 1

과거의 경험상 시내 어떤 은행에서는 매일 10시와 11시 사이에 고객이 평균 60명씩 몰려든다고 하자. 그러면 10시와 11시 사이에 1분당 2명이 도착할 확률을 구하라.

풀이 1분당 평균도착률은 $\lambda = \dfrac{60}{60} = 1$이므로 $X = 2$가 될 확률은

$$P(X=2) = \frac{e^{-1}1^2}{2!} = 0.5e^{-1} = 0.1839$$

이다.

푸아송 분포의 경우 확률계산은 계산하기에 번거로운 점이 있다. 따라서 이항분포의 경우처럼 여러 가지 상황 아래에서 푸아송 분포 확률표를 제공하고 있다.

한편 $\lambda = np$가 일정한 모수 n, p인 이항분포에서 $n \to \infty$이면 이항분포 $B(n, p)$는 점근적으로 모수 λ인 푸아송 분포에 가까워진다. 보편적으로 np가 일정하고 $n \geq 30$인 경우에 대하여 이항분포표를 이용하기보다는 근사적으로 푸아송 분포를 이용하여 확률계산하는 것이 편리하다. 또한 np가 일정하고 n이 충분히 크다면 p는 상대적으로 매우 작아진다. 따라서 푸아송 분포는 어떠한 사건이 발생하기 매우 어려운 상황에서 나타나는 확률모형임을 알 수 있다.

> $X \sim B(n, p)$이고 $\lambda = np$가 일정한 경우에 $n \to \infty$이면 근사적으로 $X \sim P(\lambda)$이다.

예를 들어 $X \sim B(200, 0.0025)$이고 $np = 0.5$로 일정하다면, 이 경우의 확률함수는 앞에서 살펴본 $X \sim P(0.5)$의 확률함수와 거의 일치함을 그림 2를 이용하여 알 수 있다.

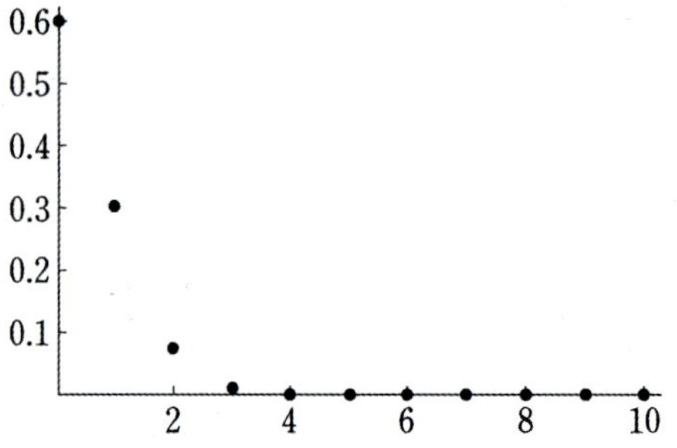

| 그림 2 | $X \sim B(200, 0.0025)$의 확률함수

예제 2

어떤 회사에서 생산된 반도체의 불량률은 0.0001이라 한다. 그 회사의 생산라인에서 50,000개를 임의로 추출하여 2개 이하의 불량품이 나올 확률을 구하라.

풀이 임의로 추출된 반도체에 들어 있는 불량품 개수를 X라 하면, $X \sim B(50000, 0.0001)$인 이항분포를 이룬다. 따라서 확률변수 X는 $\lambda = np = 5$인 푸아송 분포에 근사적으로 따르므로 구하고자 하는 확률의 근삿값은 $P(X \le 2) = 0.1247$ 이다.

푸아송 분포는 물리, 생물, 천문학, 그리고 신경의학뿐 아니라 매우 많은 분야에 정확한 확률모형을 제시해주는 것으로, 어떤 정해진 시점 $t \ge 0$까지 특정한 사건(변화)이 발생한 횟수에 관심을 갖는다. 예를 들어 확률변수 X를 규정된 시간에 일정한 영역으로 들어오는 방사능 물질에 의하여 방출되는 알파입자 수라 하면 확률변수 X는 푸아송 분포에 따르는 것으로 알려져 있으며, 어떤 지정된 시간 동안 발생하는 교통사고 건수도 푸아송 분포로 설명된다. 이와 같이 고정된 시구간 또는 공간에서 특정한 사건의 수에 대한 일련의 과정이 푸아송 분포를 이루는 경우 이러한 과정을 푸아송 과정이라 한다. 이제 임의의 어떤 시점에서 특정한 사건이 발생하고 양의 상수 λ에 대하여 다음의 세 가지 가정이 성립한다고 하자.

[가정 1] 짧은 시구간 h에서 꼭 한 개의 사건이 발생할 확률은 근사적으로 λh이다.

[가정 2] 짧은 시구간 h에서 2개 이상의 사건이 발생할 확률은 근사적으로 0이다.

[가정 3] 한 구간에서 발생한 사건이 중복되지 않는 다른 구간에서의 사건 발생에 아무런 영향을 미치지 않는다.

이제 이러한 가정들 아래서 시구간 $[0, t]$에서 발생한 사건의 개수를 확률변수 $N(t)$라 하면,

$$P[N(t) = k] = e^{-\lambda t}\frac{(\lambda t)^k}{k!}, \quad k = 0,\ 1,\ \cdots$$

이다. 따라서 고정된 시구간 $[0, t]$에서 발생한 특정한 사건의 수 $N(t)$는 모수 λt인 푸아송 분포에 따른다.

예제 3

우리나라 경부고속도로의 한 지역에서는 단위시간으로서 1년에 세 번 교통사고가 일어난다고 하자.

(1) 앞으로 2년간 적어도 세 번의 교통사고가 일어날 확률을 구하라.

(2) 지금부터 다음 교통사고가 일어날 때까지 걸리는 시간의 확률분포를 구하라.

풀이 (1) $[0, t]$에서 발생한 교통사고 수를 $N[t]$라 하면 발생비율이 $\lambda = 3$이므로, 확률변수 $N[t]$는

$$P[N(t) = k] = e^{-3t}\frac{(3t)^k}{k!}, \quad k = 0,\ 1,\ 2,\ \cdots$$

인 푸아송 분포를 이룬다. 따라서 앞으로 2년간 발생할 교통사고 수 $N[2]$는

$$P[N(2) = k] = e^{-6}\frac{6^k}{k!}, \quad k = 0,\ 1,\ 2,\ \cdots$$

이므로 구하고자 하는 확률은 다음과 같다.

$$\begin{aligned} P[N(2) \geq 3] &= 1 - (P[N(2) = 0] + P[N(2) = 1] + P[N(2) = 2]) \\ &= 1 - e^{-6}(1 + 6 + 18) \\ &= 1 - 25 \cdot e^{-6} = 0.938 \end{aligned}$$

(2) 다음 교통사고가 일어날 때까지 소요되는 시간을 T라 하면, $T > t$일 필요충분조건은 $[0, t]$에서 사고가 한 번도 발생하지 않는 것이다. 따라서

$$P(T > t) = P[N(t) = 0] = e^{-3t}$$

즉, T의 분포함수를 $F(t)$라 하면

$$F(t) = P(T \leq t) = 1 - P(T > t) = 1 - e^{-3t}$$

이다.

이와 같이 어떤 사건이 발생한 이후에 다음 사건이 발생할 때까지 기다리는 시간을 대기시간(waiting time)이라 하며, 대기시간 T의 확률분포는 5.5절에서 다룰 지수분포에서 자세히 다룰 것이다.

EXERCISE 연/습/문/제 5.2

01 어느 도시에서 하루 평균 네 건의 교통사고가 발생한다. 일일 교통사고 발생 건수를 확률변수 X라고 할 때 다음을 구하라.

(1) X의 확률함수 (2) $E(X)$와 $Var(X)$

(3) $P(X \le 1)$ (4) $P(X \ge 4)$

02 어느 볼트 제조회사에서 생산되는 제품의 불량률은 1%이다. 이 공장에서 납품한 볼트 10,000개 중에서 뽑은 200개의 볼트를 검사하여 불량품이 4개 이상이면 납품된 볼트 모두를 반품한다고 할 때 납품된 볼트 10,000개가 반품되지 않을 확률을 구하라.

03 일정량의 방사성물질에서 1초당 1.5개의 비율로 방사성 입자가 방출된다고 할 때 2초 동안에 3개 이하의 입자가 방출될 확률을 구하라.

04 우리나라 동남부 지역에서 단위시간으로서 1년에 세 번 지진이 일어난다고 하자.

(1) 앞으로 2년간 적어도 세 번의 지진이 일어날 확률을 구하라.

(2) 지금부터 다음 지진이 일어날 때까지 걸리는 시간의 확률분포를 구하라.

5.3 기하분포

반복시행되는 베르누이 실험에서 발생할 수 있는 실험결과가 성공과 실패 두 가지로 구분되는 상황을 고려해보자.

확률변수 X가 최초의 성공이 있을 때까지 나타난 시행횟수를 나타낸다고 하자. 이 경우 각 시행은 독립이므로 X의 확률함수는 다음과 같다.

$$f(x) = p(1-p)^{x-1}, \quad x = 1,\ 2,\ 3,\ \cdots$$

확률변수 X가 위의 확률함수를 가지는 경우 모수 p인 기하분포(geometric distribution)를 따른다 하고, $X \sim NB(1,\ p)$로 나타낸다. 처음 1의 눈이 나올 때까지 주사위를 던지는 통계실험에서 확률변수 X를 던진 횟수라 하면 $X \sim NB(1,\ 1/6)$인 기하분포를 따른다.

한편 $X \sim NB(1,\ p)$이면 X의 기댓값과 분산은

$$E(X) = \frac{1}{p}, \quad Var(X) = \frac{1-p}{p^2}$$

이다.

예제 1

1의 눈이 나올 때까지 주사위를 반복해서 던진다고 하자. 이때 주사위를 던진 횟수에 대한 확률함수를 구하고 평균과 표준편차를 구하라.

풀이 주사위를 독립적으로 던지는 매 시행에서 1의 눈이 나올 가능성은 $p = 1/6$이다. 따라서 1의 눈이 나올 때까지 던진 횟수를 확률변수 X라 하면 X는

$$f(x) = \frac{1}{6}\left(\frac{5}{6}\right)^{x-1}, \quad x = 1,\ 2,\ \cdots$$

인 기하분포에 따른다. 그리고 이 경우의 확률과 표준편차는 각각 다음과 같다.

$$E(X)=\frac{1}{p}=6,\ \sigma=\sqrt{Var(X)}=\sqrt{q/p^2}=\sqrt{30}=5.477$$

예제 2

1회의 시행에서 A, B가 성공할 확률은 각각 1/3, 1/4이다. A, B가 각각 성공한다는 것은 서로 독립이고, 시행이 성공할 때까지 반복할 때 A가 B보다 빠른 횟수로 성공할 확률을 구하라.

풀이 A가 r번째 성공할 확률은 $\frac{1}{3}\left(\frac{2}{3}\right)^{r-1}$ $(r=1,\ 2,\ 3,\ \cdots)$이고, B가 r번째 시행까지 성공하지 못할 확률은 $\left(\frac{3}{4}\right)^r$ $(r=1,\ 2,\ 3,\ \cdots)$이다. A, B의 성공은 독립이므로 A가 B보다 빨리 성공할 확률은

$$\frac{1}{3}\left(\frac{2}{3}\right)^{r-1}\left(\frac{3}{4}\right)^r=\frac{1}{4}\left(\frac{1}{2}\right)^{r-1}$$

이다. 그러므로 구하는 확률은

$$\sum_{r=1}^{\infty}\frac{1}{4}\left(\frac{1}{2}\right)^{r-1}=\frac{1}{4}\cdot\frac{1}{1-\frac{1}{2}}=\frac{1}{2}$$

이다.

이제 역시 성공률이 p인 베르누이 시행에서 처음 r번의 성공이 있기까지 시행한 횟수에 관한 분포를 알아보자. 처음 r번 성공이 $X_1,\ X_2,\ \cdots,\ X_r$ 있기까지 시행한 횟수를 X라 하면 최소한 처음부터 연속해서 r번 성공하는 경우부터 생각할 수 있으므로 X가 취할 수 있는 값은 $\{r,\ r+1,\ \cdots\}$이다. 또한 매 시행이 독립적으로 이루어지며 x번째 시행에서 r번째 성공이 나타나기 위하여는 $x-1$번째까지 $r-1$번의 성공이 있어야 하므로 X의 확률함수는 다음과 같다.

$$f(x)=\binom{x-1}{r-1}p^r q^{x-r},\quad x=r,\ r+1,\ \cdots\quad q=1-p$$

이와 같은 확률함수를 가지는 이산분포를 음이항분포(negative binomial

distribution) 또는 파스칼 분포(Pascal distribution)라 하고 $X \sim NB(r,\ p)$로 나타낸다.

확률변수 $X_1,\ X_2,\ \cdots,\ X_r$이 기하분포를 따르는 독립인 확률변수들이면 $X = X_1 + X_2 + \cdots + X_r$은 음 이항분포를 따른다. 그러므로

$$E(X) = \frac{r}{p}, \quad Var(X) = \frac{r(1-p)}{p^2}$$

이다.

예제 3

한 기계가 불량률 $p(0 < p < 1)$, 양호율 $q = 1 - p$로써 한 품목을 생산한다고 하고 이들에 관한 결과가 서로 독립이라고 가정하자.
그 기계에서 생산된 품목을 무작위로 뽑고 정확히 5개의 불량품을 얻을 때까지 한 번에 하나씩 검사한다고 가정하자. 이때 5개의 불량품을 얻기 위하여 정확히 $n(n \geq 5)$개의 품목을 뽑을 확률 p_n을 구하라.

풀이 5번째의 불량품이 n번째 검사에 나올 필요충분조건은 처음 $n-1$개의 품목 가운데 정확히 4개의 불량품이 있고 n번째 품목이 불량품인 것이다. 처음 $n-1$개의 품목 가운데 정확히 4개의 불량품과 $n-5$개의 양호품을 얻을 확률은 $\binom{n-1}{4} p^4 q^{n-5}$임을 알 수 있다. 또한 n번째 품목이 불량품이 될 확률은 p이다. 첫 번째 사건은 단지 처음 $n-1$개의 품목에 관한 결과에 관련되어 있고 두 번째 사건은 단지 n번째 품목에 관한 결과에 관련되어 있으므로 이러한 두 사건은 독립이다. 그러므로 이러한 사건이 모두 일어날 확률은 그들의 확률의 곱과 같다. 즉 우리가 구하고자 하는 확률은

$$p_n = \binom{n-1}{4} p^4 q^{n-5} \cdot p = \binom{n-1}{4} p^5 q^{n-5}$$

이다.

예제 4

5전 3승이면 승리하는 경기를 생각하자. A팀과 B팀의 시합에서 A팀이 1회 게임을 이길 확률은 0.7이다. A팀이 이 시합에서 승리할 때까지의 시합횟수를 X라고 할 때 X의 분포와 평균, 분산을 구하라.

풀이 $r=3,\ p=0.7$인 음 이항분포이므로, 확률함수는

$$f(x)=\binom{x-1}{r-1}p^r(1-p)^{x-r}=\binom{x-1}{3-1}(0.7)^3(0.3)^{x-3}$$

이다. 한편 평균과 분산은

$$E(X)=\frac{r}{p}=\frac{3}{0.7}=4.29,$$

$$Var(X)=\frac{r(1-p)}{p^2}=\frac{3\cdot 0.3}{(0.7)^2}=1.84$$

이다.

EXERCISE 연/습/문/제 5.3

01 방문여론조사에서 인터뷰에 응하는 가정은 1/3이라고 하자. 100가구의 인터뷰를 하려면 평균 몇 가구를 방문해야 하는가?

02 주사위를 던지는 실험에서 관찰되는 주사위의 눈의 수가 3의 배수이면 그 실험은 끝난다고 하자. 세 번 던져서 실험이 끝날 확률을 구하라.

03 프로야구 한국 시리즈는 7전 4선승제로 진행된다. A, B 두 야구단이 한국시리즈를 진행할 때 A야구단이 이길 확률은 0.6이며 매 시합은 서로 독립적으로 진행된다고 한다. A구단이 정확히 6번째 시합에서 이길 확률을 구하라.

04 X가 기하분포를 따를 때 임의의 두 양의 정수 a, b에 대하여

$$P(X > a+b \mid X > b) = P(X > a)$$

임을 보여라.

05 1부터 10까지의 번호가 붙은 10개의 구슬이 들어 있는 주머니에서 복원추출하는 실험에서 각 번호가 한 번 이상 관찰되면 실험을 종료한다. 실험이 종료될 때까지의 시행횟수에 대한 기댓값을 구하라.

06 어느 공장에서 생산되는 신제품의 불량률이 10%라고 한다. 이 공장에서는 신제품의 불량원인을 규명하기 위하여 5개의 불량품을 찾아내서 정밀조사를 실시하기로 하였다. 5개의 불량품을 찾아낼 때까지 검사해야 할 제품의 개수는 몇 개로 기대하는가? 또 5개의 불량품을 찾아낼 때까지 검사해야 할 제품의 개수가 25개보다 클 확률을 구하라.

5.4 균등분포

구간 $S=[a, b]$의 부분구간에 확률변수 X가 놓일 확률이 그 부분구간의 길이에 비례하는 방법으로 선정되는 확률실험을 한다고 하자. 그러면 X는 구간 $[a, b]$에서 한 점이 무작위하게 또는 동등하게 선정되며 다른 구간에서는 점을 취할 수 없는 실험의 결과를 나타내고, 따라서 X의 확률밀도함수는 표본공간 $[a, b]$에서 일정하고 다른 구간에서는 0이다. 더욱이 임의의 확률밀도함수 $f(x)$에 대하여

$$\int_{-\infty}^{\infty} f(x)dx = \int_{a}^{b} f(x)dx = 1$$

이므로 $f(x)$는 구간 $[a, b]$에서 일정한 값 $1/(b-a)$을 취한다. 그러므로 이 경우 X의 확률밀도함수는

$$f(x) = \begin{cases} \dfrac{1}{b-a}, & a < x < b \\ 0, & \text{다른 곳에서} \end{cases}$$

이다. 이와 같은 확률변수는 구간 $[a, b]$에서 균등분포(uniform distribution)를 따른다 하고 $X \sim U[a, b]$로 나타낸다.

그리고 $[a, b]$에서 균등분포를 이루는 확률변수의 기댓값과 분산은 각각 다음과 같이 됨을 쉽게 알 수 있다.

$$E(X) = \frac{a+b}{2}, \quad Var(X) = \frac{(b-a)^2}{12}$$

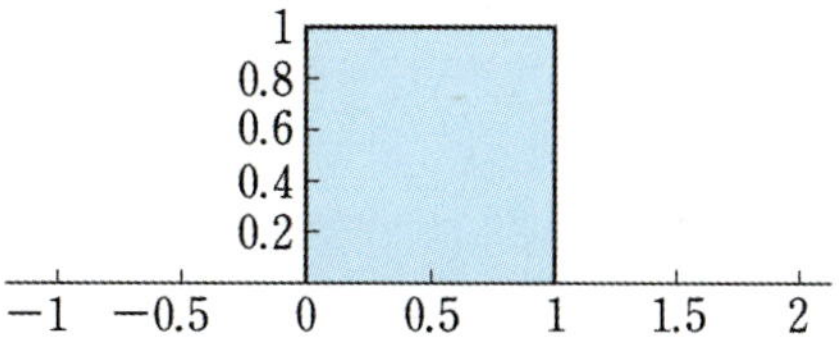

| 그림 1 | $X \sim U[0, 1]$의 확률밀도함수

예제 1

$f(x)=\dfrac{1}{10}\,(0 \le x \le 10)$로 정의되는 함수 $f(x)$의 평균과 분산을 구하라.

풀이

$$E(X)=\int_0^{10} x f(x)dx=\int_0^{10}\frac{x}{10}dx$$
$$=\left[\frac{1}{20}x^2\right]_0^{10}=5,$$
$$E(X^2)=\int_0^{10} x^2 f(x)dx=\int_0^{10}\frac{x^2}{10}dx$$
$$=\left[\frac{1}{30}x^3\right]_0^{10}=\frac{100}{3}$$

이므로 평균은 $E(X)=5$이고, 분산은

$$Var(X)=E(X^2)-E^2(X)=100/3-25=25/3$$

이다.

EXERCISE 연/습/문/제 5.4

01 어느 정류장에 버스가 도착하는 시각은 항상 8시에서 8시 10분 사이라고 한다. 한 사람이 8시 정각에 정류장에 도착하여 버스가 올 때까지 기다리는 시간에 대한 분포를 구하라.

02 마트의 계산대에 도착하는 고객의 수는 푸아송 분포를 따른다. 한 고객이 주어진 30분 동안에 계산대에 도착하였다면 이 고객이 주어진 30분의 마지막 5분 동안에 계산대에 도착하였을 확률을 구하라.

03 어느 상점에서 물건 값을 계산할 때 10원 미만에 대해서는 반올림을 한다. 어느 날 100명의 고객이 물건을 사갔다고 할 때 반올림으로 인하여 이 상점 주인이 100원 이상 손해 볼 확률의 상한을 구하라.

04 한 점 (X, Y)를 xy평면상의 $S = \{(x, y) : 0 \le x \le 2,\ 1 \le y \le 4\}$로부터 무작위로 뽑는다고 가정하자. 평면상에서 무작위로 뽑는다는 것은 점 (X, Y)가 S의 부분집합에 놓여 있을 확률은 부분집합의 면적에 비례한다는 것을 의미이다. X와 Y의 결합확률밀도함수를 구하라.

5.5 지수분포

연속형 분포로서 중요한 분포 중 하나는 지수분포이다. 지수분포는 푸아송 분포와 연관되어 있는데, 예를 들어 어떤 사건이 단위시간당 변화의 수가 λ인 푸아송 분포를 따른다면, t시간 동안에는 평균 λt로 사건이 발생하게 된다. t시간 동안 특정한 사건의 발생건수를 $N(t)$라고 하면

$$P(N(t)=k)=\frac{(\lambda t)^k e^{-\lambda t}}{k!},\quad k=0,\ 1,\ 2,\ \cdots$$

이다. W를 첫 번째 변화가 일어날 때까지 걸리는 시간이라고 하면 W는 연속형 분포가 될 것이다. 시간은 음이 아니므로 $w<0$일 때 분포함수는 $F(w)=0$이 된다. $w\geq 0$에 대해

$$\begin{aligned}F(w)&=P(W\leq w)=1-P(W>w)\\&=1-P([0,w]\text{에서는 변화가 일어나지 않음})\\&=1-e^{-\lambda w}\end{aligned}$$

이다. 그러므로 W의 확률밀도함수는 $w>0$에 대해

$$F'(w)=\lambda e^{-\lambda w}=f(w)$$

이다. $\lambda=1/\theta$로 놓고, 확률밀도함수

$$f(x)=\frac{1}{\theta}e^{-x/\theta},\qquad 0\leq x<\infty$$

을 갖는 확률변수 X를 지수분포(exponential distribution)를 따른다 하고 $X\sim\Gamma(1,\ \theta)$로 표시한다. 즉 푸아송 분포에서 첫 번째 변화가 일어날 때까지 걸리는 시간은 $\theta=1/\lambda$을 갖는 지수분포를 따른다.

그리고 이러한 지수분포는 어떤 사건이 발생하기 전까지 경과한 시간의 분포를 나타낼 경우에 사용한다. 예를 들어 기계가 고장 없이 작동할 시간이나 암환자가

사망하기까지의 시간 또는 어떤 서비스 기관에 도착한 손님의 서비스를 받기까지 기다리는 시간과 같이 어떤 사건이 발생할 때까지 걸리는 대기시간이나 연속적인 두 사건이 발생할 사이의 시간주기 등에서 지수분포를 사용한다.

만일 은행에 도착하는 고객 수가 푸아송 분포에 따라 설명된다면 한 고객과 다음 고객이 도착하는 사이에 경과되는 시간의 확률은 지수분포에 의해 설명된다. 어느 은행의 출납계에 매분당 1/2명이 평균적으로 도착한다고 가정하면 이것은 2분에 한 명꼴로 도착한다는 의미가 되므로 고객의 도착 사이에 소요되는 시간은 평균적으로 2분이 될 것이다. 즉 두 사건 사이의 경과시간을 나타내는 지수분포의 평균은 푸아송 분포의 평균의 역수인 $1/\lambda = 2$가 됨을 알 수 있다. 그러므로

$$E(X) = \theta, \quad Var(X) = \theta^2$$

이 성립한다.

예제 1

A사의 전구수명은 평균 1000시간의 지수분포를 따른다. 100개의 전구 가운데 1000시간 이상 사용힐 수 있는 것의 평균개수를 구하라.

풀이 전구수명을 확률변수 X라고 했을 때 $\lambda = \dfrac{1}{1000}$이다.

$$P(X \geq 1000) = 1 - P(X < 1000) = 1 - F(1000) = e^{-1} = 0.3679$$

이므로 구하고자 하는 평균은 100×0.368, 약 37개가 된다.

예제 2

실험용 휴즈의 사용시간은 평균 100시간의 지수분포를 따른다고 하자. 이때 전구를 100시간 동안 아무런 문제 없이 사용한 후 앞으로 50시간 이상 사용할 확률을 구하라.

풀이

$$P(X > 150 \mid X > 100) = \frac{P(X > 150)}{P(X > 100)}$$

$$= \frac{\int_{150}^{\infty} \frac{1}{100} e^{-\frac{x}{100}} dx}{\int_{100}^{\infty} \frac{1}{100} e^{-\frac{x}{100}} dx}$$

$$= e^{-0.5} = 0.6065$$

이 확률은 $P(X > 50)$과 같다. 지수분포에서는 어떤 시스템이 t시간 작동 후 적어도 s시간 이상 더 가동할 확률은 그 시스템이 최초부터 s시간 이상 가동할 확률과 같다. 그러므로 지수분포의 다음과 같은 성질

$$P(X > s + t | X > t) = P(X > s)$$

를 얻을 수 있는데, 이 성질을 지수분포의 '기억 없는 성질'(memoryless property)이라고 부른다.

EXERCISE 연/습/문/제 5.5

01 평균 3분에 1명꼴로 손님이 방문하는 푸아송 과정을 따르는 가게를 생각하자. 첫 번째 손님이 도착하기까지 5분 이상 기다릴 확률을 구하라.

02 어느 자동차에 장착된 축전지의 수명은 주행거리를 기준으로 평균이 10,000마일인 지수분포를 따른다. 지금까지의 주행거리가 3,000마일인 이 자동차로 5,000마일 거리를 여행하려 할 때 축전지의 교환 없이 여행을 끝낼 수 있을 확률을 구하라.

03 어느 백화점에 오는 고객의 1인당 소비금액은 평균 1,200원의 지수분포를 따른다고 하자. 3,000원 이상의 물건을 사는 손님은 몇 퍼센트가 되는지 계산하라.

04 어떤 시험을 10명의 학생들이 서로 독립적으로 치르고, 어떤 특별한 학생이 시험을 끝내는 데 소요되는 시간은 평균 80분인 지수분포를 따른다고 가정하자. 시험은 오전 9시에 시작한다고 했을 때 적어도 한 명의 학생이 오전 9시 40분 이전에 시험을 끝낼 확률을 구하라.

5.6 정규분포

18세기 과학자들이 측정오차들의 값 또는 제조품 규격의 기준치와의 차이 등이 규칙성을 가지는 분포 형태를 형성한다는 사실을 발견하였다. 이러한 형태의 오차 발생실험을 통하여 '오차의 정규분포곡선'으로 불리는 좌우대칭형의 분포를 도출하였는데, 이를 함수적으로 체계화한 것이 정규분포이다. 이 분포는 당시 초기 연구가의 한 사람인 가우스(Karl Gauss, 1777~1855)의 이름을 따서 가우스 분포라고도 불린다.

정규분포는 풍부한 수학적 성질을 갖고 있을 뿐만 아니라 많은 물리학적 또는 사회과학적 실험의 결과들이 정규분포에 근사하는 성질을 갖고 있다. 예를 들어 사람의 몸무게나 키 또는 곡식의 무게, 공정라인에서 생산되는 철의 강도 등은 점근적으로 정규분포에 근사한다. 특히 정리 1에서 다룰 중심극한정리에 의하여 임의의 확률분포로부터 얻어진 표본은 분포 자체가 정규분포는 아니라고 해도 점근적으로 정규분포에 가까워진다는 이유에서 정규분포를 자세히 살펴볼 필요가 있다.

정규분포는 음의 무한대와 양의 무한대 사이의 어떠한 값도 취할 수 있는 연속확률변수의 분포로 μ와 σ 두 개의 모수에 의해 특징지어진다.

확률밀도함수

$$f(x) = \frac{1}{\sqrt{2\pi}\,\sigma} \exp\left[-\frac{(x-\mu)^2}{2\sigma^2}\right], \ -\infty < \mu < \infty, \ \sigma > 0$$

을 가지는 확률분포를 평균 μ와 분산 σ^2(또는 표준편차 σ)을 갖는 정규분포(normal distribution)라 하고, $X \sim N(\mu, \sigma^2)$으로 나타낸다. 특히 함수

$$f(x) = \frac{1}{\sqrt{2\pi}} \exp\left[-\frac{x^2}{2}\right]$$

을 가지는 확률분포를 표준정규분포(standard normal distribution)라 하고 $X \sim N(0, 1)$로 나타낸다.

μ와 분산 σ^2은 정규분포의 모수인 동시에 평균과 분산이 된다. 우리는 다른 분포를 따르는 확률변수의 평균과 분산 표시에 μ와 σ^2을 사용하고 있는데, 이는 원래 정규분포의 모수로 정규분포의 평균과 분산 자체가 바로 μ와 σ^2과 같아지는 데 연유한다. 통계학에서 가장 빈번히 사용되는 정규분포에 대한 일종의 특례적인 전통인 것이다.

정규함수는 다음 성질을 갖는 종모양의 곡선을 이루며 그림 1은 정규확률함수의 개형을 나타낸다.

(1) 정규함수 $f(x)$는 $x=\mu$에서 최대이다. 즉 정규모집단으로부터 추출된 표본자료의 최빈값은 $x=\mu$이다.
(2) 정규함수 $f(x)$는 $x=\mu$에 관하여 좌우대칭이다. 즉 정규모집단으로부터 추출된 표본자료의 중앙값은 $x=\mu$이다.
(3) 정규함수 $f(x)$는 $x=\mu\pm\sigma$에서 변곡점을 갖는다.
(4) 정규함수 $f(x)$는 $x=\mu\pm 3\sigma$에서 거의 축에 접한다.

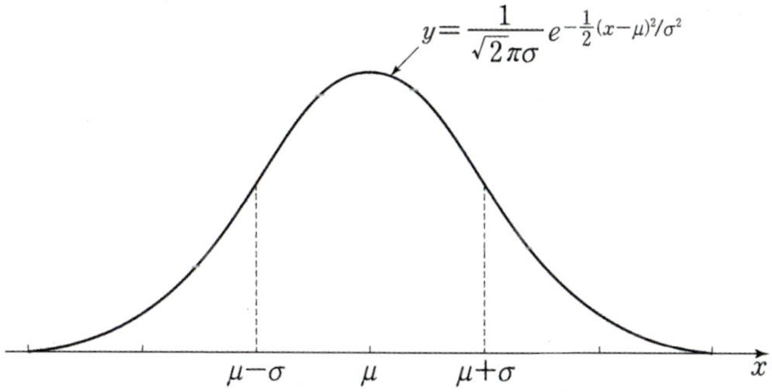

| 그림 1 | 정규곡선의 개형

정규분포 $N(\mu,\ \sigma^2)$에 대한 확률값은 x의 경곗값과 x축 그리고 정규곡선 아래에 주어진 부분의 넓이로 나타난다. 예를 들어 확률 $P(a\le X\le b)$는 $x=a$, $x=b$와 x축 그리고 정규함수 $f(x)$로 둘러싸인 부분의 넓이이고, 따라서 다음 적분으로 나타난다.

$$P(a\le X\le b)=\int_a^b \frac{1}{\sqrt{2\pi}\,\sigma}\exp\left[-\frac{(x-\mu)^2}{2\sigma^2}\right]dx$$

한편 이러한 확률값은 초등적분에 의하여 구할 수 없으며 부록에 제시된 정규확률표를 이용해야 한다. 그러나 어느 경우이든 정규확률표는 표준정규분포에 대한 확률값만이 제시되므로 정규분포 $N(\mu,\ \sigma^2)$과 표준정규분포 $N(0,\ 1)$ 사이의 관계를 알아야 한다. 확률변수 X에 대하여

$$Z = \frac{X-\mu}{\sigma}$$

를 X의 표준화된 확률변수(standardized random variable)라 하며, Z의 평균과 분산은 각각 다음과 같다.

$$E(Z) = E\left(\frac{X-\mu}{\sigma}\right) = \frac{1}{\sigma}(E(X)-\mu) = 0$$
$$Var(Z) = Var\left(\frac{X-\mu}{\sigma}\right) = \frac{1}{\sigma^2}\,Var(X) = 1$$

따라서 $X \sim N(\mu,\ \sigma^2)$에 대하여 표준화된 확률변수 Z는 $Z \sim N(0,\ 1)$이다.

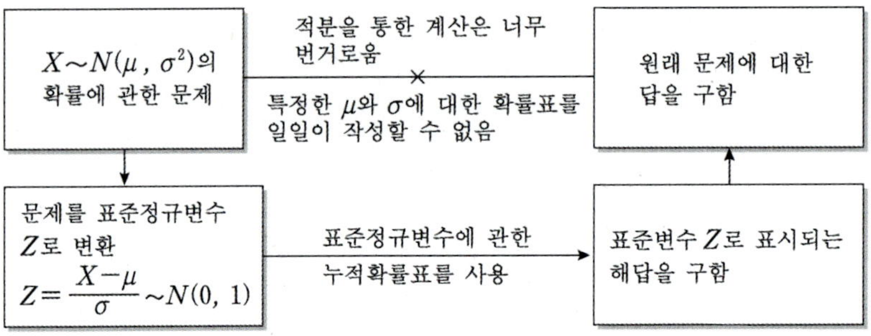

| 그림 2 | 표준정규분포를 이용한 확률계산절차

그러므로 우리는 다음과 같은 성질을 얻을 수 있다.

> $X \sim N(\mu,\ \sigma^2)$과 표준화된 확률변수 $Z = (X-\mu)/\sigma$ 사이에 다음 성질이 성립한다.
>
> $$P(\mu + a\sigma < X < \mu + b\sigma) = P(a < Z < b)$$

증명 $P(\mu+a\sigma < X < \mu+b\sigma) = \int_{\mu+a\sigma}^{\mu+b\sigma} \frac{1}{\sqrt{2\pi}\,\sigma} \exp\left[-\frac{1}{2}\left(\frac{x-\mu}{\sigma}\right)^2\right] dx$

($z = (x-\mu)/\sigma$라 하면 $dx = \sigma\, dz$이므로)

$$= \int_a^b \frac{1}{\sqrt{2\pi}} \exp\left[-\frac{z^2}{2}\right] dz$$

$$= P(a < Z < b)$$

■

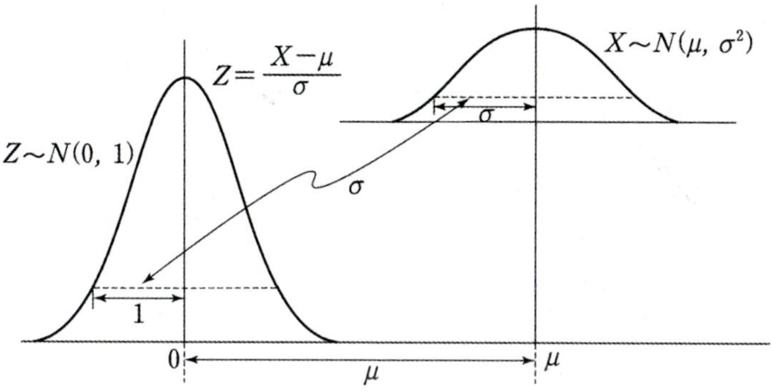

| 그림 3 | 정규분포와 표준정규분포의 비교

따라서 평균 μ와 표준편차 σ에 대하여 나음 확률값을 갖는다.

$$P(\mu - \sigma < X < \mu + \sigma) = 0.6826$$
$$P(\mu - 2\sigma < X < \mu + 2\sigma) = 0.9544$$
$$P(\mu - 3\sigma < X < \mu + 3\sigma) = 0.9973$$

위 성질에 의해 임의의 정규분포에 대한 확률계산을 표준정규분포로 변환하여 구하는 방법을 제시하므로 표준정규분포의 성질과 정규분포표를 이용한다면 확률계산을 더욱 쉽게 얻을 수 있다.

$Z \sim N(0, 1)$이면 Z의 확률밀도함수는 $z=0$에 관하여 좌우대칭이고, 따라서 다음과 같은 간단한 성질을 갖는다.

(1) $P(Z \ge 0) = P(Z \le 0) = 0.5$

(2) 임의의 양수 z에 대하여 다음이 성립한다.

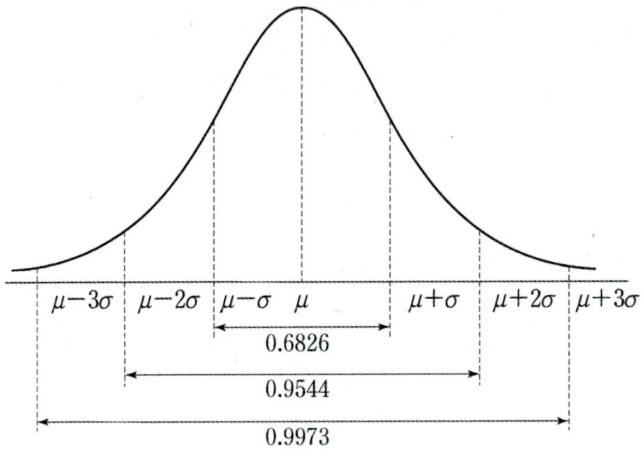

| 그림 4 | 정규분포의 특수확률들

$$P(Z \geq z) = 1 - P(Z \leq z),\ \ P(Z \leq z) = 1 - P(Z \geq z)$$
$$P(Z \geq z) = P(Z \leq -z) = 0.5 - P(0 \leq Z \leq z)$$
$$P(Z \leq z) = P(Z \geq -z) = 0.5 + P(0 \leq Z \leq z)$$
$$P(-z \leq Z \leq 0) = P(0 \leq Z \leq z)$$
$$P(-z \leq Z \leq z) = 2P(0 \leq Z \leq z)$$

예제 1

과거 수년간에 걸친 수학과 학생의 영어성적은 $N(75, 9)$인 정규분포에 따른다. 이때 어느 한 학생의 영어성적이 80점 이상일 확률을 구하라.

풀이 학생 개개인의 영어성적을 확률변수 X라 하면 $X \sim N(75, 9)$이므로

$$\begin{aligned} P(X \geq 80) &= P\left(Z \geq \frac{80-75}{3}\right) \\ &\simeq P(Z \geq 1.67) = 1 - \Phi(1.67) \\ &= 1 - 0.9525 = 0.0475 \end{aligned}$$

이다.

예제 2

확률변수 X가 $N(70,\ 100)$인 정규분포를 따른다고 할 때 $P(X \geq x_0) = 0.33$가 되는 x_0를 구하라.

풀이 정규분포표에서 $P(Z \leq z_0) = 0.67$이 되는 $z_0 = 0.44$이므로

$$z_0 = \frac{x_0 - 70}{10} = 0.44$$

에서 $x_0 = 74.4$가 된다.

다음은 유용한 정규분포의 성질들이다.

성질 1

$X \sim N(\mu,\ \sigma^2)$이면 임의의 상수 $a\,(a \neq 0)$와 b에 대하여 $aX + b \sim N(a\mu + b,\ a^2\sigma^2)$이다.

위 성질은 기댓값과 분산에서 다루었던 성질과 관련하여 생각하면 쉽게 이해될 수 있다. 성질 1은 다음과 같이 일반화될 수 있다.

성질 2

$X_1,\ \cdots,\ X_n$이 독립이고 $X_i \sim N(\mu_i,\ \sigma_i^2)\,(i = 1,\ \cdots,\ n)$이면 임의의 상수 a_i와 $b_i\,(a_i \neq 0,\ i = 1,\ \cdots,\ n)$에 대하여 다음이 성립한다.

$$\sum_{i=1}^{n}(a_i X_i + b_i) \sim N\left(\sum_{i=1}^{n}(a_i \mu_i + b_i),\ \sum_{i=1}^{n} a_i^2 \sigma_i^2\right)$$

한편 n개의 확률변수 $X_1,\ X_2,\ \cdots,\ X_n$이 평균이 μ이고 분산이 σ^2인 어떤 분포로부터 크기 n인 한 무작위 표본을 형성한다고 하자. 여기서 무작위 표본(random samle)이라는 것은, 확률변수 $X_1,\ X_2,\ \cdots,\ X_n$은 독립이며 동일하게 분포되어 있고 각각은 평균 μ와 분산 σ^2을 가진다는 것을 의미하며 확률표본이라고도 부른다. 무작위 표본을 형성하는 변수들은 독립이고 동일한 분포(independent and identical distributed)를 만족해야 하므로 이 표현을 간략하게 i.i.d로 표현한다. 이러한 표본에서 n개의 관측값들의 산술평균을 $\overline{X}_n$라고 하자. 즉

$$\overline{X}_n = \frac{1}{n}(X_1 + X_2 + \cdots + X_n)$$

인데, 이 확률변수 $\overline{X}_n$를 표본평균(sample mean)이라고 부르며, 간단히 $\overline{X}$로도 표현한다.

표본평균에 대하여 다음과 같은 성질을 얻을 수 있다.

성질 3

$X_i \sim N(\mu, \sigma^2)(i = 1, \cdots, n)$이고 독립이면 표본평균 $\overline{X}_n = (1/n)\sum_{n=1}^{n} X_i$의 분포는 $\overline{X}_n \sim N(\mu, \sigma^2/n)$이다.

$\overline{X}_n$의 평균과 분산은 쉽게 계산할 수 있다. $\overline{X}_n$의 평균은 $\overline{X}_n$의 정의로부터

$$E(\overline{X}_n) = \frac{1}{n}\sum_{i=1}^{n} E(X_i) = \frac{1}{n} n\mu = \mu$$

이다. 또한 $X_1, X_2, \cdots, X_n$은 독립이므로

$$Var(\overline{X}_n) = \frac{1}{n^2} Var(\sum_{i=1}^{n} X_i) = \frac{1}{n^2}\sum_{i=1}^{n} Var(X_i) = \frac{1}{n^2} n\sigma^2 = \frac{\sigma^2}{n}$$

이 성립한다. 즉 $\overline{X}_n$의 평균은 추출된 무작위 표본의 평균과 동일하지만 $\overline{X}_n$의 분산은 무작위 표본 분포의 $\frac{1}{n}$이다. 그러므로 $\overline{X}_n$의 확률분포는 원래 분포보다 평균 μ 주위에 더욱 집중되어 있다는 것을 알 수 있다. 다시 말하면 표본평균 $\overline{X}_n$는 주어진 분포로부터의 단 하나의 관측값 X_i의 값보다 평균 μ에 더 가깝다고 할 수 있다.

예제 3

$N(60,\ 36)$을 따르는 무작위 표본 $X_1,\ X_2,\ \cdots,\ X_{25}$에 대하여 $P(\overline{X}_{25} > c)$ $= 0.95$인 상수 c를 구하라.

풀이 $X_i \sim N(60,\ 36)$이므로 $\overline{X}_{25} = (1/25)\sum_{i=1}^{25} X_i \sim N(60,\ 36/25)$이고 따라서 $Z = (\overline{X}_{25} - 60)/1.2 \sim N(0,\ 1)$이다. 그러므로

$$P(\overline{X}_{25} > c) = P\left(\frac{\overline{X}_{25} - 60}{1.2} > \frac{c-60}{1.2}\right) = P\left(Z > \frac{c-60}{1.2}\right) = 0.95.$$

즉 $P(Z \le (c-60)/1.2) = 0.05$이다. 또한

$$P(Z \le -Z_{0.05}) = P(Z \ge z_{0.05}) = 1 - P(Z < z_{0.05}) = 0.05$$

이므로 $P(Z < z_{0.05}) = 0.95$가 되는 절단점은 $z_{0.05} = 1.645$이다. 따라서 $\frac{c-60}{1.2} = -z_{0.05} = -1.645$로부터 $c = 60 + 1.2 \times (-1.645) = 58.026$이다.

우리는 확률변수들 $X_1,\ \cdots,\ X_n$이 독립이고 정규분포 $N(\mu,\ \sigma^2)$에 따른다면 확률변수들의 평균 $\overline{X}_n = (1/n)\sum_{n=1}^{n} X_i$는 정규분포 $N(\mu,\ \sigma^2/n)$에 따른다는 사실을 알았다. 이제 우리들은 중심극한정리를 논의할 것이고, 이에 대한 간단한 설명은 다음과 같이 대략적으로 말할 수 있다.

크기 n인 무작위 표본이 평균 μ와 분산 σ^2인 어떤 분포로부터 추출된다 하더라도 표본평균 $\overline{X}_n$는 평균 μ와 분산 $\frac{\sigma^2}{n}$을 가지는 근사적으로(approximately) 정규인 분포를 가질 것이다.

이 결과는 18세기 초 드무아브르(A. de Moivre)에 의해 베르누이 분포로부터의 무작위 표본에 대하여 확립되었다.

정리 1 **중심극한정리(Central Limit Theorem)**

만일 확률변수들 $X_1, \cdots, X_n$이 평균 μ와 분산 $\sigma^2(0 < \sigma^2 < \infty)$을 가지는 한 주어진 분포로부터의 크기 n인 무작위 표본을 형성한다면 어떤 고정된 수 x에 대하여

$$\lim_{n\to\infty} P\left[\frac{n^{\frac{1}{2}}(\overline{X}_n - \mu)}{\sigma} \le x\right] = \Phi(x).$$

정리 1의 식 해석은 다음과 같다. 만일 하나의 큰 무작위 표본이 평균 μ와 분산 σ^2을 가지는 어떤 분포로부터 추출된다면, 이 분포가 이산형이든 연속형이든 관계없이 확률변수 $\dfrac{n^{1/2}(\overline{X}_n - \mu)}{\sigma}$의 분포는 근사적으로 표준정규분포가 될 것이다.

그러므로 $\overline{X}_n$의 분포가 근사적으로 평균 μ와 분산 $\dfrac{\sigma^2}{n}$인 정규분포 또는 동등하게 합 $\sum_{i=1}^{n} X_i$의 분포가 근사적으로 평균 $n\mu$와 분산 $n\sigma^2$인 정규분포가 될 것이다.

예제 4

한 공정한 동전을 900번 던진다고 가정하자. 이때 앞면을 495번보다 더 얻을 확률을 구하라.

풀이 $i=1, \cdots, 900$에 대하여 만일 i번째 던질 때 앞면이 얻어지면 $X_i = 1$, 그렇지 않으면 $X_i = 0$이라고 하자. 그러면 $E(X_i) = \dfrac{1}{2}$이고 $Var(X_i) = \dfrac{1}{4}$이다. 그러므로 값들 $X_1, \cdots, X_{900}$은 평균 $\dfrac{1}{2}$과 분산 $\dfrac{1}{4}$을 가지는 분포로부터의 크기 $n = 900$인 무작위 표본을 형성한다. 중심극한정리로부터 총 앞면의 수 $H = \sum_{i=1}^{900} X_i$의 분포는 근사적으로 평균이 $(900)\left(\dfrac{1}{2}\right) = 450$이고, 분산이 $(900)\left(\dfrac{1}{4}\right) = 225$이며, 표준편차가 $(225)^{\frac{1}{2}} = 15$인 정규분포가 됨을 알 수 있다. 그러므로 변수 $Z = \dfrac{(H-450)}{15}$은 근사적으로 표준정규분포를 가질 것이다. 따라서

$$\begin{aligned} P(H > 495) &= P\left(\frac{H-450}{15} > \frac{495-450}{15}\right) \\ &= P(Z > 3) = 1 - \Phi(3) = 0.0013. \end{aligned}$$

한편 이항분포를 다룰 때 시행 또는 관측횟수 n이 점점 커지면 확률은 이항확률공식에 의해 계산하기 몹시 복잡해짐을 알 수 있다. 또한 n의 값이 커질수록 성공 확률 p가 1/2이 아닐지라도 분포 모양은 점차 좌우대칭 형태를 이루며 정규분포에 근접하게 된다.

따라서 p의 값이 극단적으로 작거나 또는 1에 가깝지 않을 때 n값이 일정 크기를 넘어서면 이항분포에 관한 확률계산을 정규분포를 이용하여 근삿값을 계산해낼 수 있게 된다. 이러한 근삿값은 p가 1/2에 가까울수록, 그리고 n의 값이 클수록 정확하다. 그러나 p값이 1/2에 얼마나 가까워야 한다거나 n의 크기가 적어도 얼마 이상이어야 한다든지 하는 기준이란 설정하기 쉽지 않다. 다만 $np(1-p) \geq 3$일 때 일반적으로 이러한 근삿값 계산은 훌륭한 결과를 얻을 수 있어 자주 이용되고 있다.

$X_n \sim B(n,\ p)$이고 $Z_n = (X_n - np)/\sqrt{npq}$ 라 하면 Z_n은 표준정규분포에 수렴하고, 따라서 $X_n \sim N(np,\ npq)$임을 알 수 있다. 그러므로

$$P(a \leq X_n \leq b) \fallingdotseq P\left[\frac{a-np}{\sqrt{npq}} \leq Z \leq \frac{b-np}{\sqrt{npq}}\right]$$

가 성립한다. 이러한 근사확률계산을 이항분포의 정규근사라 한다.

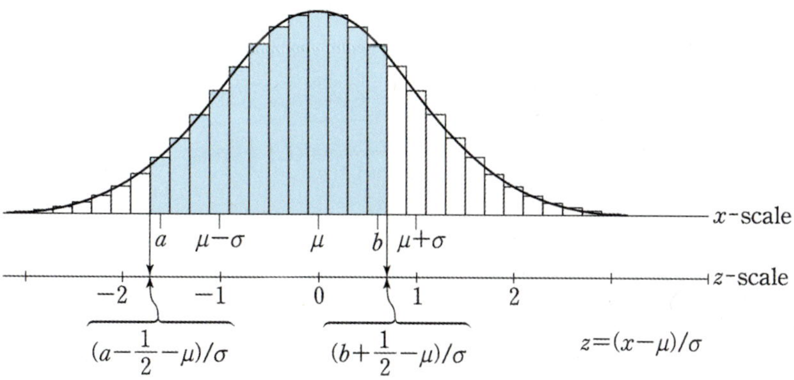

| 그림 5 | 이항분포의 연속성 수정 정규근사

그러나 이항분포는 이산형 분포이므로 확률변수는 정숫값만을 취할 수 있는 것이어서

$$P(X \leq a) + P(X > a) = P(X \leq a) + P(X \geq a+1) = 1$$

의 관계가 성립한다. 그러나 확률변수 X가 정규분포를 따른다면

$$P(X \le a) + P(X \ge a+1) \ne 1$$

이 된다. 즉 a와 $a+1$ 사이의 넓이가 고려대상에서 제외되어 버린다. 이러한 문제를 해결하기 위하여 우리는 일반적으로 a부터 $a+1$까지의 구간을 이등분하여 양쪽에 포함시킨다.

즉 근사계산의 정밀도를 높이기 위하여 다음과 같이 수정한다.

$$P(a \le X_n \le b) \fallingdotseq P\left[\frac{a-0.5-np}{\sqrt{npq}} \le Z \le \frac{b+0.5-np}{\sqrt{npq}}\right]$$

그리고 이와 같은 근사계산을 연속성 수정 정규근사라 한다.

예제 5

어느 국회의원 입후보자의 모집단에서의 지지율이 0.64일 때 집단으로부터 100명을 임의로 추출하여 그 가운데 60명 이상 이 후보를 지지할 확률을 구하라.

풀이 이항분포를 이용하여 확률계산을 할 경우 모집단 수가 크므로 계산이 힘들게 된다. 이 경우 $np(1-p)$가 3보다 크게 되므로 근삿값 계산이 합당하며

$$P(X \ge 60) = P(Z \ge \frac{60-\frac{1}{2}-np}{\sqrt{np(1-p)}}) = P(Z \ge -0.94) = 0.8264$$

를 얻는다.

이항분포를 이용한 참값은 0.8263이므로 정규분포에 의한 근삿값 계산은 매우 정확함을 알 수 있다.

EXERCISE 연/습/문/제 5.6

01 다음 그림은 정규분포의 그래프이다. 다음 그림 속 1, 2, 3은 각각 (a), (b), (c)의 그래프라고 할 때 해당되는 것끼리 올바르게 짝지어라.

(a) $N(0,\ 0.5^2)$ (b) $N(0,\ 1^2)$ (c) $N(3,\ 15^2)$

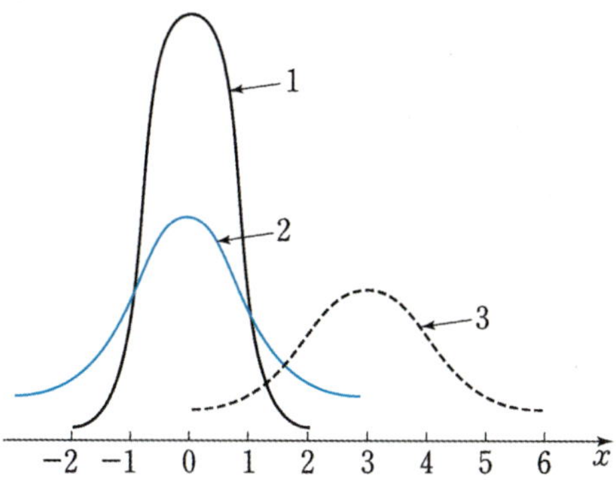

02 정규분포 $N(4,\ 4)$을 따르는 확률변수 X에 대하여 $P(2 \le X \le 6) = p_1$이고 $P(4 \le X \le 8) = p_2$일 때 $P(6 \le X \le 8)$을 p_1, p_2를 이용하여 나타내라.

03 어느 해 대한민국, 미국, 일본의 대졸 신입사원의 월급은 평균이 각각 200만원, 4000달러, 21만엔이고 표준편차가 각각 30만원, 500달러, 1만엔인 정규분포를 따른다고 한다. 이 세 나라에서 임의로 한 명씩 뽑힌 대졸 신입사원 A, B, C의 월급이 각각 245만원, 4500달러, 24만엔이라고 할 때 각자의 나라에서 상대적으로 월급을 많이 받는 사람부터 순서대로 나열하라.

04 어떤 커피 자동판매기에서는 컵에 평균 6온스의 커피가 채워진다고 한다. 컵에 채워지는 커피량은 정규분포를 따른다고 할 때 98%의 컵들에 적어도 5.85온스의 커피가 채워지기 위한 표준편차를 구하라. 그리고 구한 표준편차에 대하여 컵의 최대 용량이 6.1온스일 때 컵이 넘칠 확률을 구하라.

05 확률변수 X가 정규분포 $N(8,\ 4)$을 따르고 확률변수 Y는 정규분포 $N(15,\ 9)$을 따른다. $P(8 \le X \le 14) = P(15 \le Y \le k)$일 때 상수 k의 값을 구하라.

06 어느 학급 학생들을 대상으로 실시한 지능검사 결과, 학생들의 지능지수는 평균이 100, 분산이 25인 정규분포를 따른다고 한다. 이 학급의 학생 중 지능지수가 상위 10% 이내에 속하는 학생의 최저지능지수는 얼마인지 구하라. (단, $P(0 \le Z \le 1.3) = 0.4$)

07 반지름의 길이가 1인 원에 외접하는 정사각형이 있다. 이 정사각형의 내부에 400개의 점을 임의로 찍을 때 300개 이상의 점이 원의 내부에 있을 확률을 구하라. (단, $\pi = 3.1$, $\sqrt{\pi(4-\pi)} = 1.6$으로 계산한다.)

08 크기 $n = 12$인 무작위표본이 구간 $(0,\ 1)$상의 균등분포로부터 추출된다고 가정하자. 중심극한정리를 이용하여 $P\left(\left|\overline{X_n} - \frac{1}{2}\right| \le 0.1\right)$의 값을 구하라.

CHAPTER

06 표본분포

학습목표

- 모집단과 표본의 개념을 이해하고 다양한 통계량에 대하여 표본분포를 구하는 방법을 학습한다.
- 분산을 다루는 문제에 적용되는 카이제곱분포에 대하여 학습한다.
- 모분산 값이 알려져 있지 않을 경우 모분산에 대한 가장 좋은 추정값을 대신하여 얻어지는 T 분포에 대하여 학습한다.

이 장에서는 확률분포를 어떤 상황에서 어떻게 이용하고, 이를 통해 어떠한 정보를 얻을 수 있는지에 대하여 학습한다. 이를 위해 모집단과 확률표본의 개념 및 다양한 통계량에 대하여 표본분포를 구하는 방법을 학습한다. 또한 다양한 표본분포를 다루는 데 반드시 필요한 카이제곱분포와 T 분포의 개념과 성질들에 대하여 학습한다.

6.1 표본분포

4장과 5장에서 여러 가지 확률분포와 그들의 성질을 살펴보았다. 이제부터는 확률분포를 어떤 상황에서 어떻게 이용하고, 어떠한 정보를 얻을 수 있는지에 대하여 살펴보기로 한다. 예를 들어 어느 자동차 회사에서 새 모델의 자동차 10,000대를 생산하였다고 하자. 그러면 새 모델에 대하여 소비자들은 과연 안전한가 하는 의문을 가질 것이고, 따라서 이 회사에서는 자동차의 안전성에 대한 사전 검증이 있어야 할 것이다. 그런데 안전도 시험을 위하여 10,000대의 자동차를 모두 이용한다면 실제로 판매할 자동차가 하나도 없고, 따라서 안전도 시험은 아무런 의미가 없을 것이다. 그러면 이 회사에서 생산한 자동차의 안전도를 어떻게 조사할 것이며 그 신빙성을 어느 정도 믿을 수 있는가 하는 문제가 남는다.

이러한 문제를 논리적으로 해결하는 것이 통계학의 묘미다. 이를 위하여 우선 생산된 자동차에서 100대를 임의 추출하여 안전도 시험을 실시한 결과, 그들의 안전도 $X_1, X_2, \cdots, X_{100}$을 측정하였다고 하자. 이와 같이 안전도와 같은 어떤 정보를 얻기 위하여 실험대상이 된 집단 전체를 모집단(population)이라 하며, 이 모집단의 대상들은 어떤 미지의 확률분포를 가질 것이다. 그리고 안전도를 조사하기 위하여 선정된 100대의 자동차 측정값, 즉 모집단 특성에 관한 정보를 알기 위하여 추출된 대상 또는 그들의 측정값을 표본(sample)이라 한다. 이때 안전도 $X_1, X_2, \cdots, X_{100}$이 어떻게 나타날 것인가는 서로 간에 아무런 영향을 미치지 않으므로 그들은 서로 독립이라 할 수 있다.

한편 표본의 대상이 되는 확률변수들 $X_1, X_2, \cdots, X_{100}$은 모두 모집단으로부터 추출된 것이므로 모집단 분포와 동일한 분포를 형성하며, 서로 독립이고 동일한 확률분포를 가지는 무작위 표본이다. 이러한 이유에서 모집단을 이루는 개개의 개체들은 평균 μ와 분산 σ^2인 확률분포 $f(x)$를 가지며 그들 개체들은 독립이라고 가정한다. 그리고 모집단의 특성을 나타내는 값을 모수(parameter)라 하며, 모수에는 모집단의 평균(모평균 μ), 모집단의 분산(모분산 σ^2), 그리고 모집단의 비율(모비

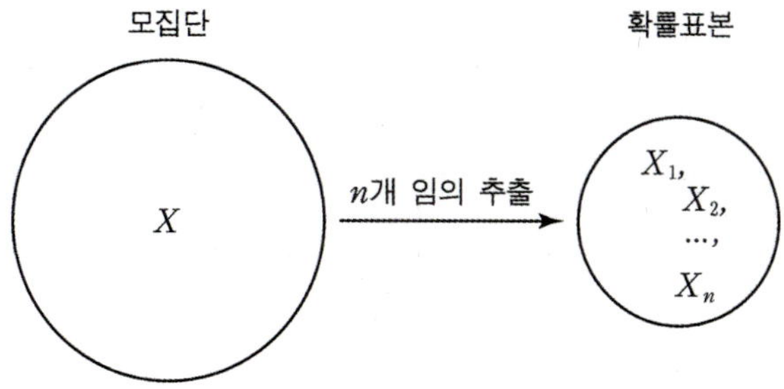

$X_i\,(i=1,\ \cdots,\ n)$는 독립이고, 동일한 분포 $f(x)$를 갖는다.

모평균 : $\mu=E(X)$ 표본평균 : $\overline{X}=\sum_{i=1}^{n}X_i/n$

모분산 : $\sigma^2=Var(X)$ 표본분산 : $S^2=\frac{1}{n-1}\sum_{i=1}^{n}(X_i-\overline{X})^2$

| 그림 1 | 모집단과 확률표본

율 p) 등이 널리 사용된다. 한편 모집단으로부터 추출된 크기 n인 확률표본 $\{X_1,\ \cdots,\ X_n\}$에 대하여 확률표본의 특성을 나타내는 수치, 즉 표본의 평균(표본평균 $\overline{X}$), 표본의 분산(표본분산 S^2), 그리고 표본의 비율(표본비율 $\hat{p}$) 등을 통계량(statistics)이라 한다. 그리고 이들은 역시 또 하나의 확률변수이며, 이들의 확률분포를 표본분포(sampling distribution)라 한다. 6장에서는 이러한 통계량과 그들의 표본분포에 대하여 살펴보기로 한다.

예제 1

확률분포가 $f(x)=1/4\ (x=0,\ 1,\ 2,\ 3)$인 모집단과 크기 2인 확률표 $\{X_1,\ X_2\}$를 생각하자. 표본평균 $\overline{X}=(X_1+X_2)/2$의 분포를 구하고, $\overline{X}$의 평균과 분산을 구하라.

풀이 X_1, X_2가 취할 수 있는 값은 각각 0, 1, 2, 3이므로 $\overline{X}$의 관찰 가능한 값은 0, 0.5, 1, 1.5, 2, 2.5, 3이다. 먼저 표본평균 $\overline{X}$의 확률분포를 구하기 위하여 X_1, X_2의 결합분포를 생각한다. 그런데 X_1, X_2가 독립이므로 이들의 결합분포 $P(X_1=x_1,\ X_2=x_2)=P(X_1=x_1)\,P(X_2=x_2)$는 표 1과 같다.

▼ 표 1

X_1 \ X_2	0	1	2	3	$f_1(x)$
0	1/16	1/16	1/16	1/16	1/4
1	1/16	1/16	1/16	1/16	1/4
2	1/16	1/16	1/16	1/16	1/4
3	1/16	1/16	1/16	1/16	1/4
$f_2(x)$	1/4	1/4	1/4	1/4	1

한편 $\bar{x}=(x_1+x_2)/2\,(x_1,\ x_2=0,\ 1,\ 2,\ 3)$이므로 $\overline{X}$의 관찰 가능한 값과 X_1, X_2 사이에는 다음과 같은 관계가 있다.

$$\overline{X}=0 \Leftrightarrow (X_1,\ X_2)=(0,\ 0)$$
$$\overline{X}=0.5 \Leftrightarrow (X_1,\ X_2)=(0,\ 1),\ (1,\ 0)$$
$$\overline{X}=1.0 \Leftrightarrow (X_1,\ X_2)=(0,\ 2),\ (1,\ 1),\ (2,\ 0)$$
$$\overline{X}=1.5 \Leftrightarrow (X_1,\ X_2)=(0,\ 3),\ (1,\ 2),\ (2,\ 1),\ (3,\ 0)$$
$$\overline{X}=2.0 \Leftrightarrow (X_1,\ X_2)=(1,\ 3),\ (3,\ 1),\ (2,\ 2)$$
$$\overline{X}=2.5 \Leftrightarrow (X_1,\ X_2)=(2,\ 3),\ (3,\ 2)$$
$$\overline{X}=3.0 \Leftrightarrow (X_1,\ X_2)=(3,\ 3)$$

따라서 $\overline{X}$의 확률분포는 표 2와 같다.

▼ 표 2

$\bar{x}$	0	0.5	1	1.5	2	2.5	3	계
$f(\bar{x})$	1/16	2/16	3/16	4/16	3/16	2/16	1/16	1

표본평균 $\overline{X}$의 평균과 분산을 구하고 모평균과 모분산을 구하여 이들을 비교하여 보자. 우선 모평균 μ와 모분산 σ^2을 구하면

$$\text{모평균}:\ \mu=E(X)=\sum xf(x)=3/2,$$
$$\text{모분산}:\ \sigma^2=E(X^2)-[E(X)]^2=5/4$$

이고, 표본평균의 평균과 분산은

$$\overline{X}\text{의 평균}:\ E(\overline{X})=\sum \bar{x}f(\bar{x})=3/2,$$
$$\overline{X}\text{의 분산}:\ Var(\overline{X})=E(\overline{X}^2)-[E(\overline{X})]^2=5/8$$

이며, $\mu = E(\overline{X})$, $\sigma^2 = 2\,Var(\overline{X})$인 관계가 있음을 알 수 있다.

일반적으로 $X_1, X_2, \cdots, X_n$이 독립이고 동일한 분포를 이루므로 $E(\overline{X})$와 $Var(\overline{X})$는 각각 다음과 같다.

$$E(\overline{X}) = E\left(\frac{1}{n}\sum_{i=1}^{n} X_i\right) = \frac{1}{n}\sum_{i=1}^{n} E(X_i) = \frac{1}{n}\sum_{i=1}^{n}\mu = \mu,$$

$$Var(\overline{X}) = Var\left(\frac{1}{n}\sum_{i=1}^{n} X_i\right) = \frac{1}{n^2}\,Var\left(\sum_{i=1}^{n} X_i\right) = \frac{1}{n^2}\sum_{i=1}^{n} Var(X_i) = \frac{1}{n^2}\sum_{i=1}^{n}\sigma^2 = \frac{\sigma^2}{n}$$

그러므로 다음과 같은 성질을 얻을 수 있다.

성질 1

모평균 μ와 모분산 σ^2인 모집단으로부터 크기 n인 확률표본에 대하여 $E(\overline{X}) = \mu$이고 $Var(\overline{X}) = \sigma^2/n$이다.

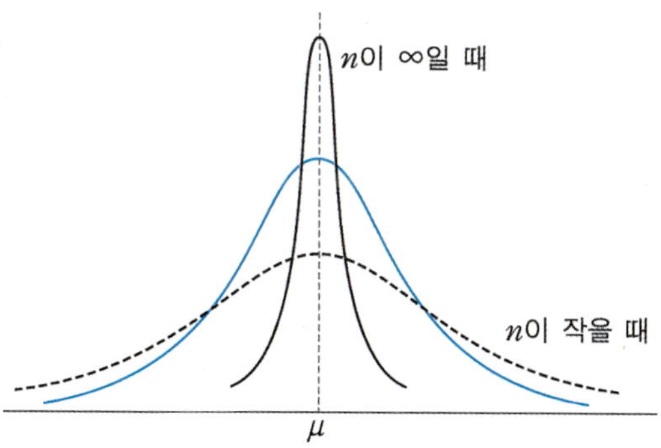

| 그림 2 | 분산의 크기 비교

예제 2

다음과 같은 확률분포를 갖는 모집단으로부터 크기 36인 확률표본을 추출할 때 표본평균의 평균과 분산, 그리고 $P(3.5 < \overline{X} < 4.5)$을 구하라.

▼ 표 3

x	1	2	3	4	5	6
$f(x)$	0.3	0.1	0.1	0.1	0.3	0.1

풀이 모평균과 모분산은

$$\mu = \sum x f(x) = 3.3,$$
$$\sigma^2 = E(X^2) - E^2(X) = 14.3 - 10.89 = 3.41$$

이므로 표본평균은 $\mu_{\overline{X}} = 3.3$이고, 표본분산은 $Var(\overline{X}) = \sigma^2/36 = 0.095$이다. 한편 중심극한정리에 의하여 근사적으로 $\overline{X} \sim N(\mu, \sigma^2/n)$이므로 다음과 같은 확률을 구할 수 있다.

$$P(3.5 < \overline{X} < 4.5) \fallingdotseq P\left(\frac{3.5 - 3.3}{\sqrt{0.095}} < \overline{X} < \frac{4.5 - 3.3}{\sqrt{0.095}}\right)$$
$$= P(0.648 < Z < 3.894)$$
$$= 1 - 0.7389 = 0.2611$$

지금까지 배운 것들과 중심극한정리를 이용하면 표 4를 설명할 수 있다.

표 4에서 보면 첫째 행에서 4개의 서로 다른 모집단의 표본 형태를, 그리고 나머지 행에서는 표본크기가 2, 5, 그리고 30일 때 $\overline{X}$의 분포 형태를 보여주고 있다. 첫째 예는 모집단이 정규분포를 따를 때 이로부터 추출한 표본평균 $\overline{X}$도 정규분포를 따른다는 것으로 바로 앞 항에서 밝힌 내용을 보여주고 있다. 둘째 예는 균등분포, 셋째 예는 이산확률분포 형태의 한 예로서 최빈값이 두 개인 쌍봉분포, 그리고 마지막 예에서는 지수분포를 갖는 모집단에서 추출된 평균이 표본크기가 점점 커짐에 따라 좌우대칭의 정규분포화해가는 과정을 보여준다.

이제 표본분산 S^2에 관한 표본분포는 다음 절에서 살펴보기로 하고 이 절의 끝으로 표본비율에 대하여 알아본다. N명이 수강하는 통계학 수업의 결석률이 p라

▼표 4 여러 형태의 모집단으로부터 추출된 표본평균이 갖는 분포

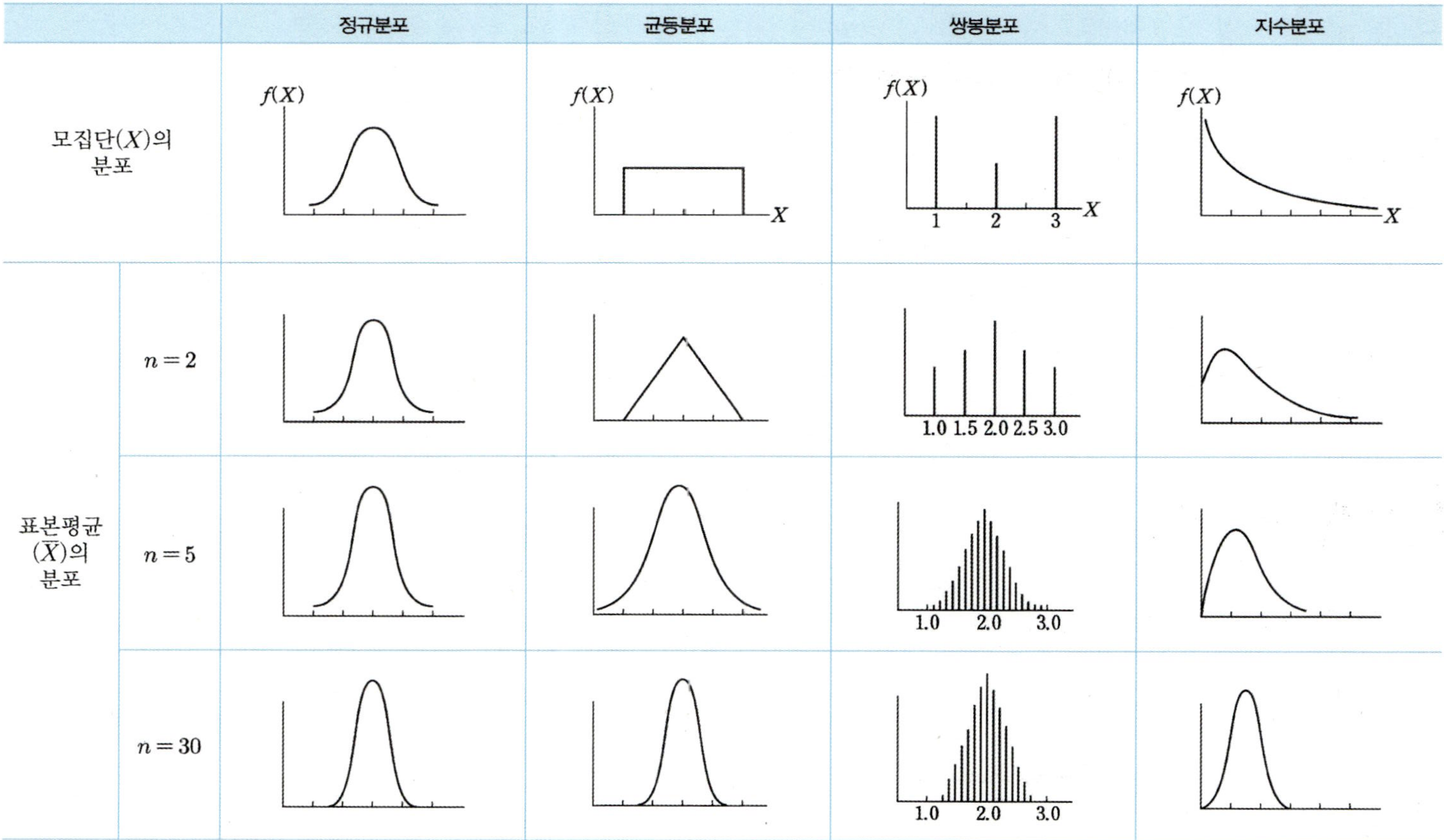

하고 수업에 결석한 학생 수를 X라 하면 결석률은 $p=X/N$이고 $X \sim B(N, p)$인 이항분포를 이룬다. 따라서 X는 서로 독립이고 베르누이 분포 $B(1, p)$에 따르는 확률변수들 $X_1, \cdots, X_N$에 대하여

$$X = X_1 + X_2 + \cdots + X_N$$

으로 나타낼 수 있으며 이 결석률, 즉 모집단의 어떤 특성을 갖는 개체수에 대한 비율 p를 모비율(population proportion)이라 한다. 이때 크기 n인 표본을 택하여

$$Y = X_1 + X_2 + \cdots + X_n$$

이라 하면 Y는 표본의 결석자 수를 나타내며 $Y \sim B(n, p)$인 분포를 이룬다. 따라서 표본크기 n이 충분히 클 경우 중심극한정리에 의하여 Y는 정규분포 $N(np, np(1-p))$에 근사한다. 그러므로 표본의 결석률 $\hat{p} = Y/n$는 $N(p, pq/n)$, $q=1-p$에 근사하며, 이와 같이 확률표본에서 어떤 특성을 갖는 개체수에 대한 비율을 표본비율(sample proportion)이라 한다.

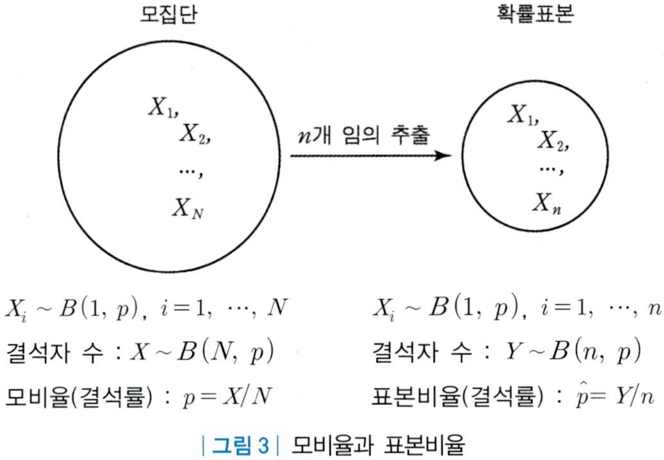

| 그림 3 | 모비율과 표본비율

예제 3

모비율 0.6인 모집단으로부터 크기 36인 표본을 취했을 때 표본비율 $\hat{p}$가 0.5와 0.7 사이일 확률을 구하라.

풀이 모비율 $\hat{p}$는 근사적으로 $N(0.6,\ (0.6\times0.4)/36)$인 정규분포를 이루므로

$$P(0.5<\hat{p}<0.7)=P\left(\frac{0.5-0.6}{\sqrt{0.6\times0.4/36}}<\frac{\hat{p}-0.6}{\sqrt{0.6\times0.4/36}}<\frac{0.7-0.6}{\sqrt{0.6\times0.4/36}}\right)$$
$$\fallingdotseq P(-1.25<Z<1.25)$$
$$=2P(Z<1.25)-1=0.7888$$

이다.

EXERCISE 연/습/문/제 6.1

01 표준편차가 1.8인 모집단에서 크기가 n인 표본을 복원추출할 때 표본평균 $\overline{X}$의 표준편차가 0.6 이하가 되도록 하는 n의 최솟값을 구하라.

02 확률변수 X의 분포가 표와 같은 모집단에서 크기가 2인 표본을 복원 추출할 때 상수 a와 $E(\overline{X})$를 구하라.

X	1	3	5	7	합계
$f(x)$	$4a$	$3a$	$2a$	a	1

03 모평균이 μ인 모집단에서 추출한 각각의 크기가 n인 k개의 표본을 각각 X_1, X_2, $\cdots$, X_k라 하고, 각 표본의 표본평균을 $\overline{X_1}$, $\overline{X_2}$, $\overline{X_3}$, $\cdots$, $\overline{X_k}$라 할 때 $E(X_1)+E(X_2)+\cdots+E(X_k)$를 구하라.

04 확률변수 X의 확률분포가 표와 같은 모집단에서 크기가 3인 표본을 복원 추출하여 표본평균을 $\overline{X}$라고 할 때 $E(\overline{X}^2)$을 구하라.

X	-1	0	1	2	합계
$f(x)$	1/8	3/8	3/8	1/8	1

05 어떤 회사에서 생산하는 음료수에 들어있는 a성분의 무게는 평균 160mg, 표준편차 5mg인 정규분포를 따른다. 이 회사에서 생산한 음료수 중에서 임의 추출한 100개의 음료수에 들어있는 a성분 무게의 평균을 $\overline{X}$라고 할 때 $P(\overline{X} \geq 320-5k) \leq 0.98$을 만족하는 자연수 k의 최댓값을 구하라.

06 다음은 어느 고등학교 전교생 1200명의 여가활동에 대한 설문조사 결과이다.

구분	인터넷	휴식	영화 감상	음악 감상	독서	여행	기타	합계
학생 수	432	252	228	168	84	12	24	1200

이 고등학교 학생 중 100명을 임의 추출하였을 때 여가활동으로 인터넷을 하는 학생의 비율이 36% 이상, 42% 이하일 확률을 구하라.

6.2 카이제곱분포

이 절에서는 많은 실제 문제에서 σ^2의 추론에 유용하게 사용되는 표본분산 $S^2 = \frac{1}{n-1}\sum_{i=1}^{n}(X_i - \overline{X})^2$의 분포에 관해 살펴보자. S^2의 표본분포는 무작위 표본에서 변이성에 관련이 있는 문제에 특히 중요하다. 예를 들면, 전화회사는 통화 길이의 평균만큼 분산에도 관심이 있고, 또한 강철빔 제조업자는 강철빔의 평균장력만큼 장력의 변이성에 관해 알기를 원할 것이다.

정규모집단에서 추출된 확률표본에 관련된 확률분포이면서 통계학의 여러 면에서 응용되는 확률분포의 하나로, 확률밀도함수

$$f(x) = \frac{1}{\Gamma(n/2)2^{n/2}} x^{\frac{n}{2}-1} e^{-x/2}, \quad x > 0$$ [1]

를 자유도(d.f.; degree of freedom) n인 카이제곱(χ^2)분포(chi-square distribution)라 하며, $X \sim \chi^2(n)$으로 나타낸다.

자유도란 독립적인 변수의 개수 또는 값을 자유로이 취할 수 있는 변수의 총수를 나타내며, 카이제곱분포를 정의하는 과정에서 합산한 원래 확률변수의 총수가

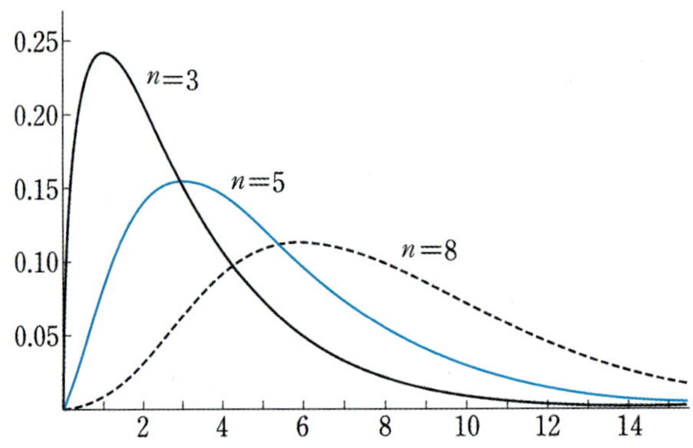

| 그림 1 | $\chi^2(n)$ 확률밀도함수

1) $\Gamma(n) = \int_0^\infty x^{n-1}e^{-x}dx$는 감마함수를 의미한다.

자유도가 될 것이다. 합산과정에서 활용된 원래 확률변수가 모두 독립적인 관계에 있기 때문이다. 카이제곱분포의 평균과 분산은 다음과 같다.

$$E(X) = n\,,\quad Var(X) = 2n$$

다음 성질은 정규분포와 카이제곱분포와의 관계를 알려준다.

성질 1

$Z \sim N(0,\ 1)$이면 $Z^2 \sim \chi^2(1)$이다.

$Y = Z^2$의 분포함수를 $F(y)$라고 하고, 표준정규분포의 분포함수를 $\Phi(x)$라고 하면

$$\begin{aligned} F(y) = P(Y \le y) = P(Z^2 \le y) &= P(-\sqrt{y} \le Z \le \sqrt{y}) \\ &= \Phi(\sqrt{y}) - \Phi(-\sqrt{y}) \end{aligned}$$

가 성립한다. 표준정규분포의 확률밀도함수를 f라고 하면 Y의 확률 밀도함수는

$$\begin{aligned} g(y) = \frac{dF}{dy} &= f(\sqrt{y})\left(\frac{1}{2\sqrt{y}}\right) + f(-\sqrt{y})\left(\frac{1}{2\sqrt{y}}\right) \\ &= \frac{1}{\sqrt{2\pi}} y^{-1/2} e^{-\frac{y}{2}} = \frac{1}{\Gamma\left(\frac{1}{2}\right) 2^{\frac{1}{2}}} y^{\frac{1}{2}-1} e^{-\frac{y}{2}} \end{aligned}$$ [2)]

이므로 $Z^2 \sim \chi^2(1)$이다.

한편 다음과 같은 성질도 얻을 수 있다.

성질 2

$X_i \sim \chi^2(n_i)\ (i = 1,\ \cdots,\ \alpha)$이고 독립이면

$$S_n = X_1 + \cdots + X_\alpha \sim \chi^2(n_1 + \cdots + n_\alpha)$$

이다.

---

2) $\Gamma\left(\frac{1}{2}\right) = \sqrt{\pi}$ 이다.

성질 1에서 만들어진 변수의 개수를 n으로 표시하면 n개의 표준화된 정규변수 $\frac{X_1-\mu_1}{\sigma_1}$, $\frac{X_2-\mu_2}{\sigma_2}$, $\cdots$, $\frac{X_n-\mu_n}{\sigma_n}$가 정의되는데, 이들을 제곱한 뒤 전부 합한 값은 성질 2에 의해 자유도 n인 카이제곱분포가 된다. 즉 다음과 같은 성질을 얻을 수 있다.

성질 3

$X_i \sim N(\mu_i, \sigma_i^2)$ $(i=1, \cdots, n)$이고 독립이면

$$\sum_{i=1}^{n}\left(\frac{X_i-\mu_i}{\sigma_i}\right)^2 \sim \chi^2(n)$$

이다. 특히 X_i $(i=1, \cdots, n)$를 $N(\mu, \sigma^2)$에서 추출한 확률표본이면

$$\sum_{i=1}^{n}\frac{(X_i-\mu)^2}{\sigma^2} \sim \chi^2(n), \quad \frac{n(\overline{X}-\mu)^2}{\sigma^2} \sim \chi^2(1)$$

이 성립한다.

이상과 같이 정의되는 카이제곱분포는 여러 상황에서 중요한 의미를 갖는다. 예를 들어 Z_i가 어떤 제품 길이의 평균으로부터의 거리 또는 편차를 나타낸다면 Z_i^2은 이들 편차의 제곱이 된다. 그리고 이들을 n개 합한 것은 n개의 서로 다른 기계가 생산한 제품 길이의 평균으로부터의 편차를 제곱한 것의 합이 된다. 그러므로 카이제곱분포는 분산을 다루는 문제에 주로 적용된다.

예제 1

$Z \sim N(0, 1)$일 때,

(1) 표준정규분포의 누적분포함수표를 이용하여 $P(Z^2 < 3.841)$을 구하라.

(2) 카이제곱 누적분포함수표를 이용하여 $P(Z^2 < 3.841)$을 구하라.

풀이 (1) $P(Z^2 < 3.841) = P(-\sqrt{3.841} < Z < \sqrt{3.841})$

$= P(-1.9598 < Z < 1.9598)$

$$\fallingdotseq 2\Phi(1.96)-1$$
$$=2\times 0.975-1=0.95$$

(2) $P(Z^2<3.841)=P[\chi^2(1)<3.841]=0.95$

$N(\mu,\ \sigma^2)$인 정규모집단에서 임의 추출된 확률표본을 $\{X_i,\ \cdots,\ X_n\}$이라 하자. 그러면 표본분산

$$S^2=\frac{1}{n-1}\sum_{i=1}^{n}(X_i-\overline{X})^2$$

은 정규모집단의 분산 σ^2을 추정할 때 이용하고 이러한 표본분산에 관련되는 분포가 카이제곱분포이다. S^2이 σ^2의 좋은 추정량이라는 사실은 7장에서 학습할 것이다.

성질 4

$X_i\sim N(\mu,\ \sigma^2)\ (i=1,\ \cdots,\ n)$이고 독립이라 하자. 그러면 표본분산 S^2에 대하여

$$\frac{(n-1)S^2}{\sigma^2}\sim\chi^2(n-1)$$

이다.

$V=\sum_{i=1}^{n}\left(\frac{X_i-\mu}{\sigma}\right)^2$이라 하면 성질 2에 의하여 $V\sim\chi^2(n)$이고, 또한

$$\begin{aligned}V&=\sum_{i=1}^{n}\left(\frac{X_i-\mu}{\sigma}\right)^2\\&=\frac{1}{\sigma^2}\sum_{i=1}^{n}[(X_i-\overline{X})+(\overline{X}-\mu)]^2\\&=\sum_{i=1}^{n}\left(\frac{X_i-\overline{X}}{\sigma}\right)^2+\left(\frac{\overline{X}-\mu}{\sigma/\sqrt{n}}\right)^2\end{aligned}$$

이다. 한편

$$V_1 = \sum_{i=1}^{n}\left(\frac{X_i - \overline{X}}{\sigma}\right)^2, \quad V_2 = \left(\frac{\overline{X} - \mu}{\sigma/\sqrt{n}}\right)^2$$

이라 하면 $\dfrac{\overline{X}-\mu}{\sigma/\sqrt{n}} \sim N(0,\ 1)$이므로 $V_2 \sim \chi^2(1)$이다. 그리고

$$V_1 = \sum_{i=1}^{n}\left(\frac{X_i - \overline{X}}{\sigma}\right)^2 = \frac{n-1}{\sigma^2} \cdot \frac{1}{n-1}\sum_{i=1}^{n}\left(\frac{X_i - \overline{X}}{\sigma}\right)^2 = \frac{(n-1)S^2}{\sigma^2}$$

이므로 성질 2에 의해 $V_1 \sim \chi^2(n-1)$이 성립한다.

예제 2

어떤 공장에서 생산되는 강철빔들의 장력은 분산 $\sigma^2 = 100$인 정규분포를 따른다고 가정하자. 11개의 강철빔들을 무작위로 추출할 때 그 장력의 표본분산 S^2이 205보다 클 확률을 구하라.

풀이 $\chi^2 = (11-1)S^2/100$이라고 두면 χ^2은 자유도 10인 카이제곱분포를 따르므로

$$\begin{aligned} P(S^2 > 205) &= P\left(\frac{(11-1)S^2}{100} > \frac{(11-1)\cdot 205}{100}\right) \\ &= P(\chi^2 > 20.5) = 1 - P(\chi^2 \le 20.5) \end{aligned}$$

이다. 카이제곱분포표로부터 $P(\chi^2 \le 20.5) \doteq 0.975$이므로 $P(S^2 > 205) \doteq 0.025$이다.

EXERCISE 연/습/문/제 6.2

01 $\overline{X}$와 S^2은 독립이다. 이 사실을 이용하여 정규모집단 $N(4,\ 121)$에서 추출한 크기 25인 독립인 확률표본에 대하여 $P(0 < \overline{X} < 6,\ 100.8 < S^2 < 141.17)$을 구하라.

02 $X_1,\ X_2,\ X_3,\ X_4$가 정규분포를 따르며 평균이 0이고 분산이 4인 독립인 확률변수일 때, $P\left(\sum_{i=1}^{4} X_i^2 < 2.84\right)$를 구하라.

03 어떤 상품의 하루 매상고의 평균은 25인 카이제곱분포를 따른다. 37.7 이상 팔리는 날은 100일 중 약 며칠로 기대되는가?

04 인구 50만의 한 도시에서 특정 정당에 대한 지지도를 조사하니 인구 절반이 지지하였다. 시민 400명을 임의로 추출하여 표본조사할 때 지지자 수가 200에서 40 이상의 편차를 가져올 확률의 근삿값을 구하라.

6.3 T 분포

6.1절에서는 $\overline{X}$의 분포를 확인하는 과정에서 모집단의 분산이 알려져 있다고 가정하여 $\dfrac{\overline{X}-\mu}{\sigma/\sqrt{n}}$를 주로 이용하였다. 그러나 현실적으로 σ값이 알려져 있는 경우란 매우 드물다. 일반적으로 모분산 값 또한 우리가 추정하고자 하는 모집단의 모수인 것이다. 모분산 값이 알려져 있지 않을 경우 가장 합리적인 방법은 모분산에 대한 가장 좋은 추정값을 사용하는 것이다. 이때 사용하는 통계량이 표본분산 S^2이다. 즉 모분산을 모르는 경우 $\dfrac{\overline{X}-\mu}{\sigma/\sqrt{n}}$ 대신 $\dfrac{\overline{X}-\mu}{S/\sqrt{n}}$를 사용하게 되는데, 이렇게 표준화된 확률변수가 취하는 분포를 T 분포라고 한다.

확률밀도함수

$$f(t)=\frac{\Gamma((n+1)/2)}{\sqrt{\pi n}\,\Gamma(n/2)}\left(1+\frac{t^2}{n}\right)^{-(n+1)/2},\quad -\infty<t<\infty$$

를 자유도 n인 스튜던트 t 분포(student t-distribution)라 하고 $T\sim T(n)$(또는 $t(n)$)으로 나타낸다. 여기서 $\Gamma(n)$은 감마 함수를 의미한다.

T 분포의 확률밀도함수는 매우 복잡하여 우리는 T 분포의 형태 및 성질만을 논하기로 한다. T 분포의 확률밀도함수는 $t=0$에 대하여 좌우대칭이고, 일반적인 모양은 표준정규곡선과 비슷하고 $t\to\infty$이면 $f(t)\to 0$이지만 꼬리부분이 표준정

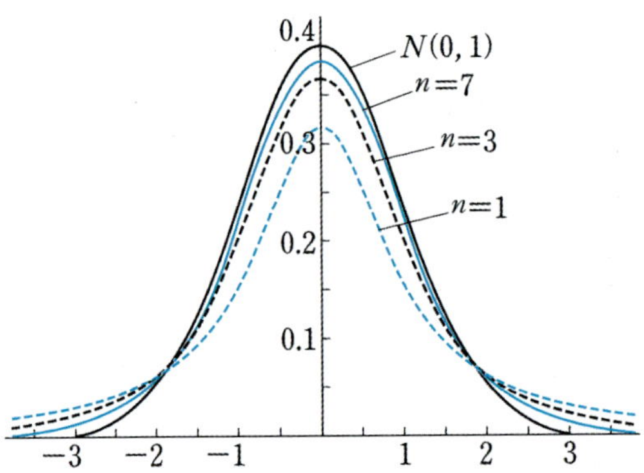

| 그림 1 | T 분포와 표준정규분포의 확률밀도함수

규곡선보다 좀 더 두텁다. 따라서 $Z \sim N(0,\ 1)$과 비교하여 꼬리확률은 t 분포가 크다.

그리고 σ 대신 S를 사용하였기 때문에, 즉 S를 통하여 σ를 추정한 것이므로 오차가 발생할 수 있으며, 따라서 불확실성의 요소가 덧붙여진다. 그러므로 T 분포는 표준정규분포보다 분산 값이 커질 것이라는 가능성을 갖게 되는 것이 하나의 차이점이다.

일반적으로 T 분포의 평균과 분산은 다음과 같다.

$$E(T) = 0,\ \ Var(T) = n/(n-2),\ n > 2$$

표본크기 n이 매우 커진다면 t값은 σ와 거의 같아지고, 따라서 T 분포는 표준정규분포와 거의 동일한 형태를 취한다. 한편 앞에서 이야기하였던 것처럼 T 분포는 다음과 같은 중요한 성질을 갖게 된다.

성질 1

$X_1,\ \cdots,\ X_n \sim N(\mu,\ \sigma^2)$이고 독립이면

$$\frac{\overline{X} - \mu}{S/\sqrt{n}} \sim t(n-1)$$

이다.

이 경우 자유도가 $n-1$이 되는 이유는 미지의 σ 대신 S를 사용하는 과정에서 자유도를 1만큼 상실하였기 때문이다. 만일 $n=2$라면 한 관측값을 기준으로 다른 관측값의 변화 정도를 측정할 수 있게 되므로 자유로운 변수 개수는 1이 되는 것이다.

예제 1

어느 고등학교에서 학생들의 I.Q.는 평균 120인 정규분포를 따른다고 가정하자. 25명의 학생들을 무작위로 추출했을 때 I.Q.의 표준편차는 $S=6$이었다. 이때 표본평균 $\overline{X}$가 117 이하일 확률을 구하라.

풀이 모집단의 분포는 σ가 미지인 정규분포이므로 T 분포를 이용할 수 있다. 그러므로

$$P(\overline{X} \le 117) = P\left(\frac{\overline{X}-120}{6/\sqrt{25}} \le \frac{117-120}{6/\sqrt{25}}\right) = P(T(24) \le -2.5)$$

이다. T 분포의 좌우대칭성과 부록의 T 분포표로부터 위 값은 0.01이 됨을 알 수 있다.

카이제곱분포는 물론 T 분포도 표본들이 정규모집단으로부터 추출되는 것을 가정하고 있다. 이러한 분포들을 포함하는 실제 문제에서 그러한 가정이 어느 정도 결정적인가 하는 것에 대한 의문이 생긴다. 이러한 점에서 중심극한정리에 의해 n이 클 때($n > 30$) $\overline{X}$의 분포는 근사적으로 정규분포가 된다. 그리고 만일 $\overline{X}$가 정규분포를 따르면 성질 1이 성립한다. n이 클 때 S가 σ의 좋은 근삿값이 되므로 $\dfrac{\overline{X}-\mu}{S/\sqrt{n}}$는 근사적으로 표준정규분포를 따른다.

예제 2

예제 1에서 100명의 학생을 무작위로 추출하여 $S=5$를 얻었다고 하자. 이때 표본평균 $\overline{X}$가 119 이하일 확률을 구하라.

풀이 확률 $P(\overline{X} \le 119)$는 표준정규분포를 사용함으로써 다음과 같이 근사될 수 있다.

$$P(\overline{X} \le 119) = P\left(\frac{\overline{X}-\mu}{S/\sqrt{n}} \le \frac{119-120}{5/\sqrt{100}}\right) = P(Z \le -2) = 0.0228$$

지금까지 학습한 내용을 정리하면 $\overline{X}$의 분포가 모집단의 분포 형태, 모분산이 알려져 있는지의 여부, 그리고 표본크기가 얼마인가에 따라 각각 어떠한 형태의 분포가 되는지를 알 수 있는데, 이를 정리하면 그림 2와 같다.

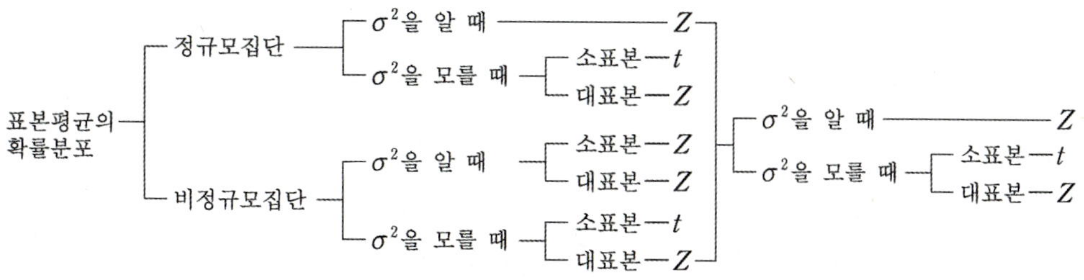

| 그림 2 | 표본평균의 확률분포 분류표

한편 5장과 6장에서 배운 분포들 사이의 관계를 정리하면 그림 3과 같다.

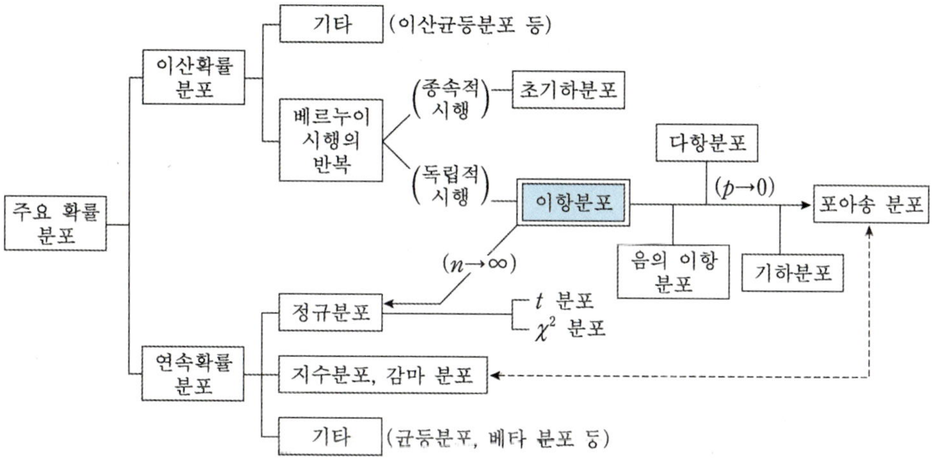

| 그림 3 | 주요 확률분포의 계보

EXERCISE 연/습/문/제 6.3

01 정규분포로부터 16개의 무작위 표본을 추출했을 때 $P(|\overline{X}-\mu| < 1.6)$을 구하라. 단 표본분산 $S^2=9$이다.

02 어떤 회사 종업원 가운데 임의로 5명을 선택하여 저축액을 조사한 결과 100만원, 200만원, 400만원, 500만원, 800만원이었다. 전 종업원 저축액은 정규분포를 따르며 저축액의 평균을 μ라고 할 때 $P(\mu \geq 300)$을 구하라. 단위는 만원이다.

03 K사의 승용차는 가솔린 1리터당 평균 주행거리가 14km라고 선전하고 있다. 이 사실을 확인하기 위하여 9대를 시험한 결과 1리터당 주행거리는 평균 12km, 표준편차가 2km이었다. K사가 선전하는 1리터당 주행거리가 14km라는 주장은 옳다고 볼 수 있는지를 조사하라.

04 전구를 생산하는 제조업자는 그의 제품의 평균수명이 500시간이라고 주장하고 있다. 이 평균을 입증하기 위해서 매일 25개를 검사하고 만일 t값을 계산하여 $-t_{0.05}$와 $t_{0.05}$ 사이에 있으면 그의 주장은 맞다. 표본으로부터 얻은 값이 평균 $\overline{X}=518$시간이고 표준편차가 $S=40$시간이라면 그는 어떤 결정을 내려야 할까? 수명시간의 분포는 근사적으로 정규분포를 따른다고 가정하고 $P(T(n) \geq t_{0.05})=0.05$를 의미한다.

CHAPTER

07 추정

학습목표

- 추정의 개념과 좋은 추정량이 가져야 될 성질들에 대하여 학습하다.
- 좋은 추정량이 되기 위한 기준들 중 많은 조건을 만족하는 추정량을 찾기 위한 방법으로 최대우도추정방법에 대하여 학습한다.
- 모평균과 모비율, 모분산의 신뢰구간을 구하는 방법을 학습한다.
- 정해진 오차한계를 만족시키는 표본의 크기를 결정하는 방법에 대하여 학습한다.

모집단의 특성을 나타내는 모수의 정확한 값을 모르는 경우 표본을 기초로 하여 모집단에 관한 정보를 얻으려고 하는 것을 통계적 추론(Statistical Inference)이라 하는데, 이 장에서는 미지의 모수들을 가능한 한 정확히 예측(추정)하고자 하는 방법에 대하여 학습한다. 추정에는 모집단으로부터 추출된 표본을 이용하여 하나의 값으로 모수를 추정하는 점추정(point estimation)과 모수가 속하는 구간을 추정하는 구간추정(interval estimation)으로 나눌 수 있는데 점추정으로는 최대우도추정이 많이 사용된다.

7.1 추정의 개념

모집단의 특성을 나타내는 모수의 정확한 값을 모르는 경우 표본을 기초로 하여 모집단에 관한 정보를 얻으려고 하는 것을 통계적 추론(Statistical Inference)이라 한다. 일반적으로 모집단의 규모란 방대한 것이어서 이들을 구성하는 요소 전부를 관측한다는 것은 시간이나 경비 문제상 어려움이 많다. 따라서 모집단의 특성을 나타내는 모수값을 직접 계산하기 힘들며, 이러한 이유로 우리는 모집단으로부터 적절한 과정을 통해 추출한 표본을 대신 관찰함으로써 모수값을 취하게 된다.

통계적 추론에서 가장 중요한 부분은 추정과 검정이론을 들 수 있다. 이 장에서는 먼저 추정이론을 다루기로 한다.

앞 장에서 우리는 확률표본들의 특징들로부터 그 모집단의 특징을 알아왔다. 예를 들면 표본평균 $\overline{X}_n$는 모평균 μ를 알아보기 위해 사용했고, 표본분산 S^2은 모분산 σ^2을 알아보는 데 사용될 수 있다. 여기서 미지의 모평균, 모분산 등을 모수(parameter)라 하고 모수 θ의 모든 가능한 값의 집합 Ω를 모수공간(parameter space)이라 한다. 이 미지의 모수들을 가능한 한 정확히 예측(추정)하고자 하는 것이 우리의 주된 목적이다. 그러면 그런 모수를 어떤 도구로 어떻게 예측(추정)할 것인가?

모집단으로부터 추출된 표본을 이용하여 하나의 값으로 모수를 추정하는 것을 점추정(point estimation)이라 하고, 모수가 속하는 구간을 추정하는 것을 구간추정(interval estimation)이라 한다.

확률변수 X의 확률밀도함수는 알려져 있는 함수 형태로 임의의 값을 갖는 미지의 모수 θ에 의존한다고 하며 $f(x;\theta)$, $\theta \in \Omega$와 같이 표시하기로 하자. 이때 모수공간 전체에 대한 확률함수 또는 확률밀도함수들의 집합 $\{f(x;\theta);\theta \in \Omega\}$를 분포족(family of distributions)이라 한다. 우리는 때때로 이러한 분포족으로부터 확률변수의 확률함수 또는 확률밀도함수 하나를 정확하게 택해야 할 필요가 있다. 이때 모수 θ에 대한 점추정값, 즉 선택된 확률밀도함수에 대응하는 모수값이 필요한 것이다.

$X_1, X_2, \cdots, X_n$을 분포족 $\{f(x\,;\theta)\,;\theta \in \Omega\}$의 하나의 원소인 확률함수 또는 확률밀도함수를 갖는 분포로부터 추출한 확률표본이라 하자. 이제 이 표본들의 관측값 $x_1, x_2, \cdots, x_n$을 이용하여 모수 θ의 값을 추정하려 하고, 모수 θ를 추정하기 위해 사용되는 무작위 표본 $X_1, X_2, \cdots, X_n$들의 함수인 통계량 $u(X_1, X_2, \cdots, X_n)$을 모수 θ의 추정량(estimator)이라 하고 $\hat{\theta}$로 표기한다. 그러면 이 추정량 $\hat{\theta}$가 모수 θ의 정확한 추정량이 되려면 어떤 성질들을 갖추어야 하겠는가?

추정량은 추출된 표본에 따라 변하는 통계량이고, 미지의 모수 θ에 대한 통계량은 여러 가지가 있을 수 있다. 따라서 어떤 추정량 $\hat{\theta}$가 좋고 나쁜지는 추정량의 표본분포가 모수 θ 주위에 어떤 형태로 분포되어 있는가에 달려 있다고 할 수 있다.

어떤 모수에 대한 점추정을 할 때 쓰는 점추정량으로는 표본평균, 중앙값, 최빈값 등 여러 가지가 있을 수 있는데, 이 중 좋은 성질을 가지고 있는 추정량을 사용하는 것이 바람직하다. 좋은 추정량 $\hat{\theta}$가 갖는 성질로 다음과 같은 몇 가지의 성질을 생각할 수 있다.

(1) 추정량의 기댓값이 모수의 참값과 같아야 하는 불편성(unbiasedness)
(2) 추정량이 다른 추정량과 비교하여 상대적으로 작은 분산을 갖는 유효성(efficiency)
(3) 표본으로부터 이용가능한 정보를 사용하는 충분성(sufficiency)
(4) 표본의 크기가 매우 크다면 참값에 매우 가까운 추정량을 거의 항상 얻게 되는 일치성(consistency)

정의 1 **불편추정량(Unbiased Estimator)**

통계량 $\hat{\theta} = u(X_1, X_2, \cdots, X_n)$이 모수 θ의 추정량이라 하자.
만일 $E[u(X_1, X_2, \cdots, X_n)] = \theta$이면 통계량 $u(X_1, X_2, \cdots, X_n)$은 θ의 불편추정량이라 한다. 그렇지 않으면 $\hat{\theta}$는 편의(偏倚, biased)되었다고 하고 $\hat{\theta}$가 θ의 편의추정량이면 $b(\hat{\theta}) = E(\hat{\theta}) - \theta$를 편의라 한다.

예제 1

$X_1, X_2, \cdots, X_n$이 $B(1, p)$로부터의 확률표본이라 하자. $\overline{X}$는 모수 p의 불편추정량임을 보여라.

풀이 통계량 $Y=\sum_{i=1}^{n} X_i$는 $B(n, p)$를 따르며, 이때 통계량 $\overline{X}=Y/n$는

$$\begin{aligned} E\left[\frac{X_1+X_2+\cdots+X_n}{n}\right] &= \frac{1}{n}E[X_1+X_2+\cdots+X_n] \\ &= \frac{1}{n}(E[X_1]+E[X_2]+\cdots+E[X_n]) \\ &= \frac{1}{n}(p+p+\cdots+p) = \frac{1}{n}(np) = p \end{aligned}$$

이므로 $\overline{X}$는 모수 p의 불편추정량이다.

우리는 $E(\overline{X})=\mu$임을 알고 있다. 따라서 $\overline{X}$는 μ의 불편추정량이며, 이러한 이유 때문에 μ의 추정량으로 가장 많이 사용한다. 불편성의 약점은 좋은 추정량이 갖추어야 할 성질로서 θ에 얼마나 가까운 값을 갖느냐가 아니라 $\hat{\theta}$의 기댓값이 θ와 같은 것을 요구한다는 사실이다.

n개의 표본을 반복하여 추출할 때 추정량이 갖는 값들은 서로 근사한 값들을 가져야 한다. 다시 말하면 어떤 특별한 표본을 이용하여 얻은 추정값이 다른 표본을 이용하여 얻은 추정값과 많은 차이를 갖지 않는 추정량이 바람직하다. 이러한 성질은 추정량의 분산이 작아야 함을 요구하며 분산이 작으면 추정량의 분포가 널리 퍼져 있지 않다는 의미이다.

정의 2 **유효추정량(efficient estimator)**

모수 θ에 대한 두 불편추정량을 $\hat{\theta}_1$, $\hat{\theta}_2$라 하고, 각각의 분산을 $Var(\hat{\theta}_1)$, $Var(\hat{\theta}_2)$라 할 때 $Var(\hat{\theta}_1) < Var(\hat{\theta}_2)$이면 $\hat{\theta}_1$은 $\hat{\theta}_2$보다 더 유효한 추정량이라 한다.
모수 θ의 가능한 모든 불편추정량 가운데 가장 작은 분산을 갖는 추정량을 최량불편추정량(best unbiased estimator) 또는 최소분산불편추정량(minimum variance unbiased estimator; M.V.U.E)이라 한다.

그림 1은 크기 n인 표본을 이용한 세 가지 추정량 $\widehat{\theta_1}$, $\widehat{\theta_2}$, $\widehat{\theta_3}$의 분포를 보여준다. 세 추정량 가운데 $\widehat{\theta_1}$과 $\widehat{\theta_2}$의 평균값은 모수 θ와 같으며 $E(\widehat{\theta_3}) > \theta$이므로 $\widehat{\theta_3}$는 양의 편의를 갖는다. $Var(\widehat{\theta_1}) > Var(\widehat{\theta_2}) > Var(\widehat{\theta_3})$이므로 $\widehat{\theta_3}$의 분산이 가장 작지만 $\widehat{\theta_3}$는 불편추정량이 아니므로 가장 유효한 추정량이 되지 못한다. 유효성은 θ의 불편추정량 가운데 분산이 가장 작은 추정량을 요구하므로 이 경우 $\widehat{\theta_2}$이 유효추정량이며 모든 불편추정량 가운데 가장 유효한 추정량을 증명하는 작업은 쉽지 않다.

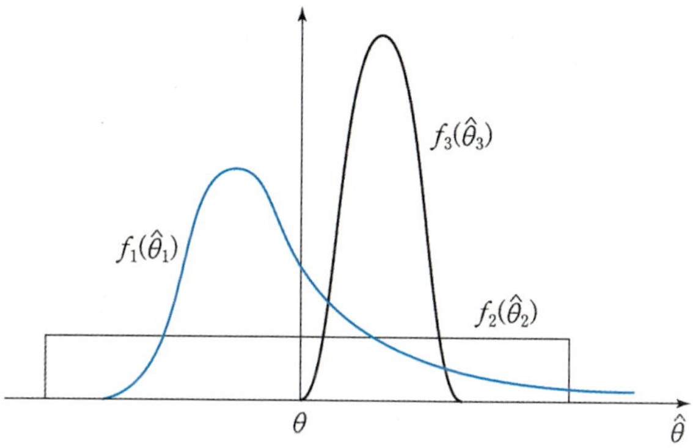

| 그림 1 | 유효성

예제 2

미지의 평균 μ와 미지의 분산 σ^2을 갖는 분포도에서 크기 3인 확률표본을 관측하였다. 이때 μ를 추정하기 위하여 추정량으로 $\hat{\theta}_1 = \overline{X}_3$와 $\hat{\theta}_2 = \dfrac{X_1 + 2X_2 + 2X_3}{5}$를 사용한다고 할 때, 더 유효한 추정량을 찾아라.

풀이

$$E(\hat{\theta}_1) = \frac{1}{3}E(X_1 + X_2 + X_3) = \frac{1}{3}(\mu + \mu + \mu) = \mu$$

이고

$$E(\hat{\theta}_2) = \frac{1}{5}E(X_1 + 2X_2 + 2X_3) = \frac{1}{5}(\mu + 2\mu + 2\mu) = \mu$$

이므로 모두 불편추정량이다. 그런데

$$Var(\hat{\theta}_1) = \left(\frac{1}{3}\right)^2 \sigma^2 + \left(\frac{1}{3}\right)^2 \sigma^2 + \left(\frac{1}{3}\right)^2 \sigma^2 = \frac{\sigma^2}{3}$$

이고

$$Var(\hat{\theta}_2) = \left(\frac{1}{5}\right)^2 \sigma^2 + \left(\frac{2}{5}\right)^2 \sigma^2 + \left(\frac{2}{5}\right)^2 \sigma^2 = \frac{9\sigma^2}{25}$$

이므로 $Var(\hat{\theta}_1) < Var(\hat{\theta}_2)$이다. 따라서 $\hat{\theta}_1$은 $\hat{\theta}_2$보다 더 유효한 추정량이다.

표본크기가 변하면 추정량의 분포도 변하기 때문에 $n \to \infty$일 때 추정량의 성질은 중요하다. 6.1절의 표 4에서 보듯이 균등분포에서 표본크기가 $n=1$이면 $\overline{X}$의 분포는 모집단 분포와 동일한 균등분포이다. 표본크기가 $n=2$이면 $\overline{X}$의 분포는 삼각형 모양의 분포이다. $n=30$이면 $\overline{X}$의 분포는 점점 더 정규분포에 가까워짐을 알 수 있다. 추정량에 요구되는 또 다른 성질로서 표본크기가 매우 크다면 참값에 매우 가까운 값을 거의 항상 얻게 되기를 요구할 수 있다. 이러한 성질을 일치성이라고 한다.

정의 2 **일치추정량(consistent estimator)**

모수 θ의 추정량을 $\hat{\theta}_n$이라 할 때 임의의 양수 ε에 대하여 $\hat{\theta}_n$이 θ에 확률수렴하면, 즉

$$\lim_{n \to \infty} P(|\hat{\theta}_n - \theta| < \varepsilon) = 1 \text{ 또는 } \lim_{n \to \infty} P(|\hat{\theta}_n - \theta| \geq \varepsilon) = 0$$

이 성립하면 $\hat{\theta}_n$을 θ의 일치추정량이라 한다.

다음 성질은 일치성을 만족하는 두 가지 충분조건을 제시한다.

성질 1

표본크기가 n이고 $\widehat{\theta_n}$을 θ의 한 추정량이라고 하자.

$$\lim_{n\to\infty} E(\widehat{\theta_n}) = \theta, \quad \lim_{n\to\infty} Var(\widehat{\theta_n}) = 0$$

이면 $\widehat{\theta_n}$은 θ의 일치추정량이다.

성질 1에 의하면 $\overline{X}_n$는 μ의 일치추정량이다. 이제 모집단의 대표적 모수인 모평균, 모분산과 모표준편차, 그리고 모비율에 대한 점추정에 대하여 살펴보자.

모평균 μ의 추정량으로 여러 가지 통계량이 사용될 수 있으며, 그 가운데 가장 대표적인 것이 표본평균이다. 모집단으로부터 추출한 크기 n인 임의 표본을 x_1, x_2, ⋯, x_n이라 할 때 모평균의 추정량인 표본평균은 다음과 같이 정의한다.

$$\overline{X} = \frac{1}{n}\sum_{i=1}^{n} X_i$$

모평균이 μ이고 모분산이 σ^2인 무한모집단으로부터 크기 n인 표본을 복원추출할 때 표본평균 $\overline{X}$는 다음과 같은 성질을 갖는다.

$$E(\overline{X}) = \mu,$$
$$Var(\overline{X}) = \frac{\sigma^2}{n}$$

따라서 $\overline{X}$는 모평균 μ의 불편추정량이고, $\overline{X}$의 분산이 $\frac{\sigma^2}{n}$이므로 표준편차는 $\frac{\sigma}{\sqrt{n}}$이다. 모평균이 μ이고 모분산이 σ^2인 모집단으로부터 크기 n인 임의 표본을 X_1, X_2, ⋯, X_n이라 할 때 모분산의 추정량인 표본분산은 다음과 같이 정의한다.

$$S^2 = \frac{1}{n-1}\sum_{i=1}^{n}(X_i - \overline{X})^2$$

6.2절의 성질 4에 의하면 $\frac{(n-1)S^2}{\sigma^2} \sim \chi^2(n-1)$이므로 무한모집단으로부터

임의 표본을 추출하여 얻은 표본분산 S^2은 다음과 같은 성질을 갖는다.

$$E(S^2) = \sigma^2$$

따라서 S^2은 모분산 σ^2의 불편추정량임을 알 수 있다.

모비율은 어떤 정부 시책에 대한 국민 지지율이나 어떤 상품의 시장 점유율 또는 부품생산에 있어서 불량률 등과 같이 모집단에서 어떤 특정한 속성을 갖는 비율을 의미한다. 따라서 모비율의 추정은 여론조사, 시장조사, 품질관리분야에서 많이 요구되고 있다.

어떤 특정한 속성에 대한 모비율이 p인 무한모집단으로부터 n개의 임의 표본을 추출하였을 때, 특정한 속성을 가지고 있는 개체의 총수를 X라 하면 X는 이항분포 $B(n,\ p)$를 따른다. 이때 모비율의 추정량인 표본비율은 다음과 같이 정의한다.

$$\hat{p} = \frac{X}{n}$$

X가 이항분포 $B(n,\ p)$를 따를 때

$$E(X) = np,$$
$$Var(X) = np(1-p)$$

이 성립되므로, 표본비율 $\hat{p}$의 기댓값과 분산은 다음과 같다.

$$E(\hat{p}) = p,$$
$$Var(\hat{p}) = \frac{p(1-p)}{n}$$

그러므로 $\hat{p}$는 모비율 p의 불편추정량이면서 일치추정량이다.

예제 3

어떤 제품의 품질 특성을 조사하기 위하여 10개의 표본을 추출하여 측정한 결과 다음과 같은 값을 얻었다.

2.3	2.2	2.1	1.9	2.2	2.4	2.1	2.3	1.7	1.8

이 품질 특성값에 대한 모평균 μ와 모분산 σ^2, 그리고 모표준편차 σ를 추정하라.

풀이 모평균의 추정값은 $\hat{\mu}=\overline{X}=\frac{1}{10}(2.3+2.2+\cdots+1.8)=2.1$이고

모분산의 추정값은

$$\hat{\sigma}^2=S^2=\frac{1}{10-1}[(2.3-2.1)^2+(2.2-2.1)^2+\cdots+(1.8-2.1)^2]$$

이다. 그리고 모표준편차의 추정값은

$$S=\sqrt{5.33}=2.309$$

이다.

표본 수가 작은 경우에는 추정량의 불편성과 유효성은 바람직한 성질들이지만 이와 다른 추정량의 성질로서 충분성을 생각할 수 있다. 충분성이라는 의미는 표본이 제공하는 모수에 대한 모든 정보를 이용한 추정량이라는 의미이다. 즉 충분통계량이란 표본의 모든 관측값을 이용할 뿐 아니라 관측값들이 제공하는 정보도 이용하는 추정량인 것을 의미한다. 우리는 일반적으로 모수 θ를 추정하는 데 있어서 통계량 $\hat{\theta}$가 θ의 추정량으로 사용될 때, 통계량 $\hat{\theta}$가 표본에 포함되어 있는 θ에 관한 모든 정보를 갖고 있으면 통계량 $\hat{\theta}$를 θ의 충분통계량이라 한다. 이것은 충분통계량값이 알려지면 다른 통계량들의 관찰값들도 모수에 대한 더 많은 정보를 갖지 않음을 의미한다. 따라서 $\hat{\theta}$를 모수 θ의 충분통계량이라 하면 $\hat{\theta}$의 값이 주어졌을 때 그 어떤 다른 통계량들의 조건부분포도 모수 θ를 포함하지 않는다. 이를 이용하면 표본의 중앙값은 관측값들의 순위만을 이용하고 관측값들이 제공하는 숫자적인 정보를 이용하지 않으므로 충분통계량이 아니다.

충분통계량의 정의와 성질은 기초통계학의 범위를 벗어나므로 생략한다.

EXERCISE 연/습/문/제 7.1

01 미지의 모평균 μ를 가지는 모집단으로부터 크기 3인 확률표본 X_1, X_2, X_3을 추출하여, 모평균에 대한 점추정량을 다음과 같이 정의하였다. 각 추정량의 편의를 구하고 3개 추정량 중 불편추정량과 편의추정량을 구하라.

$$\widehat{\mu_1} = \frac{1}{3}(X_1 + X_2 + X_3),\ \widehat{\mu_2} = \frac{1}{4}(X_1 + 2X_2 + X_3),\ \widehat{\mu_3} = \frac{1}{5}(X_1 + 2X_2 + X_3)$$

02 모평균 μ와 모분산 σ^2을 갖는 모집단으로부터 크기 10인 확률표본을 다음과 같이 얻었다. 이 표본의 표본평균과 표본분산을 이용하여 모평균과 모분산의 불편추정값을 구하라.

2.62	2.69	2.71	2.73	2.66	2.64	2.81	2.78	2.76	2.84

03 만일 X_1과 X_2가 모수 λ인 푸아송 분포로부터의 두 독립인 확률변수라면 X_1과 X_2의 평균은 λ의 불편추정량임을 보여라.

04 T_1과 T_2은 모수 θ에 대한 불편추정량이고, $Var(T_2) = 4\,Var(T_1)$라 한다. 이때, $aT_1 + bT_2$가 모수 θ에 대한 최소분산불편추정량이 되기 위한 a와 b를 구하라.

05 상호대화식의 컴퓨터 시스템은 대단위 장치에서 사용이 가능하다. 시간당 수신된 신호 수 X는 모수 λ인 푸아송 분포에 따른다고 한다. 이때 수신된 신호 수에 대한 다음 표본에 대하여,

31	28	28	25	17	26	22	10	4	27

(1) 이 모수에 대한 불편추정량을 하나 제시하라.

(2) 시간당 수신된 평균 신호 수에 대한 불편추정값을 구하라.

(3) 30분당 수신된 평균 신호 수에 대한 불편추정값을 구하라.

06 정규모집단에 대하여 표본분산 S^2은 σ^2에 대한 일치추정량임을 보여라.

7.2 최대우도추정

앞에서 소개한 바람직한 추정량의 조건 또는 특징들은 추정량이 훌륭한 것인지를 판단하는 기준을 제공하지만 이러한 조건들을 전부 또는 대부분 보유하는 추정량을 구하는 방법을 제시하지는 못하고 있기 때문에 이를 별도로 고려해볼 필요가 있다. 예를 들면 모평균의 추정량인 표본평균이나 모비율의 추정량인 표본비율의 경우처럼 앞에서 설명한 모든 조건을 갖춘 추정량이 있는 반면, 이처럼 모든 특성을 고루 갖춘 추정량의 발견이 가능치 못한 경우도 있다. 이러할 때에는 여러 특성 중 어느 것을 중요시하는가 하는 문제가 발생하는데, 이런 경우에는 적절한 추정량을 결정할 수 있는 일반적인 과정을 밟는 것이 중요하다. 이러한 과정에는 여러 가지가 있으며, 그중에서도 최대우도추정방법을 제일 많이 사용한다.

피셔(R. A. Fisher)는 좋은 추정량이 되기 위한 기준들의 상당히 많은 조건을 만족하는 추정량을 찾기 위한 방법으로 최대우도추정방법을 개발하였다. 그는 1920년대에 추정량을 구하는 최대우도추정방법을 제시하였는데 이 방법에 의한 추정량은 앞에서 연구한 좋은 추정량의 몇 가지 성질을 지닌다. 특히 이 방법은 추정량을 구하기가 용이하고 구한 추정량은 표본크기가 클 때 모수 근처에서 정규분포에 가까우므로 자주 사용된다. 최대우도추정방법은 주어진 표본이 추출될 가장 가능한 표본공간을 택하여 모수를 추정한다. 이 말은 다시 말하면 다른 표본공간에서 가장 빈번히 관측된 표본을 생성할 수 있는 표본공간이 선택된다는 의미이다.

예를 들어, 찌그러진 동전을 던지는 실험에서 앞면이 나온 평균비율이 $p=0.2$, 0.3 또는 0.8 가운데 하나라고 하자. 이때 동전을 두 번 던져서 관찰된 앞면의 수를 생각한다면, 모수공간이 $\Omega=\{0.2,\ 0.3,\ 0.8\}$인 베르누이 분포 $X \sim B(1,\ p)$로부터 크기 2인 확률표본 $\{X_1,\ X_2\}$로 생각할 수 있다. 그러면 모수 p에 대한 적률추정방법에 의한 추정량은 $\overline{X}$이며, $X_i=0$ 또는 $X_i=1$이므로 $\overline{X}$의 가능한 관찰값은 $\overline{x}=0,\ 0.5$, 그리고 1뿐이다. 한편 이러한 관찰값들은 모수공간에 들어 있지 않게 된다. 이제 $X_1,\ X_2$의 결합확률함수

$$f(x_1, x_2; p) = p^{x_1 + x_2}(1-p)^{2 - x_1 - x_2}, \ x_i = 0, 1, \ i = 1, 2$$

를 생각하자. 그러면 모수공간 안의 p에 따른 X_1, X_2의 결합확률은 표 1과 같으며, 관찰값이 $(x_1, x_2) = (0, 0)$인 경우 가장 큰 확률을 가지는 경우는 $p = 0.2$인 것을 알 수 있다. 또한 관찰값이 $(x_1, x_2) = (0, 1)$, $(1, 0)$일 때 가장 큰 확률을 가지는 경우는 $p = 0.3$, 그리고 $(x_1, x_2) = (1, 1)$인 경우 가장 큰 확률을 가지는 경우는 $p = 0.8$이다. 그러므로 관찰된 (x_1, x_2)에 대하여 우도를 최대로 하는 추정량은

$$\hat{p} = \begin{cases} 0.2, & (x_1, x_2) = (0, 0) \\ 0.3, & (x_1, x_2) = (0, 1), \ (1, 0) \\ 0.8, & (x_1, x_2) = (1, 1) \end{cases}$$

이다.

▼ 표 1

p \ (x_1, x_2)	(0, 0)	(0, 1)	(1, 0)	(1, 1)
0.2	0.64	0.16	0.16	0.04
0.3	0.49	0.21	0.21	0.09
0.8	0.04	0.16	0.16	0.64

이와 같이 가능한 모든 모수값을 갖는 모수공간 Ω를 갖는 모집단 분포로부터 확률표본 X_1, X_2, $\cdots$, X_n을 취할 때, 확률표본에서 관찰된 값 x_1, x_2, $\cdots$, x_n에 기초하여 통계량의 값 $u(x_1, x_2, \cdots, x_n)$이 모수 θ에 대한 좋은 추정값이 되도록 하는 추정량 $u(X_1, X_2, \cdots, X_n)$을 찾고자 한다. 이때 θ에 대한 좋은 추정량을 찾기 위한 타당한 방법 가운데 하나는 결합확률함수 또는 결합밀도함수를 θ의 함수로 생각하고, 이 함수를 최대로 하는 θ를 구하는 것이다. 다시 말해서 미지인 모수 θ를 갖는 모집단분포 $f(x; \theta)$로부터 크기 n인 확률표본 X_1, X_2, $\cdots$, X_n을 추출할 때, 결합확률함수

$$\begin{aligned} f(x_1, x_2, \cdots, x_n; \theta) &= f(x_1; \theta) f(x_2; \theta) \cdots f(x_n; \theta) \\ &= \prod_{i=1}^{n} f(x_i; \theta) \end{aligned}$$

를 모수 θ의 함수

$$L(\theta) = L(\theta\,;\, x_1,\; x_2,\; \cdots,\; x_n) = f(x_1;\theta)\,f(x_2;\theta)\,\cdots\,f(x_n;\theta)$$
$$= \prod_{i=1}^{n} f(x_i;\theta)$$

로 생각할 수 있으며, 이 함수를 우도함수(likelihood function)라 부른다. 그리고 모수공간에서 우도함수 $L(\theta)$를 최대로 하는 $\theta = \hat{\theta}$가 존재한다면 $\hat{\theta}$를 모수 θ의 최대우도추정(maximum likelihood estimator; MLE)이라 한다. 이때 Ω가 개구간이고 우도함수 $L(\theta)$가 Ω에서 미분가능하고 최댓값을 갖는다면, 최대우도추정은

$$\frac{d}{d\theta}L(\theta) = 0$$

을 만족하는 해가 되며, 이 방정식을 우도방정식(maximum likelihood equation)이라 한다. 한편 최대우도추정을 구할 때, 때때로 우도함수 자체를 최대로 하는 모수값을 구하는 것보다 우도함수에 자연로그를 취하여

$$\frac{d}{d\theta}\ln L(\theta) = 0$$

을 최대로 하는 $\theta = \hat{\theta}$를 구하는 것이 쉬울 때가 있다.

예제 1

X가 모비율 p인 베르누이 모집단으로부터 n개의 임의 표본을 추출하였을 때, 어떤 특정한 속성을 가지고 있는 개체수가 x일 때 모비율 p의 최대우도추정량 $\hat{p}$를 구하라.

풀이 우선 우도함수는

$$L(p) = p^{x_1+x_2+\cdots+x_n}(1-p)^{n-(x_1+x_2+\cdots+x_n)}$$
$$= p^{x}(1-p)^{n-x}$$

이므로 양변에 대수를 취하여 다음과 같이 로그 우도함수를 얻을 수 있다.

$$\ln L(p) = x\ln p + (n-x)\ln(1-p)$$

로그 우도함수를 p에 관하여 미분하여 0으로 놓으면

$$\frac{d\ln L(p)}{dp} = \frac{x}{p} - \frac{n-x}{1-p} = 0$$

이므로 이를 p에 관해 풀면 다음과 같은 최대우도추정 $\hat{p}$를 얻을 수 있다.

$$\hat{p} = \frac{x}{n}$$

예제 2

$X_1,\ X_2,\ \cdots,\ X_n$을 확률밀도함수

$$f(x;\theta) = \frac{1}{\theta} e^{-x/\theta},\ 0 < x < \infty,\ 0 < \theta < \infty$$

를 갖는 분포로부터의 확률표본이라 할 때 모수 θ의 최대우도추정량 $\hat{\theta}$를 구하라.

풀이 우도함수는

$$L(\theta) = \prod_{i=1}^{n} f(x_i;\theta) = \frac{1}{\theta} e^{-x_1/\theta} \cdot \frac{1}{\theta} e^{-x_2/\theta} \cdots \frac{1}{\theta} e^{-x_n/\theta}$$

$$= \frac{1}{\theta^n} exp\left(-\frac{1}{\theta}\sum_{i=1}^{n} x_i\right),\ 0 < \theta < \infty$$

이고, 따라서 로그 우도함수는

$$\ln L(\theta) = -n\ln\theta - \frac{1}{\theta}\sum_{i=1}^{n} x_i,\ 0 < \theta < \infty$$

이다. 그러므로 우도방정식

$$\frac{d}{d\theta}\ln L(\theta) = -\frac{n}{\theta} + \frac{1}{\theta^2}\sum_{i=1}^{n} x_i = 0$$

이고, 이 방정식의 해를 구하면 $\hat{\theta} = \frac{1}{n}\sum_{i=1}^{n} X_i = \overline{X}$이다.

EXERCISE 연/습/문/제 7.2

01 $X_1, X_2, \cdots, X_n$을 다음 확률함수 또는 확률밀도함수를 갖는 분포로부터의 확률표본이라 할 때 모수 θ의 최대우도추정량 $\hat{\theta}$를 구하라.

(1) $f(x;\theta) = \theta(1-\theta)^{x-1}$, $x = 1, 2, 3, \cdots, 0 < \theta < 1$

(2) $f(x;\theta) = \theta^x(1-\theta)^{1-x}$, $x = 0, 1, 0 < \theta < 1$

02 $f(x;\theta) = \dfrac{1}{\theta}e^{-x/\theta}$, $0 < x < \infty$, $0 < \theta < \infty$일 때, $P(X \geq 1)$의 최대우도추정량을 구하라.

03 $X_1, X_2, \cdots, X_n$이 구간 $(0, \theta]$상의 균등분포로부터 추출된 확률표본이라고 하자. 모수 θ의 최대우도추정을 구하라.

04 확률변수 X의 확률밀도함수가

$$f(x) = \begin{cases} \dfrac{1}{\theta}x^{\frac{1-\theta}{\theta}}, & 0 < x < 1, \ 0 < \theta < \infty \\ 0, & \text{기타} \end{cases}$$

일 때

(1) θ의 최대우도추정이 $\hat{\theta} = -\dfrac{1}{n}\sum_{i=1}^{n} \ln X_i$임을 보여라.

(2) $\hat{\theta}$가 불편추정량임을 보여라.

7.3 모평균의 구간추정

구간추정이란 미지 모수 θ의 참값이 속할 것으로 기대되는 구간을 추정하는 것이다. 미지 모수 θ의 구간추정을 위하여 표본으로부터 계산한 추정량 $\hat{\theta}_1$, $\hat{\theta}_2$를 정하고 주어진 양수 $\alpha\ (0<\alpha<1)$에 대하여

$$P(\hat{\theta}_1 < \theta < \hat{\theta}_2) = 1-\alpha$$

가 만족될 때 구간 $(\hat{\theta}_1,\ \hat{\theta}_2)$를 θ의 $(1-\alpha)100\%$ 신뢰구간(confidence interval) 또는 구간추정량(interval estimator)이라 하고, $(1-\alpha)$를 신뢰계수(confidence coefficient) 또는 신뢰도(degree of confidence)라 한다. 그리고 $\hat{\theta}_1$과 $\hat{\theta}_2$를 신뢰한계(confidence limits)라 하며, $\hat{\theta}_1$을 신뢰하한(confidence lower limit), $\hat{\theta}_2$을 신뢰상한(confidence upper limit)이라 한다.

신뢰계수는 일반적으로 α가 0.1, 0.05, 0.01이 되는 90%, 95%, 99%를 주로 사용한다. 90% 신뢰도라 함은 표본으로부터 얻은 신뢰구간이 정확한 모수의 참값을 포함할 확률이 90%임을 나타내는 것이 아니고, 다음 그림과 같이 미지의 모수 θ를

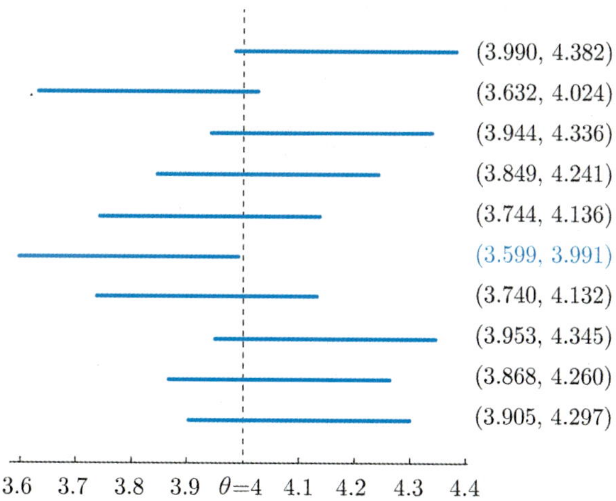

| 그림 1 | 모수 $\theta=4$에 대한 90% 신뢰구간

갖는 모집단으로부터 확률표본 10개를 임의로 추출하였을 때, 각각의 표본으로부터 얻은 신뢰구간 10개 중에서 90%에 해당하는 9개의 구간이 모평균의 참값을 포함하고, 나머지 10%에 해당하는 1개의 구간은 모수의 참값을 포함하지 않음을 의미한다.

모분산 σ^2을 아는 경우와 모르는 경우로 나누어서 모평균의 구간추정에 대하여 살펴보자.

7.3.1 모분산 σ^2을 아는 경우 모평균 μ의 구간추정

정규모집단 $N(\mu, \sigma^2)$에서 모분산 σ^2을 알고 있을 때 미지의 모평균 μ의 신뢰구간을 구해보자. 정규모집단으로부터 추출한 크기가 n인 임의 표본의 표본평균 $\overline{x}$는 정규분포 $N\left(\mu, \dfrac{\sigma^2}{n}\right)$을 따르므로 이것을 표준화한 Z 통계량

$$Z = \frac{\overline{X} - \mu}{\sigma / \sqrt{n}}$$

는 표준정규분포 $N(0, 1)$을 따른다.

따라서 표준정규분포의 성질로부터 임의의 양수 α $(0 < \alpha < 1)$에 대하여

$$P(-z_{\alpha/2} < Z < z_{\alpha/2}) = 1 - \alpha$$

가 성립한다. 여기서 $z_{\alpha/2}$는 표준정규분포 $N(0, 1)$에서 오른쪽 꼬리의 넓이가 $(\alpha/2)$인 점을 나타내며, 구간추정에서 $z_{\alpha/2}$값으로 $z_{0.05} = 1.645$, $z_{0.025} = 1.96$, $z_{0.005} = 2.576$이 주로 사용된다.

위의 식에 Z 통계량을 대입하면

$$P\left(-z_{\alpha/2} < \frac{\overline{X} - \mu}{\sigma / \sqrt{n}} < z_{\alpha/2}\right) = 1 - \alpha$$

이므로, 좌변 항의 괄호 속 부등식을 μ에 관해 풀어 정리하면 다음과 같이 쓸 수 있다.

$$P\left(\overline{X} - z_{\alpha/2}\frac{\sigma}{\sqrt{n}} < \mu < \overline{X} + z_{\alpha/2}\frac{\sigma}{\sqrt{n}}\right) = 1 - \alpha$$

따라서 모평균 μ에 대한 $100(1-\alpha)\%$ 신뢰구간은 다음과 같다.

$$\left(\overline{X} - z_{\alpha/2}\frac{\sigma}{\sqrt{n}},\ \overline{X} + z_{\alpha/2}\frac{\sigma}{\sqrt{n}} \right)$$

이것은 모평균 μ가 위의 구간에 포함될 것을 $100(1-\alpha)\%$ 신뢰할 수 있음을 의미한다. 또한 모집단의 분포가 정규분포가 아닌 임의의 모집단에서 모분산 σ^2을 알고 있을 때 미지의 모평균 μ의 신뢰구간은 n이 대표본일 경우 중심극한정리에 의해 위의 식을 그대로 사용한다.

예제 1

어느 회사에서 생산하는 비누 무게는 분산이 $\sigma^2 = 4(\mathrm{g})$인 정규분포를 따른다고 한다. 25개의 비누를 임의 추출하였을 때 그 평균무게의 값은 $\overline{X} = 97(\mathrm{g})$이었다. 실제 평균무게 μ에 대한 95% 신뢰구간을 구하라.

풀이 $z_{\alpha/2} = z_{0.025} = 1.96$ 이고, $\sigma = 2,\ n = 25$ 이므로 μ에 대한 95% 신뢰구간

$97 \quad 1.96\frac{2}{\sqrt{25}} < \mu < 97 + 1.96\frac{2}{\sqrt{25}}$, 즉 $96.216 < \mu < 97.784$ 이다.

7.3.2 모분산 σ^2을 모르는 경우 모평균 μ의 구간추정

정규모집단 $N(\mu,\ \sigma^2)$에서 모분산 σ^2을 모를 때 미지의 모평균 μ의 신뢰구간을 구해보자. 우선 정규모집단으로부터 추출한 표본크기 n이 대표본($n \geq 30$)일 경우 모평균 μ에 대한 $100(1-\alpha)\%$ 신뢰구간은 모표준편차 σ 대신 표본표준편차 S를 대입하여 다음과 같이 구할 수 있다.

$$\left(\overline{X} - z_{\alpha/2}\frac{S}{\sqrt{n}}\ ,\ \overline{X} + z_{\alpha/2}\frac{S}{\sqrt{n}} \right)$$

또한 모집단의 분포가 정규분포가 아닌 임의의 모집단에서 n이 대표본일 경우 중심극한정리에 의해 $\overline{X}$는 근사적으로 정규분포를 따르므로, 모표준편차 σ는 표본표준편차 S로 추정될 수 있으므로 모평균 μ의 구간추정은 위의 식을 그대로 사용할 수 있다.

위의 식을 이용하여 신뢰구간을 구하는 경우 표본에 따라 $\overline{x}$와 S가 변하므로 신뢰구간도 변한다. 따라서 신뢰구간을 반복적으로 구할 때, 신뢰구간 중에는 모평균 μ를 포함하지 않는 경우도 있지만 전체의 약 $100(1-\alpha)\%$ 정도는 모평균 μ를 포함할 것으로 기대할 수 있다.

그러나 표본크기 n이 소표본($n<30$)일 경우 모집단이 정규분포를 따를 때에도 σ 대신 S를 대입한 것이 정규분포와는 크게 다를 수 있으므로 이러한 경우 다른 분포가 필요하게 된다. 따라서 Z 통계량에서 σ 대신 S를 대입한 t 통계량은 다음과 같다.

$$t = \frac{\overline{X}-\mu}{S/\sqrt{n}}$$

이때 t 통계량은 자유도 $n-1$인 t 분포를 따른다. 그러므로 임의의 양수 $\alpha\ (0<\alpha<1)$에 대하여

$$P\left(-t_{\frac{\alpha}{2}}(n-1) < \frac{\overline{X}-\mu}{S/\sqrt{n}} < t_{\frac{\alpha}{2}}(n-1)\right) = 1-\alpha$$

가 성립한다. 여기서 $t_{\frac{\alpha}{2}}(n-1)$는 자유도 $n-1$인 t 분포의 오른쪽 꼬리의 넓이가 $(\alpha/2)$인 점을 나타낸다.

위 식의 좌변 항의 괄호 속 부등식을 μ에 관해 풀어서 정리하면 다음과 같이 쓸 수 있다.

$$P\left(\overline{X}-t_{\frac{\alpha}{2}}(n-1)\frac{S}{\sqrt{n}} < \mu < \overline{X}+t_{\frac{\alpha}{2}}(n-1)\frac{S}{\sqrt{n}}\right) = 1-\alpha$$

따라서 $n<30$인 경우 모평균 μ에 대한 $(1-\alpha)100\%$ 신뢰구간은 다음과 같다.

$$\left(\overline{X}-t_{\frac{\alpha}{2}}(n-1)\frac{S}{\sqrt{n}},\ \overline{X}+t_{\frac{\alpha}{2}}(n-1)\frac{S}{\sqrt{n}}\right)$$

예제 2

정규모집단 $N(\mu, \sigma^2)$에서 크기 5인 표본을 추출한 결과 [2.9 2.5 3.7 3.0 2.8]을 얻었다. 이 결과를 이용하여 모평균 μ에 대한 95% 신뢰구간을 구하라.

풀이 우선 표본평균과 표분분산을 먼저 구하면 각각 다음과 같다.

$$\overline{X} = \frac{1}{5}(2.9+2.5+3.7+3.0+2.8) = 2.98,$$

$$\begin{aligned} S^2 &= \frac{1}{4}\sum_{i=1}^{5}(X_i - 2.98)^2 \\ &= \frac{1}{4}(0.0064+0.2304+0.5184+0.0004+0.0324) \\ &= 0.197 \end{aligned}$$

따라서 표본표준편차는 $S = \sqrt{0.197} = 0.4438$이고, $1-\alpha = 0.95$에 대하여 자유도 4인 T 분포표로부터 $t_{0.025}(4) = 2.776$을 얻는다. 그러면 95% 신뢰구간의 하한과 상한은 각각 다음과 같다.

$$\hat{\theta}_1 = \overline{X} - t_{0.025}(4) \cdot \frac{S}{\sqrt{5}} = 2.98 - 0.551 = 2.429,$$

$$\hat{\theta}_2 = \overline{X} + t_{0.025}(4) \cdot \frac{S}{\sqrt{5}} = 2.98 + 0.551 = 3.531$$

신뢰수준 95%에 대한 모평균 μ의 신뢰구간은 $(2.429, 3.531)$이다.

7.3.3 짝을 이루는 두 모평균의 차에 대한 구간추정

특별한 다이어트 식품을 이용하기 전과 이용한 후의 몸무게의 변화와 같이, 많은 경우에 동일한 대상에 대하여 '사전(X)'과 '사후(Y)'의 변화를 비교하는 경우를 생각할 수 있다. 동일한 개체에 대한 처리 효과를 비교할 때, 짝 비교 방법을 사용한다. 즉, 표본으로 얻은 n개의 개체에 대하여 각 개체의 실험 전(처리 1)의 측정을 $X_1, X_2, \cdots, X_n$이라 하고 실험 후(처리 2)의 측정을 $Y_1, Y_2, \cdots, Y_n$이라 하면, $(X_1, Y_1), \cdots, (X_n, Y_n)$으로 이루어진 짝의 구조를 다음과 같이 생각할 수 있으며 각 짝에서 얻은 관측값의 차를 이용하여 두 처리를 비교할 수 있다.

▼ 표 1

짝	처리 1 (X)	처리 2 (Y)	차 $(D=X-Y)$
1	X_1	Y_1	$D_1 = X_1 - Y_1$
2	X_1	Y_2	$D_2 = X_2 - Y_2$
$\vdots$	$\vdots$	$\vdots$	$\vdots$
n	X_n	Y_n	$D_n = X_n - Y_n$

우선 X와 Y가 정규분포를 따른다고 가정할 때, 각 짝에 대한 차의 평균 μ_D와 분산 σ_D^2에 대하여 $D_i = X_i - Y_i$는 $N(\mu_D,\ \sigma_D^2)$에 따른다. 이때 $\mu_D = \mu_X - \mu_Y$에 대한 신뢰구간을 얻기 위하여, $D_1, D_2, \cdots, D_n$의 표본평균 $\overline{D}$와 표본분산 S_D^2에 대하여 통계량

$$T = \frac{\overline{D} - \mu_D}{S_D/\sqrt{n}}$$

를 이용하며, 이 통계량 T는 자유도 $n-1$인 t 분포에 따른다. 따라서 두 모평균의 차인 $\mu_D = \mu_X - \mu_Y$에 대한 $100(1-\alpha)\%$ 신뢰구간을 구해 보면 다음과 같다.

$$\left(\overline{D} - t_{\alpha/2}(n-1)\frac{S_D}{\sqrt{n}}\ ,\ \overline{D} + t_{\alpha/2}(n-1)\frac{S_D}{\sqrt{n}}\right)$$

예제 3

공무원을 상대로 실시한 컴퓨터 자체 교육이 작업능률을 향상시키는지 알아보기 위하여 10명을 선출하여 교육 이전과 교육 이후의 작업능률을 100점 만점으로 점수화하여 다음과 같은 자료를 얻었다.

▼ 표 2

번 호	1	2	3	4	5	6	7	8	9	10
교육 이전(X)	70	75	65	80	90	88	77	60	95	85
교육 이후(Y)	75	80	60	85	90	90	80	75	90	88

교육 이전과 교육 이후의 작업능률의 차에 대한 95% 신뢰구간을 구하라.

풀이 우선 각 대상들의 교육 이전과 교육 이후의 능률에 대한 차를 구하면

$$[-5,\ -5,\ 5,\ -5,\ 0,\ -2,\ -3,\ -15,\ 5,\ -3]$$

이고, 따라서 $\overline{D}=\frac{1}{10}(-5-5+\cdots-3)=-2.8$, $S_D^2=\frac{1}{n-1}\sum_{i=1}^{n}(D_i-\overline{D})^2=32.622$이므로 $S_D=5.71$이고 $t_{0.025}(9)=2.262$이다. 그러므로 $\mu_X-\mu_Y$에 대한 95% 신뢰구간의 하한과 상한은 각각 다음과 같다.

$$\hat{\theta}_1=\overline{D}-t_{0.025}(n-1)\frac{S_D}{\sqrt{n}}=-2.8-(2.262)\frac{5.71}{\sqrt{10}}=-6.8844$$

$$\hat{\theta}_2=\overline{D}+t_{0.025}(n-1)\frac{S_D}{\sqrt{n}}=-2.8+(2.262)\frac{5.71}{\sqrt{10}}=1.2844$$

따라서 $\mu_X-\mu_Y$에 대한 95% 신뢰구간은 $(-6.2844, 1.2844)$이다.

EXERCISE 연/습/문/제 7.3

01 어느 대학교 학생들의 IQ는 평균이 μ이고 $\sigma = 5.4$인 정규분포를 따른다. μ를 추정하기 위하여 25명의 무작위 표본을 추출한 결과 $\overline{X} = 127$을 얻었다. μ에 대한 95% 신뢰구간을 구하라.

02 어느 회사에서 생산하는 비누 무게는 정규분포를 따른다고 한다. 생산된 비누 중에서 25개를 임의로 추출하였을 때 그 평균 무게의 값은 $\overline{x} = 97$(g)이었다.

(1) 분산이 $\sigma^2 = 4$(g)인 경우, 실제 평균 무게 μ에 대한 95% 신뢰구간을 구하라.

(2) 표본분산이 $S^2 = 4.25$(g)인 경우, 실제 평균 무게 μ에 대한 95% 신뢰구간을 구하라.

03 다음 자료는 어느 직장에 근무하는 직원 20명에 대한 혈중 콜레스테롤 수치를 조사한 자료이다. 이 직장에 근무하는 직원들의 콜레스테롤 평균 수치에 대한 95% 신뢰구간을 구하라.

193.27	193.88	253.26	237.15	188.83	200.56	274.31	230.36	212.08	222.19
198.48	202.50	215.35	218.95	233.16	222.23	218.53	204.64	206.72	199.37

(1) 콜레스테롤 수치가 정규분포 $N(\mu, 400)$에 따르는 경우

(2) 콜레스테롤 수치가 모분산을 모르는 정규분포에 따르는 경우

04 강의실 옆의 커피 자판기에서 컵 한 잔에 나오는 커피의 양을 조사하기 위하여 101잔을 조사한 결과 평균 0.3리터, 표준편차 0.05리터이었다. 이 자판기에서 나오는 커피 한 잔의 평균 양에 대한 95% 신뢰구간을 구하라.

05 10년 전의 남학생 키에 비하여 많이 성장하였는지 알아보기 위하여 다음과 같은 표본을 얻었다. 이 표본을 이용하여 우리나라 남학생의 평균키에 대한 90% 신뢰구간을 구하라.

(단위 : cm)

160.0	176.2	160.5	180.5	167.4	164.8	175.5	168.8	173.6	179.3
170.0	189.1	185.2	163.7	178.4	167.7	161.5	169.4	178.2	171.1

06 2,000개의 제품 중에서 400개를 임의 추출하여 무게를 측정하였더니 평균 $\overline{X} = 25.0$, 표준편차 $S = 4.99$였다. 이때, 모평균 μ의 95% 신뢰구간을 구하라.

07 20명의 대학 신입생을 IQ가 비슷한 사람끼리 10쌍으로 나누어서 통계원리 학습을 하고자 한다. 교수의 강의 없이 혼자 통계원리를 학습한 그룹(X)와 교수의 강의를 받으면서 통계원리를 학습한 그룹(Y)로 나누어서, 한 학기가 끝난 후 각 그룹에 동일한 시험을 실시한 결과 다음 표와 같은 점수 결과를 얻었다.

쌍	1	2	3	4	5	6	7	8	9	10
X	76	60	85	58	91	75	82	64	79	88
Y	81	52	87	70	86	77	90	63	85	83

이 두 가지 방법에 대하여 평균점수의 차에 관한 95% 신뢰구간을 구하라.

7.4 모비율의 구간추정

이항모집단의 모비율 p의 점추정량은

$$\hat{p} = \frac{X}{n}$$

이며, 여기서 X를 어떤 특정한 속성을 가지고 있는 개체의 총수라 하면 X는 이항분포 $B(n, p)$를 따른다. 또한 표본크기 n이 대표본일 때 X의 분포는 근사적으로 $N(np, np(1-p))$를 따른다. 이때 대표본의 기준은 흔히 $n\hat{p} > 5$이고 $n(1-\hat{p}) > 5$로 n이 충분히 큰 경우를 의미한다.

따라서

$$Z = \frac{X - np}{\sqrt{np(1-p)}} = \frac{\hat{p} - p}{\sqrt{\frac{\hat{p}(1-\hat{p})}{n}}}$$

는 근사적으로 표준정규분포를 따르므로 임의의 양수 $\alpha\ (0 < \alpha < 1)$에 대하여

$$P\left(-z_{\alpha/2} < \frac{\hat{p} - p}{\sqrt{\frac{\hat{p}(1-\hat{p})}{n}}} < z_{\alpha/2}\right) = 1 - \alpha$$

가 성립한다. 그러므로 좌변 항의 괄호 속 부등식을 p에 관해 풀어서 정리하면 다음과 같이 쓸 수 있다.

$$P\left(\hat{p} - z_{\alpha/2}\sqrt{\frac{\hat{p}(1-\hat{p})}{n}} < p < \hat{p} + z_{\alpha/2}\sqrt{\frac{\hat{p}(1-\hat{p})}{n}}\right) = 1 - \alpha$$

따라서 표본크기 n이 대표본일 때 모비율 p에 대한 $100(1-\alpha)\%$ 신뢰구간은 다음과 같다.

$$\left(\hat{p}-z_{\alpha/2}\sqrt{\frac{\hat{p}(1-\hat{p})}{n}}\ ,\ \hat{p}+z_{\alpha/2}\sqrt{\frac{\hat{p}(1-\hat{p})}{n}}\right)$$

예제 1

어떤 공정에서 제조된 최근의 로트로부터 100개의 표본을 취해서 검사해본 결과 2개의 불량품이 나왔다. 모불량률의 95% 신뢰구간을 구하라.

풀이 $\hat{p}=\frac{2}{100}=0.02$이고 $z_{\alpha/2}=z_{0.025}=1.96$이므로 모불량률 95% 신뢰구간의 하한과 상한은 다음과 같다.

$$\hat{\theta}_1=\hat{p}-Z_{0.025}\sqrt{\frac{\hat{p}(1-\hat{p})}{n}}=0.02-1.96\sqrt{\frac{0.02\times0.98}{100}}=-0.00744$$

$$\hat{\theta}_2=\hat{p}+Z_{0.025}\sqrt{\frac{\hat{p}(1-\hat{p})}{n}}=0.02+1.96\sqrt{\frac{0.02\times0.98}{100}}=0.04744$$

그러므로 95% 신뢰구간은 (0, 0.04744)이다.

예제 2

승용차를 2대 이상 가진 가구의 비율을 조사하기 위하여 144가구를 표본으로 추출한 결과 58가구가 승용차를 2대 이상 가진 것으로 조사되었다. 승용차를 2대 이상 가진 가구의 비율에 대한 95% 신뢰구간을 구하라.

풀이 표본비율은 $\hat{p}=\frac{58}{144}=0.4028$이고, $n=144$, $z_{0.025}=1.96$이므로 95% 신뢰구간의 하한과 상한은 각각 다음과 같다.

$$\hat{\theta}_1=\hat{p}-z_{0.025}\sqrt{\frac{\hat{p}(1-\hat{p})}{n}}=0.4028-1.96\sqrt{\frac{(0.4028)(0.5972)}{144}}=0.3227$$

$$\hat{\theta}_2=\hat{p}+z_{0.025}\sqrt{\frac{\hat{p}(1-\hat{p})}{n}}=0.4028+1.96\sqrt{\frac{(0.4028)(0.5972)}{144}}=0.4829$$

따라서 95% 신뢰구간은 (0.3227, 0.4829)이다.

EXERCISE 연/습/문/제 7.4

01 어떤 제품을 생산하는 회사에서 제품 10,000개 가운데 불량품 비율을 알기 위하여 400개를 조사한 결과 9개의 불량품을 발견하였다. 모집단의 불량비 p에 대한 90% 신뢰구간을 구하라.

02 프로야구팀의 선호도 조사에서 A팀을 좋아한다는 사람이 1500명 중 385명으로 나타났다. 이때, A팀을 좋아하는 사람의 비율에 대한 90% 신뢰구간을 구하라.

03 전년도에 대학을 졸업한 여성의 취업현황을 알기 위하여 900명을 조사한 결과 244명이 정규직에 취업한 것으로 나타났다. 전년도에 대학을 졸업한 여성의 정규직 취업률에 대한 90% 신뢰구간을 구하라.

04 현재의 정부를 지지하는 비율은 0.26이라는 여론조사의 결과가 임의로 추출된 2,500명의 유권자로부터 얻어졌다. 유권자는 무한이라고 가정하여도 된다. 이 전체 유권자에 대한 현 정부의 지지율에 대한 95% 신뢰구간을 구하라.

7.5 표본의 크기 결정

모수를 추정하기 위하여 표본을 추출하는데 이때 표본의 크기를 얼마로 하여야 할 것인가를 결정해야 한다. 일반적으로 표본의 크기가 너무 크면 시간과 노력이 많이 소비되는 반면 표본의 크기가 너무 작으면 오차가 큰 정보를 얻을 수 있다. 따라서 정해진 오차한계(limit of error)를 만족시키는 표본의 크기 결정이 필요하다.

7.5.1 모평균 추정에서의 표본의 크기 결정

모평균 μ를 추정하는 데 있어서 오차한계를 정해진 값 d보다 작게 하려면 표본의 크기를 얼마로 하면 좋은가를 결정해보자. 모분산 σ^2을 알고 있을 때 모평균 μ에 대한 $100(1-\alpha)\%$ 신뢰구간

$$\overline{X} \pm z_{\alpha/2}\frac{\sigma}{\sqrt{n}}$$

에서 $z_{\alpha/2}\frac{\sigma}{\sqrt{n}}$는 모수와 추정량 차이로서 오차가 이것보다 작을 가능성이 $100(1-\alpha)\%$임을 의미한다. 이때 $z_{\alpha/2}\frac{\sigma}{\sqrt{n}}$를 모평균 μ의 추정에서 오차의 한계라고 한다. 따라서 오차한계 $z_{\alpha/2}\frac{\sigma}{\sqrt{n}}$를 d 이하로 하고, n에 대해서 풀면 다음을 얻을 수 있다.

$$n \geq \left(z_{\alpha/2}\frac{\sigma}{d}\right)^2$$

위의 식은 모표준편차 σ를 알고 있는 경우에만 사용 가능하며, 실제로 σ를 모르는 경우가 대부분이므로 예비표본을 미리 추출하여 σ를 추정하여 표본의 크기 n을 구할 수 있다.

예제 1

어느 공장에서 생산되고 있는 제품은 평균 사용시간이 2,000(시간)이고, 표준편차는 200(시간)으로 품질관리를 하고 있다. 현재 생산되고 있는 제품의 평균 사용시간의 추정에서 95% 오차한계가 40시간 이내가 되기 위해서 필요한 표본의 크기를 구하라.

풀이

$$n \geq \left(z_{0.025}\frac{\sigma}{d}\right)^2 = \left(1.96 \times \frac{200}{40}\right)^2 = 96.04$$

이므로 필요한 표본의 크기는 $n = 97$이다.

7.5.2 모비율 추정에서의 표본의 크기 결정

모비율 p에 대한 $100(1-\alpha)\%$ 신뢰구간

$$\hat{p} \pm z_{\alpha/2}\sqrt{\frac{\hat{p}(1-\hat{p})}{n}}$$

에서 오차한계 $z_{\alpha/2}\sqrt{\frac{\hat{p}(1-\hat{p})}{n}}$를 d 이하로 하고 n에 대해서 풀면 다음과 같다.

$$n \geq \hat{p}(1-\hat{p})\left(\frac{z_{\alpha/2}}{d}\right)^2$$

위의 식은 $\hat{p}$가 사전조사나 과거 경험에 의해 추정된 p값으로 알고 있는 경우에만 사용 가능하다. 그러나 p값에 대한 사전정보가 전혀 없을 때는 $\hat{p}(1-\hat{p})$의 최대변동인 $\hat{p} = \frac{1}{2}$일 때 주로 사용하며, 이때 표본의 크기 n은 다음과 같다.

$$n \geq \frac{1}{4}\left(\frac{z_{\alpha/2}}{d}\right)^2$$

예제 2

어느 광고회사에서 새로 나온 신제품에 대한 불량률을 조사하고자 한다. 신제품에 대한 불량률의 95% 추정오차한계가 5% 이내가 되기 위해서 필요한 표본의 크기를 구하라.

풀이 신제품이기 때문에 불량률에 대한 사전정보가 전혀 없으므로

$$n \geq \frac{1}{4}\left(\frac{z_{0.025}}{d}\right)^2 = \frac{1}{4}\left(\frac{1.96}{0.05}\right)^2 = 384.16$$

에서 필요한 표본의 크기는 $n = 385$이다.

EXERCISE 연/습/문/제 7.5

01 여성용 화장품을 제조하는 회사에서 30~40대 여성을 상대로 신제품의 구매율을 조사하고자 한다. 신제품에 대한 구매율이 95% 신뢰구간의 길이가 4% 이내가 되기 위해서 필요한 표본의 크기를 구하라.

02 페트병의 평균 두께에 대하여, 오차범위 0.5mm에서 95% 신뢰구간을 구하기 위하여 얼마나 큰 표본을 추출해야 하는가? 이때, 사전 조사에 의하면 플라스틱 판 두께의 표준편차가 2.0mm를 넘지 않는다고 한다.

03 어느 공장에서 생산되는 제품 가운데 불량품 비율을 표본에 의해 구할 때 95%의 신뢰를 갖고 추정오차가 0.02보다 작게 하려고 한다. 다음 각 경우에 필요한 표본의 크기를 구하라.

(1) 예비표본조사에서 $\hat{p}=0.32$인 경우

(2) p에 대한 지식이 없는 경우

04 모 일간지의 선호도에 대한 99% 신뢰구간을 구하기 위하여 얼마나 많은 사람을 대상으로 조사해야 하는가? 단, 최대오차한계는 3%이다.

(1) 3년 전의 조사에서 이 일간지에 대한 선호도는 32.5%라고 한다.

(2) 아무런 정보가 없다고 한다.

7.6 모분산의 구간추정

모평균 μ를 알 때와 모를 때로 나누어서 모분산의 구간추정에 대하여 살펴보자.

7.6.1 모평균 μ를 알 때의 모분산 σ^2의 구간추정

정규모집단 $N(\mu, \sigma^2)$에서 모평균 μ를 알고 있을 때 미지의 모분산 σ^2의 신뢰구간을 구해보자.

다음과 같이 정의되는 χ^2 통계량

$$\chi^2 = \frac{\sum_{i=1}^{n}(X_i - \mu)^2}{\sigma^2}$$

은 자유도가 n인 카이제곱분포를 한다.

따라서 임의의 양수 α $(0 < \alpha < 1)$에 대하여 다음이 성립한다.

$$P\left(\chi^2_{1-\frac{\alpha}{2}}(n) < \chi^2 < \chi^2_{\frac{\alpha}{2}}(n)\right) = 1 - \alpha$$

여기서 $\chi^2_{\frac{\alpha}{2}}(n)$는 $100(\alpha/2)\%$ 점이다.

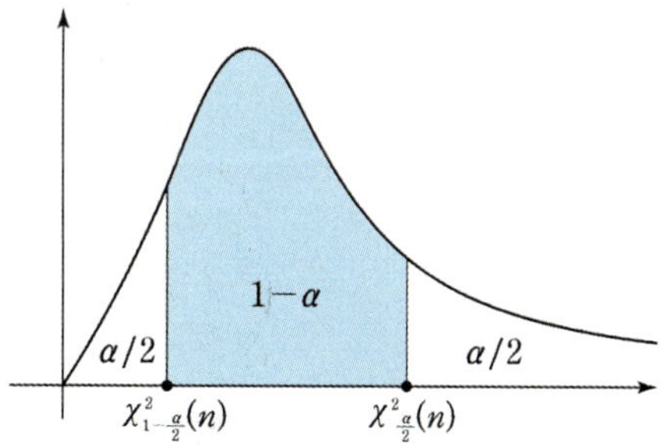

| 그림 1 | 자유도 n인 χ^2분포의 임계점

위의 식에 χ^2 통계량을 대입하면

$$P\left(\chi^2_{1-\frac{\alpha}{2}}(n) < \frac{\sum_{i=1}^{n}(X_i-\mu)^2}{\sigma^2} < \chi^2_{\frac{\alpha}{2}}(n)\right) = 1-\alpha$$

이므로, 좌변 항의 괄호 속 부등식을 σ^2에 관해 풀어서 정리하면 다음과 같이 쓸 수 있다.

$$P\left(\frac{\sum_{i=1}^{n}(X_i-\mu)^2}{\chi^2_{\frac{\alpha}{2}}(n)} < \sigma^2 < \frac{\sum_{i=1}^{n}(X_i-\mu)^2}{\chi^2_{1-\frac{\alpha}{2}}(n)}\right) = 1-\alpha$$

따라서 모분산 σ^2에 대한 $100(1-\alpha)\%$ 신뢰구간은 다음과 같다.

$$\left(\frac{\sum_{i=1}^{n}(X_i-\mu)^2}{\chi^2_{\frac{\alpha}{2}}(n)},\ \frac{\sum_{i=1}^{n}(X_i-\mu)^2}{\chi^2_{1-\frac{\alpha}{2}}(n)}\right)$$

예제 1

정규모집단 $N(3, \sigma^2)$에서 크기 10인 표본을 추출한 결과 다음과 같다고 한다. 이때 모분산 σ^2에 대한 95% 신뢰구간을 구하라.

[2.9 2.5 3.4 3.0 2.8 2.9 3.1 2.8 2.8 2.9]

풀이 우선 관찰값과 모평균 $\mu=3$과의 편차제곱을 구한다.

▼ 표 1

X_i	2.9	2.5	3.4	3.0	2.8	2.9	3.1	2.8	2.8	2.9
$X_i-\mu$	−0.1	−0.5	0.4	0	−0.2	−0.1	0.1	−0.2	−0.2	−0.1
$(X_i-\mu)^2$	0.01	0.25	0.16	0	0.04	0.04	0.01	0.04	0.04	0.01

그러면 $\sum_{i=1}^{10}(X_i-\mu)^2=0.57$이고, 또한 $\chi^2_{0.025}(10)=20.48$, $\chi^2_{0.975}(10)=3.25$이므로 구하고자 하는 신뢰구간의 하한과 상한은 각각 다음과 같다.

$$\frac{1}{\chi^2_{0.975}(10)}\sum_{i=1}^{n}(X_i-\mu)^2=\frac{0.57}{3.25}=0.175,$$

$$\frac{1}{\chi^2_{0.025}(10)}\sum_{i=1}^{n}(X_i-\mu)^2=\frac{0.57}{20.48}=0.028$$

따라서 모분산 σ^2에 대한 95% 신뢰구간은 (0.028, 0.175)이다.

7.6.2 모평균 μ를 모를 때의 모분산 σ^2의 구간추정

정규모집단 $N(\mu,\ \sigma^2)$에서 모평균 μ를 모를 때 미지의 모분산 σ^2의 신뢰구간을 구해보자. 다음과 같이 정의되는 χ^2 통계량

$$\chi^2=\frac{(n-1)S^2}{\sigma^2}$$

은 자유도가 $n-1$인 카이제곱분포를 한다.

따라서 임의의 양수 $\alpha\ (0<\alpha<1)$에 대하여 다음이 성립한다.

$$P\left(\chi^2_{1-\frac{\alpha}{2}}(n-1)<\frac{(n-1)S^2}{\sigma^2}<\chi^2_{\frac{\alpha}{2}}(n-1)\right)=1-\alpha$$

위의 식에서 좌변 항의 괄호 속 부등식을 σ^2에 관해 풀어서 정리하면 다음과 같이 쓸 수 있다.

$$P\left(\frac{(n-1)S^2}{\chi^2_{\frac{\alpha}{2}}(n-1)}<\sigma^2<\frac{(n-1)S^2}{\chi^2_{1-\frac{\alpha}{2}}(n-1)}\right)=1-\alpha$$

따라서 모분산 σ^2에 대한 $100(1-\alpha)\%$ 신뢰구간은 다음과 같다.

$$\left(\frac{(n-1)S^2}{\chi^2_{\frac{\alpha}{2}}(n-1)},\ \frac{(n-1)S^2}{\chi^2_{1-\frac{\alpha}{2}}(n-1)}\right)$$

예제 2

정규모집단 $N(\mu, \sigma^2)$에서 크기 10인 표본을 추출한 결과 다음과 같다고 한다. 이때 모분산 σ^2에 대한 95% 신뢰구간을 구하라.

2.9	2.5	3.4	3.0	2.8	2.9	3.1	2.8	2.8	2.9

풀이 표본평균 $\overline{X}=2.91$이므로 표본분산은

$$S^2 = \frac{1}{9}\sum_{i=1}^{10}(X_i - 2.91)^2 = \frac{0.489}{9} = 0.0543$$

이고, 크기 10인 표본을 추출하였으므로 $\chi^2_{0.025}(9)=19.02$, $\chi^2_{0.975}(9)=2.70$이다. 그러면 95% 신뢰구간의 하한과 상한은 각각 다음과 같다.

$$\frac{(n-1)S^2}{\chi^2_{\alpha/2}(n-1)} = \frac{9\cdot(0.0543)}{19.02} = 0.0257$$

$$\frac{(n-1)S^2}{\chi^2_{1-\alpha/2}(n-1)} = \frac{9\cdot(0.0543)}{2.7} = 0.181$$

따라서 모분산 σ^2에 대한 95% 신뢰구간은 $(0.0257, 0.181)$이고 모표준편차에 대한 95% 신뢰구간은 $(0.01603, 0.4254)$이다. 일반적으로 모집단에 대한 정보를 알고 있는 경우에 비하여 정보가 부족한 경우 신뢰구간의 폭이 더 커진다.

EXERCISE 연/습/문/제 7.6

01 크기 20인 표본의 표본분산이 4.0일 때 이 모집단의 분산에 대한 95% 신뢰구간을 구하라.

02 다음은 평균이 8이고 분산이 σ^2인 정규모집단으로부터 9개의 표본을 추출하여 얻은 값이다. 이때 σ^2에 대한 90% 신뢰구간을 구하라.

8.6,	7.9,	8.3,	6.4,	8.4,	9.8,	7.2,	7.8,	7.5

03 다음은 어떤 제조회사에서 생산되는 음료수를 분석한 당분함량의 자료이다. 이 자료로부터 이 회사에서 생산되는 음료수의 당분함량에 대한 분산과 표준편차에 대한 95% 신뢰구간을 구하라.

15.1	13.4	16.5	14.6	14.4	14.0	15.4	13.8	14.6	14.3

04 어느 생수회사에서 생산되는 25개의 생수병의 무게를 조사한 결과 표준편차 1.6g을 얻었다. 생수병의 무게에 대한 모분산에 대한 95% 신뢰구간을 구하라.

05 다음 표본을 이용하여 모분산에 대한 95% 신뢰구간을 구하라.

3.4	3.6	4.0	0.4	2.0	3.0	3.1	4.1	1.4	2.5
1.4	2.0	3.1	1.8	1.6	3.5	2.5	1.7	5.1	0.7

CHAPTER

08 가설검정

학습목표

- 모집단으로부터 추출된 표본에 근거하여 모집단에 관한 결정을 내리는 가설검정의 기본원리에 대하여 학습한다.
- 제1종 오류와 제2종 오류, 검정력 함수, 유의수준의 개념에 대하여 학습한다.
- 모평균과 모비율, 모분산의 검정방법에 대하여 학습한다.
- 범주형 자료에 적합한 검정방법인 적합도 검정과 독립성 검정방법에 대하여 학습한다.

우리는 일상생활에서 어떤 모집단의 특징에 대하여 나름대로의 추측이나 주장을 한다. 예를 들면 I대학과 S대학 학생들의 성적은 별 차이가 없다고 주장하거나, 모 회사 백열전구는 평균적으로 약 1,000시간밖에 쓸 수 없는 것 같다고 짐작하는 등 각종 모집단의 특성에 대한 주장 내지는 가정을 하곤 한다. 이러한 주장이 올바른 것일 수도 있고 그렇지 못한 것일 수도 있다. 이러한 주장의 진위를 가리기 위해 표본을 추출하여 조사함으로써 타당성 여부를 확인한다면, 이 과정을 바로 통계적 가설검정이라고 한다. 이 장에서는 가설검정의 기본원리와 검정방법에 대하여 학습한다.

8.1 가설검정의 기본 원리

모집단으로부터 추출된 표본에 근거하여 모집단에 관한 결정을 내리는 것을 통계적 결정(statistical decision)이라 한다. 통계적 결정은 우선 모집단에 대하여 서로 반대되는 두 개의 가설 가운데 하나를 채택하는 식으로 진행되며, 채택의 기준이 되는 것은 표본 관측치와 표본통계량의 확률분포이다. 통계적인 결정을 하기 위해 세우는 이러한 가설은 참일 수도 거짓일 수도 있다. 가설을 부정할 때 그 가설을 기각(reject)한다고 하며, 부정하지 못할 때 그 가설을 채택(accept)한다고 한다.

예를 들어 어떤 회사에서 생산한 전자제품의 평균 사용시간이 10,000(시간)이라고 주장할 때, 이 주장이 타당성이 있는지 또는 어떤 업체로부터 들어온 부품 로트가 양품인지 불량품인지를 판단하기 위해서는 가설을 세워 검정을 해보아야 한다.

일반적으로 가설을 반증적인 방법으로 증명하기 위하여 기각할 것을 바라면서 가설을 세우는데, 이러한 가설을 귀무가설(null hypothesis)이라 하며 H_0로 표시한다. 귀무가설이라는 용어는 원래 가설검정 연구의 초기단계에서 지어진 이름으로 연구자가 기각되기를 바라는 또는 무효가 되기를 희망하는 가설이라는 데에서 연유된 명칭이다. 귀무가설과 대립되거나 이를 부정하는 가설로서 강력한 증거에 의하여 입증하고자 하는 가설을 대립가설(alternative hypothesis)이라 하며, H_1으로 표시한다. 즉 귀무가설은 연구자가 모수의 참값이 아니라고 생각하는 값으로 정의하고 반대로 대립가설은 모수가 실제 취하리라고 예상하는 값으로 설정한다.

앞의 예에서 전자제품을 생산하는 회사의 평균 사용시간이 10,000시간이라는 주장에 대하여, 새로운 기술의 발달로 인해 '평균 사용시간이 10,000시간 이상일 것이다'라는 또 다른 주장을 생각할 수 있다. 그러므로 이 회사의 주장에 대하여 다음과 같이 두 가지 가설을 설정할 수 있다.

(1) 귀무가설 − H_0 : 전자제품의 평균 사용시간이 10,000시간이다($\mu = 10000$).

(2) 대립가설 − H_1 : 전자제품의 평균 사용시간이 10,000시간 이상이다($\mu > 10000$).

이와 같이 자신이 입증하고자 하는 가설을 대립가설로 세우고 기각되기를 바라는 가설을 귀무가설로 세운다.

하나의 귀무가설과 대립가설을 설정하여 놓고 이의 참·거짓을 결정하려 할 때 그 판단의 기준으로 임의의 표본으로부터 얻은 표본통계량을 사용하게 된다.

귀무가설과 대립가설 중 어느 하나를 택하는 데 사용되는 표본통계량을 검정통계량(test statistic)이라 한다. 검정통계량의 값에 따라 귀무가설 H_0를 기각하든지 또는 채택하든지를 결정하게 되므로, H_0를 기각하게 되는 검정통계량값의 영역을 기각역(rejection region or critical region)이라 한다. 반대로 채택하게 되는 검정통계량값의 영역을 채택역(acceptance region)이라 한다.

가설의 기각역 또는 채택역은 유의수준을 어떻게 취하느냐에 따라 달라진다. 이상으로부터 통계적 가설검정(testing a statistical hypothesis)이란 모집단의 모수값이나 확률분포에 대하여 어떤 가설을 설정하고 이 가설의 참·거짓 여부를 표본통계량에 의해 확률적으로 확정하여 통계적 결정을 내리는 것이다.

8.1.1 제1종 오류와 제2종 오류

모수에 대한 추정과정과 마찬가지로 가정된 모수값의 참과 거짓을 판정하는 가설검정과정 또한 한정된 표본정보를 기초로 이루어지므로 그 결과는 항상 오류가 발생할 가능성을 안고 있다. 가설김징결과를 나누어 보면 귀무가설이 참인 경우에 이를 채택하거나 기각하는 두 가지의 결정이 있고, 귀무가설이 거짓인 경우에 이를 채택하거나 기각하는 두 가지 결정이 있다. 따라서 가설검정에는 두 가지 오류를 범할 수 있는데, 귀무가설이 참임에도 불구하고 귀무가설을 기각함으로써 발생되는 오류를 제1종 오류(type I error)라 하고, 제1종 오류를 범할 확률의 최대허용한계를 유의수준(significance level)이라 하며 α로 표시한다.

또한 귀무가설이 거짓임에도 불구하고 귀무가설을 채택함으로써 발생되는 오류를 제2종 오류(type II error)라 하며, 제2종 오류를 범할 확률을 β로 나타낸다.

▼ 표 1

실제 현상 / 검정결과	귀무가설이 참	귀무가설이 거짓
귀무가설 채택	옳은 결정	제2종 오류
귀무가설 기각	제1종 오류	옳은 결정

다시 말해서, 제1종 오류는

$$\alpha = P(H_0 : \text{기각} \mid H_0 : \text{참})$$

이고, 제2종 오류는

$$\beta = P(H_0 : \text{채택} \mid H_0 : \text{거짓})$$

이다. 예를 들어, 어느 회사의 주장인 귀무가설 $H_0 : \mu = 10000$과 그에 상반되는 대립가설 $H_1 : \mu > 10000$에 대하여, 제1종 오류는 $\mu = 10000$이 참이지만 표본조사 결과 $\mu > 10000$이라고 결정함으로써 발생하는 오류이고, 제2종 오류는 $\mu > 10000$이 참이지만 $\mu = 10000$을 선택함으로써 발생하는 오류를 의미한다.

제1종 오류와 제2종 오류를 동시에 줄이는 검정이 바람직한 검정법이지만 표본의 크기가 고정되어 있을 때 제1종 오류를 줄이면 제2종 오류가 커지므로, 이런 경우 두 종류의 오류를 줄이기 위해서는 표본의 크기 n을 크게 해야 한다. 그러나 이 경우에는 동시에 증대되는 비용 문제가 고려되어야 하므로, 두 개의 오류 가운데 어느 것에 우선적인 배려를 해야 하는지에 관한 판단기준 설정이 필요하다. 전통적으로 기각되기를 희망하는 가설을 귀무가설로 설정하고 이때 희망대로 기각할 수 있는 기각역을 선정하는 것이 고전적인 가설검정의 방법이며, 따라서 통계적 가설검정에서는 유의수준 α를 고정시키고, 제2종 오류를 범할 확률을 최소가 되도록 하는 것이 보통이다. 이 방법은 귀무가설이 실제로는 사실인데도 불구하고 이를 기각하게 될 위험수준을 중요시하여 제1종 오류수준을 먼저 임의 선정한 뒤 β의 크기를 고려한다는 것이다. 이러한 가설검정방법론은 귀무가설이 기각되기를 기대하는 의지를 대변하도록 하여 통상적으로 대립가설이 채택되기를 기대한 데서 기인한다.

그러나 제1종 오류의 수준을 나타내는 α값은 연구자가 사실인 귀무가설을 부당하게 기각하는 가능성을 대변하는 것이며, 이 가능성은 상당히 중요한 의미를 가질 수도 있다. 예를 들어 "새로 개발된 암 치료약이 유해하다"는 귀무가설을 선정하였고, 또 그것이 사실임에도 불구하고 귀무가설이 기각되기를 기대하는 욕심에서 기각역을 넓게 선정하여 이를 기각했다고 하자. 이는 이 약이 실제로는 유해한 것인데도 불구하고 무해하다고 하고, 나아가서는 암 치료에 효능이 있다는 대립가설을 채택하였다는 의미가 된다. 이러한 결과가 인명에 미치는 가공할 만한 결과를 상상해보면 α수준의 중요성은 이해될 수 있을 것이다. 따라서 α수준은 일반적으로 5%

이하의 작은 값으로 설정되는 것이다.

그러면 α값이 먼저 선정되든 아니면 β와 동시에 고려되어 선정되든 α값이 저수준의 값을 갖게 되는 상황에서 어떻게 하면 β값을 최소화할 수 있는 기각역을 선정할 수 있을 것인가? 이 문제의 해결은 귀무가설이 허위일 때 이를 제대로 기각할 수 있는 힘을 측정할 수 있는 고위 검정력함수를 이용하여 달성할 수 있다. 일반적으로 대립가설은 복합가설이므로 대립가설이 참일 때는 하나의 확정된 β값이 존재하지 않으며, 따라서 β는 고정된 값이 아니다. β는 모수의 함수관계로 표시할 수 있으며, 특히 $(1-\beta)$를 검정력함수(power function)라 하고 γ로 표시한다. 여기서 power는 거짓인 귀무가설을 제대로 기각할 수 있는 능력이라는 의미를 갖는다. 검정력함수의 값을 검정력(power)이라 하는데, 이것은 귀무가설이 틀린 경우에 이를 기각하는 확률이 된다.

8.1.2 단측검정과 양측검정

귀무가설에 대하여 대립가설을 설정하는 방법을 살펴보기 위하여 진자제품을 생산하는 회사의 주장인 평균 사용시간이 10,000시간이라는 주장을 다시 생각하자. 그러면 앞에서 언급한 바와 같이 이러한 주장에 대하여 새로운 기술의 도입으로 평균 사용시간이 10,000시간 이상이라는 주장이 가능하다. 따라서 귀무가설 '$\mu=10000$'에 대하여 대립가설 '$\mu>10000$'을 설정한다. 이와 같이 평균 μ가 $\mu=10000$과 동일하다는 귀무가설 $H_0:\mu=\mu_0$와 대립가설 $H_1:\mu>\mu_0$로 구성되는 가설검정을 상단측검정(one sided upper test)이라 한다. 그러면 그림 1과 같이 오른쪽 꼬리부분을 H_0에 대한 기각역으로 가지며, H_0이 참이라면 표본평균 $\overline{X}$는 H_0에서 주장하는 평균 $\mu=10000$을 갖는 정규분포를 이룬다. 이때 유의수준 α에 대하여 오른쪽 꼬리부분의 넓이는 α이고, 한 개의 임곗값에 의하여 기각역과 채택역이 분리되며 표본으로부터 얻은 표본평균의 관찰값 $\overline{X}$가 기각역에 놓이면 귀무가설 H_0을 기각한다.

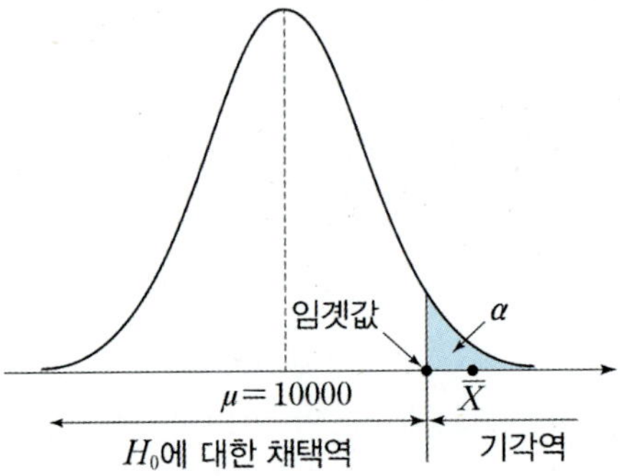

| 그림 1 | 상단측 검정

또한 이 회사의 주장에 대하여 평균 사용시간이 10,000시간보다 작다는 주장을 검정한다고 가정하면 귀무가설 '$H_0 : \mu = 10000$'에 대하여 대립가설 '$H_1 : \mu < 10000$'을 설정한다. 이와 같이 평균 μ가 μ_0과 동일하다는 주장 H_0과 μ가 μ_0보다 작다는 주장 H_1로 구성되는 가설검정을 하단측검정(one sided lower test)이라 한다.

그러면 그림 2와 같이 왼쪽 꼬리부분을 H_0에 대한 기각역으로 가지며, H_0이 참이라면 표본평균 $\overline{X}$는 H_0에서 주장하는 평균 $\mu = 10000$을 갖는 정규분포를 이룬다. 이때 유의수준 α에 대하여 왼쪽 꼬리부분의 넓이는 α이고, 한 개의 임곗값에 의하여 기각역과 채택역이 분리되며, 표본으로부터 얻은 표본평균의 관찰값 $\overline{X}$가 기각역에 놓이면 귀무가설 H_0을 기각한다.

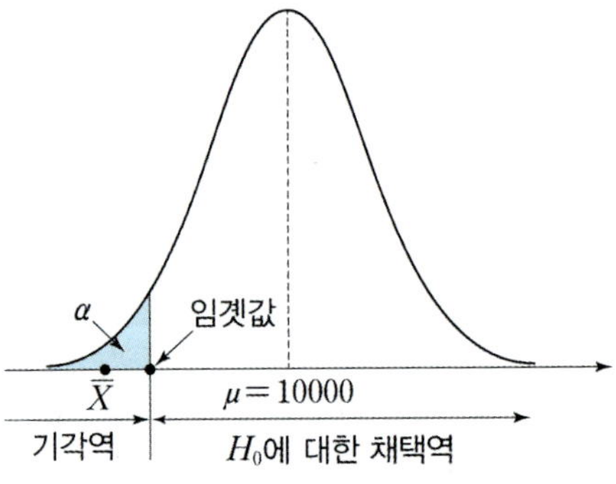

| 그림 2 | 하단측검정

한편 이 회사의 주장에 대하여 평균 사용시간이 10,000시간과 같지 않다는 주장을 검정한다고 가정하면 귀무가설 '$\mu = 10000$'에 대하여 대립가설 '$\mu \neq 10000$'을

설정한다. 이와 같이 평균 μ가 μ_0와 동일하다는 주장 H_0와 μ가 μ_0와 같지 않다는 주장 H_1로 구성되는 가설검정을 양측검정(two sided test)이라 한다. 그러면 그림 3과 같이 양쪽 꼬리부분을 H_0에 대한 기각역으로 가지며, H_0이 참이라면 표본평균 $\overline{X}$는 H_0에서 주장하는 평균 $\mu = 10000$을 갖는 정규분포를 이룬다. 이때 유의수준 α에 대하여 양쪽 꼬리부분의 넓이는 각각 $\alpha/2$이고, 두 임곗값에 의하여 기각역과 채택역이 분리되며 표본으로부터 얻은 표본평균의 관찰값 $\overline{X}$가 두 기각역 중 어느 한 곳에 놓이면 귀무가설 H_0을 기각한다.

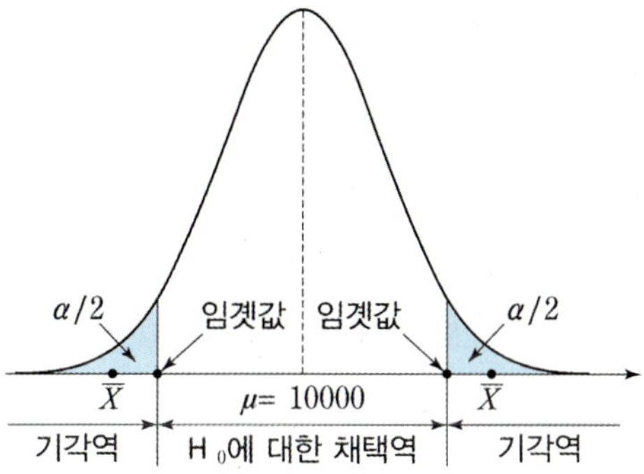

| 그림 3 | 양측검정

따라서 모수 $\theta = \theta_0$에 대한 검정방법에 따른 두 가설 H_0와 H_1의 형태를 종합하면 다음 표와 같다.

▼ 표 2

구 분	양측검정	상단측검정	하단측검정
H_0의 (부)등호	$\theta = \theta_0$	$\theta = \theta_0$ (또는 $\theta \le \theta_0$)	$\theta = \theta_0$ (또는 $\theta \ge \theta_0$)
H_1의 부등호	$\theta \ne \theta_0$	$\theta > \theta_0$	$\theta < \theta_0$
기각역	양쪽 꼬리	오른쪽 꼬리	왼쪽 꼬리

이때 가설의 유형에 따른 기각역의 형태는 다음과 같이 나타난다.

가설의 형태에 따른 기각역의 형태

① 하단측검정일 때의 기각역 : $\hat{\theta} > c_1$

② 상단측검정일 때의 기각역 : $\hat{\theta} < c_2$

③ 양측검정일 때의 기각역 : $\hat{\theta} > c_3$ 또는 $\hat{\theta} < c_4$

여기서 c_1은 검정통계량 $\hat{\theta}$가 귀무가설하에서 우측확률을 α로 갖는 기각값이고, c_2는 $\hat{\theta}$가 귀무가설하에서 좌측확률을 α로 갖는 기각값이다. 또한 c_3는 우측확률을 $\alpha/2$로 갖는 기각값이며, c_4는 좌측확률을 $\alpha/2$로 갖는 기각값이다.

예제 1

한 자동차 회사에서 과거 조사에 의하면 소모품의 평균 수명이 1,000(시간)이고 표준편차가 37.5인 정규분포를 따르며, 온도 등 주변 환경에 의해 소모품 평균 수명이 달라지는지 조사하고자 한다. $n=9$이고 유의수준 5%로 가정하여 과거 평균과 같은지에 대하여 기각역을 구하고 다양한 μ에 대한 제2종 오류와 검정력 함수를 구하라.

풀이 이 경우 회사는 가설 $H_0: \mu=1000$, $H_1: \mu \neq 1000$을 검정하고자 할 것이며, 이때 검정통계량은 $Z=\dfrac{(\overline{X}-\mu_0)}{\sigma/\sqrt{n}}$가 된다. 회사 측이 무작위로 $n=9$의 표본을 추출하였고 $\alpha=0.05$로 했을 때 채택역의 경계점은

$$\mu_0 \pm z_{\alpha/2} \cdot \frac{\sigma}{\sqrt{n}} = 1000 \pm 1.96\left(\frac{37.5}{3}\right) = 1000 \pm 24.5$$

가 되며 이는 그림 4와 같다.

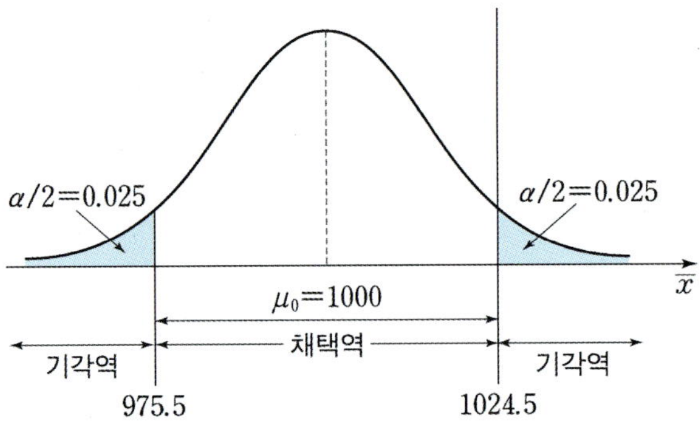

| 그림 4 | 가설 $H_0: \mu=1000$, $H_1: \mu \neq 1000$에 대한 기각역

이 문제에 대하여 R을 기각역이라고 하면 β는 다음과 같이 계산할 수 있다.

$$\beta(\mu) = P(H_0 \text{ 채택} \mid \mu \neq 1000) = 1 - P(Z \in R \mid \mu \neq 1000)$$

예를 들어 $\mu = 990$, $\sigma = 37.5$, $n = 9$일 때

$$\begin{aligned}\beta(\mu) &= P(975.5 \leq \overline{X} \leq 1024.5) \\ &= P\left(\frac{975.5 - 990}{37.5/3} \leq \frac{\overline{X} - \mu}{\sigma/\sqrt{n}} \leq \frac{1024.5 - 990}{37.5/3}\right) = 0.8741.\end{aligned}$$

즉 제2종 오류를 범할 확률은 0.8741이다. 이는 참값 $\mu = 990$일 때 H_0 : $\mu = 1000$을 잘못 채택하는 오류를 범하는 경우가 87.41% 정도 된다는 의미이며, 이 검정의 검정력함수는 $\gamma(990) = 0.1259$이다. 이는 이 검정이 거짓인 귀무가설을 제대로 판단하는 경우가 12.59% 정도 된다는 의미이다.
만약 참값이 $\mu = 1010$이면 $\beta(\mu)$는 어떻게 될까? 계산해보면 역시 0.8741이 나온다. 즉

$$\beta(1000 - 10) = \beta(1000 + 10)$$

이 되며 $\mu = 1000$일 때는 당연하게도 β의 값은 존재하지 않는다. 여러 가지 μ 값에 대하여 검정력을 구해보면 표 3과 같고 그림 5는 검정력함수를 설명하고 있다.

▼ 표 3 μ에 대한 검정력과 β

μ	β	$1-\beta$
950	0.0207	0.9793
970	0.3300	0.6700
980	0.6406	0.3594
990	0.8741	0.1259
1000	$1-\alpha=0.95$	$\alpha=0.05$
1010	0.8742	0.1259
1020	0.6406	0.3594
1030	0.3300	0.6700
1050	0.0207	0.9793

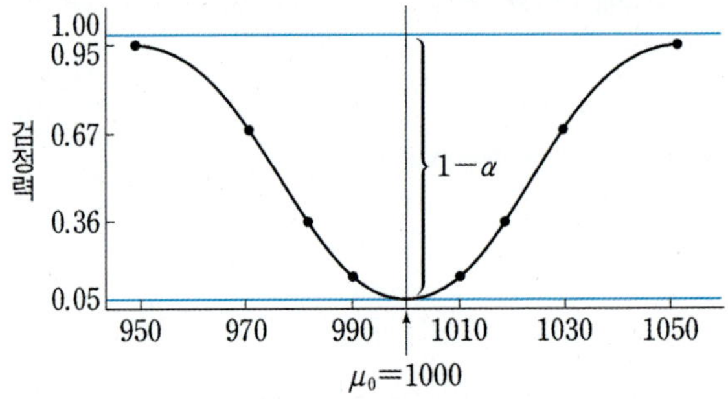

| 그림 5 | 검정력함수

예제 1에서 표본크기가 일정할 때 왜 α를 줄이면 β가 증가하게 되고 β를 줄이면 α가 증가하게 되는지를 알아보자.

α를 0.05에서 0.10으로 증가시키면 β를 줄일 수 있게 된다. 이 경우 $979.5 \leq \overline{X} \leq 1020.5$이면 귀무가설을 채택하게 되는데, 만약 참값을 $\mu = 970$이라고 하면 $\beta(970) = 0.2236$으로 $\alpha = 0.05$를 사용했을 때의 $\beta(970) = 0.3300$보다 작아졌다. 같은 방법으로 다른 μ값들에 대하여 조사해보면 같은 사실을 확인할 수 있다. 즉 α를 증가시킬수록 좁은 채택역을 갖게 되고 검정을 더욱 강력하게 할 수 있다. 그렇다고 α를 너무 크게 할 수는 없을 것이다.

이제 $\alpha = 0.05$로 다시 줄이고 참값이 $\mu = 970$일 때 n을 9에서 36으로 증가시켜보면 β는 $0.2236(\mu = 970,\ n = 0,\ \alpha = 0.05)$에서 $0.0023(\mu = 970,\ n = 36,\ \alpha = 0.05)$으로 감소했다. 그러나 대부분의 경우 표본의 크기를 늘리면 많은 비용과 샘플링 비용을 부담해야 하므로 잘못된 결정을 했을 때 드는 비용과 시간이 상쇄될 수 있는지 또는 어느 한쪽이 손실을 보게 되는지를 잘 고려해야 한다.

지금까지 설명한 것들을 정리하여 통계적 가설검정의 절차를 살펴보면 다음과 같다.

통계적 가설검정 절차

① 귀무가설과 대립가설을 세운다.

② 유의수준 α를 결정한다.

③ 검정통계량을 계산한다.
④ 기각역을 구한다.
⑤ 검정통계량이 기각역 안의 값을 가지면 H_0를 기각하고, 그렇지 않으면 H_0를 채택한다.

한편 앞에서 언급한 바와 같이, 동일한 표본의 동일한 관측값에 대하여 유의수준에 따라 기각역이 다르게 나타날 수 있으며, 따라서 귀무가설 H_0을 기각시키는가 하면 기각시키지 못하는 경우가 발생할 수 있다. 예를 들어, 유의수준 $\alpha = 0.05$에서 H_0을 기각하지만 $\alpha = 0.01$에서 H_0을 기각시키지 못하는 경우가 있다. 이러한 문제를 극복하기 위하여, 검정통계량의 관측값에 기초하여 귀무가설 H_0을 기각시킬 수 있는 가장 작은 유의수준을 정의한다. 이와 같이 정의된 유의수준을 p-값(p-value) 또는 유의확률이라 하며, 이러한 p-값을 이용한 검정방법은 이미 주어진 유의수준 α 대신에, 어떤 값보다 큰 임의의 유의수준 α에 대하여 귀무가설을 기각하고, 그 값보다 작은 임의의 유의수준 α에 대하여 귀무가설을 채택하게 되는 값을 이용한다. 따라서 p-값은 귀무가설이 사실이라는 전제 아래서 관찰된 표본으로부터 얻은 결과이기보다는 귀무가설에 대한 모순을 극복할 표본을 얻을 확률, 다시 말해서 표본으로부터 얻은 검정통계량의 값을 초과할 확률을 나다내며, 이 값이 작을수록 H_0에 대한 신빙성은 떨어진다. 그러나 p-값이 유의수준보다 크면 H_0에 대한 신빙성이 높아지고 귀무가설을 채택한다. 일반적으로 p-값이 유의수준보다 작으면 H_0에 대한 신빙성은 떨어지며, 따라서 대립가설 H_1에 대한 신빙성이 높아진다. 이와 같은 경우에 귀무가설 H_0을 기각하고 대립가설 H_1을 채택한다. 반면에 p-값이 유의수준보다 크면 H_0에 대한 신빙성이 매우 높게 나타나고, 대립가설 H_1에 대한 신빙성이 약하게 나타난다. 따라서 이 경우에는 H_0을 채택하고 H_1을 기각한다. 그러므로 p-값과 유의수준 α에 따른 귀무가설 H_0의 기각 및 채택은 다음과 같다.

▼ 표 4

p-값	$\alpha=0.1$	$\alpha=0.05$	$\alpha=0.01$
$p \geq 0.1$	H_0을 채택	H_0을 채택	H_0을 채택
$0.05 \leq p < 0.1$	H_0을 기각	H_0을 채택	H_0을 채택
$0.01 \leq p < 0.05$	H_0을 기각	H_0을 기각	H_0을 채택
$p < 0.01$	H_0을 기각	H_0을 기각	H_0을 기각

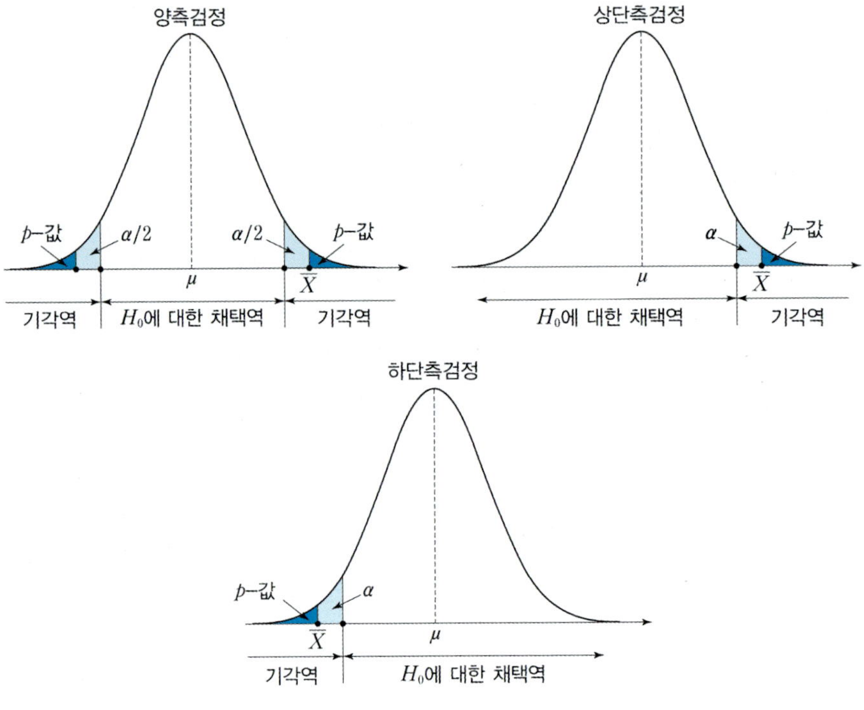

| 그림 6 | p-값과 기각역

대부분의 통계처리용 프로그램에서는 p-값을 계산하여 출력하며, 이 값을 이용한 검정을 앞에서 설명한 방법과 더불어 자주 사용한다.

예제 2

X_1, X_2, $\cdots$, X_{25}를 $N(\mu,\ 16)$으로부터 얻은 확률표본이고, $H_0 : \mu = 10$에 대하여 $H_1 : \mu > 10$를 검정하기 위하여 표본의 관찰값을 조사한 결과 $\overline{X} = 11.4$를 얻었다고 하자. 그러면 $\overline{X} \sim N(\mu,\ 16/25)$이므로

$$p\text{-값} = P(\overline{X} \ge 11.4 \mid \mu_0 = 10) = P(Z \ge 1.75)$$
$$= 1 - 0.9599 = 0.0401$$

이다. 그러므로 $\alpha_1 = 0.01 < 0.0401 < \alpha_2 = 0.05$이므로 유의수준 0.05에서 H_0을 기각시킬 수 있으나 유의수준 0.01에서 H_0을 기각시킬 수 없다. 그러나 이미 p-값이 알려져 있다면, 그 값을 이용하여 H_0의 기각 여부를 판정하는 데 사용할 수 있다.

이와 같은 p-값은 특정한 귀무가설이 참이라는 조건 아래서 표본으로부터 계산된 값이므로 추출한 표본으로부터 얻은 자료집단이 좋은지 나쁜지 그리고 귀무가설이 진실로 참인가에 크게 의존한다. 이때 p-값이 0.01 이하라는 것은 귀무가설이 참인 경우에 귀무가설에 대한 모순을 극복할 표본을 얻을 확률이 0.01 이하임을 의미하고, 따라서 100번의 표본을 추출하여 얻은 자료집단 중에서 많아야 1번 정도 귀무가설의 주장을 밑받침할 표본이 얻어짐을 나타낸다.

EXERCISE 연/습/문/제 8.1

01 통계학 평균점수가 62점이라는 담당교수의 주장에 대해 그 이상이라는 주장을 검정하기 위하여 48명을 임의로 조사한 결과, $\overline{X}=64.25$를 얻었다. $\overline{X}=64.25$에 대한 p-값을 구하라. 그리고 유의수준 $\alpha_1=0.05$와 $\alpha_2=0.1$에서 담당교수의 주장에 대하여 검정하라. 단 모표준편차는 $\sigma=10$으로 알려져 있다.

02 과거 어느 골퍼의 점수는 평균 90, 표준편차 3인 기록을 갖고 있다고 한다. 이 골퍼가 골프 레슨을 받은 후, 평균타수가 줄었다고 믿는다. 이때 $H_0: \mu = 90$에 대한 $H_1: \mu < 90$을 검정하기 위하여 16번의 게임에서 평균이 88.5 이하이면 귀무가설을 기각하고 대립가설을 채택한다. 이때 μ에 대한 검정력 함수를 구하고, 레슨 후의 평균타수가 88일 때와 87일 때의 검정력을 비교하라. 그리고 $\overline{X}=88.5$에 대한 p-값을 구하라. 단 모표준편차는 계속하여 $\sigma=3$이라 한다.

03 어떤 화학반응에서 생성물에 대한 실제량은 정규분포 $N(\mu, 16)$에 따른다고 한다. 과거 경험에 따르면, 특정한 무기물질이 포함되면 $\mu=10$이고 포함되지 않으면 $\mu=11$이라고 한다. 이때 귀무가설 $H_0: \mu_0=10$에 대한 대립가설 $H_1: \mu_1=11$을 검정하고자 한다.

(1) 유의수준 $\alpha=0.05$, 표본의 크기 $n=25$일 때, $\mu=10$에 대한 기각역을 구하라.

(2) (1)에 대한 제2종 오류 β를 구하라.

8.2 모평균의 검정

모분산 σ^2을 아는 경우와 모르는 경우로 나누어서 모평균의 검정에 대하여 살펴보자.

8.2.1 모분산 σ^2을 아는 경우 모평균 μ의 검정

귀무가설 $H_0 \ : \mu = \mu_0$ (μ_0는 어떤 정하여진 값)을 검정한다고 할 때, 이 검정을 모평균의 검정이라고 한다.

모평균 μ의 검정에서는 표본평균 $\overline{X}$를 이용하는데, 이를 위해서는 $\overline{X}$의 분포를 알아야 한다. 모분산이 알려져 있는 정규모집단 $N(\mu, \sigma^2)$으로부터 추출한 크기가 n인 임의 표본의 표본평균 $\overline{X}$는 정규분포 $N\left(\mu, \dfrac{\sigma^2}{n}\right)$을 따르므로 이것을 표준화한 Z 통계량

$$Z = \frac{\overline{X} - \mu}{\sigma / \sqrt{n}}$$

는 표준정규분포 $N(0, 1)$을 따른다. 그러므로 귀무가설이 참이라 가설하여 얻은 검정통계량을 이용하여 모평균 μ에 대한 검정법을 요약하면 다음과 같다.

> **모분산이 알려진 경우 모평균 μ에 대한 검정법**
>
> ① 귀무가설 설정 − $H_0 \ : \mu = \mu_0$
>
> ② 검정통계량 − $Z_0 = \dfrac{\overline{X} - \mu_0}{\sigma / \sqrt{n}}$
>
> ③ 가설검정 − $H_1 : \mu > \mu_0$일 때 $Z_0 \geq z_\alpha$이면 H_0을 기각한다.
>
> $H_1 : \mu < \mu_0$일 때 $Z_0 \leq -z_\alpha$이면 H_0을 기각한다.
>
> $H_1 : \mu \neq \mu_0$일 때 $|Z_0| \geq z_{\alpha/2}$이면 H_0을 기각한다.

이와 같이 검정하고자 하는 가설의 검정통계량이 정규분포를 따를 때 가설의 기각역은 정규분포를 이용하여 구하게 되는데, 이러한 검정을 정규분포검정이라 한다. 모집단의 분포가 정규분포이든 또는 임의의 분포이든 간에 표본의 크기 n이 큰 경우 모평균 μ에 대한 가설검정의 검정통계량과 이에 따른 기각역은 위에서 설명된 방법을 그대로 사용한다.

예제 1

어느 제조회사에서 생산되는 특별한 제품은 공정온도 100℃에서 만들어지며, 이때 제품 강도는 정규분포 $N(60, 4)$에 따른다고 알려져 있다(단위는 Pa/cm^2이다). 한편 공정온도를 변화시키면서 생산하였더니, 강도의 표준편차는 변화가 없으나 평균 강도에 변화가 생겼다. 공정온도의 변화에 따라 평균 강도에 차이가 있는지 20개의 제품을 임의로 추출하여 측정한 결과 평균 강도가 61.1Pa/cm^2이었다. 공정온도가 변함에 따라 이 회사에서 생산되는 제품의 평균 강도가 달라지는지 유의수준 5%에서 검정하라.

풀이 이를 알기 위하여 검정하는 순서에 따라 다음과 같이 검정을 수행한다.

① 귀무가설 $H_0 : \mu = 60$에 대한 대립가설 $H_1 : \mu \neq 60$을 설정한다.

② 모표준편차가 $\sigma = 2$이므로 모평균에 대한 검정통계량과 그의 분포는 다음과 같다.

$$Z = \frac{\overline{X} - 60}{2/\sqrt{20}} \sim N(0,\ 1)$$

③ 유의수준 $\alpha = 0.05$에 대한 양측검정의 임곗값은 $z_{0.025} = 1.96$이고, 따라서 기각역은 $R : Z \leq -1.96$ 또는 $R : Z \geq 1.96$이다.

④ 표본으로부터 얻은 표본평균이 $\overline{X} = 61.1$이므로 검정통계량의 관찰값은

$$z_0 = \frac{61.1 - 60}{2/\sqrt{20}} = 2.46 > 1.96$$

이고, 이 관찰값은 기각역 안에 들어가므로 귀무가설을 기각한다. 따라서 유의수준 $\alpha = 0.05$에서 검정한 결과, 온도의 변화에 따라 평균 강도가 달라진다고 할 수 있다. 한편 H_0을 기각할 수 있는 최소한의 유의수준인 $p-$값은

$$2 \cdot P(Z > z_0) = 2 \cdot P(Z > 2.46) = 2 \cdot (0.0069) = 0.0138$$

인데 이 값은 유의수준 0.05보다 적으므로 귀무가설을 기각한다.

8.2.2 모분산 σ^2을 모르는 경우 모평균 μ의 검정

모분산 σ^2이 미지인 정규모집단 $N(\mu, \sigma^2)$에서 모평균 μ를 검정하려고 할 때 표본의 크기가 큰 경우에는 모표준편차 σ 대신 표본표준편차 S를 대입한 검정통계량을 사용하고, 이에 따른 기각역은 모분산 σ^2을 알 때와 동일하다.

$$Z_0 = \frac{\overline{X} - \mu_0}{S/\sqrt{n}}$$

또한 모집단의 분포가 정규분포가 아닌 임의의 모집단에서 n이 대표본일 경우 중심극한정리에 의해 $\overline{X}$는 근사적으로 정규분포를 따르므로 모평균 μ의 검정에 위의 식을 그대로 사용할 수 있다.

한편 모분산 σ^2이 미지인 정규모집단 $N(\mu, \sigma^2)$에서 표본의 크기 n이 소표본 $(n < 30)$일 경우 Z 통계량에서 σ 대신 S를 대입한 t 통계량

$$t_0 = \frac{\overline{X} - \mu_0}{S/\sqrt{n}}$$

는 자유도 $n-1$인 t 분포를 따른다. 그러므로 귀무가설이 참이라는 가설하에 얻은 검정통계량을 이용하여 모평균 μ에 대한 검정법을 요약하면 다음과 같다.

모분산이 알려지지 않은 경우 모평균 μ에 대한 검정법

① 귀무가설 설정 – $H_0 : \mu = \mu_0$

② 검정통계량 – $t_0 = \dfrac{\overline{X} - \mu_0}{S/\sqrt{n}}$

③ 가설검정 – $H_1 : \mu > \mu_0$일 때 $t_0 \geq t_{\alpha}(n-1)$이면 H_0을 기각한다.

$H_1 : \mu < \mu_0$일 때 $t_0 \leq -t_{\alpha}(n-1)$이면 H_0을 기각한다.

$H_1 : \mu \neq \mu_0$일 때 $|t_0| \geq t_{\frac{\alpha}{2}}(n-1)$이면 H_0을 기각한다.

이와 같이 검정하고자 하는 가설의 검정통계량이 t 분포를 따를 때 가설의 기각

역은 t 분포를 이용하여 구하는데, 이러한 검정을 t **분포 검정**이라 한다.

예제 2

어느 회사에서 수입한 제품의 부품을 구입하려고 한다. 납품서에 의하면 부품의 평균 지름이 12.5cm로 되어 있다. 부품의 지름이 납품서에 적혀 있는 수치와 같은지를 검사하기 위하여 10개의 부품을 임의로 추출하여 지름을 측정한 결과는 다음과 같다.

12.6, 12.7, 12.8, 12.6, 12.7, 12.4, 12.5, 12.6, 12.8, 12.3

부품의 지름이 정규분포 $N(\mu, \sigma^2)$을 따를 때, 부품의 지름이 납품서와 같다고 할 수 있는지를 유의수준 $\alpha = 0.05$로 검정하라.

풀이 위의 검정법의 기본 원리에 따라 하면 다음과 같이 요약할 수 있다.

① $H_0 : \mu = 12.5$

$H_1 : \mu \neq 12.5$

② $\overline{X} = \dfrac{1}{10}(12.6 + 12.7 + \cdots + 12.3) = 12.6$

$$S^2 = \frac{1}{10-1}[(12.6-12.6)^2 + (12.7-12.6)^2 + \cdots + (12.3-12.6)^2]$$

$$= 0.0267$$

검정통계량 : $|t_0| = \left| \dfrac{12.6 - 12.5}{0.163/\sqrt{10}} \right| = 1.94$

③ $\alpha = 0.05$이고 자유도가 $10 - 1 = 9$이므로 $t_{0.025}(9) = 2.262$이다.

④ $|t_0| = 1.94 < t_{0.025}(9) = 2.262$이므로 H_0를 기각하지 못한다. 따라서 부품의 지름이 납품서와 다르다고 할 수 없다.

8.2.3 짝을 이루는 두 모평균의 차에 대한 검정

7.3절에서 학습한 짝을 이루는 두 모평균의 차에 대한 구간추정과 유사하게 동일한 실험대상에 대하여 실험 전과 실험 후에 대한 주장을 검정할 때 짝 비교 방법을 사용한다. 각 짝의 실험단위에는 처리 $1(X)$을, 다른 실험단위에는 처리 $2(Y)$를 적용하여 각 짝에서 얻은 관측값의 차$(D = X - Y)$를 이용하여 모평균의 차에

대한 주장을 검정한다. 이때 X와 Y가 정규분포를 따른다고 하면, $D_i = X_i - Y_i$ $(i=1,2,\cdots,n)$는 $N(\mu_X - \mu_Y,\ \sigma_D^2)$에 따른다. σ_D^2을 모르는 경우 자유도 $n-1$인 T 분포를 따르는 통계량

$$T = \frac{\overline{D} - (\mu_X - \mu_Y)}{S_D / \sqrt{n}}$$

을 이용한다. 귀무가설 $H_0 : \mu_X - \mu_Y = 0$가 참이라는 가정 아래 얻은 검정통계량을 이용하여 두 모평균의 차 $\mu_X - \mu_Y$에 대한 검정 방법을 요약하면 다음과 같다.

짝비교에 대한 검정

① 귀무가설 설정 – $H_0 : \mu_X - \mu_Y = 0$

② 검정통계량 – $t_0 = \dfrac{\overline{D}}{S_D / \sqrt{n}}$

③ 가설검정 – $H_1 : \mu_X - \mu_Y > 0$일 때 $t_0 \ge t_\alpha(n-1)$이면 H_0을 기각한다.
$H_1 : \mu_X - \mu_Y < 0$일 때 $t_0 \le -t_\alpha(n-1)$이면 H_0을 기각한다.
$H_1 : \mu_X - \mu_Y \ne 0$일 때 $|t_0| \ge t_{\alpha/2}(n-1)$이면 H_0을 기각한다.

예제 3

어떤 다이어트 식품을 사용하면 체중이 감소하는지를 알아보기 위하여 10명의 여성을 상대로 다이어트 식품 복용 전과 복용 후의 체중을 측정한 결과 다음과 같은 자료를 얻었다.

▼ 표 1

번 호	1	2	3	4	5	6	7	8	9	10
복용 전(X)	50	45	55	60	63	48	50	70	56	44
복용 후(Y)	48	45	50	60	60	50	49	60	55	48
D	2	0	5	0	3	–2	1	10	1	–4

이 자료로부터 다이어트 식품이 체중을 감소시킨다고 할 수 있는지 유의수준 5%에서 검정하라.

풀이 ① 귀무가설 $H_0 : \mu_X - \mu_Y = 0$과 대립가설 $H_1 : \mu_X - \mu_Y > 0$을 설정한다.

② $\overline{D} = \frac{1}{10}(2+0+\cdots+1-4) = 1.6$

$S_D^2 = \frac{1}{10-1}\{(2-1.6)^2 + (0-1.6)^2 + \cdots + (-4-1.6)^2\} = 14.93$ 이므로

$S_D = 3.864$이다.

③ $\alpha = 0.05$ 이므로 기각역은 $T > t_{0.05}(9) = 1.833$ 이다.

④ 검정통계량의 관찰값은

$$t_0 = \frac{\overline{D}}{S_D/\sqrt{n}} = \frac{1.6}{3.864/\sqrt{10}} = 1.31 < 1.833$$

이므로 H_0을 기각하지 못한다. 그러므로 다이어트 식품이 체중을 감소시킨다고 할 수 없다.

EXERCISE 연/습/문/제 8.2

01 환한 곳에서 어두운 방에 들어갈 경우 우리 눈이 어두운 곳에 적응하는데 걸리는 시간을 측정한 실험이 있다. 지금까지의 실험 결과는 적응하는 데 걸리는 시간은 평균 7.88초, 표준편차 0.15인 정규분포에 따른다고 한다. 이제 임의로 10명을 추출하여 새로운 방법에 의하여 실험한 결과 적응시간이 평균 7.8초였다. 새로운 실험방법에 의하여 측정한 평균적응시간이 기존의 방법에 의한 시간과 차이가 있는지 유의수준 $\alpha = 0.05$에서 검정하라.

02 어떤 제조공정에서 만든 제품의 치수에 대한 품질 특성은 과거 경험으로 $\mu = 60.2\,(\text{mm})$, $\sigma = 3\,(\text{mm})$임을 알고 있다. 최근 공정의 일부가 변경되어 제품 치수가 변하지 않았는지를 알아보기 위해 $n = 9$인 표본을 추출하여 제품의 치수를 측정한 결과 $\overline{X} = 62.3\,(\text{mm})$를 얻었다. 공정의 변화에 따라 제품의 치수가 커졌는지를 유의수준 $\alpha = 0.05$에서 검정하라.

03 A 회사로부터 직경 60mm인 금속 베어링을 제작해줄 것을 문의받은 제조업체에서 생산한 베어링의 직경이 60mm에 미달한다고 주장한다. 이러한 주장에 대하여 베어링 제조회사에서는 정확하게 60mm이라고 주장하여, 50개의 베어링을 표본조사한 결과 다음과 같았다. 베어링 제조회사의 주장을 유의수준 5%에서 검정하라.

(단위 : mm)

56.7	64.0	58.2	60.4	63.7	58.0	55.1	54.3	57.8	63.1
61.6	63.2	54.3	54.2	56.2	63.4	57.7	54.2	55.4	60.3
60.2	54.1	60.1	57.1	57.2	61.9	63.2	59.6	60.1	62.1
61.2	56.0	55.9	54.8	58.1	61.5	61.7	61.2	55.8	59.0
62.9	63.9	59.3	60.9	59.0	58.7	61.4	61.8	54.9	57.7

04 어느 진공관 제조 회사의 주장에 의하면, 이 회사에서 생산되는 진공관의 수명이 2550시간 이하라고 한다. 이를 확인하기 위하여 360개의 진공관을 임의로 추출하여 조사한 결과 평균 수명이 2516시간이고 표준편차가 132시간이었다. 이 회사의 주장이 타당한지 유의수준 $\alpha = 0.05$에서 검정하라.

05 어느 회사 제품 전구의 표본 100개로부터 평균수명 1,570시간, 표준편차 120시간을 얻었다. 전구의 수명이 1,600시간이라고 하는 이 회사의 주장을 유의수준 0.05와 0.01에서 각각 검정하라.

06 어느 연구소가 제약회사에서 개발한 혈압약이 부작용 없이 실제로 혈압을 낮추는 데 도움이 되는지 조사하기 위하여, 임의로 환자 10명을 추출하여 임상실험을 실시하였다. 약을 복용하기 전의 혈압(X)과 한 달간 복용한 후의 혈압(Y)을 조사한 결과, 복용 전후의 혈압 차의 평균이 10이고 표준편차는 2.3이라는 결과를 얻었다. 이 약이 혈압을 낮추는 데 효과가 있다는 주장에 대하여 유의수준 5%에서 검정하라.

8.3 모비율의 검정

귀무가설 H_0 : $p = p_0$(μ_0는 어떤 정하여진 값)를 검정한다고 할 때, 이 검정을 모비율의 검정이라고 한다. 모비율 p의 검정에서는 이항확률변수 X나 표본비율 $\hat{p}$를 이용하는데, 이를 위해서는 X나 $\hat{p}$의 분포를 알아야 한다.

8.3.1 소표본에서 모비율의 검정법

가설을 세울 때 관심대상 모수는 모비율(모불량률 p)이 되며, 확률변수 X를 특별한 속성을 가진 것들의 개수라고 하면 X는 이항분포 $B(n,\ p)$를 따른다. 이 경우 모비율 p의 합당한 추정량은 표본비율 $\hat{p} = \dfrac{X}{n}$가 되며 아래 사실이 성립한다.

$$E(\hat{p}) = p, \quad Var(\hat{p}) = \frac{p(1-p)}{n}$$

만일 p_0를 p의 가설화된 값이라고 하면 다음과 같은 가설들을 고려해볼 수 있다. 즉 귀무가설 $H_0 : p = p_0$에 대하여 대립가설

$$H_1 : p \neq p_0,\ H_1 : p < p_0 \text{ 또는 } H_1 : p > p_0$$

를 생각해볼 수 있다. 유의수준 α에서 위의 가설들을 검정한다고 할 때 확률변수 X가 이산형이기 때문에 정확하게 유의수준이 α가 되는 기각값을 구할 수 없다.

예제 1

어떤 제품을 만드는 공정에서 제품의 불량률이 25%이면 공정의 일부만 조정하고 불량률이 25%($p = 0.25$) 이상이면 공정의 대폭조정이 불가피하다고 한다. 이 공정의 일부 또는 대폭 조정을 결정하기 위하여 크기 20인 무작위표본을 추출하여 유의수준 5%로 검정하라.

풀이 $\hat{p}$를 검정통계량으로 두고 검정하기 위해 가설을 .

$$H_0 : p = 0.25, \ H_1 : p > 0.25$$

로 세우고 $n = 20$, $\alpha = 0.05$라고 가정하자. 이 경우 제1종 오류를 범할 확률이 0.05를 넘지 않게 기각값을 정해야 하며, 부록의 이항확률표로부터 다음 사실을 알 수 있다.

$$P(X \geq 13 \mid p = 0.25) = 0.0002$$
$$P(X \geq 12 \mid p = 0.25) = 0.0010$$
$$\vdots$$
$$P(X \geq 9 \mid p = 0.25) = 0.0410$$
$$P(X \geq 8 \mid p = 0.25) = 0.1019$$

그러므로 $P(X \geq 9 \mid p = 0.25) < 0.05 < P(X \geq 8 \mid p = 0.25)$이고, 따라서 $R = \{X : X \geq 9\}$를 기각역으로 하는 것이 타당하다. 즉 20개의 임의 추출된 표본 가운데 불량품 개수가 9개 이상이면 불량률이 0.25보다 크다고 할 수 있다. 이 부분은 확률화된 검정을 이용할 수도 있으나 이론적인 측면이 강하므로 대부분의 실제 상황에서는 α를 특정한 값으로 주고 p-값(p-value)을 이용하여 검정한다. 이 문제에서 p-값은

불량품(X)이 9개 나왔다면 : p-값은 $P(X \geq 9 \mid p = 0.25) = 0.0419$
불량품(X)이 8개 나왔다면 : p-값은 $P(X \geq 8 \mid p = 0.25) = 0.1019$

가 되며, 이러한 p-값이 유의수준 α보다 작으면 귀무가설을 기각하게 되고, 유의수준보다 크면 대립가설을 기각하게 된다.

8.3.2 n이 클 때 정규근사를 이용한 검정

한편 표본의 크기 n이 충분히 크다면, 다시 말해서 $np_0 > 5$, $n(1 - p_0) > 5$인 경우 표본비율 $\hat{p} = X/n$는 점근적으로

$$Z = \frac{\hat{p} - p}{\sqrt{\frac{p(1-p)}{n}}} \sim N(0, 1)$$

에 따르는 것을 이미 살펴보았다. 그러므로 귀무가설 $H_0 : p = p_0$가 참이라는 조건 아래서

$$Z = \frac{\hat{p} - p_0}{\sqrt{\dfrac{p_0(1-p_0)}{n}}} \sim N(0,\ 1)$$

이고, Z 검정통계량의 분모와 분자에 각각 n을 곱하면 관찰된 성공횟수에 대한 Z 통계량을 이용하여 다음과 같이 표현이 가능하다.

$$Z = \frac{X - np_0}{\sqrt{np_0(1-p_0)}} \sim N(0,\ 1)$$

따라서 모비율에 대한 귀무가설 $H_0 : p = p_0$에 대한 검정을 위하여 Z 검정통계량

$$Z = \frac{\hat{p} - p_0}{\sqrt{p_0(1-p_0)/n}} \quad \text{또는} \quad Z = \frac{X - np_0}{\sqrt{np_0(1-p_0)}}$$

를 이용한다. 그러므로 다음과 같은 순서에 따라 귀무가설을 검정한다.

n이 클 때 모비율 p에 대한 검정법

① 귀무가설설정 − $H_0 : p = p_0$

② 검정통계량 $Z_0 = \dfrac{\hat{p} - p_0}{\sqrt{\dfrac{p_0(1-p_0)}{n}}}$ 또는 $Z_0 = \dfrac{X - np_0}{\sqrt{np_0(1-p_0)}}$

③ 가설검성 − $H_1 : p > p_0$일 때 $Z_0 \geq z_\alpha$이면 H_0을 기각한다.
$H_1 : p < p_0$일 때 $Z_0 \leq -z_\alpha$이면 H_0을 기각한다.
$H_1 : p \neq p_0$일 때 $|Z_0| \geq z_{\alpha/2}$이면 H_0을 기각한다.

예제 2

예전 공정방법으로 생산된 제품의 불량률은 0.05였다. 이제 새로운 공정방법을 도입하면 불량률이 줄어드는지 알아보고자 한다. 이를 위하여 새로운 공정방법으로 생산된 제품 가운데 100개를 임의로 추출한 결과 불량품 3개가 발견되었다. 새로운 공정방법에 의하여 불량률이 예전의 불량률보다 줄어들었는지 유의수준 5%에서 검정하라.

풀이 ① 귀무가설 $H_0 : p_0 = 0.05$와 대립가설 $H_1 : p < 0.05$를 설정한다.

② 유의수준 0.05에서 양측검정을 하므로 임곗값은 $z_{0.05} = -1.645$이고, 따라서 기각역은 $R : Z \leq -1.645$이다.

③ 검정통계량과 분포를 선정한다.

$$Z = \frac{X - np_0}{\sqrt{np_0(1-p_0)}} \approx N(0, 1)$$

④ $n = 100$, $x = 3$, 그리고 $p_0 = 0.05$이므로 Z 통계량의 관찰값은 다음과 같다.

$$z_0 = \frac{3 - 100 \cdot (0.05)}{\sqrt{100 \cdot (0.05) \cdot (0.95)}} = -0.9177 > -1.645$$

⑤ $z_0 = -0.9177 > -1.645$이므로 귀무가설 H_0를 기각할 수 없다. 즉 새로운 공정 방법에 의하여 불량률을 개선시켰다고 할 수 없다.

EXERCISE 연/습/문/제 8.3

01 컴퓨터 시뮬레이션을 이용하여 숫자 '0'과 '1'을 임의로 5,000개를 생성한 결과, 2,566개의 숫자 '0'이 나왔다고 한다. 이때 숫자 '0'이 나올 가능성이 0.5라는 주장에 대하여 p-값을 구하고, 유의수준 5%와 10%에서 양측검정하라.

02 전동장치의 주요 결점은 외부적인 영향에 의한 일시적인 것으로 70%가 어떤 특정한 원인에 있다고 생각한다. 이것을 알아보기 위하여, 200개의 결점을 조사한 결과 151개의 결점이 특정한 원인에 의하여 생긴 것으로 판명되었다. 이때 특정한 원인에 의한 결점이 70%라는 주장에 대하여

(1) 유의수준 5%에서 양측검정하라.

(2) p-값을 구하고, 유의수준 5%에서 양측검정을 하라.

03 한국금연운동협의회에 따르면 전국의 20세 이상 성인 남자의 흡연율은 55.1%로 2001년 69.9%에 비해 14.8%포인트 감소했다고 주장하였다. 이러한 주장에 대한 진위 여부를 확인하기 위하여 850명의 20세 이상 성인 남자를 조사한 결과 503명이 흡연하는 것으로 조사되었다면, 흡연율이 55.1%라는 주장에 타당성이 있는지 다음 방법에 의하여 유의수준 1%에서 검정하라.

04 우리나라 남아의 출생률이 52.4%라는 주장이 공공연하게 제기되고 있다. 이에 이러한 주장을 증명하기 위하여 산부인과 병원에서 무작위로 선정한 25명의 신생아를 조사한 결과 14명이 남자아이였다. 다음 방법에 의하여 남아의 출생률이 52.4%라는 주장을 유의수준 5%에서 검정하라.

05 어떤 특정한 국가 정책에 대한 여론의 반응을 알아보기 위하여 900명을 상대로 여론조사한 결과 510명이 이 정책을 찬성하였다. 이 결과를 이용하여 국민의 절반이 이 정책을 지지한다고 할 수 있는지 유의수준 5%에서 검정하라.

06 문제 5에서 90명을 상대로 여론조사한 결과 51명이 이 정책을 찬성하였다면, 어떠한 결과가 나오는지 동일한 방법으로 검정하라.

8.4 모분산의 검정

모평균 μ를 알 때와 모를 때로 나누어서 모분산의 검정에 대하여 살펴보자.

8.4.1 모평균 μ를 알 때의 모분산 σ^2의 검정

귀무가설 $H_0 \ : \sigma^2 = \sigma_0^2$을 검정한다고 할 때 이 검정을 모분산의 검정이라고 한다. 모분산 σ^2 검정에서는 추정량으로 χ^2 통계량을 이용하는데, 이를 위해서는 χ^2 통계량의 분포를 알아야 한다.

정규모집단 $N(\mu, \sigma^2)$에서 모평균 μ를 알고 있을 때, χ^2 통계량

$$\chi^2 = \frac{\sum_{i=1}^{n}(X_i - \mu)^2}{\sigma^2}$$

은 자유도가 n인 카이제곱분포를 한다. 그러므로 귀무가설이 참이라는 가설하에 얻은 검정통계량을 이용하여 모분산 σ^2에 대한 검정법을 요약하면 다음과 같다.

모평균이 알려진 경우 모분산 σ^2에 대한 검정법

① 귀무가설 설정 – $H_0 \ : \sigma^2 = \sigma_0^2$

② 검정통계량 – $\chi_0^2 = \dfrac{\sum_{i=1}^{n}(X_i - \mu)^2}{\sigma_0^2}$

③ 가설검정 – $H_1 : \sigma^2 > \sigma_0^2$일 때 $\chi_0^2 \geq \chi_{\alpha}^2(n)$이면 H_0을 기각한다.

$H_1 : \sigma^2 < \sigma_0^2$일 때 $\chi_0^2 \leq \chi_{1-\alpha}^2(n)$이면 H_0을 기각한다.

$H_1 : \sigma^2 \neq \sigma_0^2$일 때 $\chi_0^2 \geq \chi_{\frac{\alpha}{2}}^2(n)$이거나 $\chi_0^2 \leq \chi_{1-\frac{\alpha}{2}}^2(n)$이면 H_0을 기각한다.

8.4.2 모평균 μ를 모를 때의 모분산 σ^2의 검정

정규모집단 $N(\mu, \sigma^2)$에서 모평균 μ를 모를 때의 모분산 σ^2 검정에 이용되는 χ^2 통계량

$$\chi^2 = \frac{(n-1)S^2}{\sigma^2}$$

은 자유도가 $n-1$인 카이제곱분포를 한다. 그러므로 귀무가설이 참이라는 가설하에 얻은 검정통계량을 이용하여 모분산 σ^2에 대한 검정법을 요약하면 다음과 같다.

모평균이 알려지지 않은 경우 모분산 σ^2에 대한 검정법

① 귀무가설 설정 − $H_0 : \sigma^2 = \sigma_0^2$

② 검정통계량 − $\chi_0^2 = \dfrac{(n-1)S^2}{\sigma_0^2}$

③ 가설검정 − $H_1 : \sigma^2 > \sigma_0^2$일 때 $\chi_0^2 \geq \chi_\alpha^2(n-1)$이면 H_0을 기각한다.

$H_1 : \sigma^2 < \sigma_0^2$일 때 $\chi_0^2 \leq \chi_{1-\alpha}^2(n-1)$이면 H_0을 기각한다.

$H_1 : \sigma^2 \neq \sigma_0^2$일 때 $\chi_0^2 \geq \chi_{\frac{\alpha}{2}}^2(n-1)$이거나

$\chi_0^2 \leq \chi_{1-\frac{\alpha}{2}}^2(n-1)$이면 H_0을 기각한다.

예제 1

어떤 품질 특성을 개선하기 위하여 시험품을 만들어 보았는데 분산이 변화하는 문제가 발생하였다. 시험품으로 만든 제품들 가운데 임의로 10개의 제품을 추출하여 특성값을 측정한 결과는 다음과 같다.

0.3	−0.1	−0.5	0.1	−0.3	0.2	0.4	−0.1	0.5	0.1

품질의 특성을 개선하기 이전의 모분산 $\sigma^2 = 0.03$과 차이가 있다고 할 수 있는지를 유의수준 5%에서 검정하라.

풀이 위 검정의 기본 원리에 따라 하면 다음과 같이 요약할 수 있다.

① $H_0 : \sigma^2 = 0.03$

$H_1 : \sigma^2 \neq 0.03$

② $\overline{X} = \dfrac{1}{10}(0.3 - 0.1 + \cdots + 0.1) = 0.06$

$$S^2 = \frac{1}{10-1}[(0.3-0.06)^2 + (-0.1-0.06)^2 + \cdots + (0.1-0.06)^2]$$

$$= 0.09$$

검정통계량 : $\chi_0^2 = \dfrac{9 \times 0.09}{0.03} = 27$

③ $\alpha = 0.05$이므로 $\chi_{0.025}^2(9) = 19.02$ 이거나 $\chi_{0.975}^2(9) = 2.70$이다.

④ $\chi_0^2 = 27 > \chi_{0.025}^2(9) = 19.02$이므로 H_0를 기각한다. 따라서 시험품으로 만든 제품의 품질 특성은 개선하기 이전의 모분산과 차이가 있다고 할 수 있다.

EXERCISE 연/습/문/제 8.4

01 정규모집단으로부터 크기 25인 표본을 추출하여 조사한 결과 표본분산 49를 얻었다. 모분산이 55라고 할 수 있는지 유의수준 $\alpha = 0.1$에서 검정하라.

02 자동차 배터리 제조업자는 자신의 회사에서 생산된 배터리 수명은 표준편차가 0.9년이라고 주장한다. 이를 확인하기 위하여 임의로 배터리 10개를 수거하여 조사한 결과, 표준편차가 1.2년이라는 결론을 얻었다. 이 회사에서 생산된 배터리 수명의 표준편차가 0.9년보다 크다고 할 수 있는지 유의수준 5%에서 검정하라.

03 전국 고3 남학생들의 집합을 모집단으로 하여 신장을 조사해보니 신장의 모분산이 36이었다. 어느 학교 고3 남학생 전체를 모집단으로 하여 이 학교 고3 남학생 가운데 임의로 12명을 추출하여 표본분산을 구해보니 16.48이었다. 이 학교 고3 남학생의 모분산도 36 정도라고 할 수 있는지를 유의수준 5%로 검정하라.

04 전자상가에 있는 10곳의 캠코더 판매점을 둘러본 결과, 동일한 제품의 캠코더 가격이 다음과 같이 다르게 나타났다. 판매상에 의하면 전체 캠코더 판매액이 정규분포에 따른다고 한다.

(단위 : 천원)

938.8	952.0	946.8	958.8	948.4	950.0	953.8	928.8	947.5	936.2

(1) 표본평균과 표본분산을 구하라.
(2) 모표준편차가 11.2천원인지 유의수준 5%에서 검정하라.

05 정규모집단으로부터 크기 16인 표본을 추출하여 조사한 결과 표본분산 0.9를 얻었다.

(1) 모분산이 0.5보다 큰지를 검정하기 위한 귀무가설과 대립가설을 설정하라.

(2) 유의수준 $\alpha = 0.05$를 이용하여 기각역을 구하라.

(3) 검정통계량의 관측값을 구하라.

(4) 1% 유의수준에서 (1)의 귀무가설을 채택할 것인지, 기각할 것인지 결정하라.

06 어느 음료제조회사에서 생산되는 음료수 팩에 들어있는 순수 용량은 평균 1리터, 분산은 0.42리터 이상이라고 주장한다. 이것을 확인하기 위하여 25개 상점에서 각각 1개씩 이 음료수를 임의로 수거하여 측정한 결과 분산 0.81리터인 것으로 조사되었다. 음료회사의 주장이 타당한지 유의수준 1%에서 검정하라. 단, 이 회사에서 제조되는 음료수의 양은 정규분포에 따른다고 한다.

8.5 적합도검정

지금까지 양적 자료에 대한 가설을 검정하는 방법을 살펴보았다. 이제 설문조사 등에서 많이 사용하는 '예', '아니오' 또는 '모름' 등과 같은 답변을 유도하는 범주형 자료에 적합한 검정방법을 살펴본다. 예를 들어 유권자 1,000명을 대상으로 이번 선거에 투표를 하겠느냐는 질문에 '예' 또는 '아니오' 두 가지로 응답한다고 하자. 이때 '예'라고 응답하는 사건을 A, '아니오'라고 응답하는 사건을 B라 하고, $P(A)=p_1$, $P(B)=p_2$라 하자. 그러면 귀무가설 $H_0 : p=0.675$에 대한 대립가설 $H_1 : p \neq 0.675$에 대하여 검정하는 방법을 생각한다. 이 경우에 H_0가 참이라는 가정 아래 1,000명의 유권자를 대상으로 투표에 응하겠다는 유권자의 기댓값은 675명이라고 할 수 있다.

이와 같이 귀무가설이 참일 때 이론적으로 기대되는 도수를 기대도수(expected frequency)라 하며, 크기 n인 표본에 대하여 $H_0 : p_1 = p_{10}$이 참이라면 기대도수는 $e_1 = np_{10}$이고, $H_1 : p_1 \neq p_{10}$이 참이라면 기대도수는 $e_2 = np_{20}(p_{20} = 1 - p_{10})$이다. 한편 1,000명 가운데 실제 투표를 실시한 유권자 수가 658명이라 하면 유권자 가운데 342명이 투표에 참여하지 않았으므로 '아니오'는 342명이 된다. 이와 같이 이론적인 기대도수에 대하여 실제로 실험이나 관측에 의해 얻어진 도수를 관측도수(observed frequency)라 한다. 이때 실험 또는 관찰로부터 얻은 관측도수와 기대도수가 어느 정도로 일치하는가를 나타내는 값을 적합도(goodness of fit)라 하며, 관측값들이 어느 정도로 이론적인 분포에 따르고 있는지를 검정하는 것을 적합도검정(goodness-of-fit test)이라 한다. 이것을 표 1과 같이 요약할 수 있다.

▼ 표 1

가능한 응답	A	B	합계
기대확률	p_{10}	$p_{20}=1-p_{10}$	1
기대도수	$e_1=np_{10}$	$e_2=np_{20}$	n
관찰도수	$n_1=x$	$n_2=n-x$	n

그러면 이와 같은 경우 8.3절에서 소표본에 대해 이항분포를 이용하여 검정하였고, 대표본에 대하여 정규분포를 이용하여 검정하는 방법을 살펴보았다. 그러나 이러한 적합도에 대한 검정은 두 가지 출현결과를 갖는 하나의 표본뿐 아니라 여러 개의 출현결과를 갖는 다표본의 경우로 일반화하여 카이제곱분포를 이용하여 근사적으로 검정할 수 있다. 특히 점근적으로 정규분포를 이루는 검정통계량의 제곱은 자유도 1인 카이제곱분포를 이루므로

$$\begin{aligned}\chi^2 &= \frac{(x-np_{10})^2}{np_{10}(1-p_{10})} = \frac{(x-np_{10})^2}{np_{10}} + \frac{(x-np_{10})^2}{n(1-p_{10})} \\ &= \frac{(x-np_{10})^2}{np_{10}} + \frac{[(n-x)-n(1-p_{10})]^2}{n(1-p_{10})} \\ &= \frac{(n_1-e_1)^2}{e_1} + \frac{(n_2-e_2)^2}{e_2}\end{aligned}$$

이다. 이때 χ^2 검정통계량은 H_0가 참이라는 조건 아래서 기대도수와 관측도수 사이의 불일치 정도를 나타내며, 또한 자유도는 항목 '예'와 '아니오'의 수보다 1만큼 작은 수가 되는 것을 알 수 있다. 한편 이항분포의 연속성을 수정하기 위하여

$$\chi^2 = \frac{(n_1-e_1-0.5)^2}{e_1} + \frac{(n_2-e_2-0.5)^2}{e_2}$$

을 사용하여 좀 더 정확한 결과를 얻을 수 있다. 이때 유의수준 α에 대하여 관찰값이 χ_0^2일 때 $\chi_0^2 > \chi_\alpha^2(1)$이면 귀무가설 $H_0 : p_1 = p_{10}$을 기각한다.

이와 같은 χ^2 검정통계량은 k개의 범주를 갖는 다변량분포로 확장할 수 있으며, r 표본 이항분포로 일반화될 수도 있다. 우선 k개의 범주 A_1, A_2, $\cdots$, A_k에 대하여 $P(A_i) = p_i(p_1 + \cdots + p_k = 1)$라 하자. 그리고 표 2와 같이 크기 n인 표본에 대하여 범주 A_i의 관측도수를 n_i라 하면 $n_1 + \cdots + n_k = n$이다.

이때 귀무가설 $H_0 : p_1 = p_{10}$, $p_2 = p_{20}$, $\cdots$, $p_k = p_{k0}$에 대한 귀무가설 '$H_1 : H_0$가 아니다'를 검정한다고 하자. 그러면 각 범주의 기대도수는 $e_i = np_{i0}$이고, 이 경우 귀무가설을 검정하기 위하여 사용되는 χ^2 검정통계량은

▼ 표 2

범주	도수	확률
1	n_1	p_1
2	n_2	p_2
⋮	⋮	⋮
k	n_k	p_k
합계	n	1

$$\chi^2 = \sum_{i=1}^{k} \frac{(n_i - e_i)^2}{e_i}$$

이다. 특히 귀무가설 H_0이 참이라 할 때 표본 수가 충분히 크면 χ^2 통계량은 범주의 수보다 1만큼 작은 자유도 $k-1$을 갖는 카이제곱분포를 이룬다. 그러므로 표본이 충분히 큰 경우에 귀무가설 H_0을 검정하기 위하여 자유도 $k-1$을 갖는 카이제곱분포에 따르는 χ^2 통계량을 사용하며, 유의수준 α에 대하여 관찰값이 χ_0^2일 때 $\chi_0^2 > \chi_\alpha^2(k-1)$이면 귀무가설 H_0을 기각한다. 그러므로 범주가 2개인 이항분포 또는 k개인 다변량분포에 대한 적합도검정을 실시하기 위하여 i번째 범주의 관측도수 o_i와 기대도수 e_i에 대하여 위와 같은 χ^2 통계량을 이용하며, 항상 상단측검정을 실시한다.

(1) 귀무가설 $H_0 : p_1 = p_{10},\ p_2 = p_{20},\ \cdots,\ p_k = p_{k0}$와 대립가설 '$H_1 : H_0$가 아니다'를 설정한다.

(2) 검정통계량 $\chi^2 = \sum_{i=1}^{k} \frac{(n_i - e_i)^2}{e_i}$을 선택한다.

(3) 유의수준 α를 정한다.

(4) 확률분포와 유의수준 α에 대한 기각역 $\chi^2 > \chi_\alpha^2(k-1)$을 구한다.

(5) 표본으로부터 검정통계량의 관찰값 χ_0^2을 구하고, $\chi_0^2 > \chi_\alpha^2(k-1)$이면 H_0를 기각한다.

예제 1

주사위를 60번 던져서 표 3과 같은 결과를 얻었다.

(1) 2의 눈이 나올 가능성이 1/6이라 할 수 있는지 유의수준 0.05에서 검정하라.

(2) 이 주사위가 공정하게 만들어졌는지 유의수준 0.05에서 검정하라.

▼ 표 3

주사위의 눈	1	2	3	4	5	6	합
관찰도수	13	4	10	15	9	9	60

풀이 (1) 우선 2의 눈이 나올 가능성이 1/6이라 할 수 있는지 유의수준 0.05에서 검정하여 보자.

① 귀무가설 $H_0 : p = 1/6$과 대립가설 $H_1 : p \neq 1/6$을 설정한다.

② χ^2 통계량 $\chi^2 = \dfrac{(n_1 - e_1)^2}{e_1} + \dfrac{(n_2 - e_2)^2}{e_2}$을 선택한다.

③ 유의수준 $\alpha = 0.05$에 대한 기각역은 $\chi^2 > \chi^2_{0.05}(1) = 3.84$이다.

④ χ^2 통계량의 관찰값은 다음 표와 같이 $\chi_0^2 = 4.32$이다.

▼ 표 4

범주	관찰도수 (n_i)	비율 (p_i)	기대도수 $(e_i = np_i)$	$n_i - e_i$	$(n_i - e_i)^2$	$\dfrac{(n_i - e_i)^2}{e_i}$
1	4	1/6	10	−6	36	3.6
2	56	5/6	50	6	36	0.72
합계	$n = 60$	1.00	60	0		4.32

⑤ 관찰값이 $\chi_0^2 = 4.32 > 3.84$이므로 H_0을 기각한다. 즉 2의 눈이 나올 가능성이 1/6이라 할 수 없다.

(2) 이제 이 주사위가 공정하게 만들어졌는지, 다시 말해서 모든 눈이 나올 가능성이 1/6로 동일한지 검정해보자.

① 귀무가설과 대립가설을 설정한다.

$$H_0 : p_1 = \frac{1}{6},\ p_2 = \frac{1}{6},\ p_3 = \frac{1}{6},\ p_4 = \frac{1}{6},\ p_5 = \frac{1}{6},\ p_6 = \frac{1}{6}$$

H_1 : H_0가 아니다.

② χ^2 통계량 $\chi^2 = \displaystyle\sum_{i=1}^{6} \frac{(n_i - e_i)^2}{e_i}$을 선택한다.

③ 주사위가 공정하게 만들어졌다면 각각의 눈이 나올 기대비율은 1/6이므로, 눈의 수 i가 나올 확률을 p_i라 하면 $p_i = 1/6 (i = 1, 2, \cdots, 6)$이다. 또한 주사위를 60번 던지면 각각의 눈이 나올 기대도수는 각각 $e_i = 10$ $(i = 1, 2, \cdots, 6)$이다. 또한 범주의 수가 6개이므로 자유도는 5이고, 따라서 유의수준 $\alpha = 0.05$에 대한 기각역은 $\chi^2 > \chi^2_{0.05}(5) = 11.07$이다.

④ χ^2 통계량의 관찰값은 표 5와 같이 $\chi_0^2 = 7.2$이다.

▼ 표 5

범주	관찰도수 (n_i)	비율 (p_i)	기대도수 $(e_i = np_i)$	$n_i - e_i$	$(n_i - e_i)^2$	$\frac{(n_i - e_i)^2}{e_i}$
1	13	1/6	10	3	9	0.9
2	4	1/6	10	−6	36	3.6
3	10	1/6	10	0	0	0
4	15	1/6	10	5	25	2.5
5	9	1/6	10	−1	1	0.1
6	9	1/6	10	−1	1	0.1
합계	$n = 60$	1.00	60	0		7.2

⑤ 관찰값이 $\chi_0^2 = 7.2 < 11.07$이므로 귀무가설을 채택한다. 다시 말해서 실험결과로부터 공정한 주사위가 아니라는 근거가 없다.

EXERCISE 연/습/문/제 8.5

01 52장의 카드에서 복원추출에 의하여 36장의 카드를 뽑은 결과 다음과 같았다. 카드의 종류가 나올 확률이 동일한지 유의수준 5%에서 검정하라.

카드 종류	스페이드	하트	다이아몬드	클로버
관찰 횟수	6	8	9	13

02 전국적으로 발생하는 교통사고건수가 요일별로 동일한지를 살펴보기 위하여 지난해 1년 동안 발생한 교통사고건수를 조사한 결과 다음 표와 같았다. 유의수준 5%에서 요일별 사고건수가 동일한지에 대하여 검정하라.

요일	월	화	수	목	금	합계
건수	86	56	51	55	72	320

03 15세 이상 24세 이하 청소년이 고민하는 문제에 대하여 2008년도 통계청 자료에 따르면 다음 표와 같다. 최근 300명의 청소년을 대상으로 결과에 대하여 청소년들의 고민하는 문제에 변화가 있는지 유의수준 1%에서 조사하라.

분류	직업	공부	외모	가정환경	용돈부족	기타
통계청 조사결과(%)	24.1	38.5	12.7	5.1	5.2	14.4
최근 조사결과(명)	96	93	36	19	24	32

04 유전학에서 어떤 꽃은 빨간색과 노란색, 그리고 흰색인 꽃잎을 지며, 비율은 각각 1/4, 1/4, 1/2이라고 한다. 이것을 확인하기 위하여 40송이의 꽃을 조사한 결과 빨간색 5송이, 노란색 15송이, 그리고 흰색 20송이인 것을 확인하였다. 유의수준 10%에서 이러한 가설을 검정하라. 한편 빨간색과 노란색, 그리고 흰색인 꽃잎의 비율이 2/8, 3/8, 3/8인지 유의수준 10%에서 검정하라.

8.6 독립성검정

몸무게와 키의 경우와 같이 서로 다른 두 가지 속성 A와 B로 모집단이 각각 서로 배반인 k개의 범주 $A_1, A_2, \cdots, A_k$ 그리고 r개의 범주 $B_1, B_2, \cdots, B_r$인 범주로 구성되어 있다고 하자. 그리고 $A_i \cap B_j$의 확률을

$$p_{ij} = P(A_i \cap B_j), \ i = 1, 2, \cdots, k, \ j = 1, 2, \cdots, r$$

이라 하자. 그러면 두 종류의 속성에 대한 범주들의 공통부분 $A_i \cap B_j$에 대한 모비율은 다음과 같은 분할표를 이용하여 나타낼 수 있다.

▼ 표 1

A \ B	B_1	B_2	$\cdots$	B_r	합
A_1	p_{11}	p_{12}	$\cdots$	p_{1r}	$p_{1.}$
A_2	p_{21}	p_{22}	$\cdots$	p_{2r}	$p_{2.}$
$\vdots$	$\vdots$	$\vdots$	$\cdots$	$\vdots$	$\vdots$
A_k	p_{k1}	p_{k2}	$\cdots$	p_{kr}	$p_{k.}$
합	$p_{.1}$	$p_{.2}$	$\cdots$	$p_{.r}$	1

여기서 $p_{i.} = P(A_i) = \sum_{j=1}^{r} p_{ij}$, $p_{.j} = P(B_j) = \sum_{i=1}^{k} p_{ij}$이다. 이때 두 속성 A와 B가 독립인지 아닌지 검정하는 방법을 독립성검정(test of independence)이라 한다. 즉 귀무가설

$$H_0 : P(A_i \cap B_j) = P(A_i)P(B_j), \quad i = 1, 2, \cdots, k, \quad j = 1, 2, \cdots, r$$

또는

$$H_0 : p_{ij} = p_{i.}p_{.j}, \quad i = 1, 2, \cdots, k, \quad j = 1, 2, \cdots, r$$

을 검정하는 것을 독립성검정이라 하고, 이때 대립가설은 '$H_1 : H_0$가 아니다'이다. 이제 귀무가설을 검정하기 위하여 통계실험을 n번 독립적으로 반복하여 표 2와 같은 관측도수를 얻었다고 하자.

▼ 표 2

A \ B	B_1	B_2	$\cdots$	B_r	합
A_1	n_{11}	n_{12}	$\cdots$	n_{1r}	$n_{1.}$
A_2	n_{21}	n_{22}	$\cdots$	n_{2r}	$n_{2.}$
$\vdots$	$\vdots$	$\vdots$	$\cdots$	$\vdots$	$\vdots$
A_k	n_{k1}	n_{k2}	$\cdots$	n_{kr}	$n_{k.}$
합	$n_{.1}$	$n_{.2}$	$\cdots$	$n_{.r}$	N

여기서 $n_{i.} = \sum_{j=1}^{r} n_{ij}$, $n_{.j} = \sum_{i=1}^{k} n_{ij}$이다. 그러면 귀무가설 H_0이 참이라고 할 때 $p_{i.}$와 $p_{.j}$에 대한 최대우도추정은 각각

$$\hat{p}_{i.} = \frac{n_{i.}}{N},\ \hat{p}_{.j} = \frac{n_{.j}}{N},\ i = 1,\ 2,\ \cdots,\ k,\ j = 1,\ 2,\ \cdots,\ r$$

이고, 따라서 합동표본비율 $\hat{p}_{ij}$는 다음과 같다.

$$\hat{p}_{ij} = \hat{p}_{i.}\,\hat{p}_{.j} = \frac{n_{i.}}{N}\frac{n_{.j}}{N},\ i = 1,\ 2,\ \cdots,\ k,\ j = 1,\ 2,\ \cdots,\ r$$

그리고 이 경우에 $A_i \cap B_j$의 기대도수는 다음과 같이 추정된다.

$$\hat{e}_{ij} = N\hat{p}_{ij} = N\hat{p}_{i.}\,\hat{p}_{.j} = \frac{n_{i.}\,n_{.j}}{N}$$

그러면 적합도검정과 동일한 방법으로 귀무가설 H_0가 참이라는 조건 아래서 관찰도수 n_{ij}와 기대도수 $\hat{e}_{ij}$의 일치성을 측정하기 위한 χ^2 통계량을 사용하며, 이때 자유도 $(k-1)(r-1)$인 카이제곱분포를 사용한다. 그러므로 유의수준 α에 대한 기각역은 $\chi^2 > \chi^2_\alpha[(k-1)(r-1)]$이고, 검정통계량은 다음과 같다.

$$\chi^2 = \sum_{i=1}^{k}\sum_{j=1}^{r}\frac{(n_{ij}-\hat{e}_{ij})^2}{\hat{e}_{ij}}$$

예제 1

어떤 회사가 세 종류의 신상품 A, B, C를 개발하여 소비자들이 어떤 종류의 신상품을 더 좋아하는지의 선호도가 남녀 간에 상관관계가 있는지를 알아보기 위하여 200명을 임의로 추출하여 표 3을 얻었다. 이 자료로부터 신상품에 대한 선호도와 성별은 서로 독립이라고 할 수 있는지 유의수준 5%에서 검정하라.

▼ 표 3

신상품 / 성별	A	B	C	합
남	10	50	20	80
여	20	40	60	120
합	30	90	80	200

풀이

① 귀무가설과 대립가설을 설정한다.

$H_0 : p_{ij} = p_i\, p_j,\ i=1,\ 2,\ j=1,\ 2,\ 3,\ H_1 : H_0$가 아니다.

② χ^2 통계량 $\chi^2 = \sum_{i=1}^{2}\sum_{j=1}^{3}\frac{(n_{ij}-\hat{e}_{ij})^2}{\hat{e}_{ij}}$을 선택한다.

③ $r=3,\ k=2$이므로 자유도는 $(3-1)(2-1)=2$이고, 따라서 유의수준 $\alpha=0.05$에 대한 기각역은 $\chi^2 > \chi^2_{0.05}(2)=5.99$이다.

④ H_0가 참이라는 조건 아래서 추정기대도수를 구한다.

$$\hat{e}_{11} = \frac{n_{1.}n_{.1}}{N} = \frac{80\cdot 30}{200} = 12,\quad \hat{e}_{12} = \frac{n_{1.}n_{.2}}{N} = \frac{80\cdot 90}{200} = 36,$$

$$\hat{e}_{13} = \frac{n_{1.}n_{.3}}{N} = \frac{80\cdot 80}{200} = 32,\quad \hat{e}_{21} = \frac{n_{2.}n_{.1}}{N} = \frac{120\cdot 30}{200} = 18,$$

$$\hat{e}_{22} = \frac{n_{2.}n_{.2}}{N} = \frac{120\cdot 90}{200} = 54,\quad \hat{e}_{23} = \frac{n_{2.}n_{.3}}{N} = \frac{120\cdot 80}{200} = 48$$

▼ 표 4 괄호 안의 수는 관찰도수

추정기대도수 $(\widehat{e_{ij}})$	신상품 A	신상품 B	신상품 C
남자	12 (10)	36 (50)	32 (20)
여자	18 (20)	54 (40)	48 (60)

그러면 χ^2 통계량의 관찰값은 표 5와 같이 $\chi_0^2 = 17.12$이다.

▼ 표 5

표본	범주	관찰도수 (n_{ij})	기대도수 $(\widehat{e_{ij}})$	$n_{ij}-\widehat{e_{ij}}$	$(n_{ij}-\widehat{e_{ij}})^2$	$\frac{(n_{ij}-\widehat{e_{ij}})^2}{\widehat{e_{ij}}}$
남자	A	10	12	−2	4	0.33
	B	50	36	14	196	5.44
	C	20	32	−12	144	4.50
여자	A	20	18	2	4	0.22
	B	40	54	−14	196	3.63
	C	60	48	12	144	3.00
합계		200				17.12

⑤ 관찰값이 $\chi_0^2 = 17.12 > 5.99$이므로 H_0를 기각한다. 즉 선호도와 성별은 독립이라고 할 수 없다.

EXERCISE 연/습/문/제 8.6

01 경제형편에 따라 쇼핑장소에 차이가 있는지를 살펴보기 위해 설문조사를 한 결과 다음과 같은 자료를 얻었다. 이때 경제사정과 쇼핑장소의 선택이 서로 독립인지를 유의수준 $\alpha = 0.05$에서 검정하라.

쇼핑장소 \ 경제형편	상류층	중류층	하류층	합
백화점	30	20	10	60
대형할인매장	20	40	40	100
재래시장	10	10	20	40
합	60	70	70	200

02 혈액형과 눈의 색상 사이에 어떤 관련성이 있는지를 알아보기 위해 400명을 임의로 조사한 결과 다음과 같이 분류되었다. 이 자료를 이용하여 유의수준 5%에서 혈액형과 눈의 색상이 독립인지 검정하라.

눈의 색상 \ 혈액형	A	B	O	AB	합
푸른색	95	40	80	25	240
갈색	65	50	40	5	160
합	160	90	120	30	400

03 어느 지역사회에서 360명을 임의로 선정하여 정치적 성향과 나이에 따라 분류한 결과 다음과 같았다. 정치적 성향과 나이가 독립이라는 가설을 유의수준 5%에서 검정하라.

정치적 성향 \ 나이	20~35	35~50	51 이상	합
보수	10	40	10	60
중도	80	85	45	210
진보	45	25	20	90
합	135	150	75	360

CHAPTER

09 상관분석과 회귀분석

학습목표

- 둘 또는 그 이상의 변량 사이에 존재하는 어떤 상호 종속적인 관계나 그 관계의 강도를 통계적으로 분석하는 방법인 상관분석의 개념과 원리에 대하여 학습한다.
- 두 변수 사이의 관계를 함수관계식으로 나타내고, 이 관계식의 정확도 등을 비롯한 여러 가지 통계적인 사실을 검토하는 통계적 분석방법인 회귀분석의 개념과 원리에 대하여 학습한다.

둘 또는 그 이상의 변량 사이에 존재하는 어떤 상호 종속적인 관계나 그 관계의 강도를 통계적으로 분석하는 방법을 상관분석(correlation analysis)이라 하는데 상관분석은 두 변수 사이에 상호의존적인 관계가 있는지에 대한 추론이 주된 목적이다. 한편 두 변수 사이의 관계를 함수관계식으로 나타내고, 이 관계식의 정확도 등을 비롯한 여러 가지 통계적인 사실을 검토하는 통계적 분석방법을 회귀분석(regression analysis)이라고 한다.

이 장에서는 상관분석의 개념과 상관계수의 추정 및 검정에 대하여 다루고, 회귀분석의 개념과 회귀계수의 추정 및 검정에 대한 내용을 살펴보고자 한다.

9.1 상관분석

보편적으로 통계적으로 다루는 많은 자료들에 있어서 어떤 단일 변량을 다루기도 하지만 둘 또는 그 이상의 변량을 다루는 경우가 무수히 많다. 예를 들어 유류값 상승과 자동차 운행거리, IQ와 학업성취도, 흡연량과 폐암발병률 또는 인기 있는 연예인을 이용한 광고와 판매량 등이다. 그리고 이들 사이의 관계를 연구함으로써 가장 경제적이면서도 최고의 효과를 내는 경영을 유도한다든지 또는 어떠한 새로운 정책에 대한 국민의 호응도를 예측하기도 한다. 이와 같이 둘 또는 그 이상의 변량 사이에 존재하는 어떤 상호 종속적인 관계나 그 관계의 강도를 통계적으로 분석하는 방법을 상관분석(correlation analysis)이라 한다. 이러한 상관분석은 두 변수 사이에 상호의존적인 관계가 있는지에 대한 추론이 주된 목적이고, 그들 사이에 구체적인 어떤 함수관계가 있는가를 파악하고자 하는 것은 아니다.

우선 두 변량 사이의 관계를 가장 쉽게 알아보는 방법으로 서로 대응하는 자료들을 좌표평면 위의 점들로 나타내는 것을 생각할 수 있다. 대응하는 두 자료를 좌표평면 위에 점으로 나타냄으로써 두 변량 사이의 관계를 대략적으로 파악할 수 있으며, 이와 같은 좌표점에 의한 그래프를 상관도(correlation diagram) 또는 산점도(scatter diagram)라고 한다. 예를 들어 고등학교 3학년 학생들의 영어와 수학, 그리고 물리성적에 대한 다음 자료를 생각해보자.

▼ 표 1

영어	72	65	90	92	80	76	86	77	67	66
수학	93	86	59	69	77	94	75	84	88	97
물리	88	82	63	72	77	96	79	88	92	95

이제 영어점수와 수학점수 그리고 수학점수와 물리점수의 상호관계를 알아보기 위하여 다음과 같이 산점도를 그리면, 수학을 잘하는 학생은 물리를 잘 하지만 영어를 못한다.

이와 같이 서로 비교되는 두 자료를 좌표평면 위에 점으로 나타냄으로써 그들 사이의 관계를 분석한다. 그리고 좀 더 정밀한 분석을 하기 위해서는 상관관계를

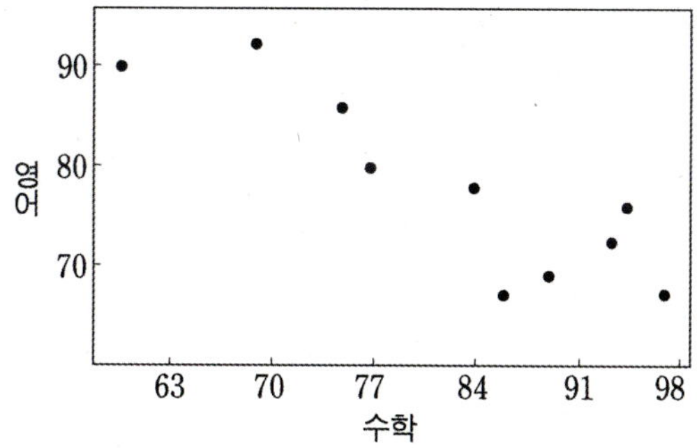

| 그림 1 | 영어와 수학점수의 산점도

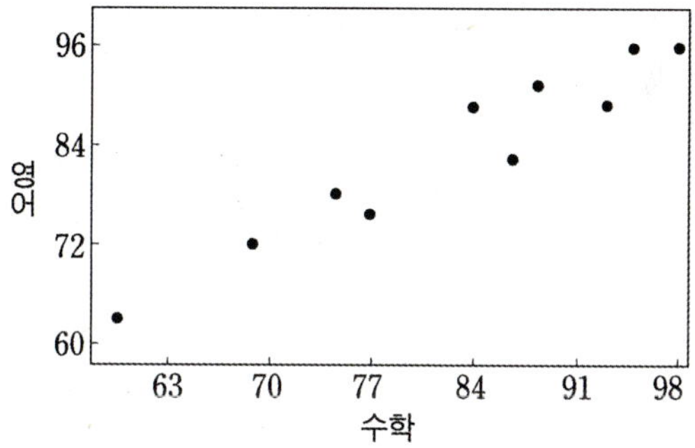

| 그림 2 | 물리와 수학점수의 산점도

하나의 수치로 나타내는 통계량이 필요하다. 상관도의 양상이 위의 그림 2와 같이 대체로 직선인 경우에는 단순상관계수(simple correlation coefficient)를 사용하며, 상관도의 모양이 곡선인 경우에는 상관비를 사용한다. 그리고 3변량 또는 그 이상의 변량 간의 상관관계를 측정하기 위해서는 편상관계수 및 중상관계수를 계산하여야 한다. 이 절에서는 두 변량 사이에 직선적인 관계를 나타내는 단순상관계수만을 다루고자 한다.

9.1.1 표본상관계수

$\boldsymbol{X} = (X, Y)$를 확률벡터라 하고,

$$-\infty < x,\ y,\ \mu_X,\ \mu_Y < \infty,\ \sigma_X,\ \sigma_Y > 0,\ -1 < \rho < 1\text{와}$$

$$q = \frac{1}{1-\rho^2}\left[\left(\frac{x-\mu_X}{\sigma_X}\right)^2 - 2\rho\left(\frac{x-\mu_X}{\sigma_X}\right)\left(\frac{y-\mu_Y}{\sigma_Y}\right) + \left(\frac{y-\mu_Y}{\sigma_Y}\right)^2\right]$$

에 대하여 X, Y의 결합확률밀도함수가

$$f(x,\ y) = \frac{1}{2\pi\sigma_X\sigma_Y\sqrt{1-\rho^2}}exp\left(-\frac{q}{2}\right)$$

일 때, 확률벡터 $\boldsymbol{X}=(X,\ Y)$는 모수 μ_X, μ_Y, σ_X, σ_Y, ρ를 갖는 이변량정규분포(bivariate normal distribution)를 이룬다 하고, $\boldsymbol{X} \sim N(\mu_X,\ \mu_Y,\ \sigma_X^2,\ \sigma_Y^2,\ \rho)$로 나타낸다. 이때, 상수 ρ는 X, Y 사이의 상관계수를 나타낸다. 모상관계수(population correlation coefficient)가 ρ인 이변량 모집단으로부터 얻은 크기 n의 확률표본을 $(X_1,\ Y_1)$, $(X_2,\ Y_2)$, $\cdots$, $(X_n,\ Y_n)$이라 할 때 X와 Y의 분산에 대한 불편추정량은 각각

$$S_X^2 = \frac{1}{n-1}\sum_{i=1}^{n}(X_i - \overline{X})^2, \quad S_Y^2 = \frac{1}{n-1}\sum_{i=1}^{n}(Y_i - \overline{Y})^2$$

이고 마찬가지로 X와 Y의 공분산에 대한 불편추정량은

$$S_{XY} = \frac{1}{n-1}\sum_{i=1}^{n}(X_i - \overline{X})(Y_i - \overline{Y})$$

이다. 또한 모상관계수는 모공분산 $\sigma_{XY} = Cov(X,\ Y)$와 모표준편차들 σ_X, σ_Y에 대하여 $\rho = \sigma_{XY}/\sigma_X\sigma_Y$이므로 ρ를 추정하기 위한 표본상관계수(sample correlation coefficient) r을 다음과 같이 정의한다.

$$r = \frac{S_{XY}}{S_X S_Y} = \frac{\sum_{i=1}^{n}(X_i - \overline{X})(Y_i - \overline{Y})}{\sqrt{\sum_{i=1}^{n}(X_i - \overline{X})^2}\sqrt{\sum_{i=1}^{n}(Y_i - \overline{Y})^2}}$$

여기서 S_{XY}는 표본으로부터 얻어진 X와 Y의 공분산이며, S_X는 X의 표본표준편차, S_Y는 Y의 표본표준편차이다.

표본상관계수는 다음과 같은 방법으로 유도된다.

(1) 두 변수의 편차를 곱해 본다. 두 변수 X, Y에 대해서, n개의 관측치들이 $(X_1,\ Y_1)$, $(X_2,\ Y_2)$, $\cdots$, $(X_n,\ Y_n)$와 같은 방식으로 주어져 있다고 하자.

그리고 X와 Y의 평균을 각각 $\overline{X}$, $\overline{Y}$라고 하자. 관측치를 하나 잡고 그 관측치의 두 편차를 곱하는 $(X_i - \overline{X})(Y_i - \overline{Y})$는 무엇을 의미할까?
다음 그림에서 중앙의 점은 평균점이다.

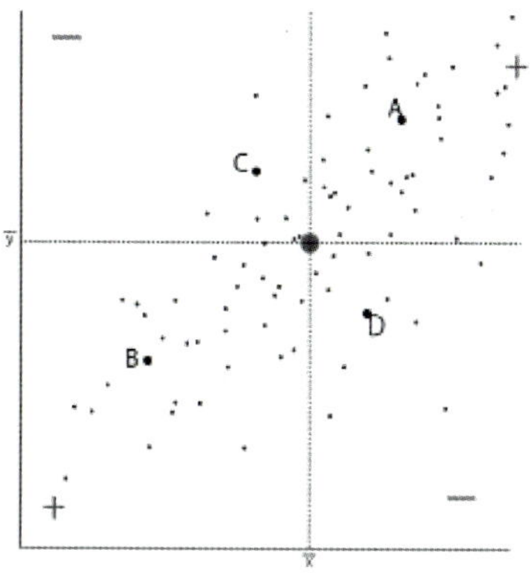

| 그림 3 | 산점도와 표본상관계수

이 평균점을 원점으로 해서, 좌표평면처럼 사분면을 생각해보자.
1사분면의 점 (A)의 경우, X, Y 값이 둘 다 평균보다 크다. 다시 말해 X 편차와 Y 편차가 둘 다 양수가 되므로, 편차의 곱도 양수가 된다. 3사분면의 점 (B)의 경우, X, Y 값이 둘 다 평균보다 작다. 다시 말해 X 편차와 Y 편차가 둘 다 음수가 되므로, 편차의 곱은 양수가 된다. 2사분면의 점 (C)의 경우, X 값은 평균보다 작고 Y 값은 평균보다 크다. 곧 X 편차는 음수이고 Y 편차는 양수이므로, 편차의 곱은 음수가 된다. 4사분면의 점 (D)의 경우, X 값은 평균보다 크고 Y 값은 평균보다 작다. 곧 X 편차는 양수이고 Y 편차는 음수이므로, 편차의 곱은 음수가 된다.

(2) 모든 관측치에 대해 (1)번과 같이 편차들을 곱하고, 이들의 평균을 구한다.

$$\frac{\sum_{i=1}^{n}(X_i - \overline{X})(Y_i - \overline{Y})}{n-1}$$

수식으로 표현하면 위와 같다.
이 값은 평균점을 원점으로 한 사분면에서, 1, 3사분면에 있는 점이 2, 4사분면에 있는 점보다 충분히 많으면 양수가 될 것이고, 반대로 2, 4사분면에 점이 충분히 더 많으면 음수가 될 것이다. 그리고 1, 3사분면, 혹은 2, 4사분면 둘 중 한쪽이 우월하면 우월할수록 절댓값은 더 커진다. 이렇게 구한 값을 '공분산'이라 한다. 공분산의 부호는 곧 두 변수 간의 관계가 양의 관계인지 음의 관계인지를 바로 말해주고, 그 강도도 일단은 수치로 표현해준다. 그렇다면 의문이 생긴다. 공분산만으로 상관관계의 방향과 강도를 알 수 있다면, 상관계수는 무엇 때문에 만들었을까?

키와 몸무게의 관계를 한번 생각해보자.

관측치의 평균점이 키 170cm, 몸무게 65kg이고, 공분산을 계산해보니 대강 10으로 나타났다고 가정하자. 공분산이 양수이므로 키와 몸무게 간에는 양의 상관관계가 있다고 할 수 있다. 그런데 같은 관측치에 대해서 키를 mm 단위로, 몸무게를 g 단위로 바꿔보면, 각 관측치는 수치상으로 엄청나게 불어난다. 가령 평균점은 무려 키 1700mm, 몸무게 65,000g이다. 물론 그 관측치가 실제로 의미하는 바는 같지만, 공분산은 1만 배로 불어난다. 똑같은 관측치인데 단위만 바꾸면 상관관계가 1만 배로 강해진다는 건 어불성설이다. 공분산을 그대로 사용할 수 없는 이유는 바로 여기 있다.

(3) (2)번에서 구한 값을, X와 Y의 표준편차로 나누어준다.

$$\frac{\sum_{i=1}^{n}(X_i-\overline{X})(Y_i-\overline{Y})/n-1}{\sqrt{\sum_{i=1}^{n}(X_i-\overline{X})^2/n-1}\sqrt{\sum_{i=1}^{n}(Y_i-\overline{Y})^2/n-1}}$$

단위 때문에 아무리 수치가 커져도, 이렇게 x와 y의 표준편차로 나누어주면 이것이 훌륭하게 보정된다. 표준편차는 분산이 증가할 때 그 제곱근만큼 따라서 증가하기 때문이다.

이것으로 단위까지 보정되는 상관계수가 완성된다. 맨 처음에 제시되었던 계산식과 달라보이지만 분모와 분자의 $(n-1)$은 상쇄되어 없어지므로

$$r=\frac{\sum_{i=1}^{n}(X_i-\overline{X})(Y_i-\overline{Y})}{\sqrt{\sum_{i=1}^{n}(X_i-\overline{X})^2}\sqrt{\sum_{i=1}^{n}(Y_i-\overline{Y})^2}}$$

와 같다.

표본상관계수 r은 X와 Y 사이의 직선적인 관계가 어느 정도 있는가를 나타내는 특성값으로 $-1 \leq r \leq 1$이다. 그리고 $r=0$이면 두 변량 X와 Y는 무상관이라 하고, $0<r<1$일 때 두 변량은 양의 상관이 있다고 한다. 또한 $-1<r<0$이면 두 변량은 음의 상관이 있다고 하고, 상관계수가 1에 가까울수록 깊은 양의 상관관계를 가지며, -1에 가까울수록 깊은 음의 상관관계를 갖는다. 특히 $r=1$이면 두 변량 X와 Y는 양의 완전상관이 있다고 하고 $r=-1$이면 음의 완전상관이라고 한다.

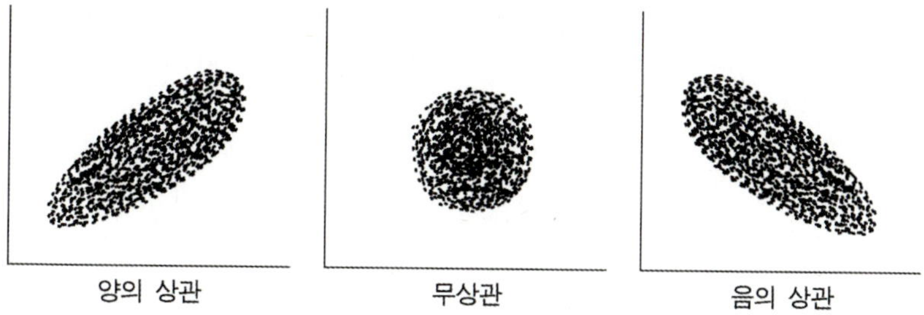

| 그림 4 | 상관도

예제 1

어떤 반응 실험에서 원료의 첨가량(X)과 흡수율(Y)의 관계 자료 10개를 임의로 추출하여 얻은 결과가 다음과 같다.

▼ 표 2

X	12	13	14	10	11	8	10	11	12	9
Y	45	50	55	40	40	35	45	45	60	45

이때 X와 Y의 상관관계를 알아보라.

풀이 X와 Y의 합과 제곱합은 표 3과 같다.

$$\overline{X}=\frac{1}{10}\sum_{i=1}^{10}X_i=11$$

$$\overline{Y}=\frac{1}{10}\sum_{i=1}^{10}Y_i=46$$

$$S_{XY}=\frac{1}{9}\sum_{i=1}^{10}(X_i-\overline{X})(Y_i-\overline{Y})=\frac{90}{9}=10$$

$$S_X^2 = \frac{1}{9}\sum_{i=1}^{10}(X_i - \overline{X})^2 = \frac{30}{9}$$

$$S_Y^2 = \frac{1}{9}\sum_{i=1}^{10}(Y_i - \overline{Y})^2 = \frac{490}{9}$$

▼ 표 3

번호	x	y	$x-\bar{x}$	$y-\bar{y}$	$(x-\bar{x})^2$	$(y-\bar{y})^2$	$(x-\bar{x})(y-\bar{y})$
1	12	45	1	−1	1	1	−1
2	13	50	2	4	4	16	8
3	14	55	3	9	9	81	27
4	10	40	−1	−6	1	36	6
5	11	40	0	−6	0	36	0
6	8	35	−3	−11	9	121	33
7	10	45	−1	−1	1	1	1
8	11	45	0	−1	0	1	0
9	12	60	1	14	1	196	14
10	9	45	−2	−1	4	1	2
합계	110	460	0	0	30	490	90

$$S_X = \frac{\sqrt{30}}{3}, \quad S_Y = \frac{\sqrt{490}}{3}$$

그러므로 구하고자 하는 X와 Y의 표본상관계수는 다음과 같다.

$$r = \frac{S_{XY}}{S_X S_Y} = \frac{90}{\sqrt{30}\ \sqrt{490}} = 0.742$$

그리고 이 결과로부터 X와 Y는 양의 상관관계가 있음을 알 수 있다.

특히 앞에서 정의된 상관계수는 이미 살펴본 바와 같이 다음과 같은 성질을 갖는다.

성질 1

두 확률변수 X와 Y 사이의 상관계수 $\rho_{XY} = \rho(X, Y)$는 다음 성질을 만족한다.

(1) $\rho_{XY} = \rho_{YX}$

(2) $\rho(X, Y) = \begin{cases} \rho(aX+b,\ cY+d), & a,\ c\text{가 같은 부호} \\ -\rho(aX+b,\ cY+d), & a,\ c\text{가 다른 부호} \end{cases}$

(3) $\rho_{XY} = 1$일 필요충분조건은 $Y = aX + b \ (a \neq 0)$이다.

(4) X, Y가 독립이면 $\rho_{XY} = 0$이지만 역은 성립하지 않는다.

예제 2

예제 1에 주어진 자료에 대한 $\rho(X-10,\ 2Y+5)$를 구하라.

풀이 $\rho_{XY} = 0.742$이므로 $\rho(X-10,\ 2Y+5) = \rho_{XY} = 0.742$이다.

9.1.2 상관계수의 추정

이제 이변량 정규분포의 모상관계수 ρ에 대하여 추론하는 방법을 살펴보자. 모상관계수 ρ를 추정하기 위하여 표본상관계수 r을 이용하며, 특히 $\rho = 0$인 경우 표본상관계수 r의 분포곡선은 0에 대하여 대칭적이지만 정규분포는 아니다. 그러나 $\rho \neq 0$인 경우 표본상관계수 r의 분포는 표본크기 n이 클수록 대칭적이며 근사적으로 정규분포를 따른다. 즉 이변량 정규모집단으로부터 크기 n인 확률표본을 취하면 다음의 성질을 갖는다.

성질 2

모수 $(\mu_X,\ \mu_Y,\ \sigma_X^2,\ \sigma_Y^2,\ \rho)$인 이변량 정규모집단으로부터 확률표본 $(X_1,\ Y_1)$, $(X_2,\ Y_2)$, $\cdots$, $(X_n,\ Y_n)$을 취할 경우 $\rho_{XY} = 0$이면 다음 통계량

$$T = \frac{r\sqrt{n-2}}{\sqrt{1-r^2}}$$

은 자유도 $n-2$인 t분포에 따른다.

성질 3

$\rho_0 \neq 0$이 아닌 경우에 귀무가설

$$H_0 : \rho = \rho_0$$

의 검정에서는 이변량 정규모집단으로부터 표본상관계수 r을 z 변환한 통계량 $Z_r = \frac{1}{2}\ln\left(\frac{1+r}{1-r}\right)$을 이용하며, 이 통계량 Z_r은 근사적으로 $N\left(\frac{1}{2}\ln\left(\frac{1+\rho_0}{1-\rho_0}\right),\ \frac{1}{n-3}\right)$에 따른다.

예제 3

어느 개인용 컴퓨터를 제작 판매하는 회사에서는 고장 난 부품의 수와 수리하는 데 소요되는 시간에 대한 관계를 조사해보고자 한다. 고장 난 수많은 컴퓨터 가운데 25대를 임의로 추출하여 고장 난 부품 수 (X)와 소요시간(Y)을 조사한 결과는 다음과 같다.

▼ 표 4

X	1	1	1	1	2	2	2	3	3	3	3	4	4
Y	5	4	5	6	10	11	9	14	15	20	23	13	19
X	4	4	5	5	5	5	6	6	7	7	8	8	
Y	18	17	24	26	25	25	31	29	33	38	40	40	

이때 고장 난 부품 수와 그 소요시간에 대한 모상관계수 ρ의 95% 신뢰구간을 구하라.

풀이 X와 Y의 합과 제곱합은 표 5와 같다.

▼ 표 5

번호	X_i	Y_i	$X_i-\overline{X}$	$Y_i-\overline{Y}$	$(X_i-\overline{X})^2$	$(Y_i-\overline{Y})^2$	$(X_i-\overline{X})(Y_i-\overline{Y})$
1	1	5	−3	−15	9	225	45
2	1	4	−3	−16	9	256	48
3	1	5	−3	−15	9	225	45
4	1	6	−3	−14	9	196	42

▼ 표 5 (계속)

5	2	10	−2	−10	4	100	20
6	2	11	−2	−9	4	81	18
7	2	9	−2	−11	4	121	22
8	3	14	−1	−6	1	36	6
9	3	15	−1	−5	1	25	5
10	3	20	−1	0	1	0	0
11	3	23	−1	3	1	9	−3
12	4	13	0	−7	0	49	0
13	4	19	0	−1	0	1	0
14	4	18	0	−2	0	4	0
15	4	17	0	−3	0	9	0
16	5	24	1	4	1	16	4
17	5	26	1	6	1	36	6
18	5	25	1	5	1	25	5
19	5	25	1	5	1	25	5
20	6	31	2	11	4	121	22
21	6	29	2	9	4	81	18
22	7	33	3	13	9	169	39
23	7	38	3	18	9	324	54
24	8	40	4	20	16	400	80
25	8	40	4	20	16	400	80
합계	100	500	0	0	114	2934	561

$$\overline{X} = \frac{1}{25}\sum_{i=1}^{25} X_i = 4$$

$$\overline{Y} = \frac{1}{25}\sum_{i=1}^{25} Y_i = 20$$

$$S_{XY} = \frac{1}{24}\sum_{i=1}^{10}(X_i - \overline{X})(Y_i - \overline{Y}) = \frac{561}{24}$$

$$S_X^2 = \frac{1}{24}\sum_{i=1}^{10}(X_i - \overline{X})^2 = \frac{114}{24}$$

$$S_Y^2 = \frac{1}{24}\sum_{i=1}^{10}(Y_i - \overline{Y})^2 = \frac{2934}{24}$$

$$S_X = \sqrt{\frac{114}{24}}, \quad S_Y = \sqrt{\frac{2934}{24}}$$

그러므로 구하고자 하는 X와 Y의 표본상관계수는 다음과 같다.

$$r = \frac{S_{XY}}{S_X S_Y} = \frac{2561}{\sqrt{114}\sqrt{2934}} = 0.97$$

따라서 이 상관계수 r을 z 변환한 통계량의 측정값은

$$\begin{aligned} Z_r &= \frac{1}{2}\ln\left(\frac{1+r}{1-r}\right) \\ &= \frac{1}{2}\ln\left(\frac{1+0.97}{1-0.97}\right) = 2.0922 \end{aligned}$$

이며, 95% 신뢰구간의 신뢰상·하한은 $\pm z_{\alpha/2} = \pm z_{0.025} = \pm 1.96$이다. 한편 Z_r의 분산은

$$Var(Z_r) = \frac{1}{n-3} = \frac{1}{22} = 0.045$$

이므로 Z_ρ의 신뢰구간은 다음과 같이 구해진다.

$$\begin{aligned} &\left(Z_r - z_{0.025} \times \sqrt{Var}(Z_r),\ Z_r + z_{0.025} \times \sqrt{Var}(Z_r)\right) \\ &= (2.0922 - 1.96 \times \sqrt{0.045},\ 2.0922 + 1.96 \times \sqrt{0.045}) \\ &= (1.674,\ 2.51) \end{aligned}$$

따라서

$$\frac{1}{2}\ln\left(\frac{1+\rho}{1-\rho}\right) = 1.674 \Rightarrow \frac{1+\rho}{1-\rho} = e^{2\times1.674} \text{에서 } \rho = 0.93$$

이고,

$$\frac{1}{2}\ln\left(\frac{1+\rho}{1-\rho}\right) = 2.51 \Rightarrow \frac{1+\rho}{1-\rho} = e^{2\times2.51} \text{에서 } \rho = 0.99$$

이므로 모상관계수 ρ의 95% 신뢰구간은 $(0.93,\ 0.99)$이다.

9.1.3 상관계수의 검정

(1) 무상관 $\rho = 0$의 검정

귀무가설 $H_0 : \rho = 0$을 검정한다고 할 때, 이 검정을 무상관의 검정(test of no correlation)이라고 한다. 무상관의 검정에는 Z 검정과 t 검정 그리고 χ^2 검정 이외에 백분위수를 이용한 검정 등이 있으며, 각각의 검정은 통계집단의 종류 및 그 크기에 따라서 달리 사용된다. 그러므로 여러 가지 경우에 대한 무상관의 검정을

다루도록 한다.

1) Z 검정

모상관계수 ρ의 검정에 대한 검정통계량으로 추정에서와 동일하게 표본상관계수 r을 이용하며, 특히 $\rho = 0$인 이변량 정규모집단으로부터 얻은 임의의 표본에 대한 표본상관계수는

$$r = \frac{\sum_{i=1}^{n}(X_i - \overline{X})(Y_i - \overline{Y})}{\sqrt{\sum_{i=1}^{n}(X_i - \overline{X})^2}\sqrt{\sum_{i=1}^{n}(Y_i - \overline{Y})^2}}$$

와 같이 정의한다. 특히 표본크기 n이 크면 표본상관계수 r은 근사적으로 정규분포 $N\left(0, \frac{1}{n-1}\right)$에 따른다. 따라서 이것을 표준화한 Z 통계량

$$Z = \frac{r}{1/\sqrt{n-1}}$$

은 근사적으로 $N(0, 1)$에 따른다. 그러므로 이미 8장에서 살펴본 바와 같이 귀무가설 $H_0 : \rho = 0$이 참이라는 가설에 대한 검정은 Z 검정방법에 따르며, 다음과 같은 순서로 검정을 실시한다.

정규분포를 이용한 상관관계에 대한 검정

① 귀무가설 설정 : $H_0 : \rho = 0$

② 검정통계량 : $Z_0 = \frac{r}{1/\sqrt{n-1}}$

③ 가설검정 : $H_1 : \rho > 0$일 때 $Z_0 \geq z_\alpha$이면 H_0을 기각한다.
$H_1 : \rho < 0$일 때 $Z_0 \leq -z_\alpha$이면 H_0을 기각한다.
$H_1 : \rho \neq 0$일 때 $|Z_0| \geq z_{\alpha/2}$이면 H_0을 기각한다.

예제 4

크기 37인 표본의 표본상관계수가 0.2일 때 모집단은 무상관이라 할 수 있는지 유의수준 5%에서 검정하라.

풀이 위 검정방법을 따라 하면 다음과 같이 요약할 수 있다.

① 가설 설정 : $H_0 : \rho = 0$, $H_1 : \rho \neq 0$

② 검정통계량 : $Z_0 = \dfrac{0.2}{1/\sqrt{37-1}} = 1.2$

③ $\alpha = 0.05$ 이므로 $z_{0.025} = 1.96$이다.

④ $Z_0 = 1.2 < z_{0.025} = 1.96$이므로 H_0를 기각하지 못한다. 따라서 모집단이 무상관이라 할 수 있다.

2) 백분위수를 이용한 검정

모집단의 분포가 이변량 정규분포라는 가정 아래서 백분위수를 이용한 상관관계의 유무에 관한 가설검정을 요약하면 다음과 같다.

백분위수를 이용한 상관관계에 관한 검정법

① 귀무가설 설정 : $H_0 \ : \ \rho = 0$

② 검정통계량 : $r_0 = \dfrac{\sum_{i=1}^{n}(X_i - \overline{X})(Y_i - \overline{Y})}{\sqrt{\sum_{i=1}^{n}(X_i - \overline{X})^2}\sqrt{\sum(Y_i - \overline{Y})^2}}$

③ 가설검정 : $H_1 \ : \rho > 0$일 때 $r_0 \geq r_\alpha(n-2)$이면 H_0을 기각한다.

$H_1 \ : \rho < 0$일 때 $r_0 \leq -r_\alpha(n-2)$이면 H_0을 기각한다.

$H_1 \ : \rho \neq 0$일 때 $|r_0| \geq r_{\alpha/2}(n-2)$이면 H_0을 기각한다.

여기서 $r_\alpha(n-2)$는 모상관계수 $\rho = 0$일 때 표본상관계수 r의 표본분포의 백분위수를 나타내며, 부록의 표 7에 주어져 있다.

3) t 검정

$\rho = 0$인 이변량 정규모집단으로부터 임의의 표본상관계수 r을 변환한 t 통계량

$$T = \frac{r\sqrt{n-2}}{\sqrt{1-r^2}}$$

는 표본크기 n에 관계없이 자유도가 $n-2$인 t 분포에 따른다. 그러므로 귀무가설 $H_0 : \rho = 0$이 참이라는 가설 아래서 T 검정통계량을 이용하여 무상관에 대한 검정을 요약하면 다음과 같다.

t 분포를 이용한 상관관계에 대한 검정법

① 귀무가설 설정 : $H_0 : \rho = 0$

② 검정통계량 : $T_0 = \dfrac{r_0\sqrt{n-2}}{\sqrt{1-r_0^2}}$

③ 가설검정 : $H_1 : \rho > 0$ 일 때 $T_0 \ge t_\alpha(n-2)$이면 H_0을 기각한다.

$H_1 : \rho < 0$ 일 때 $T_0 \le -t_\alpha(n-2)$이면 H_0을 기각한다.

$H_1 : \rho \ne 0$ 일 때 $|T_0| \ge t_{\alpha/2}(n-2)$이면 H_0을 기각한다.

예제 5

어느 대학에서 입학성적(X)과 졸업성적(Y) 사이의 상관관계를 분석하기 위하여 10명의 졸업생을 조사한 결과 다음의 자료를 얻었다. 표본상관계수를 구하고, 귀무가설 $H_0 : \rho = 0$에 대하여 대립가설 $H_1 : \rho > 0$을 유의수준 5%에서 검정하라.

▼ 표 6

졸업생번호	1	2	3	4	5	6	7	8	9	10
입학성적	510	520	530	540	550	560	570	580	590	600
졸업성적	2.6	2.9	2.5	3.3	3.0	3.5	2.7	3.4	3.7	3.9

풀이 X와 Y의 합과 제곱합은 표 7과 같다.

▼ 표 7

번호	X_i	Y_i	$X_i-\overline{X}$	$Y_i-\overline{Y}$	$(X_i-\overline{X})^2$	$(Y_i-\overline{Y})^2$	$(X_i-\overline{X})(Y_i-\overline{Y})$
1	510	2.6	−45	−10.55	2025	0.3025	24.75
2	520	2.9	−35	−0.25	1225	0.0625	8.75
3	530	2.5	−25	−0.65	625	0.4225	16.25
4	540	3.3	−15	0.15	225	0.0225	−2.25
5	550	3.0	−5	−0.15	25	0.0225	0.75
6	560	3.5	5	0.35	25	0.1225	1.75
7	570	2.7	15	−0.45	225	0.2025	−6.75
8	580	3.4	25	0.25	625	0.0625	6.25
9	590	3.7	35	0.55	1225	0.3025	19.25
10	600	3.9	45	0.75	2025	0.5625	33.75
합계	5550	31.5	0	0	8250	2.0850	102.50

$$\overline{X} = \frac{1}{10}\sum_{i=1}^{10} X_i = 555$$

$$\overline{Y} = \frac{1}{10}\sum_{i=1}^{10} Y_i = 3.15$$

$$S_{XY} = \frac{1}{9}\sum_{i=1}^{10}(X_i-\overline{X})(Y_i-\overline{Y}) = \frac{102.5}{9}$$

$$S_X^2 = \frac{1}{9}\sum_{i=1}^{10}(X_i-\overline{X})^2 = \frac{8250}{9}$$

$$S_Y^2 = \frac{1}{9}\sum_{i=1}^{10}(Y_i-\overline{Y})^2 = \frac{2.085}{9}$$

$$S_X = \frac{\sqrt{8250}}{3}, \quad S_Y = \frac{\sqrt{2.085}}{3}$$

그러므로 구하고자 하는 X와 Y의 표본상관계수는 다음과 같다.

$$r_0 = \frac{S_{XY}}{S_X S_Y} = \frac{102.5}{\sqrt{8250}\ \sqrt{2.085}} = 0.784$$

따라서 T 통계량 값은

$$T_0 = \frac{0.784\sqrt{8}}{\sqrt{1-0.784^2}} = 3.58.$$

$T_0 = 3.58 \geq t_{0.05}(8) = 1.86$이므로 $H_0 : \rho = \rho_0$를 기각한다.

(2) 상관계수 $\rho = \rho_0$의 검정

$\rho_0 \neq 0$이 아닌 경우에 귀무가설

$$H_0 : \rho = \rho_0$$

의 검정방법을 살펴보자. 이때 상관계수 $\rho(\neq 0)$의 검정에서는 이변량 정규모집단으로부터 표본상관계수 r을 z 변환한 통계량 $Z_r = \frac{1}{2}\ln\left(\frac{1+r}{1-r}\right)$을 이용하며, 이 통계량 Z_r은 근사적으로 $N\left(\frac{1}{2}\ln\left(\frac{1+\rho_0}{1-\rho_0}\right),\ \frac{1}{n-3}\right)$에 따른다는 사실을 알고 있다. 따라서 이것을 표준화한 Z 통계량

$$Z = \sqrt{n-3}\left[\frac{1}{2}\ln\left(\frac{1+r}{1-r}\right) - \frac{1}{2}\ln\left(\frac{1+\rho_0}{1-\rho_0}\right)\right]$$

는 근사적으로 $N(0,\ 1)$에 따른다. 그러므로 귀무가설 $H_0 : \rho = \rho_0$가 참이라는 가설 아래서 얻은 검정통계량을 이용하여 상관계수의 검정을 요약하면 다음과 같다.

> **상관계수 $\rho = \rho_0$의 검정**
>
> ① 귀무가설 설정 : $H_0 : \rho = \rho_0$
>
> ② 검정통계량 : $Z_0 = \sqrt{n-3}\left[\frac{1}{2}\ln\frac{1+r}{1-r} - \frac{1}{2}\ln\frac{1+\rho_0}{1-\rho_0}\right]$
>
> ③ 가설검정 : $H_1 : \rho > \rho_0$일 때 $Z_0 \geq z_\alpha$이면 H_0을 기각한다.
> $H_1 : \rho < \rho_0$일 때 $Z_0 \leq -z_\alpha$이면 H_0을 기각한다.
> $H_1 : \rho \neq \rho_0$일 때 $|Z_0| \geq z_{\alpha/2}$이면 H_0을 기각한다.

예제 6

크기 39인 표본을 조사한 결과 표본상관계수가 0.6이었다. 이때 모상관계수가 $\rho = 0.65$라 할 수 있는지 유의수준 5%에서 검정하라.

풀이 우선 귀무가설 $H_0 : \rho = 0.65$에 대한 대립가설 $H_1 : \rho \neq 0.65$를 설정한다. 그러면 $r = 0.6$, $\rho_0 = 0.65$, 그리고 $n = 39$이므로 검정통계량의 측정값은

$$
\begin{aligned}
Z_0 &= \sqrt{n-3}\left[\frac{1}{2}\ln\left(\frac{1+r}{1-r}\right) - \frac{1}{2}\ln\left(\frac{1+\rho_0}{1-\rho_0}\right)\right] \\
&= \sqrt{39-3}\left[\frac{1}{2}\ln\left(\frac{1+0.6}{1-0.6}\right) - \frac{1}{2}\ln\left(\frac{1+0.65}{1-0.65}\right)\right] \\
&= 6\left(\frac{1}{2}\ln 4 - \frac{1}{2}\ln 4.71\right) \\
&= -0.490181
\end{aligned}
$$

이고, $z_{0.025} = 1.96$이므로 $|Z_0| = 0.490181 < z_{0.025} = 1.96$이다. 따라서 귀무가설 H_0을 기각할 수 없다.

예제 7

쌍으로 이루어진 두 모집단에서 각각 크기 30, 36인 표본을 임의로 추출하여 각각의 상관계수를 구한 결과 0.35와 0.3을 얻었다. 두 모집단의 상관계수가 동일하다고 할 수 있는지 유의수준 5%에서 검정하라.

풀이 우선 귀무가설 $H_0 : \rho_1 = \rho_2$에 대한 대립가설 $H_1 : \rho_1 \neq \rho_2$를 설정한다. 그러면 앞에서 살펴본 바와 같이 검정통계량 Z_r은 근사적으로

$$
Z_r = \frac{1}{2}\ln\left(\frac{1+r}{1-r}\right) \approx N\left(\frac{1}{2}\ln\left(\frac{1+\rho_0}{1-\rho_0}\right),\ \frac{1}{n-3}\right)
$$

이므로

$$
\begin{aligned}
Z_{r_1} &= \frac{1}{2}\ln\left(\frac{1+r_1}{1-r_1}\right) \approx N\left(\frac{1}{2}\ln\left(\frac{1+\rho_0}{1-\rho_0}\right),\ \frac{1}{n_1-3}\right), \\
Z_{r_2} &= \frac{1}{2}\ln\left(\frac{1+r_2}{1-r_2}\right) \approx N\left(\frac{1}{2}\ln\left(\frac{1+\rho_0}{1-\rho_0}\right),\ \frac{1}{n_2-3}\right)
\end{aligned}
$$

이고 따라서

$$
\begin{aligned}
Z_{r_1} - Z_{r_2} &= \frac{1}{2}\ln\left(\frac{1+r_1}{1-r_1}\right) - \frac{1}{2}\ln\left(\frac{1+r_2}{1-r_2}\right) \\
&\approx N\left(0,\ \frac{1}{n_1-3} + \frac{1}{n_2-3}\right)
\end{aligned}
$$

이 성립한다. 그러므로 이 통계량을 표준화하면

$$Z = \frac{\frac{1}{2}\ln\left(\frac{1+r_1}{1-r_1}\right) - \frac{1}{2}\ln\left(\frac{1+r_2}{1-r_2}\right)}{\sqrt{\frac{1}{n_1-3}+\frac{1}{n_2-3}}} \sim N(0,\ 1)$$

이다. 한편 $n_1 = 30,\ n_2 = 36,\ r_1 = 0.35,\ r_2 = 0.3$이므로 검정통계량의 관찰값은

$$\begin{aligned} Z_0 &= \frac{\frac{1}{2}\ln\left(\frac{1+0.35}{1-0.35}\right) - \frac{1}{2}\ln\left(\frac{1+0.3}{1-0.3}\right)}{\sqrt{\frac{1}{30-3}+\frac{1}{36-3}}} \\ &= -\frac{0.61943}{0.2595} = -2.387 \end{aligned}$$

이다. 따라서 $|Z_0| = 2.387 > z_{0.025} = 1.96$이므로 H_0을 기각한다.

EXERCISE 연/습/문/제 9.1

01 다음은 전체 100명의 학생에 대한 영어 점수(X)와 수학 점수(Y)를 나타낸 상관표이다. 영어 점수와 수학 점수 사이의 상관계수를 구하라.

X \ Y	50	60	70	80	90	100	합
50	5	4	3				12
60	1	5	7	4			17
70		4	10	5	2		21
80			5	12	7		24
90			1	9	5	2	17
100				3	4	2	9
합	6	13	26	33	18	4	100

02 다음은 임의로 추출한 10명의 키와 몸무게에 대한 자료이다. 표본상관계수를 구하고, 귀무가설 $H_0 : \rho = 0$을 유의수준 5%에서 검정하라.

키	180	177	167	170	171	163	165	164	168	185
몸무게	79	62	62	61	66	56	52	54	58	84

03 어떤 세탁공장에서 물 소비량(X)과 세탁량(Y) 사이에 상관관계가 존재하는지를 조사하기 위하여 임의 추출하여 얻은 자료는 다음과 같다.

(단위: 10톤)

X	20	30	25	40	35	50	70	60	65	55
Y	2.5	3.0	2.5	3.5	4.0	4.5	5.0	4.5	4.0	3.5

이때 공장 전체의 물 소비량과 세탁량은 이변량 정규분포를 따른다고 가정하자.

(1) 표본상관계수 r을 구하라.

(2) 물 소비량과 세탁량 사이에 상관관계가 있는지를 유의수준 5%에서 검정하라.

04 초등학생들의 키와 몸무게에 대한 상관관계가 없다는 주장을 확인하기 위하여 12명을 임의 추출하여 조사한 결과 표본상관계수 0.67을 얻었다. 키와 몸무게 사이에 아무런 상관이 없는지 유의수준 1%에서 검정하라.

05 초등학생들의 키와 몸무게 사이에 $\rho = 0.8$인 관계가 있다는 보고서의 주장을 확인하기 위하여 12명을 임의 추출하여 조사한 결과 표본상관계수 0.836을 얻었다. 이 보고서의 주장을 유의수준 5%에서 검정하라.

9.2 회귀분석

두 개 이상의 변수들 사이의 관련성을 우리가 얻은 자료를 통하여 알 수 있다면 한 변수의 변화에 따른 다른 변수의 변화를 예측할 수 있을 것이다. 이와 같이 두 변수 사이의 관계를 함수관계식으로 나타내고, 이 관계식의 정도(precision) 등을 비롯한 여러 가지 통계적인 사실을 검토하는 통계적 분석방법을 회귀분석(regression analysis)이라고 한다. 이때 두 변수들 가운데 다른 변수에 영향을 주는 변수를 독립변수(independent variable) 또는 설명변수(explanatory variable)라고 하며, 영향을 받는 변수를 종속변수(dependent variable) 또는 반응변수(response variable)라고 한다. 예를 들어 상품판매에서 광고액수(설명변수)에 따른 판매고(반응변수)의 변화 또는 숙성기간(설명변수)에 따른 포도주 질(반응변수)의 변화들을 생각할 수 있다.

이러한 설명변수와 반응변수 사이에 $y=g(x)+\varepsilon$와 같은 함수관계가 있으며, 여기서 변수 x는 설명변수, 함수 g는 설명변수 x의 영향을 나타낸다. 그리고 ε은 측정이 불가능하고 무작위하게 반응변수에 영향을 미치는 확률변수를 나타낸다. 예를 들어 광고액수를 늘려서 대대적으로 선전한다면 분명히 판매량이 늘어날 것으로 생각되지만 막대한 자금을 동원한 광고에 소비자들이 어떠한 반응을 보일지는 아무도 모르기 때문에 꼭 판매량이 늘어나는 것은 아니다. 이와 같이 ε은 설명변수와 반응변수 관계에 대한 오차를 나타내는 확률변수이다.

회귀분석이란 설명변수와 반응변수 사이에 성립하는 구체적인 함수 형태를 찾아내고, 그 함수관계로부터 설명변수에 대한 반응변수를 예측하는 데 그 목적이 있다. 따라서 회귀분석의 주요 내용은 설명변수 x와 그에 대한 반응변수 y로부터 얻은 관측값 (x_1, y_1), (x_2, y_2), $\cdots$, (x_n, y_n)을 관찰하여 함수 $g(x)$에 대한 추정과 검정을 다루는 것이다. 이와 같이 설명변수와 반응변수 사이에 나타나는 함수 관계를 회귀식(regression equation)이라 한다. 그리고 이 회귀식에 대한 그래프가 직선인 경우 이 직선을 회귀직선(regression straight line)이라 하며, 그래프가 곡선인 경우 이 곡선을 회귀곡선(regression curve) 또는 회귀선(regression line)이라 한다.

설명변수가 하나인 회귀분석을 단순회귀분석(simple regression analysis)이라 하며, 설명변수가 둘 이상인 회귀분석을 중회귀분석(multiple regression analysis)이라 한다. 회귀방정식의 미지량인 계수를 결정하고 구체적인 회귀선을 도출해내는 것을 회귀선의 추정이라 하며, 회귀선에서 미지계수를 회귀계수라고 한다. 이 절에서는 독립변수가 한 개이고 독립변수와 종속변수의 관계가 직선인 경우의 단순선형회귀분석만을 다루고자 한다.

9.2.1 단순선형회귀모형

회귀분석을 하기 위한 좋은 방법으로 우선 설명변수 X와 반응변수 Y의 관계를 대략적으로 파악하기 위해 상관도를 그려본 후, 두 변수 사이의 관계를 설명할 수 있는 적절한 모형인 함수 $Y=g(X)+\varepsilon$을 설정한다. 특히 두 변수가 직선적인 경향을 가질 때 미지의 직선 관계를 $y=\alpha+\beta x$로 나타내고, 산포 정도를 σ^2으로 나타내면 설명변수 X에 대한 반응변수 Y는

$$Y=\alpha+\beta X+\varepsilon,\quad \varepsilon\sim N(0,\ \sigma^2)$$

으로 정의되는 확률변수 Y의 관찰값으로 생각할 수 있으며, 여기서 ε은 평균이 0, 분산이 σ^2인 오차항을 나타내는 확률변수이다. 따라서 설명변수의 값 X_1, X_2, $\cdots$, X_n에 대응하는 확률변수 Y의 관찰값 Y_1, Y_2, $\cdots$, Y_n은 다음과 같은 모형으로부터 관찰되며, 이러한 모형을 단순선형회귀모형(simple linear regression model) 또는 단순회귀모형(simple regression model)이라 한다.

$$Y_i=\alpha+\beta X_i+\varepsilon_i,\ \varepsilon_i\sim N(0,\ \sigma^2),\ i=1,\ 2,\ \cdots,\ n$$

여기서 α, β는 회귀직선의 절편과 기울기를 나타내는 모회귀계수(population regression coefficients)라 하고, 오차항을 나타내는 확률변수 ε_i와 서로 독립이라고 가정한다. 예를 들어 온도(설명변수)에 따른 반응속도(반응변수)를 측정한 다음 자료를 이용하여 단순회귀모형을 살펴보자.

▼ 표 1

x	10	15	20	25	30	35	40	45	50	55	60	65	70	75
y	24	29	50	60	55	68	70	80	77	81	90	104	120	112

온도에 따른 반응속도를 좌표점으로 나타내면

(10, 24), (15, 29), (20, 50), (25, 60), (30, 55), (35, 68), (40, 70), (45, 80), (50, 77), (55, 81), (60, 90), (65, 104), (70, 120), (75, 112)

이고, 따라서 이들 관찰값에 대한 상관도는 다음 그림과 같다.

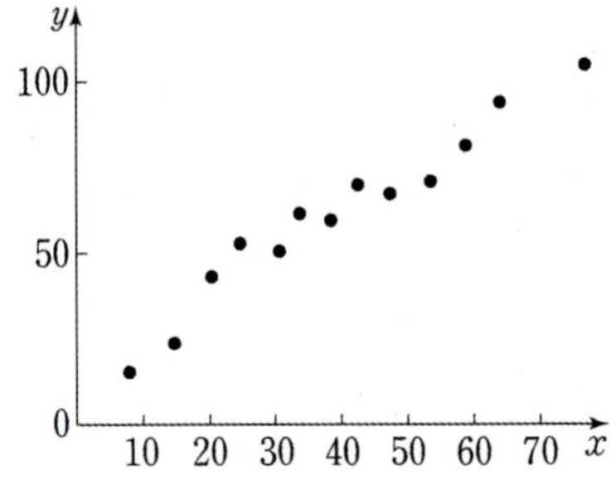

| 그림 1 | 관찰된 X, Y에 대한 상관도

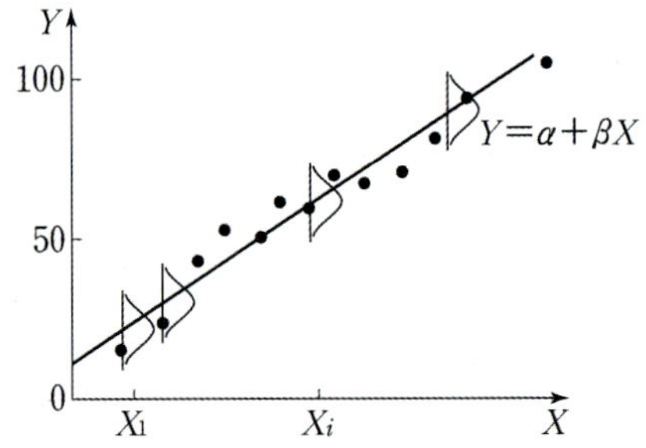

| 그림 2 | 상관도로부터 얻은 회귀직선

9.2.2 회귀직선의 추정

단순회귀모형 $Y = \alpha + \beta X + \varepsilon$에 대한 추론을 위해서 회귀계수 α, β를 추정하는 것이 최우선적인 순서이며, 이러한 회귀계수를 주어진 측정값으로부터 추정하는 방법으로는 여러 가지가 있으나 그 가운데 널리 사용하는 방법이 최소제곱법(least squares method)이다. 이로부터 얻어진 직선 $\hat{Y} = \hat{\alpha} + \hat{\beta}X$를 추정회귀직선

(estimated regression line) 또는 최소제곱회귀직선이라고 한다. 한편 최소제곱법이란 단순회귀모형 $Y_i = \alpha + \beta X_i + \varepsilon_i\,(i = 1,\ 2,\ \cdots,\ n)$에서 오차항의 제곱들의 합이 최소가 되도록 α와 β를 추정하는 방법을 말하며, 이 방법에 의한 추정량을 최소제곱추정량(least squares estimator)이라 한다. 이제부터 오차제곱합을 최소화하는 최소제곱법을 이용하여 추정회귀직선을 구체적으로 구해보기로 하자. 단순선형회귀모형에서 $y_i = \alpha + \beta x_i + \varepsilon_i$이므로 오차제곱합

$$S = \sum_{i=1}^{n} \varepsilon_i^2 = \sum_{i=1}^{n} (Y_i - \alpha - \beta X_i)^2$$

을 최소로 하는 α와 β를 구하기 위하여 S를 α와 β로 각각 편미분하여 다음과 같은 결과를 얻는다.

$$\frac{\partial S}{\partial a} = -2\sum_{i=1}^{n}(Y_i - \alpha - \beta X_i)$$

$$\frac{\partial S}{\partial b} = -2\sum_{i=1}^{n} X_i\,(Y_i - \alpha - \beta X_i)$$

그리고 편미분한 값을 0으로 만드는 α와 β에 관한 방정식의 해를 구하여 각각 $\hat{\alpha}$와 $\hat{\beta}$로 나타낸다. 다시 말해서 $\partial S/\partial\alpha = 0$, $\partial S/\partial\beta = 0$을 만족하는 방정식을 정리하면

$$\sum_{i=1}^{n} Y_i = n\alpha + \beta\sum_{i=1}^{n} X_i,$$

$$\sum_{i=1}^{n} X_i Y_i = \alpha\sum_{i=1}^{n} X_i + \beta\sum_{i=1}^{n} X_i^2$$

이며, 이 방정식을 정규방정식(normal equation)이라고 한다.

이제 정규방정식으로 해 $\hat{\alpha}$와 $\hat{\beta}$를 구하면 다음 결과를 얻을 수 있다.

$$\hat{\beta} = \frac{\sum_{i=1}^{n}(X_i - \overline{X})(Y_i - \overline{Y})}{\sum_{i=1}^{n}(X_i - \overline{X})^2} = \frac{S_{XY}}{S_X^2},$$

$$\hat{\alpha} = \frac{1}{n}\sum_{i=1}^{n} Y_i - \hat{\beta}\frac{1}{n}\sum_{i=1}^{n} X_i = \overline{Y} - \hat{\beta}\,\overline{X}$$

따라서 최소제곱법에 의하여 얻은 최소제곱추정량을 이용하여 구한 추정회귀직선은 다음과 같이 표현되며, 이 직선을 X에 관한 Y의 표본회귀직선(regression line of Y on X) 또는 최소제곱회귀직선(least squares regression line)이라고 한다.

$$\hat{Y} = \hat{\alpha} + \hat{\beta}X = \overline{Y} + \hat{\beta}(X - \overline{X})$$

같은 방법으로 Y에 관한 X의 표본회귀직선을 구하면 다음과 같다.

$$\hat{X} = \overline{X} + \hat{\beta}(Y - \overline{Y})$$

이때 $\hat{\beta} = \sum_{i=1}^{n}(X_i - \overline{X})(Y_i - \overline{Y}) / \sum_{i=1}^{n}(Y_i - \overline{Y})^2 = S_{XY}/S_Y^2$ 이다. 그리고 이러한 최소제곱추정량 $\hat{\alpha}$와 $\hat{\beta}$는 모든 불편추정량 가운데 최소분산을 갖는 최량선형불편추정량(best linear unbiased estimator; BLUE)이다.

이와 같은 내용을 요약하면 다음 정리로 나타낼 수 있다.

성질 1

단순회귀모형 $Y_i = \alpha + \beta X_i + \varepsilon_i\,(i = 1,\ 2,\ \cdots,\ n)$에 대한 α, β의 최소제곱추정량과 최소제곱회귀직선은

$$\hat{\beta} = \frac{\sum_{i=1}^{n}(X_i - \overline{X})(Y_i - \overline{Y})}{\sum_{i=1}^{n}(X_i - \overline{X})^2} = \frac{S_{XY}}{S_X^2}$$

$$\hat{\alpha} = \overline{Y} - \hat{\beta}\,\overline{X}$$

$$\hat{Y} = \overline{y} + \hat{\beta}\,(X_i - \overline{X})$$

이다.

예제 1

온도에 따른 반응속도를 측정한 다음 자료에 대하여 온도와 반응속도 사이에 선형적 관계가 있다는 조건 아래서 α와 β에 대한 최소제곱추정값과 최소제곱회귀직선을 구하라.

▼ 표 2

x	10	15	20	25	30	35	40	45	50	55	60	65	70	75
y	24	29	50	60	55	68	70	80	77	81	90	104	120	112

풀이 우선 X와 Y의 평균과 분산, 그리고 공분산을 구하기 위하여 표 3을 작성한다.

▼ 표 3

번호	X_i	Y_i	$X_i-\overline{X}$	$(X_i-\overline{X})^2$	$Y_i-\overline{Y}$	$(X_i-\overline{X})(Y_i-\overline{Y})$
1	10	24	−32.5	1056.25	−48.8571	1587.86
2	15	29	−27.5	756.25	−43.8571	1206.07
3	20	50	−22.5	506.25	−22.8571	514.29
4	25	60	−17.5	306.25	−12.8571	225.00
5	30	55	−12.5	156.25	−17.8571	223.21
6	35	68	−7.5	56.25	−4.8571	36.43
7	40	70	−2.5	6.25	−2.8571	7.14
8	45	80	2.5	6.25	7.1429	17.86
9	50	77	7.5	56.25	4.1429	31.07
10	55	81	12.5	156.25	8.1429	101.79
11	60	90	17.5	306.25	17.1429	300.00
12	65	104	22.5	506.25	31.1429	700.71
13	70	120	27.5	756.25	47.1429	1296.43
14	75	112	32.5	1056.25	39.1429	1272.14
합계	595	1020	0.0	5687.50	0.0	7520.0

$$\overline{X}=\frac{1}{14}\sum_{i=1}^{14}X_i=42.5$$

$$\overline{Y}=\frac{1}{14}\sum_{i=1}^{14}Y_i=72.857$$

$$S_{XY}=\frac{1}{13}\sum_{i=1}^{14}(X_i-\overline{X})(Y_i-\overline{Y})=\frac{7520}{13}$$

$$S_X^2 = \frac{1}{13}\sum_{i=1}^{14}(X_i - \overline{X})^2 = \frac{5687.5}{13}$$

따라서 α와 β에 대한 최소제곱추정값은

$$\hat{\beta} = \frac{S_{XY}}{S_X^2} = \frac{7520}{5687.5} = 1.27,$$

$$\hat{\alpha} = \overline{Y} - \hat{\beta}\overline{X} = 72.857 - 1.27 \times 42.5 = 18.882$$

이고, 최소제곱회귀직선은

$$\widehat{Y} = \overline{Y} + \hat{\beta}(X - \overline{X}) = 1.27X + 18.882$$

이다. 그러므로 직선의 방정식에 대한 추정방정식은

$$Y = 1.27X + 18.882$$

이다.

EXERCISE 연/습/문/제 9.2

01 어떤 화합물의 전기분해에 의한 제조시 첨가물의 양(X)과 그 흡수율(Y)에 대한 자료가 다음과 같다.

X	1	2	3	4	5
Y	2	5	3	7	8

단순선형회귀모형을 가정할 때 X에 대한 Y의 추정회귀직선을 구하라.

02 다음 표로부터 X에 관한 Y의 회귀방정식을 구하고, $X = 7$에 대응하는 Y의 값을 구하라.

X	2	4	6	8	10
Y	5	4	3	2	1

03 다음 표에 있는 자료를 이용하여 회귀직선 $Y = aX + b$의 b값을 구하라.

	평균	표준편차	상관계수
X	40	4	0.74
Y	30	3	

04 A반 학생의 키(X)와 체중(Y)을 조사하였더니 $\overline{X} = 170\,(\text{cm})$, $\overline{Y} = 60\,(\text{kg})$, $S_X = 5\,(\text{cm})$, $S_Y = 4\,(\text{kg})$, $r = 0.7$을 얻었다면, 신장이 175 cm인 학생의 체중은 얼마인가?

05 10명의 고3 학생을 임의로 추출하여 그들의 영어와 수학점수를 조사한 결과 다음과 같다.

영어	72	65	90	92	80	76	86	77	67	66
수학	93	86	59	69	77	94	75	84	88	97

(1) α와 β의 최소제곱추정값을 구하라.

(2) 추정회귀직선을 구하라.

Appendix

부록

- 연습문제 해답
- 통계표

EXERCISE 연/습/문/제 해답

제1장 자료의 정리

1.1

01 (1) 이중 줄기-잎 그림을 작성하면 다음과 같다.

1분 동안의 윗몸일으키기 기록 (단위 : 개)

잎 (남학생)	줄기	잎 (여학생)
7	1	1 2 2 3 5 7
0 1 4	2	0 2 9
0 3	3	6
3 3 4 6	4	

남학생의 기록이 더 높다. 왜냐하면 남학생들의 기록이 줄기-잎 그림에서 더 큰 값을 나타내는 아래쪽 구간에 많이 분포해 있기 때문이다.

(2) 줄기의 수를 좀 더 세분화하여 작성하면 남학생은 30개 초반을 중심으로 좌우 대칭인 것을 알 수 있다.

1분 동안의 윗몸일으키기 기록 (단위 : 개)

잎 (남학생)	줄기	잎 (여학생)
	1	1 2 2 3
7	1	5 7
0 1 4	2	0 2
	2	9
0 3	3	
	3	6
3 3 4	4	
6	4	

(3) 줄기-잎 그림의 장점으로는 히스토그램의 일반적인 모양을 유지하면서도 개개인의 측정값을 간직하고 있으며, 모든 정보를 제시하면서 막대그래프처럼 두 집단의 크기 비교가 쉽다. 또한 줄기별로 점수들의 도수를 한눈에 쉽게 알 수 있고 점수를 크기 순서대로 쉽게 파악할 수 있다. 그러나 단점으로는 자료가 많은 경우 나타내기가 힘들며, 줄기의 수를 줄이거나 늘리면 분포의 모양이 달라진다.

02 (1) 중학생과 고등학생의 비교 학생 수가 다르므로, 두 집단을 비교할 때는 흡연 학생 수를 각 집단의 전체 수로 나눈 값을 이용해야 한다. 즉, 중학생과 고등학생을 각각 1000명 또는 500명 중의 흡연 학생 수를 조사해서 그래프를 그리고 자료를 해석해야 한다.

	중학생 1000명당 흡연자 수			고등학생 500명당 흡연자 수		
연도	06	08	10	06	08	10
학생 수	45	36	56	38	45	56
상대도수	0.045	0.036	0.056	0.076	0.09	0.112

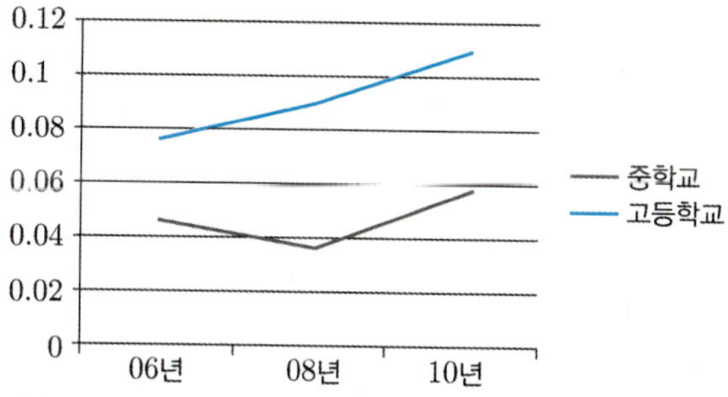

(2) 막대그래프는 각 항목의 수량의 크기를 비교하기가 쉬우며, 시각적으로 전체를 쉽게 파악할 수 있고, 각 항목에 대한 수량의 크기를 정확히 나타낼 수 있다는 장점이 있다. 그러나 막대그래프로는 시간에 따른 연속적인 변화를 나타내기가 어렵고 또 막대그래프를 보면서 부분과 전체의 관계를 파악하기 어렵다는 단점이 있다.

03 (1) 예를 들면 발굽이 울퉁불퉁한 지역을 더 빠르게 가는 것을 가능하게 하기 때문에 발굽이 있는 동물들이 발굽이 없는 동물들보다 더 빠를 것이다.

(2) 예를 들면 속력을 측정하기 위해 레이더 총을 사용할 수 있다. 또한 최대 속력을 측정하기 위해 먹이를 빠르게 쫓거나 육식동물에게 추격을 당할 때를 활용

한다.

(3) 상자그림을 그린다.

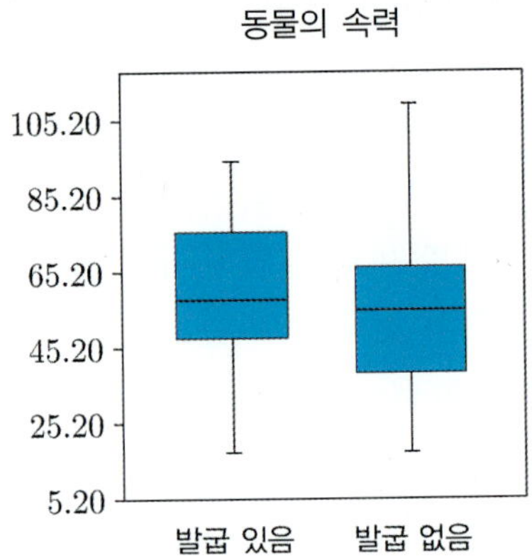

발굽을 가진 동물들은 없는 동물들보다 더 빠른 것처럼 보인다. 발굽이 없는 동물들은 더 넓은 범위와 더 많은 변동성을 보이고 있지만, 모든 사분위수와 최솟값이 발굽을 가진 동물들보다 더 작다. 이것은 발굽을 가진 동물들이 더 빠르다는 것을 나타낸다.

(4) 장점으로는 자료의 흩어진 모양을 쉽게 알 수 있도록 자료를 요약하여 나타낼 수 있으며, 자료집단의 꼬리 부분에 대한 특성인 이상점에 대한 정보를 제공한다. 또한 여러 개의 자료 계열의 분포 형태를 비교하기 쉽다. 그러나 단점으로는 두 자료의 상자그림이 정확히 일치한다 하더라도 두 분포가 일치하지 않는 경우가 있을 수 있으며, 분포의 대칭성이나 분포의 봉우리가 여러 개 있는지에 대한 정보를 제공하지 못한다.

04 ⅰ) 수집한 자료의 전체 크기에 대하여 각 혈액형별로 백분율을 구한 후, 부채꼴의 중심각의 크기를 구한다.

A백분율 $= \frac{22}{60} \times 100 = 37$, A중심각의 크기$= \frac{37}{100} \times 360° \fallingdotseq 133°$

B백분율 $= \frac{20}{60} \times 100 = 33$, B중심각의 크기$= \frac{33}{100} \times 360° \fallingdotseq 119°$

AB백분율 $= \frac{7}{60} \times 100 = 12$, AB중심각의 크기$= \frac{12}{100} \times 360° \fallingdotseq 43°$

O백분율$= \frac{11}{60} \times 100 = 18$, O중심각의 크기$= \frac{18}{100} \times 360° \fallingdotseq 65°$

ⅱ) 적절한 크기의 원을 그린 후, 원의 중심에서 곧바로 위쪽으로 기준선을 긋고 각 혈액형들이 차지하는 백분율만큼 원을 나눈다.

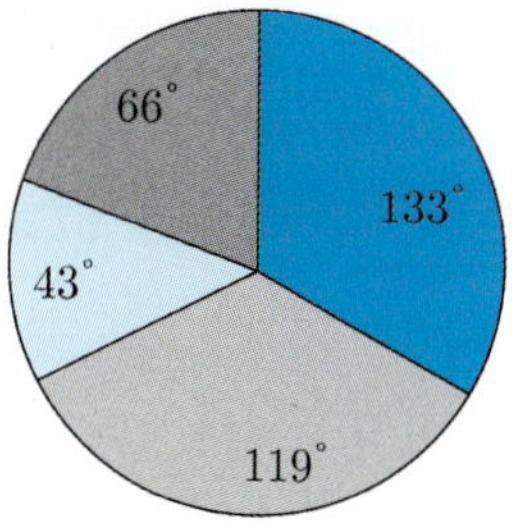

iii) 부분을 나타내는 부채꼴 안에 중심각이 큰 항목부터 시계방향으로 각 항목의 명칭인 혈액형과 백분율을 쓰는 데 백분율은 ( ) 안에 쓴다.

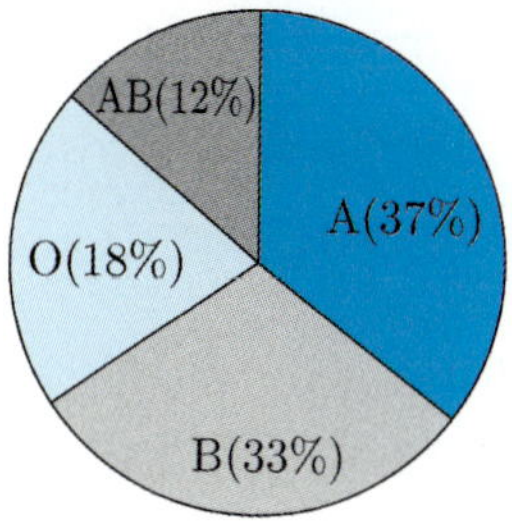

iv) 원그래프에 혈액형 비율이라는 제목을 붙인다.

혈액형 비율

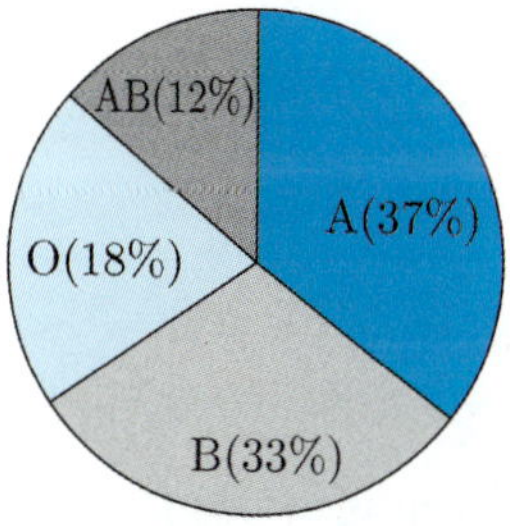

05

평균근로시간	근로자 수	상대도수(백분율 %)	누적상대도수 (누적백분율 %)
$42.0 \le X < 44.9$	3	0.15(15)	0.15(15)
$45.0 \le X < 47.9$	4	0.2(20)	0.35(35)
$48.0 \le X < 50.9$	5	0.25(25)	0.60(60)
$51.0 \le X < 53.9$	4	0.2(20)	0.80(80)
$54.0 \le X < 56.9$	4	0.2(20)	1.00(100)
합계	20	1.0(100)	

06 우선 계급값이 3.5시간인 계급은 3~4시간이고 누적도수분포다각형에서 찾아보면 한 칸에 2씩 되어있으므로 6과 14이며 누적도수라고 했으므로 $14-6=8$(명)이다. 전체 인원은 20명이므로 상대도수는 $8/20=0.4$이다.

07 (1) 도수 =전체도수×상대도수이므로

$A=200\times0.2=40$ $B=200\times0.3=60$이다.

상대도수=도수÷전체도수이므로

$C=21\div300=0.07$ $D=72\div300=0.24$이다.

(2) 1학년 0.105, 2학년 0.07로 1학년의 상대도수가 더 크므로 1학년이 더 높다.

(3) 80점 이상은 80~90, 90~100을 다 포함하는 것이며 상대도수에 100을 곱하면 바로 퍼센트가 나온다. 그러므로

$$1\text{학년}\ \ (0.3+0.125)\times100=42.5\%$$
$$2\text{학년}\ \ (0.24+0.16)\times100=40\%$$

이다.

1.2

01 (1) 구할 수 없다. 평균을 구하기 위해서는 모든 자료의 값들이 필요하기 때문이다.

(2) 중앙값$(\tilde{x})=6$

(3) 최빈값(M_o)은 3, 6, 12 또는 없을 수도 있다.

만일 화요일에 나팔꽃 키가 전혀 자라지 않아 3인 경우, 최빈값은 3이 되며, 화요일에 나팔꽃의 키가 많이 자라 6이 된다면, 최빈값은 6이 되며, 금요일에 나팔꽃 키가 전혀 자라지 않아 12가 된다면, 최빈값은 12가 된다. 그러나 화요일에 나팔꽃이 3cm 미만으로 자라거나 토요일에 나팔꽃이 조금이라도 자라게 된다면, 2개 이상의 중복되는 값이 없으므로 최빈값은 없게 된다.

02 (1) 답이 맞았는지 또는 틀렸는지를 고려하여 각각의 문항 수에 대한 점수표를 작성하여 가능한 점수를 모두 찾는다. 맞는 문항은 +점수를, 틀린 문항은 −점수를 부여하여 합계를 계산하여 표를 작성하면 다음과 같다.

맞춘 문항 수	점수	틀린 문항 수	점수	합계
10	+50	10	-20	30
11	+55	9	-18	37
12	+60	8	-16	44
13	+65	7	-14	51
14	+70	6	-12	58
15	+75	5	-10	65
16	+80	4	-8	72
17	+85	3	-6	79
18	+90	2	-4	86
19	+95	1	-2	93
20	+100	0	0	100

이 표에서 평균을 구하면 다음과 같다. 문제의 조건에서 10문항을 맞춘 학생부터 20문항을 모두 맞춘 학생까지 골고루 3명씩 같은 점수를 얻었다고 하였으므로 평균은 11명의 평균만 계산하면 된다. 즉, 가능한 11개의 점수를 모두 합하여 11로 나누면 구하려는 평균이 된다.

즉,

$$평균(\overline{X}) = \frac{30+37+44+51+58+65+72+79+86+93+100}{11} = 65(점)$$

이다.

(2) 위의 표에서 각 점수별로 분포가 일정하고 점수의 간격이 7로 모두 같으므로 각 점수는 똑같은 수의 학생이 얻은 점수이므로, 평균은 가장 중앙에 놓인 값인 중앙값을 택하면 계산을 하지 않고도 65(점)이라는 평균을 구할 수 있다.

03 (1) 6.44　　(2) 7　　(3) 7

(4) 10　　(5) 2.99

04 $$\frac{37,407 \times 0.015 + 226,546 \times 0.009 + 117,060 \times 0.006}{37,407 + 226,546 + 117,060} = 0.0086$$

즉 0.9%이다.

05 주어진 히스토그램을 도수분포표로 나타내면 다음의 표와 같다.

계급(초)	계급값	도수(명)	(계급값) × (도수)	편차	$(편차)^2$ × (도수)
14 이상 - 15 미만	14.5	2	29	-2.5	12.5
15 이상 - 16 미만	15.5	4	62	-1.5	9
16 이상 - 17 미만	16.5	10	165	-0.5	2.5
17 이상 - 18 미만	17.5	7	122.5	0.5	1.75
18 이상 - 19 미만	18.5	5	92.5	1.5	11.25
19 이상 - 20 미만	19.5	2	39	2.5	12.5
합계		30	510	0	49.5

그러므로 분산은 $\frac{49.5}{30}=1.65$이다.

06 병사 B를 대표로 선발한다. 각 병사들의 사격점수의 평균을 구하면

$$평균_{병사A}=\frac{2+2+\cdots+8+8}{10}=5.00,$$

$$평균_{병사B}=\frac{2+3+\cdots+7+8}{10}=5.00,$$

$$평균_{병사C}=\frac{1+1+\cdots+9+9}{10}=5.00,$$

$$평균_{병사D}=\frac{1+2+\cdots+9+0}{10}=4.50,$$

$$평균_{병사E}=\frac{1+2+\cdots+8+9}{10}=5.00 \text{ 이고,}$$

각 병사들의 분산을 구하면

$$분산_{병사A}=\frac{(2-5)^2+(2-5)^2+\cdots+(8-5)^2+(8-5)^2}{10}=4.60,$$

$$분산_{병사B}=\frac{(2-5)^2+(3-5)^2+\cdots+(7-5)^2+(8-5)^2}{10}=3.00,$$

$$분산_{병사C}=\frac{(1-5)^2+(1-5)^2+\cdots+(9-5)^2+(9-5)^2}{10}=8.40,$$

$$분산_{병사D}=\frac{(1-4.5)^2+(2-4.5)^2+\cdots+(9-4.5)^2+(0-4.5)^2}{10}=8.25,$$

$$분산_{병사E} = \frac{(1-5)^2+(2-5)^2+\ \cdots\ +(8-5)^2+(9-5)^2}{10} = 7.00$$

이다. 그러므로 사격점수의 평균이 높으면서 분산이 가장 작음으로써 기록이 가장 안정적이라고 해석할 수 있는 병사 B가 적합하다고 할 수 있다.

제2장 확률의 소개

2.1

01 표본공간은

$S=\{(H,\ H),\ (H,\ T),\ (T,\ H),\ (T,\ T)\}$이고 $A=\{(H,\ H)\},\ B=\{(T,\ T)\}$

이다.

(1) $A\cap B=\varnothing$

(2) $A^c=\{(H,\ T),\ (T,\ H),\ (T,\ T)\},\ B^c=\{(H,\ H),\ (H,\ T),\ (T,\ H)\}$

(3) $A\cap B=\varnothing$ 이므로 서로 배반사건이다.

(4) $A^c\cap B^c=\{(H,\ T),\ (T,\ H)\}\neq\varnothing$ 이므로 서로 배반사건이 아니다.

02 (1) $S=\{1,\ 2,\ 3,\ 4,\ 5,\ 6\}$ (2) $A\cap B=\{2\}$

(3) $A\cup B=\{2,\ 3,\ 4,\ 5,\ 6\}$ (4) $A^c\cap B=\{3,\ 5\}$

03 (1) $A\cup B=\{(H,\ H),\ (H,\ T),\ (T,\ H)\}$

(2) $A\cap C=\phi$ (3) $B^c=\{(T,\ T)\}$

04 (1) $A^c=\left\{x\ :\ 0<x<\frac{5}{8}\right\}$

(2) $A^c=\{(x,\ y) : |x|+|y|\le 2,\ x^2+y^2>2\}$

05 Rk, Bk을 각각 k가 적힌 빨간 공과 k가 적힌 파란 공으로 표시하면

(1) $\{B2,\ B4\}$ (2) $\{B5,\ B6,\ B7,\ B8,\ B9,\ B10\}$

(3) $\{B1,\ B2,\ \cdots,\ B10,\ R1,\ R2,\ R3,\ R4,\ R6,\ R8,\ R10\}$

(4) $\{R2,\ R4,\ B2,\ B4,\ B6,\ B8,\ B10\}$

(5) $\{R5,\ R7,\ R9\}$

2.2

01 일어날 수 있는 모든 경우의 수는 $6 \times 6 = 36$(가지)이고, 눈의 합이 3이 될 경우는 (1, 2), (2, 1)의 2가지이므로, 눈의 합이 3이 될 확률은 $\frac{2}{36}$이다. 또, 눈의 합이 6이 될 경우는 (1, 5), (2, 4), (3, 3), (4, 2), (5, 1)의 5가지이므로 눈의 합이 6이 될 확률은 $\frac{5}{36}$이다. 그런데, 이들 두 사건은 동시에 일어나지 않는다. 따라서 구하는 확률은 $\frac{2}{36} + \frac{5}{36} = \frac{7}{36}$이다.

02 두 개의 주사위를 던져 나오는 전체 경우의 수는 $6 \times 6 = 36$(가지)이고, 이 중 $x + 2y = 5$를 만족하는 경우는 (1, 2), (3, 1)의 2가지이므로 구하는 확률은, $\frac{2}{36} = \frac{1}{18}$이다.

03 4의 배수는 4, 8, 12, 16, 20, 24, 28의 7가지이고, 9의 배수는 9, 18, 27의 3가지이다.

4의 배수일 확률이 $\frac{7}{30}$, 9의 배수일 확률이 $\frac{3}{30}$이므로 구하는 확률은

$\frac{7}{30} + \frac{3}{30} = \frac{10}{30} = \frac{1}{3}$

04 좌표평면에 다음과 같은 그림을 그려 활용해 보자.

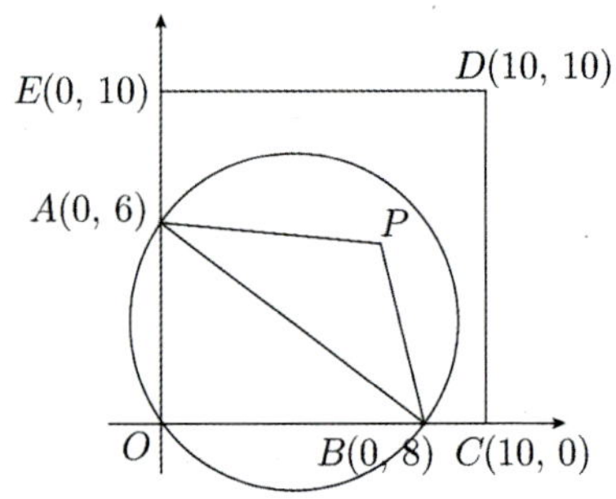

기하학적 확률을 계산하기 위하여 오각형의 전체 넓이를 구하자.

오각형 전체의 넓이$= \square OCDE - \triangle OAB = 100 - 24 = 76$이다.

선분 AB를 지름으로 하는 오각의 영역 내에서의 반원을 그리면 원의 경계점에서

의 각 APB는 항상 직각이고 원의 내부에 점 P가 존재하면 각 APB는 항상 둔각이다. 따라서 둔각이 되는 점 P의 위치는 선분 AB를 지름으로 하는 원의 내부이다. 선분 AB의 길이는 피타고라스정리에 의하여 $\sqrt{8^2+6^2}=10$이고 점 P를 지나는 영역의 넓이는 선분 AB를 지름으로 하는 원의 넓이의 절반이므로 $3\times 25/2=37.5$이다.

그러므로 각 APB가 둔각이 될 확률은 $\dfrac{37.5}{76}=\dfrac{75}{132}$이다.

05 남녀 5명 중에서 두 명의 대표를 뽑는 경우의 수는 $\dfrac{5\times 4}{2}=10$이다.

여자가 적어도 한 명 뽑히는 사건의 여사건은 두 명 모두 남자가 뽑히는 사건이다. 따라서 두 명 모두 남자가 뽑힐 경우의 수가 1가지이므로 두 명 모두 남자가 뽑힐 확률은 $\dfrac{1}{10}$이다. 따라서, 여자가 적어도 한 명 뽑힐 확률은 $1-\dfrac{1}{10}=\dfrac{9}{10}$이다.

06 최댓값을 M이라 하고 최솟값을 m이라 하자.

최댓값과 최솟값의 차이는 $|M-m|$이고 $|M-m|>1$일 확률을 구한다.

먼저 세 개의 주사위를 던졌을 때 나올 수 있는 총 경우의 수는 $6\times 6\times 6=216$가지이다.

$|M-m|>1$일 확률을 구하기 위해서 여사건(여집합)을 이용하여 풀어 보자.

즉, $|M-m|\leq 1$일 확률을 구한다. 따라서 $|M-m|=0$인 경우와 $|M-m|=1$인 경우의 수를 구해 보자.

i) $|M-m|=0$인 경우

세 주사위의 수가 모두 같아야 하므로 (1, 1, 1), (2, 2, 2), (3, 3, 3), (4, 4, 4), (5, 5, 5), (6, 6, 6)인 6가지이다.

ii) $|M-m|=1$인 경우

예컨대 (1, 1, 2)이면 $M=2$, $m=1$, 따라서 $M-m=1$이다. 이러한 경우는 다음과 같다.

$$(M,\ m)=(2,\ 1)\ (3,\ 2)\ (4,\ 3)\ (5,\ 4)\ (6,\ 5)$$

(2, 1)일 때, 세 개의 주사위의 눈은

(1, 1, 2), (1, 2, 1), (2, 1, 1), (1, 2, 2), (2, 1, 2), (2, 2, 1)이고 모두 6가지이다.

마찬가지의 방법으로 (3, 2) (4, 3) (5, 4) (6, 5)일 때 각각 6가지이므로 $5 \times 6 = 30$가지이다.

따라서 $|M-m| \leq 1$인 경우는 모두 36가지이다.

그러므로 $|M-m| > 1$일 확률은 $1-\frac{36}{216}=\frac{5}{6}$이다.

07 한 계단만 아래로 내려갔으므로 (짝수, 짝수)나 (홀수, 홀수)는 될 수 없다. (짝수, 홀수)나 (홀수, 짝수)에서 두 수의 차가 1이면서 홀수가 더 커야 하므로

$$(2,\ 3),\ (3,\ 2),\ (4,\ 5),\ (5,\ 4)$$

의 4가지이고, 모든 경우의 수는 $6 \times 6 = 36$(가지)이다.

그러므로 (구하는 확률)$=\frac{4}{36}=\frac{1}{9}$이다.

08 정사면체를 두 번 던질 때 생기는 모든 경우의 수는 $4 \times 4 = 16$(가지)

(i) $x+2y=6$을 만족시키는 순서쌍 $(x,\ y)$는 $(0,\ 3)$, $(2,\ 2)$의 2가지이므로 $x+2y=6$일 확률은 $\frac{2}{16}$

(ii) $x+y>4$를 만족시키는 순서쌍 $(x,\ y)$는 $(2,\ 3)$, $(3,\ 2)$, $(3,\ 3)$의 3가지이므로 $x+y>4$일 확률은 $\frac{3}{16}$

(i), (ii)에 의해 구하는 확률은 $\frac{2}{16}+\frac{3}{16}=\frac{5}{16}$

2.3

01 (1) P(도시에 삶 $\cap$ 정책 찬성)$=\frac{100}{250}=\frac{2}{5}$

(2) P(정책 찬성 $|$ 도시에 삶)$=\frac{P(\text{정책 찬성} \cap \text{도시에 삶})}{P(\text{도시에 삶})}=\frac{\frac{100}{250}}{\frac{145}{250}}=\frac{20}{29}$

(3) P(도시에 삶 $|$ 정책 찬성)$=\frac{P(\text{정책 찬성} \cap \text{도시에 삶})}{P(\text{정책 찬성})}=\frac{\frac{100}{250}}{\frac{150}{250}}=\frac{2}{3}$

02 남학생을 뽑는 사건을 A, 여학생을 뽑는 사건을 B, 중국어 수업을 듣는 학생을 C, 일본어 수업을 듣는 학생을 D라고 하면 다음의 표로 나타낼 수 있다.

	C(중국어)	D(일본어)	합계
A(남학생)	12	6	18
B(여학생)	9	7	16
합계	21	13	34

그러므로 구하고자 하는 확률은 $P(B \mid C)=\frac{9}{21}=\frac{3}{7}$이다.

03 (1) 처음에 노란 공을 꺼내고 다시 꺼낸 공을 상자 안에 넣고 다시 노란 공을 꺼낼 확률을 구해보자. 처음에 꺼낸 노란 공을 다시 주머니 안에 넣었으므로, 두 번째 시행은 아무런 영향을 받지 않는다. 그러므로 $\frac{1}{3}\times\frac{1}{3}=\frac{1}{9}$이다.

(2) 이 경우는 처음에 꺼낸 빨간 공이 다시 주머니 안에 넣지 않았으므로, 두 번째 시행은 첫 번째 시행에 영향을 받는다. 그러므로 $\frac{1}{3}\times\frac{2}{8}=\frac{2}{24}$이다.

(3) 처음에 노란 공을 꺼내고, 다음에 파란 공을 꺼낼 확률의 경우에도 처음에 꺼낸 노란 공이 다시 주머니 안에 넣지 않았으므로, 두 번째 시행은 첫 번째 시행에 영향을 받는다. 그러므로 $\frac{1}{3}\times\frac{3}{8}=\frac{1}{8}$이다.

04 (1) $P(\text{두 번째 흰색} \mid \text{첫 번째 흰색})=\dfrac{P(\text{첫 번째 흰색} \cap \text{두 번째 흰색})}{P(\text{첫 번째 흰색})}$

$$=\frac{\frac{2}{4}\times\frac{1}{3}}{\frac{2}{4}}=\frac{1}{3}$$

(2) $P(\text{첫 번째 흰색} \mid \text{두 번째 흰색})=\dfrac{P(\text{첫 번째 흰색} \cap \text{두 번째 흰색})}{P(\text{두 번째 흰색})}$

$$=\frac{\frac{2}{4}\times\frac{1}{3}}{\frac{2}{4}\times\frac{1}{3}+\frac{2}{4}\times\frac{2}{3}}=\frac{1}{3}$$

05 W_i와 B_i는 각각 $i(i=1,\ 2,\ \cdots,\ n)$번째 꺼낸 공이 하얀 공일 사건과 검은 공일 사건이라고 하자. 분명히 W_i와 B_i는 서로 배반이며, k번째 공을 꺼낼 때 주머니 속에 있는 공의 수는 $w+b+(k-1)a$이다. 그리고

$$P(W_1)=\frac{w}{b+w},\quad P(W_2|W_1)=\frac{w+a}{b+w+a}$$

이므로

$$P(W_1\cap W_2)=P(W_1)P(W_2|W_1)=\frac{w}{b+w}\cdot\frac{w+a}{b+w+a}$$

이다. 마찬가지 방법으로

$$P(B_1\cap W_2)=\frac{b}{b+w}\cdot\frac{w}{b+w+a}$$

이므로

$$\begin{aligned}P(W_2)&=P(W_1\cap W_2)+P(B_1\cap W_2)\\&=\frac{w}{b+w}\cdot\frac{w+a}{b+w+a}+\frac{b}{b+w}\cdot\frac{w}{b+w+a}\\&=\frac{w}{b+w}\end{aligned}$$

이다. 그러므로 $P(W_1)=P(W_2)$가 되며 마찬가지 방법으로 계산하면 $P(B_1)=P(B_2)$가 성립한다.

2.4

01 A_1이 첫 번째 상자를 뽑는 사건, A_2는 두 번째 상자를 뽑는 사건, 그리고 B를 긴 볼트를 뽑는 사건이라고 하자. 하나의 상자를 무작위로 뽑기 때문에 $P(A_1)=P(A_2)=\frac{1}{2}$이고, 첫 번째와 두 번째 상자로부터 긴 볼트를 뽑을 확률은 각각

$$P(B|A_1)=\frac{60}{100}=\frac{3}{5},\quad P(B|A_2)=\frac{10}{30}=\frac{1}{3}$$

이다. 그러므로

$$P(B)=P(A_1)P(B|A_1)+P(A_2)P(B|A_2)=\frac{1}{2}\cdot\frac{3}{5}+\frac{1}{2}\cdot\frac{1}{3}=\frac{7}{15}$$

이다.

02 A_i $(i=1,\ 2,\ 3)$는 주머니 i를 선택하는 사건, B는 하얀 공을 추출하는 사건이라고 하면 전확률공식에 의해

$$P(B)=\sum_{i=1}^{3}P(A_i)P(B|A_i)=\sum_{i=1}^{3}\left(\frac{1}{3}\right)\left(\frac{i}{5}\right)=\frac{6}{15}$$

이다. 또한 베이스 정리에 의해

$$P(A_3|B)=\frac{P(A_3)P(B|A_3)}{\sum_{i=1}^{3}P(A_i)P(B|A_i)}=\frac{1}{2}$$

이다.

03 내가 받은 이메일이 광고일 때 이 이메일이 '여행'라는 단어가 들어있을 확률은 P(여행|광고)를 구하는 문제이다.

이를 그림으로 그려보면

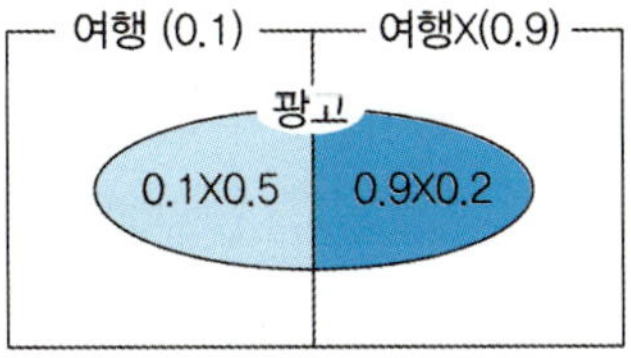

이다.

'여행'이라는 단어가 들어있는 이메일의 50%는 광고이므로

$$P(\text{광고}\cap\text{여행})=P(\text{여행})P(\text{광고}|\text{여행})=0.1\times0.5$$

이다.

'여행'이라는 단어가 들어있지 않은 전자우편의 20%가 광고이므로

$$\begin{aligned}&P(\text{광고}\cap\text{여행이 안 들어감})\\&=P(\text{여행이 안 들어감})P(\text{광고}|\text{여행이 안 들어감})\\&=0.9\times0.2\end{aligned}$$

이다. 그러므로

$$P(\text{여행}|\text{광고}) = \frac{P(\text{광고} \cap \text{여행})}{P(\text{광고} \cap \text{여행}) + P(\text{광고} \cap \text{여행이 안 들어감})}$$

$$= \frac{0.05}{0.05 + 0.18} = \frac{5}{23}$$

이다.

04 A시 출신인 경우를 사건 A, A시 출신이 아닌 경우를 사건 B라 하고, T고교 졸업생이 다른 도시에 있는 대학에 진학한 경우를 사건 E라 하자. 이 경우 구하고자 하는 T고교 졸업생이 다른 도시에 있는 대학에 진학할 확률은

$$P(E) = P(A \cap E) + P(B \cap E) = P(A)P(E|A) + P(B)P(E|B)$$

$$= \frac{7}{10} \times \frac{4}{10} + \frac{3}{10} \times \frac{9}{10} = \frac{55}{100}$$

이다. 그러므로 구하는 확률은

$$P(A|E) = \frac{P(A \cap E)}{P(E)} = \frac{28/100}{55/100} = \frac{28}{55}$$

이다.

05 확률나무 그림을 이용하면 다음과 같다.

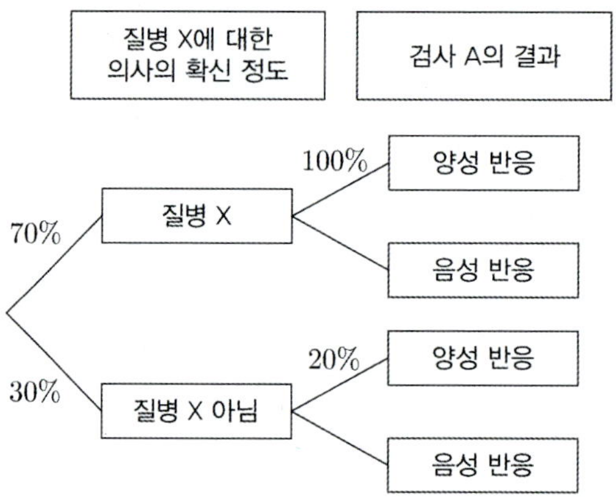

그러므로 $\frac{0.7}{0.7 + 0.3 \times 0.2} = 0.921$

제3장 확률분포의 기초

3.1

01 표본공간 S는

$$S=\{HHH,\ HHT,\ HTH,\ THH,\ HTT,\ THT,\ TTH,\ TTT\}$$

이다. 여기서 관찰되는 앞면 H의 수를 확률변수 X라 하면

$$X(s)=s\text{에서의 }H\text{의 개수}$$

로 정의할 수 있다. 그러므로 확률변수 X가 취할 수 있는 값들은

$$X(HHH)=3,\ \ X(HHT)=X(HTH)=X(THH)=2,$$
$$X(HTT)=X(THT)=X(TTH)=1,\ \ X(TTT)=0$$

이므로 X의 치역 A는 $A=\{0,\ 1,\ 2,\ 3\}$이다.

앞면 H가 나올 확률을 $p=\dfrac{2}{3}$, 뒷면 T가 나올 확률을 $1-p=\dfrac{1}{3}$이므로,

앞면이 0개 나올 확률은 $f(0)=\left(\dfrac{1}{3}\right)^3$,

앞면이 1개 나올 확률은 $f(1)=\dbinom{3}{1}\cdot\dfrac{2}{3}\cdot\left(\dfrac{1}{3}\right)^2$,

앞면이 2개 나올 확률은 $f(2)=\dbinom{3}{2}\cdot\left(\dfrac{2}{3}\right)^2\cdot\dfrac{1}{3}$, 앞면이 3개 나올 확률은 $f(3)=\left(\dfrac{2}{3}\right)^3$이다.

그러므로, 확률함수는 $f(x)=\begin{cases}\dbinom{3}{x}\left(\dfrac{2}{3}\right)^x\left(\dfrac{1}{3}\right)^{3-x}, & x=0,\ 1,\ 2,\ 3\\ 0, & \text{기타}\end{cases}$ 이다.

02 함수 $f(x)$가

$x=1$일 때, $f(1)=\dfrac{1+2}{25}=\dfrac{3}{25}$이고 $x=2$일 때, $f(2)=\dfrac{4}{25}$

$x=3$일 때, $f(3)=\dfrac{5}{25}$, $x=4$일 때, $f(4)=\dfrac{6}{25}$, $x=5$일 때, $f(5)=\dfrac{7}{25}$이 되어 모든 x에 대하여, $f(x)\geq 0$인 조건을 만족한다.

또한, $\sum_{x \in R} f(x) = \sum_{x=1}^{5} \frac{x+2}{25} = \frac{3}{25} + \frac{4}{25} + \frac{5}{25} + \frac{6}{25} + \frac{7}{25} = \frac{25}{25} = 1$이 되므로

$\sum_{x \in R} f(x) = 1$인 조건도 만족한다.

따라서, 함수 $f(x)$는 두 조건을 모두 만족하여 확률함수이다.

03 하나의 주사위를 던져서 1의 눈이 나올 수 있는 확률은 $\frac{1}{6}$이고,

나오지 않을 확률은 $1 - \frac{1}{6} = \frac{5}{6}$가 된다.

이 실험에서 표본공간 $S = \{111111, 111112, \cdots, 666666\}$,

X의 함숫값인 치역은 $A = \{0, 1, 2, 3, 4, 5, 6\}$이 되는데, 여기서 관심이 되는 수는 '1의 수'이므로, '1의 수' $= x$이고 1이 나오는 수가 같은 배열의 수는 조합 $\binom{6}{x}$이고, 6번 던진 수중에 '1이 아닌 수' $= 6 - x$이 되므로,

확률함수 $f(x)$는

$$f(x) = \begin{cases} \binom{6}{x}\left(\frac{1}{6}\right)^{x}\left(\frac{5}{6}\right)^{6-x}, & x = 0,1,2,3,4,5,6 \\ 0, & \text{기타} \end{cases}$$ 이다.

04 빨간 공을 R로, 파란 공을 B로 표기를 해보면

표본공간 $S = \{RRRRR, RRRRB, RRRBR, \cdots, BBBRR\}$이고

확률변수 $X =$ 뽑은 빨간 공의 수이므로

확률변수 X의 치역 $A = \{2, 3, 4, 5\}$가 될 것이다.

이때 표본공간의 원소 수는 빨간 공 7개와 파란 공 3개 총 10개가 들어 있는 주머니에서 5개의 공을 꺼내는 조합의 수 $\binom{10}{5}$이다.

그리고, x개를 뽑을 가지 수는 조합의 수 $\binom{7}{x}\binom{3}{5-x}$이므로

확률변수 X의 확률함수는

$$P(X = x) = f(x) = \frac{\binom{7}{x}\binom{3}{5-x}}{\binom{10}{5}} \quad (\text{단, } x = 2,\ 3,\ 4,\ 5)$$

즉,

$$f(x)=\begin{cases}\dfrac{\binom{7}{x}\binom{3}{5-x}}{\binom{10}{5}}, & x=2,\ 3,\ 4,\ 5\\ 0, & \text{기타}\end{cases}$$

이다.

05 확률함수의 조건인 $\sum_{x\in R} f(x)=1$를 이용하여,

$$\sum_{x\in R} f(x)=\sum_{x=1}^{\infty} c\left(\frac{2}{3}\right)^x = c\sum_{x=1}^{\infty}\left(\frac{2}{3}\right)^x=1\text{이므로}$$

$$c\left(\frac{\frac{2}{3}}{1-\frac{2}{3}}\right)=2c=1\text{이므로}$$

$$c=\frac{1}{2}$$

이다.

06 $P(X=1\ \text{또는}\ X=2)=P(X=1)+P(X=2)$

$$=f(1)+f(2)=\frac{1}{15}+\frac{2}{15}=\frac{3}{15}=\frac{1}{5}$$

$$P\left(\frac{1}{2}<X<\frac{5}{2}\right)=P(X=1)+P(X=2)$$

$$=f(1)+f(2)=\frac{1}{15}+\frac{2}{15}=\frac{3}{15}=\frac{1}{5}$$

$$P(1\le X\le 2)=P(X=1)+P(X=2)$$

$$=f(1)+f(2)=\frac{1}{15}+\frac{2}{15}=\frac{3}{15}=\frac{1}{5}$$

3.2

01 $P(X\le 1)=\int_0^1 f(x)dx=\int_0^1 \frac{x}{2}dx=\frac{1}{4}\left[x^2\right]_0^1=\frac{1}{4}$

02 $A\cup B=\{x|1<x<6\}$이므로,

$$P(A\cup B)=P(1<X<6)=\int_1^6 f(x)dx=\int_1^6\frac{1}{x^2}dx=\left[-\frac{1}{x}\right]_1^6=\frac{5}{6}$$

03 (1) $P(X<0)=\int_{-3}^{0}\frac{1}{36}(9-x^2)dx=\frac{1}{36}\left[9x-\frac{1}{3}x^3\right]_{-3}^{0}=\frac{1}{2}$

(2) $P(-1\le X\le 1)=\int_{-1}^{1}\frac{1}{36}(9-x^2)dx=\frac{1}{36}\left[9x-\frac{1}{3}x^3\right]_{-1}^{1}=\frac{13}{27}$

(3) $P(X>2)=\int_{2}^{3}\frac{1}{36}(9-x^2)dx=\frac{1}{36}\left[9x-\frac{1}{3}x^3\right]_{2}^{3}=\frac{2}{27}$

04 (1) $P(X\le t)=\int_{0}^{t}\frac{1}{8}xdx=\frac{1}{8}\left[\frac{1}{2}x^2\right]_{0}^{t}=\frac{1}{16}t^2=\frac{1}{4}$이므로

$t^2=4$, 따라서 $t=2$이다.

(2) $P(X\ge t)=\int_{t}^{4}\frac{1}{8}xdx=\frac{1}{8}\left[\frac{1}{2}x^2\right]_{t}^{4}=\frac{1}{2}$이므로,

$16-t^2=8$, $t^2=8$, 따라서 $t=\sqrt{8}$ 이다.

3.3

01 기다려야 할 시간에 대한 확률변수 X의 분포함수를 $F(x)$로 하고
확률변수 X의 확률밀도함수를 $f(x)$라고 하면,
확률밀도함수 $f(x)=\frac{dF(x)}{dx}$ 임을 이용하여 분포함수를 먼저 구하고 확률밀도함수를 구하면 된다.
기다려야 할 시간 X가 $x<0$ 일 때, $F(x)=0$이고
$0\le x\le 10$일 때, $F(x)=P(X\le x)=\frac{x}{10}$
$x>10$일 때, $F(x)=P(X\le x)=1$이다.
그러므로,

분포함수 $F(x)=\begin{cases}0, & x<0\\ \frac{x}{10}, & 0\le x\le 10\\ 1, & x>10\end{cases}$ 이고

$f(x)=\frac{dF(x)}{dx}$이므로

확률밀도함수 $f(x)=\begin{cases}\frac{1}{10}, & 0\le x\le 10\\ 0, & 기타\end{cases}$ 이 된다.

02 (1) $P(X \le 3) = F(3) = \frac{3}{4}$

(2) $P(X = 3) = F(3^+) - F(3^-) = \frac{3}{4} - \frac{1}{2} = \frac{1}{4}$

(3) $P(X \ge 1) = 1 - P(X < 1) = 1 - F(1^-) = 1 - \frac{1}{4} = \frac{3}{4}$

(4) $P(-0.4 < X < 4)$

$= P(X < 4) - P(X \le -0.4) = F(4^-) - F(-0.4) = \frac{3}{4} - \frac{1}{4} = \frac{1}{2}$

03 표본공간 $S = \{H,\ TH,\ TTH, \cdots\}$

확률변수 X의 값들인 치역은 $A = \{1,\ 2,\ 3,\ \cdots\}$이다.

처음 던져서 앞면이 나올 확률은 $f(1) = \frac{1}{2}$이고,

두 번째 던져서 앞면이 나올 확률은 $f(2) = \frac{1}{2} \cdot \frac{1}{2} = \frac{1}{4}$가 된다.

이런 식으로 전개하면, $f(x) = \frac{1}{2^x}$이 되고, 분포함수를 구해보면

$$F(x) = \begin{cases} 0, & x < 1 \\ \frac{1}{2}, & 1 \le x < 2 \\ \frac{3}{4}, & 2 \le x < 3 \\ \cdots & \\ 1 - \frac{1}{2^n}, & n \le x < n+1 \end{cases}$$

이다.

04 분포함수 $F(x)$와 확률밀도함수 $f(x)$ 사이에 $f(x) = \frac{dF(x)}{dx}$이 성립하므로,

$f(x) = \frac{dF(x)}{dx} = \frac{d}{dx}\left(\frac{x}{1+x}\right) = \frac{x'(1+x) - x(1+x)'}{(1+x)^2} = \frac{1}{(1+x)^2}$이 되어

확률밀도함수 $f(x)$는 $f(x) = \begin{cases} 0, & x < 0 \\ \frac{1}{(1+x)^2}, & x \ge 0 \end{cases}$ 이다.

05 확률변수 X가 가질 수 있는 값들의 집합인 치역은 $A=\{1,\ 2,\ 3,\ 4,\ 5,\ 6\}$이고, 분포함수 $F(x)$는

$$F(x)=\begin{cases} 0, & x<1 \\ \frac{1}{6}, & 1\le x<2 \\ \frac{1}{3}, & 2\le x<3 \\ \frac{1}{2}, & 3\le x<4 \\ \frac{5}{6}, & 4\le x<5 \\ 1, & 5\le x<6 \end{cases}$$ 이므로, $P(X=3)=F(3^+)-F(3^-)=\frac{1}{2}-\frac{1}{3}=\frac{1}{6}$

이다.

3.4

01 $$P(X\ge 2,\ Y\ge 2)=P(X=2,\ Y=2)+P(X=2,\ Y=3)+P(X=2,\ Y=4)$$
$$+P(X=3,\ Y=2)+P(X=3,\ Y=3)$$
$$+P(X=3,\ Y=4)$$
$$=0+0.1+0.2+0.2+0+0=0.5$$

$$P(X=1)=P(X=1,\ Y=1)+P(X=1,\ Y=2)+P(X=1,\ Y=3)$$
$$+P(X=1,\ Y=4)=0.1+0+0.1+0=0.2$$

02 (1) $\sum_x\sum_y f(x,\ y)=1$이어야 하므로,

x \ y	-2	-1	0	1	2
-2	$\|-2-2\|=4$	$\|-2-1\|=3$	2	1	0
-1	$\|-1-2\|=3$	2	1	0	1
0	$\|0-2\|=2$	1	0	1	2
1	$\|1-2\|=1$	0	1	2	3
2	$\|2-2\|=0$	1	2	3	4

$$\sum_x\sum_y f(x,\ y)=\sum_x\sum_y c|x+y|=40c=1$$

그러므로 $c=\frac{1}{40}$이다.

(2) $P(X=0,\ Y=-2)=f(0,\ -2)=\dfrac{1}{40}|0-2|=\dfrac{1}{20}$

(3) $P(X=1)=\sum_{y}P(X=1,\ Y)$

$$=f(1,\ -2)+f(1,\ -1)+f(1,\ 0)+f(1,\ -1)+f(1,\ 2)$$

$$=\frac{1}{40}(1+0+1+2+3)=\frac{7}{40}$$

(4) $P(|X-Y|\le 1)=P(|X-Y|=0$ 또는 $|X-Y|=1)$

$=P(X=Y)+P(|X-Y|=1)$이므로,

$$P(X=Y)=f(-2,\ -2)+f(-1,\ -1)+f(0,\ 0)+f(1,\ 1)+f(2,\ 2)$$

$=\dfrac{1}{40}(4+2+0+2+4)=\dfrac{12}{40}=\dfrac{3}{10}$이고

$$P(|X-Y|=1)=f(-2,\ -1)+f(-1,\ 0)+f(0,\ 1)+f(1,\ 2)$$
$$+f(-1,\ -2)+f(0,\ -1)+f(1,\ 0)+f(2,\ 1)$$

$=\dfrac{1}{40}(3+1+1+3+3+1+1+3)=\dfrac{16}{40}=\dfrac{2}{5}$이 되므로

$$P(|X-Y|\le 1)=P(X=Y)+P(|X-Y|=1)$$

$=\dfrac{3}{10}+\dfrac{2}{5}=\dfrac{7}{10}$이다.

03 (1) $\int_{-\infty}^{\infty}\int_{-\infty}^{\infty}f(x,\ y)dxdy=1$를 이용하면

$$\int_{-\infty}^{\infty}\int_{-\infty}^{\infty}f(x,\ y)dxdy=\int_{-1}^{1}\int_{0}^{1-x^2}c(x^2+y)dydx$$

$$=c\int_{-1}^{1}\left[x^2y+\frac{1}{2}y^2\right]_0^{1-x^2}dx=c\int_{-1}^{1}\left(-\frac{1}{2}x^4+\frac{1}{2}\right)dx$$

$=c\left[-\dfrac{1}{10}x^5+\dfrac{1}{2}x\right]_{-1}^{1}=\dfrac{4c}{5}=1$를 만족해야 하므로

$c=\dfrac{5}{4}$이 된다.

(2) $P(0\le X\le \frac{1}{2})=\int_0^{\frac{1}{2}}\int_0^{1-x^2}f(x,\ y)dydx$

$$=\int_0^{\frac{1}{2}}\int_0^{1-x^2}\frac{5}{4}(x^2+y)dydx=\frac{5}{4}\int_0^{\frac{1}{2}}\left(-\frac{1}{2}x^4+\frac{1}{2}\right)dx$$

$$= \frac{5}{4}\left[-\frac{1}{10}x^5 + \frac{1}{2}x\right]_0^{\frac{1}{2}} = \frac{79}{256}$$

(3) $P(Y \le X+1) = \frac{1}{2} + \int_{-1}^{0}\int_{0}^{x+1}\frac{5}{4}(x^2+y)dydx$을 계산하면 되므로

$$\int_{-1}^{0}\int_{0}^{x+1}\frac{5}{4}(x^2+y)dydx = \frac{5}{4}\int_{-1}^{0}\left[x^2y + \frac{1}{2}y^2\right]_0^{x+1}dx$$

$$= \frac{5}{4}\int_{-1}^{0}\left(x^3 + \frac{3}{2}x^2 + x + \frac{1}{2}\right)dx$$

$$= \frac{5}{4}\left[\frac{1}{4}x^4 + \frac{1}{2}x^3 + \frac{1}{2}x^2 + \frac{1}{2}x\right]_{-1}^{0}$$

$$= \frac{5}{16}$$

따라서 $P(Y \le X+1) = \frac{1}{2} + \int_{-1}^{0}\int_{0}^{x+1}\frac{5}{4}(x^2+y)dydx$

$= \frac{1}{2} + \frac{5}{16} = \frac{13}{16}$이다.

(4) 확률변수 X와 Y는 연속형 결합분포이므로 $P(Y = X^2) = 0$이다.

04 (ⅰ) X의 주변확률함수 $f_1(x)$는

$$f_1(x) = \sum_{y=1}^{4} f(x,\ y) = f(x,\ 1) + f(x,\ 2) + f(x,\ 3) + f(x,\ 4)$$

$$= \frac{1}{16} + \frac{1}{16} + \frac{1}{16} + \frac{1}{16} = \frac{1}{4},\quad x = 1,\ 2,\ 3,\ 4$$

(ⅱ) Y의 주변확률함수 $f_2(y)$

$$f_2(y) = \sum_{x=1}^{4} f(x,\ y) = f(1,\ y) + f(2,\ y) + f(3,\ y) + f(4,\ y)$$

$$= \frac{1}{16} + \frac{1}{16} + \frac{1}{16} + \frac{1}{16} = \frac{1}{4},\quad y = 1,\ 2,\ 3,\ 4$$

05 (ⅰ) $f_1(x) = \int_0^1 f(x,\ y)dy = \int_0^1 \frac{3}{2}y^2dy = \left[\frac{1}{2}y^3\right]_0^1 = \frac{1}{2},\quad \sigma \le x \le 2$

(ⅱ) $f_2(y) = \int_0^2 f(x,\ y)dx = \int_0^2 \frac{3}{2}y^2dx = \left[\frac{3}{2}y^2x\right]_0^2 = 3y^2,\quad \sigma \le y \le 1$

3.5

01 (i) 3.4절의 연습문제 4번:

$$f(x,\ y)=\begin{cases}\dfrac{1}{16}, & x=1,\,2,\,3,\,4,\ \ y=1,\,2,\,3,\,4\\ 0, & \text{기타}\end{cases}$$

이고, $f_1(x)=\dfrac{1}{4}$, $f_2(y)=\dfrac{1}{4}$인 결과를 이용하여 확인해보면

$f(x,\ y)=\dfrac{1}{16}=f_1(x)f_2(y)$이 성립하므로, 서로 독립이다.

(ii) 3.4절의 연습문제 5번:

$$f(x,\ y)=\begin{cases}\dfrac{3}{2}y^2, & 0\le x\le 2,\ 0\le y\le 1\\ 0, & \text{기타}\end{cases}$$

이고, $f_1(x)=\dfrac{1}{2}$, $f_2(y)=3y^2$이고

$f(x,\ y)=\dfrac{3}{2}y^2=f_1(x)f_2(y)$이 성립하므로, X와 Y는 독립이다.

02 (i) $f_1(x)=\displaystyle\int_0^{\infty}f(x,y)dy=\int_0^{\infty}2xe^{-y}dy=\left[-2xe^{-y}\right]_0^{\infty}$

$=0-(-2x)=2x$

(ii) $f_2(y)=\displaystyle\int_0^1 2xe^{-y}dx=e^{-y}\int_0^1 2xdx=e^{-y}\left[x^2\right]_0^1=e^{-y}$

(i), (ii)에 의하여

$f_1(x)f_2(y)=2xe^{-y}=f(x,\ y)$이 성립한다.

그러므로, X와 Y는 독립이다.

03 X와 Y가 독립이고 각각은 확률밀도함수 g를 가지므로 X와 Y의 결합확률밀도함수 $f(x,\ y)$는 관계식 $f(x,y)=g(x)g(y)$에 의하여 구할 수 있다. 그러므로

$$f(x,y)=\begin{cases}4xy, & 0\le x\le 1,\ 0\le y\le 1\\ 0\ , & \text{기타}\end{cases}$$

이고 구하고자 하는 확률은

$$P(X+Y \leq 1) = \int_0^1 \int_0^{1-x} 4xydydx = \frac{1}{6}$$

이다.

04 표본공간 S는

$S = \{(H, H), (H, T), (T, H), (T, T)\}$

확률변수 X와 Y의 값들인 치역 A는

$A = \{(X, Y) | (1, 1), (1, 0), (0, 0)\}$

$$(X, Y) = \begin{cases} (1, 1), & (s, t) = (H, H) \\ (1, 0), & (s, t) = (H, T) \\ (0, 0), & (s, t) = (T, H), (T, T) \end{cases}$$ 이 된다.

X와 Y의 결합분포는

$$f(x, y) = \begin{cases} \frac{1}{4}, & (x, y) = (1, 1) \\ \frac{1}{4}, & (x, y) = (1, 0) \\ \frac{1}{2}, & (x, y) = (0, 0) \end{cases}$$ 이고

$$f_1(x) = \frac{1}{2}, \ f_2(y) = \begin{cases} \frac{1}{4}, & y = 1 \\ \frac{3}{4}, & y = 0 \end{cases}$$ 이 되어

$x = 1, \ y = 1$일 때, $f_1(1)f_2(1) = \frac{1}{2} \cdot \frac{1}{4} = \frac{1}{8} \neq \frac{1}{4} = f(1, 1)$이므로

$f(x, y) \neq f_1(x)f_2(y)$이다.

따라서, X와 Y는 독립이 아니다.

05 X와 Y의 주변확률밀도함수 f_1과 f_2를 구해보면

$$f_1(x) = \int_{-\infty}^{\infty} f(x, y)dy = \int_0^{\infty} e^{-(x+y)}dy = e^{-x},$$

$$f_2(y) = \int_{-\infty}^{\infty} f(x, y)dx = \int_0^{\infty} e^{-(x+y)}dx = e^{-y}$$

가 된다. 그러므로 $f(x, y) = f_1(x)f_2(y)$가 성립하고, 따라서 X와 Y는 서로 독립이다.

제4장 기댓값

4.1

01 '확률변수 $X=$나이'로 정의하면,

각 x에서의 확률은 '$f(x)=\dfrac{\text{학생 수}}{\text{전체 학생 수}}$'이므로

$$E(X)=\sum_{x\in R} xf(x)$$

$$=18\cdot\frac{20}{50}+19\cdot\frac{22}{50}+20\cdot\frac{4}{50}+21\cdot\frac{3}{50}+25\cdot\frac{1}{50}=\frac{946}{50}$$

$$=\frac{473}{25}$$

02 확률변수 Y를 $Y=(X-3)^2$, Y의 확률함수를 $g(y)$라고 하자.

Y의 확률분포를 표로 나타내보면,

x	1	2	3	4	5	6
$x-3$	-2	-1	0	1	2	3
$y=(x-3)^2$	4	1	0	1	4	9
$f(x)$	$\frac{1}{6}$	$\frac{1}{6}$	$\frac{1}{6}$	$\frac{1}{6}$	$\frac{1}{6}$	$\frac{1}{6}$

$$g(0)=f(3)=\frac{1}{6},\quad g(1)=f(2)+f(4)=\frac{2}{6}$$

$$g(4)=f(1)+f(5)=\frac{2}{6},\quad g(9)=f(3)=\frac{1}{6}$$

이다.

그러므로 $E[(X-3)^2]=E[Y]=\sum_{y} yg(y)$

$$=0\cdot\frac{1}{6}+1\cdot\frac{2}{6}+4\cdot\frac{2}{6}+9\cdot\frac{1}{6}=\frac{19}{6}$$

다른 방법으로는,

주사위 한 개를 던져서 나오는 눈의 수를 확률변수 X의 확률함수 $f(x)$는

$$f(x)=\begin{cases}\frac{1}{6}, & x=1,2,3,4,5,6\\ 0, & \text{기타}\end{cases}$$

이므로, 확률변수 X의 기댓값 $E(X)$는

$$E(X) = \sum_{x=1}^{6} xf(x) = \frac{1}{6}(1+2+3+4+5+6) = \frac{21}{6} = \frac{7}{2}$$이고,

$$E(X^2) = \sum_{x=1}^{6} x^2 f(x) = \frac{1}{6}(1+4+9+16+25+36) = \frac{91}{6}$$

$$E[(X-3)^2] = E[X^2-6X+9] = E[X^2]-6E[X]+9 = \frac{91}{6} - 6 \cdot \frac{21}{6} + 9$$

$$= \frac{19}{6}$$

03 당첨제비를 A로 비당첨제비를 B라 하면

표본공간 $S = \{AAA,\ AAB,\ ABA,\ \cdots,\ BBB\}$

이고 표본공간의 원소 수는 10개의 제비 중에서 3개의 제비를 뽑는 조합의 수 $\binom{10}{3} = \frac{10!}{3!7!}$이다.

'확률변수 X=뽑은 당첨제비의 개수'이므로

확률변수 X가 될 수 있는 값들인 치역은 $A = \{0,\ 1,\ 2,\ 3\}$이다.

(i) $X=0$은 당첨제비가 뽑히지 않고 비당첨제비 7개 중에 3개를 뽑는 경우이므로 $f(0) = P(X=0) = \dfrac{\binom{7}{3}}{\binom{10}{3}} = \dfrac{35}{120}$

(ii) $X=1$은 당첨제비 3개 중에 1개, 비당첨제비 7개 중에 2개를 뽑는 경우이므로 $f(1) = P(X=1) = \dfrac{\binom{3}{1}\binom{7}{2}}{\binom{10}{3}} = \dfrac{63}{120}$

(iii) $X=2$은 당첨제비 3개 중에 2개, 비당첨제비 7개 중에 1개를 뽑는 경우이므로 $f(2) = P(X=2) = \dfrac{\binom{3}{2}\binom{7}{1}}{\binom{10}{3}} = \dfrac{21}{120}$

(iv) $X=3$은 당첨제비 3개 중에 3개를 뽑는 경우이므로

$$f(3) = P(X=3) = \frac{\binom{3}{3}}{\binom{10}{3}} = \frac{1}{120}$$

(ⅰ)~(ⅳ)로부터 확률변수 X의 기댓값을 계산하면

$E[X] = 0 \cdot \frac{35}{120} + 1 \cdot \frac{63}{120} + 2 \cdot \frac{21}{120} + 3 \cdot \frac{1}{120} = \frac{9}{10}$이다.

04 $f_1(x) = \begin{cases} \frac{2}{3}, & x=0 \\ \frac{1}{3}, & x=1 \end{cases}$, $f_2(y) = \begin{cases} \frac{1}{3}, & y=0 \\ \frac{2}{3}, & y=1 \end{cases}$ 이므로,

$E[X] = 0 \cdot f(0, 0) + 0 \cdot f(0, 1) + 1 \cdot f(1, 1) = \frac{1}{3}$

$E[Y] = \sum_{x=0}^{1} \sum_{y=0}^{1} yf(x, y) = 0 \cdot f(0, 0) + 1 \cdot f(0, 1) + 1 \cdot f(1, 1) = \frac{2}{3}$

또는 $E[Y] = \sum_{y=0}^{1} yf_2(y) = 0 \cdot \frac{1}{3} + 1 \cdot \frac{2}{3} = \frac{2}{3}$이다.

XY의 확률분포표

xy	0	1
$f(x, y)$	$\frac{2}{3}$	$\frac{1}{3}$

를 이용하여 $E[XY]$를 계산하면 $E[XY] = 0 \cdot \frac{2}{3} + 1 \cdot \frac{1}{3} = \frac{1}{3}$이다. 그러므로,

$$\begin{aligned} E\left[\left(X - \frac{1}{3}\right)\left(Y - \frac{2}{3}\right)\right] &= E\left[XY - \frac{1}{3}Y - \frac{2}{3}X + \frac{2}{9}\right] \\ &= E[XY] - \frac{1}{3}E[Y] - \frac{2}{3}E[X] + \frac{2}{9} \\ &= \frac{1}{3} - \frac{1}{3} \cdot \frac{2}{3} - \frac{2}{3} \cdot \frac{1}{3} + \frac{2}{9} = \frac{1}{9} \end{aligned}$$

이고 $E\left[\left(X - \frac{1}{3}\right)\left(Y - \frac{2}{3}\right)\right] = \frac{1}{9}$이다.

05 (1) $f_1(x) = \int_0^{1-x} 2dy = \left[2y\right]_0^{1-x} = 2(1-x)$

$f_2(y) = \int_0^{1-y} 2dx = \left[2x\right]_0^{1-y} = 2(1-y)$이므로,

$f_1(x)f_2(y) = 2(1-x) \cdot 2(1-y) = 4(1-x)(1-y)$가 되어,

$f(x,\ y) = 2 \neq 4(1-x)(1-y) = f_1(x)f_2(y)$이 성립한다.

따라서, X와 Y는 독립이 아니다.

(2) $E(X) = \int_0^1 \int_0^{1-x} xf(x,\ y)dydx = \int_0^1 xf_1(x)dx = \int_0^1 x \cdot 2(1-x)dx$

$= \int_0^1 (2x - 2x^2)dx = \left[x^2 - \frac{2}{3}x^3\right]_0^1 = 1 - \frac{2}{3} = \frac{1}{3}$

$E(Y) = \int_0^1 \int_0^{1-y} yf(x\ ,y)dxdy = \int_0^1 yf_2(y)dy = \int_0^1 y \cdot 2(1-y)dy$

$= \int_0^1 (2y - 2y^2)dx = \left[y^2 - \frac{2}{3}y^3\right]_0^1 = 1 - \frac{2}{3} = \frac{1}{3}$

$E(XY) = \int_0^1 \int_0^{1-x} xyf(x,\ y)dydx = \int_0^1 x\left\{\int_0^{1-x} 2ydy\right\}dx$

$= \int_0^1 x\left[y^2\right]_0^{1-x} dx = \int_0^1 x(1-x)^2 dx$

$= \int_0^1 (x - 2x^2 + x^3)dx = \left[\frac{1}{2}x^2 - \frac{2}{3}x^3 + \frac{1}{4}x^4\right]_0^1$

$= \frac{1}{2} - \frac{2}{3} + \frac{1}{4} = \frac{1}{12}$

06 확률변수 X의 확률분포는

x	-1	0	1	3
$f(x)$	$\frac{3}{7}$	$\frac{2}{7}$	$\frac{1}{7}$	$\frac{1}{7}$

이므로,

$E[X] = \sum_{x \in A} xf(x) = (-1) \cdot \frac{3}{7} + 0 \cdot \frac{2}{7} + 1 \cdot \frac{1}{7} + 3 \cdot \frac{1}{7} = \frac{1}{7}$이고

$E[X^2] = \sum_{x \in A} x^2 f(x) = (-1)^2 \cdot \frac{3}{7} + 0^2 \cdot \frac{2}{7} + 1^2 \cdot \frac{1}{7} + 3^2 \cdot \frac{1}{7} = \frac{13}{7}$이다.

4.2

01 확률변수 X_1, X_2, X_3이 독립이므로 그들의 함수인 확률변수 X_1^2, $(X_2-4X_3)^2$도 독립이다. 그러므로

$$
\begin{aligned}
E[X_1^2(X_2-4X_3)^2] &= E[X_1^2]E[(X_2-4X_3)^2] \\
&= 1 \cdot E(X_2^2 - 8X_2X_3 + 16X_3^2) \\
&= E(X_2^2) - 8E(X_2)E(X_3) + 16E(X_3^2) \\
&= 1 - 8 \cdot 0 \cdot 0 + 16 \cdot 1 = 17
\end{aligned}
$$

02 $E(X) = \int_0^1 \int_0^y xf(x,\ y)dxdy = \int_0^1 \int_0^y x \cdot 2dxdy$

$$= \int_0^1 [x^2]_0^y\, dy = \int_0^1 y^2 dy = \frac{1}{3}[y^3]_0^1 = \frac{1}{3}$$

$E(Y) = \int_0^1 \int_0^y yf(x,\ y)dxdy = \int_0^1 \int_0^y y \cdot 2dxdy$

$$= 2\int_0^1 (y[x]_0^y)dy = 2\int_0^1 y^2 dy = \frac{2}{3}[y^3]_0^1 = \frac{2}{3}$$

$E(XY) = \int_0^1 \int_0^y xyf(x,\ y)dxdy = \int_0^1 \int_0^y xy \cdot 2dxdy$

$= \int_0^1 (y[x^2]_0^y)dy = \int_0^1 y^3 dy = \frac{1}{4}[y^4]_0^1 = \frac{1}{4}$이 되어

$E(X)E(Y) = \frac{1}{3} \cdot \frac{2}{3} \neq E(XY) = \frac{1}{4}$이 된다.

그러므로, $E(X)E(Y) = E(XY)$는 성립하지 않는다.

03 $E(6X + 3X^2) = \int_0^1 (6x + 3x^2)f(x)dx$

$$
\begin{aligned}
&= \int_0^1 (6x + 3x^2)2(1-x)dx \\
&= \int_0^1 (-6x^3 - 6x^2 + 12x)dx \\
&= \left[-\frac{3}{2}x^4 - 2x^3 + 6x^2\right]_0^1 = \frac{5}{2}
\end{aligned}
$$

04 1개의 상자에 인형 1개씩 넣어 포장했을 때, 이 상품이 불량품이 아니려면 인형과 상자 모두 불량품이 아니어야 한다.

(i) 인형이 불량품이 아닐 확률

10개 중 1개가 불량품이므로 인형 1개가 불량품일 확률은 $\frac{1}{10}$,

불량품이 아닐 확률은 $\frac{9}{10}$이다.

(ii) 상자가 불량품이 아닐 확률

111개 중 1개가 불량품이므로 상자 1개가 불량품일 확률은 $\frac{1}{111}$,

불량품이 아닐 확률은 $\frac{110}{111}$

(i), (ii)로부터 상자 1개에 인형을 1개씩 넣어 포장한 상품 1개가 불량품이 아닐 확률은 $\frac{9}{10} \cdot \frac{110}{111} = \frac{99}{111}$

상품의 불량품 여부를 확인하는 것은 111회의 독립시행이고, 불량품이 아닐 확률이 $\frac{99}{111}$이므로 불량품이 아닌 상품의 개수인 확률변수 X의 기댓값은

$E(X) = 111 \cdot \frac{99}{111} = 99$

4.3

01 n개의 확률변수 $X_1, X_2, \cdots, X_n$을 다음과 같이 정의하자.

$$X_i = \begin{cases} 1, \text{ 추출된 } i\text{번째 공이 빨간색} \\ 0, \text{ 추출된 } i\text{번째 공이 파란색} \end{cases} \quad (i = 1, 2, \cdots, n)$$

n개의 공이 복원으로 추출되기 때문에 확률변수 $X_1, X_2, \cdots, X_n$은 독립이다.

그러므로 $i = 1, 2, \cdots, n$에 대하여

$$P(X_i = 1) = p, \; P(X_i = 0) = 1 - p$$

이고, 따라서 $E(X_i) = 1 \cdot p + 0 \cdot (1-p) = p$이고,

$E(X_i^2) = 1^2 \cdot p + 0^2 \cdot (1-p) = p$이다.

$X_1, X_2, \cdots, X_n$의 정의에 의해 $X_1 + X_2 + \cdots + X_n$은 추출된 빨간 공의 총 개수이므로

$$X = X_1 + X_2 + \cdots + X_n$$

이며, $E(X) = E(X_1) + E(X_2) + \cdots + E(X_n) = np$이다.

확률변수 X_1, X_2, $\cdots$, X_n은 독립이므로

또한 $Var(X) = Var(X_1) + Var(X_2) + \cdots + Var(X_n)$을 만족한다.

각 $i = 1, 2, \cdots, n$에 대하여

$$\begin{aligned} Var(X_i) &= E[X_i^2] - [E(X_i)]^2 \\ &= p - p^2 = p(1-p) \end{aligned}$$

이므로,

$$\begin{aligned} Var(X) &= Var(X_1) + Var(X_2) + \cdots + Var(X_n) \\ &= np(1-p) \end{aligned}$$
이다.

02 $E(Z) = E\left(\dfrac{X-\mu}{\sigma}\right) = \dfrac{1}{\sigma}E(X-\mu) = \dfrac{1}{\sigma} \cdot 0 = 0$

$$Var(Z) = Var\left(\frac{X-\mu}{\sigma}\right) = Var\left(\frac{X}{\sigma} - \frac{\mu}{\sigma}\right) = \frac{1}{\sigma^2}Var(X) = \frac{1}{\sigma^2} \cdot \sigma^2 = 1$$

그러므로, T의 분산은

$$Var(T) = Var(10Z + 50) = 100\,Var(Z) = 100 \cdot 1 = 100$$

이다.

03 표본공간 $S = \{1111, 1112, \cdots, 6666\}$이고,

확률변수 $X = X_1 + X_2 + X_3 + X_4 = 4$번 던져서 이동한 점 P의 좌표,

확률변수 X의 값들인 치역은 $A = \{0, 1, 2, 3, 4\}$이다.

이때 $X_i = 1$은 주사위를 던져서 이동하는 거리이고,

확률변수 X_i의 표본공간은 $S_i = \{1, 2, 3, 4, 5, 6\}$라 하자.

그러면,

$$X_i(s) = \begin{cases} 1, & s = 1, 2, 3, 4 \\ 0, & s = 5, 6 \end{cases}$$

이다.

확률변수 X_i의 확률분포는

$P(X_i=1)=f(1)=\frac{2}{3}$, $P(X_i=0)=f(0)=\frac{1}{3}$이고

확률변수 X_i의 기댓값과 분산은

$$E(X_i)=\sum_{x=0}^{1} xf(x)=0\cdot f(0)+1\cdot f(1)$$

$$=0\cdot \frac{1}{3}+1\cdot \frac{2}{3}=\frac{2}{3}$$

$$E(X_i^2)=\sum_{x=0}^{1} x^2f(x)=0^2\cdot f(0)+1^2\cdot f(1)=\frac{2}{3}$$

$$Var(X_i)=E(X_i^2)-[E(X_i)]^2=\frac{2}{3}-\left(\frac{2}{3}\right)^2=\frac{2}{9}$$

이므로,

확률변수 X_i들은 독립적으로 시행이 되어 확률변수 X의 기댓값과 분산은

$$E(X)=E(X_1+X_2+X_3+X_4)=\sum_{i=1}^{4}E(X_i)=4\cdot\frac{2}{3}=\frac{8}{3}$$

$$Var(X)=Var(X_1+X_2+X_3+X_4)=\sum_{i=1}^{4}Var(X_i)=4\cdot\frac{2}{9}=\frac{8}{9}$$

이다.

04 (i) 확률변수 X의 분산은

$Var(X)=E(X^2)-[E(X)]^2$이므로

$$E(X)=\int_0^{\pi} xf(x)dx=\int_0^{\pi} x\frac{1}{\pi}dx=\left[\frac{1}{2\pi}x^2\right]_0^{\pi}=\frac{\pi}{2}$$

$$E(X^2)=\int_0^{\pi} x^2f(x)dx=\int_0^{\pi} x^2\frac{1}{\pi}dx=\left[\frac{1}{3\pi}x^3\right]_0^{\pi}=\frac{\pi^2}{3}$$ 를 구해서

위의 식에 대입하면

$Var(X)=E(X^2)-[E(X)]^2=\frac{\pi^2}{3}-\left(\frac{\pi}{2}\right)^2=\frac{\pi^2}{12}$이다.

(ii) 확률변수 Y의 분산은

$$E(Y)=\int_0^{\pi} yg(y)dy=\int_0^{\pi} y\cdot\frac{1}{2}\sin y dy$$

$$=\frac{1}{2}[-y\cos y]_0^{\pi}+\frac{1}{2}\int_0^{\pi}\cos y dy$$

$$= \frac{1}{2}\pi + \frac{1}{2}[\sin y]_0^\pi = \frac{\pi}{2}$$

$$E(Y^2) = \int_0^\pi y^2 g(y)dy = \int_0^\pi y^2 \cdot \frac{1}{2}\sin y dy$$

$$= \frac{1}{2}[-y^2\cos y]_0^\pi + \int_0^\pi y\cos y dy$$

$$= \frac{\pi^2}{2} + [y\sin y]_0^\pi + [\cos y]_0^\pi$$

$$= \frac{\pi^2}{2} - 2$$

그러므로, $Var(Y) = E(Y^2) - [E(Y)]^2 = \frac{\pi^2}{2} - 2 - \left(\frac{\pi}{2}\right)^2 = \frac{\pi^2}{4} - 2$ 이다.

(i), (ii)에 의하여, 두 변수의 분산의 크기를 비교해보면,

$$Var(X) = \frac{\pi^2}{12} ≒ 0.8225 > 0.4674 ≒ \frac{\pi^2}{4} - 2 = Var(Y)$$

로 확률변수 X의 분산이 확률변수 Y의 분산보다 크다.

05 $E[X] = \int_0^\infty xf(x)dx = \lambda\int_0^\infty xe^{-\lambda x}dx$

$$= \lambda\left[-\frac{x}{\lambda}e^{-\lambda x}\right]_0^\infty + \int_0^\infty c^{-\lambda x}dx = 0 \quad \left[\frac{1}{\lambda}e^{-\lambda x}\right]_0^\infty$$

$$= \frac{1}{\lambda}$$

$$E[X^2] = \int_0^\infty x^2 f(x)dx = \lambda\int_0^\infty x^2 e^{-\lambda x}dx$$

$$= \lambda\left[-\frac{x^2}{\lambda}e^{-\lambda x}\right]_0^\infty + 2\int_0^\infty xe^{-\lambda x}dx = 0 + 2\int_0^\infty xe^{-\lambda x}dx$$

$$= 2\left[-\frac{x}{\lambda}e^{-\lambda x}\right]_0^\infty + \frac{2}{\lambda}\int_0^\infty e^{-\lambda x}dx = 0 - \left[\frac{2}{\lambda^2}e^{-\lambda x}\right]_0^\infty$$

$$= \frac{2}{\lambda^2}$$

그러므로, $Var(X) = E[(X-\mu)^2] = E(X^2) - [E(X)]^2$

$$= \frac{2}{\lambda^2} - \left(\frac{1}{\lambda}\right)^2 = \frac{1}{\lambda^2}$$ 이다.

06 (1) 확률변수 X의 주변확률밀도함수는

$$f_1(x)=\int_0^{\infty} f(x,\ y)dy=\int_0^{\infty} 3e^{-3x}e^{-y}dy$$

$$=3e^{-3x}\int_0^{\infty} e^{-y}dy = 3e^{-3x}\cdot[-e^{-y}]_0^{\infty}$$

$$=3e^{-3x}\cdot(0+1)=3e^{-3x}$$

확률변수 Y의 주변확률밀도함수는

$$f_2(y)=\int_0^{\infty} f(x,\ y)dx=\int_0^{\infty} 3e^{-3x}e^{-y}dx$$

$$=3e^{-y}\int_0^{\infty} e^{-3x}dx = e^{-y}\cdot[-e^{-3x}]_0^{\infty}$$

$$=e^{-y}\cdot(0+1)=e^{-y}$$

이므로

$f_1(x)f_2(y)=3e^{-3x}e^{-y}=f(x,y)$가 성립하여 확률변수 X와 Y는 독립이다.

(2) $$E(X)=\int_0^{\infty}\int_0^{\infty} xf(x,\ y)dydx$$

$$=\int_0^{\infty}\int_0^{\infty} x\cdot 3e^{-3x}e^{-y}dydx$$

$$=3\int_0^{\infty}(x\cdot e^{-3x}\cdot[-e^{-y}]_0^{\infty})dx$$

$$=3\int_0^{\infty}(xe^{-3x})dx = -[xe^{-3x}]_0^{\infty}+\int_0^{\infty} e^{-3x}dx$$

$$=0+\left[-\frac{1}{3}e^{-3x}\right]_0^{\infty}=\frac{1}{3}$$

$$E(X^2)=\int_0^{\infty}\int_0^{\infty} x^2f(x,\ y)dydx$$

$$=\int_0^{\infty} x^2f_1(x)dx = \int_0^{\infty} x^2\cdot 3e^{-3x}dx$$

$$=[-x^2e^{-3x}]_0^{\infty}+2\int_0^{\infty} xe^{-3x}dx$$

$$=0-\frac{2}{3}[xe^{-3x}]_0^{\infty}+\frac{2}{3}\int_0^{\infty} e^{-3x}dx$$

$$=0-\frac{2}{9}[e^{-3x}]_0^{\infty}=\frac{2}{9}$$

$$E(Y)=\int_0^\infty\int_0^\infty yf(x,\ y)dxdy$$
$$=\int_0^\infty\int_0^\infty y\cdot 3e^{-3x}e^{-y}dxdy$$
$$=\int_0^\infty (y\cdot e^{-y}\cdot [-e^{-3x}]_0^\infty)dy$$
$$=\int_0^\infty (ye^{-y})dy = [-ye^{-y}]_0^\infty+\int_0^\infty e^{-y}dy$$
$$=0+[-e^{-y}]_0^\infty=1$$
$$E(Y^2)=\int_0^\infty\int_0^\infty y^2f(x,\ y)dxdy$$
$$=\int_0^\infty y^2f_2(y)dy=\int_0^\infty y^2\cdot e^{-y}dy$$
$$=[-y^2e^{-y}]_0^\infty+2\int_0^\infty ye^{-y}dy$$
$$=0+[-2ye^{-y}]_o^\infty+2\int_0^\infty e^{-y}dy$$
$$=0-2[e^{-y}]_0^\infty=2$$

또한, 확률변수 X와 Y가 독립이므로
$3X+Y$의 분산은
$Var(3X+Y)=9\,Var(X)+Var(Y)$ 식이 성립한다.

$$Var(X)=E(X^2)-[E(X)]^2=\frac{2}{9}-\frac{1}{3^2}=\frac{1}{9}$$
$$Var(Y)=E(Y^2)-[E(Y)]^2=2-1^2=1$$

이므로,

$Var(3X+Y)=9\,Var(X)+Var(Y)=9\cdot\frac{1}{9}+1=2$이다.

4.4

01 (1) $P(X\le m)\ge\frac{1}{2},\ \ P(X\ge m)\ge\frac{1}{2}$

$$f(0)=\left(\frac{3}{4}\right)^4=\frac{81}{256}$$

$$f(1)=4\cdot\frac{1}{4}\cdot\left(\frac{3}{4}\right)^3=\left(\frac{3}{4}\right)^3=\frac{27}{64}=\frac{108}{256}$$

$$f(2)=6\cdot\left(\frac{1}{4}\right)^2\cdot\left(\frac{3}{4}\right)^2=\frac{3^3}{2\cdot 4^3}=\frac{54}{256}$$

$$f(3)=4\cdot\left(\frac{1}{4}\right)^3\cdot\left(\frac{3}{4}\right)=\frac{3}{4^3}=\frac{12}{256}$$

$$f(4)=\left(\frac{1}{4}\right)^4=\frac{1}{256}$$

이므로,

$$P(X\le 1)=f(0)+f(1)=\frac{189}{256}\ \ge\ \frac{128}{256}=\frac{1}{2}$$

$$P(X\ge 1)=f(1)+f(2)+f(3)+f(4)=\frac{174}{256}\ \ge\ \frac{128}{256}=\frac{1}{2}$$

이 되어 중앙값은 $m=1$이다.

(2) 유일한 중앙값은

$\int_0^m e^{-x}dx=\int_m^\infty e^{-x}dx$을 만족하는 m값을 구하면 되므로

$$\int_0^m e^{-x}dx=[-e^{-x}]_0^m=-e^{-m}+1,$$

$$\int_m^\infty e^{-x}dx=[-e^{-x}]_m^\infty=0-(-e^{-m})=e^{-m}$$

그러므로, $-e^{-m}+1=e^{-m}$

$2e^{-m}=1,\ e^{-m}=\frac{1}{2}$

중앙값은

$$m=\ln 2$$

이다.

(3) 유일한 중앙값은

$\int_{-\infty}^m \frac{1}{\pi(1+x^2)}dx=\int_m^\infty \frac{1}{\pi(1+x^2)}dx$를 만족하는 m이므로,

확률변수의 범위의 가운데 값인 $m=0$이다.

02 $f(x)$가 최대가 되는 점을 구하기 위해

$$f'(x) = xe^{-x} - \frac{1}{2}x^2e^{-x} = \frac{1}{2}xe^{-x}(2-x) = 0$$

으로 하면 $x=2$에서 $f(x)$는 최대가 됨을 알 수 있다. 그러므로 $x=2$가 이 분포의 유일한 최빈값이 된다.

03 유일한 중앙값 m은

$F(m) = \frac{1}{2}$을 만족하므로

$$F(m) = \frac{1}{8}m^3 = \frac{1}{2},\ m^3 = 4$$

그러므로, 중앙값은

$$m = \sqrt[3]{4}$$

이다.

04 $P(X \le \xi_p) \ge p,\ P(X \ge \xi_p) \le 1-p$ 식을 만족하는 수 ξ_p를 찾으면 되므로,

$p = 20\% = 0.2$를 대입하면

$P(X \le \xi_p) \ge 0.2,\ P(X \ge \xi_p) \le 1-0.2 = 0.8$이고

$P(X \le \xi_p) = \int_0^{\xi_p} 4x^3 dx = [x^4]_0^{\xi_p} = \xi_p^4 \ge 0.2$

$P(X \ge \xi_p) = \int_{\xi_p}^1 4x^3 dx = [x^4]_{\xi_p}^1 = 1-\xi_p^4 \le 0.8$를 만족하는 ξ_p에 대하여 수식을 풀면

$$\xi_p^4 = 0.2, \quad \therefore\ \xi_p = \sqrt[4]{0.2}\ (\fallingdotseq 0.67)$$

이다.

4.5

01 (i) 확률변수 X와 Y의 공분산을 구하기 위하여
확률변수 X와 Y, 그리고 XY의 기댓값을 구하면

$$E(X)=\int_0^1\int_{x^2}^{\sqrt{x}} xf(x,\ y)dydx$$

$$=\int_0^1\int_{x^2}^{\sqrt{x}} x\cdot 3\ dydx=\int_0^1\left(3x\cdot[y]_{x^2}^{\sqrt{x}}\right)dx$$

$$=3\int_0^1(x\sqrt{x}-x^3)dx=3\int_0^1\left(x^{\frac{3}{2}}-x^3\right)dx$$

$$=3\left[\frac{2}{5}x^{\frac{5}{2}}-\frac{1}{4}x^4\right]_0^1=3\left(\frac{2}{5}-\frac{1}{4}\right)=\frac{9}{20}$$

$$E(Y)=\int_0^1\int_{x^2}^{\sqrt{x}} yf(x,\ y)dydx$$

$$=\int_0^1\int_{x^2}^{\sqrt{x}} y\cdot 3\ dydx=3\int_0^1\left(\left[\frac{1}{2}y^2\right]_{x^2}^{\sqrt{x}}\right)dx$$

$$=\frac{3}{2}\int_0^1(x-x^4)dx\ =\ \frac{3}{2}\left[\frac{1}{2}x^2-\frac{1}{5}x^5\right]_0^1$$

$$=\frac{3}{4}-\frac{3}{10}=\frac{9}{20}$$

$$E(XY)=\int_0^1\int_{x^2}^{\sqrt{x}} xyf(x,\ y)dydx$$

$$=\int_0^1\int_{x^2}^{\sqrt{x}} xy\cdot 3\ dydx=3\int_0^1\left(x\cdot[\frac{1}{2}y^2]_{x^2}^{\sqrt{x}}\right)dx$$

$$=\frac{3}{2}\int_0^1(x^2-x^5)dx\ =\ \frac{3}{2}\left[\frac{1}{3}x^3-\frac{1}{6}x^6\right]_0^1$$

$$=\frac{3}{2}\left(\frac{1}{3}-\frac{1}{6}\right)\ =\ \frac{1}{4}$$

이고, X와 Y의 공분산은

$$Cov(X,\ Y)=E(XY)-E(X)E(Y)$$

$$=\frac{1}{4}\ -\ \frac{8}{20}\cdot\frac{9}{20}\ =\ \frac{19}{400}$$

이다.

(ⅱ) X와 Y의 상관계수 $\rho(X, Y) = \dfrac{Cov(X, Y)}{\sigma_X \sigma_Y}$를 구하기 위하여

X와 Y의 분산 $\sigma_X^2 = E(X^2) - [E(X)]^2$을 먼저 계산해보면

$$E(X^2) = \int_0^1 \int_{x^2}^{\sqrt{x}} x^2 f(x, y) dydx$$

$$= \int_0^1 \int_{x^2}^{\sqrt{x}} x^2 \cdot 3\, dydx = \int_0^1 \left(3x^2 \cdot [y]_{x^2}^{\sqrt{x}}\right) dx$$

$$= 3\int_0^1 (x^2\sqrt{x} - x^4) dx = 3\int_0^1 \left(x^{\frac{5}{2}} - x^4\right) dx$$

$$= \left[\frac{6}{7}x^{\frac{7}{2}} - \frac{3}{5}x^5\right]_0^1 = \frac{6}{7} - \frac{3}{5}$$

$$= \frac{9}{35}$$

이므로,

$$\sigma_X^2 = E(X^2) - [E(X)]^2 = \frac{9}{35} - \left(\frac{9}{20}\right)^2 = \frac{153}{2800}$$

이다. 즉,

$$\sigma_X = \sqrt{\frac{153}{2800}}$$

이다.

$$E(Y^2) = \int_0^1 \int_{x^2}^{\sqrt{x}} y^2 f(x, y) dydx$$

$$= \int_0^1 \int_{x^2}^{\sqrt{x}} y^2 \cdot 3\, dydx = \int_0^1 \left([y^3]_{x^2}^{\sqrt{x}} \right) dx$$

$$= \int_0^1 \left(x^{\frac{3}{2}} - x^6\right) dx = \left[\frac{2}{5}x^{\frac{5}{2}} - \frac{1}{7}x^7\right]_0^1$$

$$= \frac{2}{5} - \frac{1}{7} = \frac{9}{35}$$

이므로

$$\sigma_Y^2 = E(Y^2) - [E(Y)]^2 = \frac{9}{35} - \left(\frac{9}{20}\right)^2 = \frac{153}{2800}$$

이므로

$$\sigma_Y = \sqrt{\frac{153}{2800}}$$

이다.

따라서, X와 Y의 상관계수는

$$\rho(X,\ Y) = \frac{Cov(X,\ Y)}{\sigma_X \sigma_Y} = \frac{\dfrac{19}{400}}{\sqrt{\dfrac{153}{2800}}\sqrt{\dfrac{153}{2800}}} = \frac{133}{153}$$

이다.

02 $X = aU + b,\ Y = cV + d$에서

$E(X) = E(aU + b) = aE(U) + b = a\mu_U + b,$

$E(Y) = E(cV + d) = cE(V) + d = c\mu_V + d$이고

$Var(X) = Var(aU + b) = a^2 Var(U),$

$Var(Y) = Var(cV + d) = c^2 Var(V)$이다.

그러므로, 공분산은

$$\begin{aligned} Cov(X,\ Y) &= E[(X - \mu_X)(Y - \mu_Y)] \\ &= E[a(U - \mu_U) \cdot c(V - \mu_V)] \\ &= ac\,Cov(U,\ V) \end{aligned}$$

즉, $Cov(X,\ Y) = ac\,Cov(U,\ V)$이다.

확률변수 X와 Y의 상관계수는

$$\begin{aligned} \rho(X,\ Y) = \frac{Cov(X,\ Y)}{\sigma_X \sigma_Y} &= \frac{ac\,Cov(U,\ V)}{a\sqrt{Var(U)} \cdot c\sqrt{Var(V)}} \\ &= \frac{Cov(U,\ V)}{\sqrt{Var(U)} \cdot \sqrt{Var(V)}} = \rho(U,\ V) \end{aligned}$$

이므로 $\rho(X,\ Y) = \rho(U,\ V)$이다.

03 판매대수가 0대이고 판매원의 수가 2명인

$X = 0,\ Y = 2$일 때의 결합확률함수는

$$P(X = 0,\ Y = 2) = f(0,\ 2) = \frac{24}{300} = 0.08.$$

판매대수가 0대이고 판매원의 수가 3명인 $X=0,\ Y=3$일 때의 결합확률함수

$$P(X=0,\ Y=3)=f(0,\ 3)=\frac{36}{300}=0.12$$

이다. 이런 식으로 각각 구하면,

$$P(X=1,\ Y=2)=f(0,\ 2)=\frac{30}{300}=0.1$$

$$P(X=1,\ Y=3)=f(1,\ 3)=\frac{60}{300}=0.2$$

$$P(X=2,\ Y=2)=f(2,\ 2)=\frac{51}{300}=0.17$$

$$P(X=2,\ Y=3)=f(2,\ 3)=\frac{99}{300}=0.33$$

이고, 표로 나타내면 다음과 같다.

X \ Y	2	3	$f_1(x)$
0	0.08	0.12	0.2
1	0.1	0.2	0.3
2	0.17	0.33	0.5
$f_2(y)$	0.35	0.65	1

확률변수 X와 Y, XY의 기댓값

$$E(X)=\sum_{x=0}^{2}x\cdot f_1(x)=0\cdot 0.2+1\cdot 0.3+2\cdot 0.5=1.3$$

$$E(Y)=\sum_{x=0}^{2}y\cdot f_2(y)=2\cdot 0.35+3\cdot 0.65=2.65$$

$$E(XY)=\sum_{x=0}^{2}\sum_{y=2}^{3}xyf(x,\ y)$$

$$=0\cdot 2\cdot 0.08+0\cdot 3\cdot 0.12+1\cdot 2\cdot 0.1+1\cdot 3\cdot 0.2$$
$$+2\cdot 2\cdot 0.17+2\cdot 3\cdot 0.33=3.46$$

를 이용하여 X와 Y의 공분산을 구하면

$$Cov(X,\ Y)=E(XY)-E(X)E(Y)=3.46-1.3\times 2.65=0.015$$

이다.

확률변수 X와 Y의 상관계수를 구하기 위하여

먼저 분산을 구하면

$$E(X^2) = \sum_{x=0}^{2} x^2 f_1(x) = 0^2 \cdot 0.2 + 1^2 \cdot 0.3 + 2^2 \cdot 0.5 = 2.3$$

$$E(Y^2) = \sum_{x=0}^{2} y^2 f_2(y) = 2^2 \cdot 0.35 + 3^2 \cdot 0.65 = 7.25$$

이므로

확률변수 X의 분산은

$$\sigma_X^2 = E(X^2) - [E(X)]^2 = 2.3 - 1.3^2 = 0.61$$

이므로

확률변수 X의 표준편차는

$$\sigma_X = \frac{\sqrt{61}}{10} (\fallingdotseq 0.78)$$

확률변수 Y의 분산은

$$\sigma_Y^2 = E(Y^2) - [E(Y)]^2 = 7.25 - 2.65^2 = 0.2275$$

이므로

확률변수 X의 표준편차는

$$\sigma_Y = \frac{\sqrt{2275}}{100} = \frac{\sqrt{91}}{20} (\fallingdotseq 0.48)$$

이다.

그러므로, 확률변수 X와 Y의 상관계수는

$$\rho(X, Y) = \frac{Cov(X, Y)}{\sigma_X \sigma_Y} = \frac{0.015}{\frac{\sqrt{61}}{10} \frac{\sqrt{91}}{20}} = \frac{3}{\sqrt{5551}} (\fallingdotseq 0.04)$$

이다.

04 확률변수 X와 Y의 분산은

$\sigma_X^2 = E(X^2) - [E(X)]^2 = 10 - 3^2 = 1$,

$\sigma_Y^2 = E(Y^2) - [E(Y)]^2 = 29 - 2^2 = 25$이다.

X와 Y의 공분산은

$Cov(X, Y) = E(XY) - E(X)E(Y) = 0 - 3 \cdot 2 = -6$이고,

X와 Y의 상관계수는

$\rho(X, Y) = \dfrac{Cov(X, Y)}{\sigma_X \sigma_Y} = \dfrac{-6}{1 \cdot 5} = -\dfrac{6}{5} > 1$이다.

상관계수의 범위가 1을 초과하여 나올 수 없으므로

확률변수 X와 Y는 위의 성질들을 가질 수 없다.

05 $$Var(aX + bY + c) = a^2 Var(X) + b^2 Var(Y) + 2ab Cov(X, Y)$$

임을 이용하여

$$Var(X - 3Y + 4) = Var(X) + 9Var(Y) - 6Cov(X, Y)$$

을 구하면 된다.

$$\rho(X, Y) = \frac{Cov(X, Y)}{\sigma_X \sigma_Y} \text{에서 } -\frac{1}{6} = \frac{Cov(X, Y)}{3 \cdot 2}$$

즉 $Cov(X, Y) = -1$이다.

그러므로, $Var(X - 3Y + 4) = Var(X) + 9Var(Y) - 6Cov(X, Y)$

$= 9 + 9 \cdot 4 - 6 \cdot (-1) = 51$이다.

4.6

01 $P(65 < X < 75) = P(65 - 70 < X - 70 < 75 - 70)$

$= P(|X - 70| < 5) \geq 0.90$이므로,

체비쇼프 부등식

$P(|X - E(X)| < k\sigma) \geq 1 - \dfrac{1}{k^2}$에

$k\sigma = 5$, $1 - \dfrac{1}{k^2} = 0.90$을 대입하여 표준편차 σ를 구하면 된다.

$1-\frac{1}{k^2}=0.90$에서 $k=\sqrt{10}$이므로 $k\sigma=\sqrt{10}\,\sigma=5$가 되어

$\sigma=\frac{5}{\sqrt{10}}=\frac{\sqrt{10}}{2}$이다.

02 (1) $P(X<120)=P(X-100<20)\geq P(|X-100|<20)$이고,

체비쇼프 부등식으로부터

$P(|X-E(X)|<k\sigma)\geq 1-\frac{1}{k^2}$이므로,

$P(|X-100|<10k)\geq 1-\frac{1}{k^2}$에서 $k=2$라 하면,

$P(|X-100|<20)\geq 1-\frac{1}{2^2}=\frac{3}{4}$가 되어

$P(X<120)\geq\frac{3}{4}$이 성립한다.

(2) $P(X>75)=P(-25<X-100)\geq P(|X-100|<25)$

$P(|X-100|<10k)\geq 1-\frac{1}{k^2}$에서 $k=2.5$라 하면,

$P(|X-100|<25)\geq 1-\frac{1}{\left(\frac{5}{2}\right)^2}=\frac{21}{25}$이 되어

$P(X>75)\geq\frac{21}{25}$이 성립한다.

03 $P(0.2<X<0.8)=P(0.2-0.5<X-0.5<0.8-0.5)$

$=P(-0.3<X-0.5<0.3)=P(|X-0.5|<0.3)$

체비쇼프 부등식으로부터

$P(|X-E(X)|<k\sigma)\geq 1-\frac{1}{k^2}$ 이므로,

$P(|X-0.5|<0.3)=P(|X-0.5|<2\cdot 0.15)$

$\geq 1-\frac{1}{2^2}=\frac{3}{4}$이 되어

$P(0.2<X<0.8)\geq\frac{3}{4}$이 성립한다.

04 $P(-2<X<8)=P(-5<X-3<5)=P(|X-3|<5)$이므로

$P(|X-E(X)|<k\sigma)\geq 1-\dfrac{1}{k^2}$에 의하여 하한을 구한다.

$$\sigma^2 = Var(X)=E(X^2)-[E(X)]^2=13-3^2=4\text{이므로}$$

$\sigma=2$이다.

위 식에 대입을 해보면,

$P(|X-3|<2k)\geq 1-\dfrac{1}{k^2}$이고 $k=\dfrac{5}{2}$라 하면

$P\left(|X-3|<2\cdot\dfrac{5}{2}\right)\geq 1-\left(\dfrac{2}{5}\right)^2=\dfrac{21}{25}$이 성립한다.

그러므로, $P(-2<X<8)$의 하한은 $\dfrac{21}{25}=0.84$이다.

05 확률변수 X의 $E(X)=500$, $\sigma^2=100$이고,

$P(400<X<600)$의 확률을 구하면 된다.

$$P(400<X<600)=P(-100<X-500<100)=P(|X-500|<100)$$

체비쇼프 부등식으로부터

$P(|X-500|\geq 100)\leq\dfrac{\sigma^2}{100^2}=\dfrac{1}{100}$이므로

$P(|X-500|<100)\geq 1-\dfrac{1}{100}=\dfrac{99}{100}$이다.

즉, 이번 주 생산량이 400에서 600 사이일 확률의 하한은 0.99이다.

제5장 주요한 확률분포들

5.1

01 평균이 20이므로 $np = 20$이고 표준편차가 4이므로 $np(1-p) = 16$이다. 두 방정식을 풀면 $p = \frac{1}{5}$, $n = 100$이 된다.

02 $P(X \geq 1) = 1 - P(X=0) = 1 - (1-p)^3 = \frac{19}{27}$이므로 $p = \frac{1}{3}$이다. 그러므로 Y는 $B(5,\ 2/3)$를 따르고 이 경우

$P(Y \geq 1) = 1 - P(Y=0) = 1 - \frac{1}{243} = \frac{242}{243}$이다.

03 X가 B(5, 1/2)을 따르므로

$$E(X) = 5 \times \frac{1}{2} = \frac{5}{2},\quad Var(X) = 5 \times \frac{1}{2} \times \frac{1}{2} = \frac{5}{4}$$

이고 $E(aX+b) = 0$이므로

$$E(aX+b) = \frac{5}{2}a + b = 0$$

이다. $Var(aX+b) = 1$이므로

$$Var(aX+b) = a^2\,Var(X) = \frac{5}{4}a^2 = 1$$

즉 $a = \frac{2\sqrt{5}}{5}$이다. 그러므로 $b = -\sqrt{5}$가 되므로 $ab = -2$이다.

04 한 개의 주사위를 던져서 나온 눈의 수가 6의 약수인 경우는 1, 2, 3, 6의 4가지가 있으므로 6의 약수인 눈이 나오는 횟수를 확률변수 X라고 하면 X는 이항분포 B(6, 2/3)를 따른다. 그러므로

$$E(X) = 6 \cdot \frac{2}{3} = 4$$

이며, 이때 6의 약수인 눈이 X번 나오면 그 외의 눈은 $6-X$번 나오므로

$$Y = X^2 - (6-X)^2 = 12X - 36$$

이다. 그러므로 $E(Y) = E(12X-36) = 12 \times 4 - 36 = 12$이다.

05 0보다 크게 되는 것과 그렇지 않은 2개의 결과만을 가지므로 이항분포로 계산할 수 있다. 이때

$$P(X_i > 0) = \int_0^3 \frac{1}{4} dx = \frac{3}{4}$$

이므로 Y의 분포는 $X \sim B(2000,\ \frac{3}{4})$이다.

그러므로 $E(X) = 2000 \times \frac{3}{4} = 1500,\ \ Var(X) = 2000 \times \frac{3}{4} \times \frac{1}{4} = 375$

이다.

5.2

01 (1) $f(x) = \frac{4^x e^{-4}}{x!} \qquad x = 0,\ 1,\ 2,\ 3,\ \cdots$

(2) $E(X) = \lambda = 4, \quad Var(X) = \lambda = 4$

(3) $P(X \le 1) = 0.0916$

(4) $P(X \ge 4) = 1 - P(X \le 3) = 0.5665$

02 200개 중에서 불량품의 개수를 X라고 하면 X는 $B(200,\ 0.01)$을 따른다. n이 매우 크므로 $\lambda = 200 \cdot 0.01 = 2$인 푸아송 분포를 이용하여 푸아송 확률표를 이용하면

$$P(X \le 3) = 0.857$$

이다.

03 2초 동안에 방출되는 입자의 수를 X라고 하면 X의 분포는 근사적으로 $\lambda t = 3$인 푸아송 분포를 따른다. 그러므로 구하는 확률은

$$P(X \le 3) = 0.647$$

이다.

04 (1) $[0, t]$에서 발생한 지진의 수를 $N[t]$라 하면, 발생비율이 $\mu = 3$이므로, 확률변수 $N[t]$는

$$P[N(t)=k] = e^{-3t}\frac{(3t)^k}{k!}, \quad k = 0, 1, 2, \cdots$$

인 푸아송 분포를 이룬다. 따라서 앞으로 2년간 발생한 지진의 수 $N[2]$는

$$P[N(2)=k] = e^{-6}\frac{6^k}{k!}, \quad k = 0, 1, 2, \cdots$$

이므로 구하고자 하는 확률은 다음과 같다.

$$\begin{aligned} P[N(2) \geq 3] &= 1-(P[N(2)=0]+P[N(2)=1]+P[N(2)=2]) \\ &= 1-e^{-6}(1+6+18) \\ &= 1-25 \cdot e^{-6} = 0.938 \end{aligned}$$

(2) 다음 지진이 일어날 때까지 소요되는 시간을 T라 하면, $T > t$일 필요충분조건은 $[0, t]$에서 지진이 한 번도 발생하지 않는 것이다. 따라서

$$P(T > t) = P[N(t)=0] = e^{-3t}$$

즉, T의 분포함수를 $F(t)$라 하면

$$F(t) = P(T \leq t) = 1 - P(T > t) = 1 - e^{-3t}$$

이다.

5.3

01 X를 100번째 인터뷰하기까지 방문해야 할 가구 수라고 하면 X는 음의 이항분포 $NB(100, 1/3)$을 따른다. 그러므로

$$E(X) = \frac{r}{p} = 300$$

가구가 된다.

02 실험이 끝날 때까지 주사위를 던지는 횟수를 X라고 하면 X는 모수가 1/3인 기하분포를 따른다. 그러므로 구하는 확률은

$$P(X=3)=\left(\frac{1}{3}\right)\left(\frac{2}{3}\right)^{3-1}=\frac{4}{27}$$

이다.

03 A구단이 우승하는 데 필요한 시합횟수를 X라고 하면 X의 분포는 $NB(4,\ 0.6)$이다. 그러므로 구하는 확률은

$$P(X=6)=\binom{6-1}{4-1}(0.6)^4(0.4)^2=0.20736$$

이다.

04 $P(X>a+b|X>b)=\dfrac{P(X>a+b,\ X>b)}{P(X>b)}$

$$=\frac{P(X>a+b)}{P(X>b)}=\frac{(1-p)^{a+b}}{(1-p)^b}=(1-p)^a=P(X>a)$$

05 첫 번째로 꺼낸 구슬에 붙여진 번호를 기록하고 두 번째 꺼낸 구슬에 붙여진 번호가 처음에 기록한 번호와 같으면 구슬을 다시 뽑고 그렇지 않으면 이 번호를 기록하는 과정을 반복하여 각 번호가 정확히 한 번씩 기록될 때 실험을 종료하면 된다. 이제 $k-1$개의 서로 다른 번호들이 기록되었다면 k번째로 기록될 수 있는 번호는 $10-(k-1)$개가 있으므로 구슬 하나를 뽑았을 때 이 번호들 중의 하나가 관찰될 확률 p_k는 $\dfrac{10-k+1}{10}$이 된다. 따라서 k번째로 기록할 번호(아직 기록되지 않은 번호)가 관찰될 때까지의 시행횟수(이미 기록된 번호가 또 나타난 횟수$+1$)를 X_k라고 하면 X_k는 성공률이 $\dfrac{10-k+1}{10}$인 확률변수가 되고

$$E(X_k)=\frac{1}{p_k}=\frac{10}{10-k+1}$$

이 된다. 그러므로 각 번호가 정확히 한 번씩 기록되려면 구슬뽑기를 평균적으로

$$\sum_{k=1}^{10}E(X_k)=\frac{10}{10}+\frac{10}{9}+\frac{10}{8}+\cdots+\frac{10}{1}=29.3$$

회 시행하여야 한다.

06 5개의 불량품을 찾아낼 때까지 검사해야 할 제품의 개수를 확률변수 X라고 하면 X의 분포는 $r=5$, $p=0.1$인 음의 이항분포이다. 그러므로 검사해야 할 제품의 개수에 대한 기댓값은

$$E(X)=\frac{r}{p}=\frac{5}{0.1}=50$$

이다. Y가 $B(25,\ 0.1)$을 따른다고 할 때 구하는 확률은

$$P(X>25)=P(Y<5)=P(Y\le 4)=0.902$$

이다.

5.4

01 8시부터 8시 10분 사이의 어떤 구간에 속하는 시각에 버스가 도착할 확률은 주어진 구간의 길이에 비례한다. 즉, 버스가 8시에서 8시 2분 사이에 도착할 확률이나 8시 6분에서 8시 8분 사이에 도착할 확률은 같게 된다. 한 사람이 8시 정각에 정류장에 도착하여 버스가 올 때까지 기다리는 시간(단위 : 분)을 확률변수 X라고 하면 X의 영역은 $0<X<10$이고 X의 분포는 확률밀도함수가

$$f(x)=\frac{1}{10-0}=\frac{1}{10}$$

인 균등분포가 된다.

02 고객이 계산대에 도착한 시간을 확률변수 X라고 하면 X의 분포는 균등분포이므로 구하는 확률은

$$P(25\le X\le 30)=\int_{25}^{30}\frac{1}{30}dx=\frac{1}{6}$$

이다. 여기서 또 다른 5분간에 도착하였을 확률 역시 1/6임에 유의하라.

03 k번째 고객의 실제 물건값과 10원 미만을 반올림한 물건값의 차액을 X_k라고 하면 $X_1,\ X_2,\ \cdots,\ X_{100}$은 서로 독립이고 각각이 구간 $(-5,\ 5)$에서 균등분포를 따른다. 그러므로 하루의 총 차액은 $Y=X_1+X_2+\ \cdots\ +X_{100}$이 되고 X_k의 평균과 분산은 각각

$$E(X_k) = \frac{-5+5}{2} = 0, \quad Var(X_k) = \frac{(-5-5)^2}{12} = \frac{100}{12}$$

이므로 Y의 평균과 분산은

$$E(Y) = 0, \quad Var(Y) = 100 \cdot \frac{100}{12} = \frac{10000}{12}$$

이다. 체비쇼프 부등식에 의해

$$P(|Y - \mu_Y| \geq k\sigma_Y) \leq \frac{1}{k^2}$$

이고 $\mu_Y = 0$, $\sigma_Y = \frac{50}{\sqrt{3}}$이므로

$$P\left(|Y| \geq k\frac{50}{\sqrt{3}}\right) \leq \frac{1}{k^2}$$

이 성립한다. 그런데 확률변수 Y는 하루의 총 차액이므로

$$P(Y > 100) = P(Y < -100)$$

이다. 그러므로 구하는 확률의 상한은

$$P(Y > 100) = \frac{1}{2}P\left(|Y| \geq 2\sqrt{3}\frac{50}{\sqrt{3}}\right) \leq \frac{1}{2}\frac{1}{(2\sqrt{3})^2} = \frac{1}{24}$$

04 점 (X, Y)가 S의 부분집합에 놓여있을 확률은 부분집합의 면적에 비례하므로 비례상수를 k라고 하면

$$P[(X, Y) \in S] = \int_0^2 \int_1^2 f(x,y)dxdy = 6k = 1$$

이 성립한다. 그러므로 $k = \frac{1}{6}$이다. S의 부분집합을 A라고 하면

$$P[(X, Y) \in A] = \int\int_A f(x,y)dxdy = \frac{A\text{의 면적}}{6}$$

이므로

$$f(x,y) = \begin{cases} \frac{1}{6}, & 0 \leq x \leq 2,\ 1 \leq y \leq 4 \\ 0, & \text{기타} \end{cases}$$

이다.

5.5

01 X가 첫 번째 손님이 도착할 때까지 걸리는 시간이라고 하고 $\lambda = 1/3$은 기대되는 도착손님의 수이다. 이때

$$f(x) = \frac{1}{3}e^{-(1/3)x}$$

이므로

$$P(X \geq 5) = \int_5^\infty \frac{1}{3}e^{-(1/3)x}dx = e^{-5/3} = 0.1889$$

이 된다.

02 1,000마일을 단위로 한 주행거리를 확률변수 X라고 하면 구하는 확률은

$$P(X > 3+5 | X > 3) = P(X > 5) = \int_5^\infty \frac{1}{10}e^{-\frac{x}{10}}dx = e^{-0.5}$$

03 소비금액 X가 3,000원 이상일 확률은

$$P(X \geq 3{,}000) = \int_{3{,}000}^\infty \frac{1}{1{,}200}e^{-\frac{x}{1{,}200}}dx = e^{-2.5} = 0.08$$

이므로 약 8%이다.

04 확률변수 X를 시험 소요시간이라고 하면 시험 소요시간이 40분 이내일 확률은

$$p = P(X \leq 40) = \int_0^{40} \frac{1}{80}e^{-\frac{x}{80}}dx = 1 - e^{-0.5}$$

이다. 그러므로 적어도 한명의 학생이 40분 이내에 시험을 끝낼 확률은

$$\sum_{x=1}^{10}\binom{10}{x}p^x(1-p)^{10-x} = 1 - \binom{10}{0}(1-e^{-0.5})^0(e^{-0.5})^{10} = 1 - e^{-5}$$

5.6

01 평균이 0인 그림은 1, 2이고 3는 평균이 3이다. 그림 1, 2 중 분산이 적은 그래프는 1이므로 (a)는 그림 1, (b)는 그림 2, (c)는 그림 3이다.

02 평균이 4인 정규분포이므로 $x=4$에 대하여 대칭이다. 그러므로
$P(4 \le X \le 6) = P(2 \le X \le 4)$이고
$P(4 \le X \le 6) = \frac{1}{2}P(2 \le X \le 6) = \frac{p_1}{2}$이다. 따라서

$$P(6 \le X \le 8) = P(4 \le X \le 8) - P(4 \le X \le 6) = p_2 - \frac{p_1}{2}$$

이다.

03 세 나라 대졸 신입사원 A, B, C의 월급을 각각 다음과 같이 표준화한다.

i) 대한민국의 대졸 신입사원의 월급은 정규분포 $N(200,\ 30^2)$을 따르므로

A의 월급 245만원 : $\frac{245-200}{30} = 1.5$

ii) 미국의 대졸 신입사원의 월급은 정규분포 $N(4000,\ 500^2)$을 따르므로

B의 월급 4500달러 : $\frac{4500-4000}{500} = 1$

iii) 일본의 대졸 신입사원의 월급은 정규분포 $N(21,\ 1^2)$을 따르므로

C의 월급 24만엔 : $\frac{24-21}{1} = 3$

그러므로 상대적으로 월급이 많이 받고 있는 순서는 C, A, B이다.

04 컵에 채워지는 커피량을 확률변수 X라고 하면 정규분포표에 의해

$$0.02 = P(X \le 5.85) = \Phi\left(\frac{5.85-6}{\sigma}\right) = \Phi(-2.05)$$

임을 알 수 있다. 그러므로

$$\frac{5.85-6}{\sigma} = -2.05$$

이고 $\sigma = 0.0732$이다. 한편 컵이 넘칠 확률은

$$P(X > 6.1) = P\left(Z > \frac{6.1-6}{0.0732}\right) = P(Z > 1.37) = 0.0853$$

이다.

05 $P(8 \le X \le 14) = P\left(\frac{8-8}{2} \le Z \le \frac{14-8}{2}\right) = P(0 \le Z \le 3)$

$P(15 \le Y \le k) = P\left(\frac{15-15}{3} \le Z \le \frac{k-15}{3}\right) = P\left(0 \le Z \le \frac{k-15}{3}\right)$

위의 두 식이 같으므로 $\frac{k-15}{3} = 3$, $k = 24$이다.

06 지능지수를 X라고 하면 X는 정규분포 $N(100,\ 25)$을 따른다. 지능지수가 상위 10% 이내에 속하는 학생의 최저지능지수를 k라 하면

$$P(X \ge k) = P\left(Z \ge \frac{k-100}{5}\right) = P(Z \ge 0) - P\left(o \le Z \le \frac{k-100}{5}\right)$$

$$= 0.5 - P\left(0 \le Z \le \frac{k-100}{5}\right) = 0.1$$

즉, $P\left(0 \le Z \le \frac{k-100}{5}\right) = 0.4$이다. $P(0 \le Z \le 1.3) = 0.4$이므로

$\frac{k-100}{5} = 1.3$, $k = 106.5$이다. 즉 상위 10% 이내에 속하는 학생의 최저지능지수는 106.5이다.

07 정사각형의 내부에 400개의 점을 찍을 때 찍은 점이 원의 내부에 있을 확률은

$$\frac{(\text{원의넓이})}{(\text{정사각형의넓이})} = \frac{\pi \times 1^2}{2 \times 2} = \frac{\pi}{4}$$

이다. 400개의 점 중에 원의 내부에 있는 점의 개수를 X라고 하면 X는 이항분포 $B\left(400,\ \frac{\pi}{4}\right)$를 따른다. 그러므로

$$E(X) = np = 400 \times \frac{\pi}{4} = 100\pi = 310$$

$$Var(X) = np(1-p) = 400 \times \frac{\pi}{4} \times \left(1 - \frac{\pi}{4}\right) = 25\pi(4-\pi) = 64$$

이다. 중심극한정리에 의해 X는 정규분포 $N(310,\ 8^2)$을 따르고

$$P(X \geq 300) = P\left(Z \geq \frac{300-310}{8}\right) = P(Z \geq -1.25) = 0.8944$$

이다.

08 구간 (0, 1)상의 균등분포의 평균은 $\frac{1}{2}$이며 분산은 $\frac{1}{12}$이다. 이 예에서 $n=12$이므로, 중심극한정리로부터 $\overline{X_n}$의 분포는 근사적으로 평균 $\frac{1}{2}$과 분산 $\frac{1}{144}$을 가지는 정규분포가 됨을 알 수 있다. 그러므로, 변수 $Z=12\left(\overline{X}-\frac{1}{2}\right)$의 분포는 근사적으로 표준정규분포가 될 것이다. 따라서

$$\begin{aligned} P\left(\left|\overline{X_n}-\frac{1}{2}\right| \leq 0.1\right) &= P\left[12\left|\overline{X_n}-\frac{1}{2}\right| \leq 1.2\right] \\ &= P(|Z| \leq 1.2) = 2\Phi(1.2)-1 \\ &= 0.7698 \end{aligned}$$

제6장 표본분포

6.1

01 $Var(\overline{X}) = \frac{1.8^2}{n}$이므로 $\frac{1.8}{\sqrt{n}} \leq 0.6$이다. 식의 양변을 제곱하고 n에 대하여 정리하면

$$n \geq \frac{1.8^2}{0.6^2} = 9$$

그러므로 구하고자하는 n의 최솟값은 9이다.

02 $4a+3a+2a+a=1$이므로 $a=1/10$이다. 이때

$$E(X) = 1 \cdot \frac{4}{10} + 3 \cdot \frac{3}{10} + 5 \cdot \frac{2}{10} + 7 \cdot \frac{1}{10} = 3$$

이므로 $E(\overline{X}) = 3$이다.

03 크기 n인 표본이 X_1, X_2, $\cdots$, X_k이고, 각 표본의 평균이 $\overline{X_k}$이므로 $E(X_k) = \overline{X_k}$이다.

또한 $E(\overline{X}) = \dfrac{\overline{X_1} + \overline{X_2} + \cdots + \overline{X_k}}{k} = \mu$이므로 $\overline{X_1} + \overline{X_2} + \cdots + \overline{X_k} = k\mu$이다.

따라서

$$E(X_1) + E(X_2) + \cdots + E(X_k) = \overline{X_1} + \overline{X_2} + \cdots + \overline{X_k} = k\mu$$

이다.

04 $\mu = E(X) = \dfrac{1}{2}$, $\sigma^2 = Var(X) = \dfrac{3}{4}$이고 $n = 3$이므로

$$E(\overline{X}) = \frac{1}{2},\ Var(\overline{X}) = \frac{\sigma^2}{n} = \frac{1}{4}$$

이다. $E(\overline{X^2}) = Var(\overline{X}) + (E(\overline{X}))^2$이므로 $E(\overline{X^2}) = \dfrac{1}{4} + \left(\dfrac{1}{2}\right)^2 = \dfrac{1}{2}$이다.

05 $\overline{X} \sim N\left(160, \left(\dfrac{1}{2}\right)^2\right)$이므로 $P(\overline{X} \geq 320 - 5k) \leq 0.98$에서

$$\begin{aligned} P(\overline{X} \geq 320 - 5k) &= P\left(Z \geq \frac{320 - 5k - 160}{1/2}\right) = P(Z \geq 320 - 10k) \\ &= P(320 - 10k \leq Z \leq 0) + P(Z \geq 0) \\ &= P(320 - 10k \leq Z \leq 0) + 0.5 \leq 0.98 \end{aligned}$$

이다. 그러므로 $P(320 - 10k \leq Z \leq 0) \leq 0.48$이다.

$P(-2.05 \leq Z \leq 2.05) = 0.96$이고

$P(-2.05 \leq Z \leq 2.05) = 2 \times P(-2.05 \leq Z \leq 0) = 0.96$이므로

$P(-2.05 \leq Z \leq 0) = 0.48$이다. 그러므로 $320 - 10k \geq -2.05$, $k \leq 32.205$고 자연수 k의 최댓값은 32이다.

06 100명의 학생 중 여가활동으로 인터넷을 하는 학생수의 비율을 $\hat{p}$라고 하면 구하는 확률은 $p(0.36 \leq \hat{p} \leq 0.42)$이다. $p = \dfrac{432}{1200} = 0.36$이므로

$$p(0.36 \le \hat{p} \le 0.42) = P\left(\frac{0.36-0.36}{\sqrt{\dfrac{0.36\times 0.64}{100}}} \le Z \le \frac{0.42-0.36}{\sqrt{\dfrac{0.36\times 0.64}{100}}}\right)$$
$$= P(0 \le Z \le 1.25) = 0.3944$$

이다.

6.2

01 $\overline{X}$와 S^2은 독립이고, $\overline{X} \sim N(4,\ 121/25)$이다.

$24S^2/121 \sim \chi^2(24)$이므로 구하고자 하는 확률은 다음과 같다.

$$\begin{aligned}
&P(0 < \overline{X} < 6,\ 100.8 < S^2 < 141.17) \\
&= P(0 < \overline{X} < 6)Pr(100.8 < S^2 < 141.17) \\
&= P\left(\frac{0-4}{\sqrt{121/25}} < \frac{\overline{X}-4}{\sqrt{121/25}} < \frac{6-4}{\sqrt{121/25}}\right) \\
&\quad P\left(\frac{24\times 100.8}{121} < \frac{24S^2}{121} < \frac{24\times 141.17}{121}\right) \\
&= P(-1.82 < Z < 0.91)\,P(20 < \chi^2(24) < 28) \\
&= 0.7842\times 0.437 = 0.3427
\end{aligned}$$

02 $X_i \sim N(0,\ 4)$이므로 $X_i^2/4 \sim \chi^2(1)$이고 따라서 $\sum_{i=1}^{4} X_i^2/4 \sim \chi^2(4)$이다. 그러므로 구하고자 하는 확률은 다음과 같다.

$$\begin{aligned}
P\left(\sum_{i=1}^{4} X_i^2 < 2.84\right) &= P\left(\sum_{i=1}^{4}\frac{X_i^2}{4} < \frac{2.84}{4}\right) \\
&= P(\chi^2(4) < 0.71) \\
&= 0.05
\end{aligned}$$

03 카이제곱분포의 평균은 자유도 n과 같으므로 자유도 25인 카이제곱분포에서 $P(\chi^2 > 37.7) = 0.05$이다. 그러므로 약 5일로 기대된다.

04 $n=400,\ p=1/2$이므로

$$np=200,\ np(1-p)=100$$

이다. 그러므로

$$\chi^2=\frac{(X-200)^2}{100}\geq\frac{40^2}{100}=16$$

이고 구하는 확률은

$$P(|X-200|\geq 40)=P(\chi^2\geq 16)$$

이다. 자유도는 1이므로 부록의 표를 이용하면 $P(\chi^2\geq 16)<0.005$이다.

6.3

01 $P(|\overline{X}-\mu|<1.6)=P\left(\left|\frac{\overline{X}-\mu}{3/4}\right|<\frac{1.6}{3/4}\right)$
$=P(|T(15)|<2.133)=2P(0<T(15)<2.133)=0.950$

02 $\overline{X}=\frac{1}{5}(100+200+400+500+800)=400$

$S^2=\frac{1}{4}[(100-400)^2+(200-400)^2+(400-400)^2$
$+(500-400)^2+(800-400)^2]=7500,$

즉 $S\fallingdotseq 86.6$이다.

그러므로

$P(\mu\geq 300)=P(400-\mu\leq 100)=P\left(\frac{400-\mu}{86.6/\sqrt{5}}\leq\frac{100}{86.6/\sqrt{5}}\right)$
$\fallingdotseq P(T(4)\leq 2.58)=0.967$

이다.

참조 | $P(T(4)\leq 2.58)$의 값은 보간법으로 구한다. 즉

$P(T(4)\leq 5)$	0.95	x	0.975
$T(4)$	2.132	2.58	2.776

이므로

$$(x-0.95):0.025=0.448:0.664$$

이므로 $x \fallingdotseq 0.967$이 된다.

03 $n=9,\ \mu=14,\ \overline{X}=12,\ S=2$이다. 그러므로

$$P(\overline{X} \le 12) = P\left(T(8) \le \frac{12-14}{2/3}\right) = P(T(8) \le -3) < 0.01,$$

$$P(T(8) \le -3) > 0.005$$

이다. 따라서 $\overline{X}=12$인데 $\mu=14$라는 선전은 $P(\overline{X} \le 12)$가 너무 작아서 의심스럽다. 그러므로 K사의 주장 $\mu=14$km는 인정하기 어렵다.

04 자유도 24일 때 $t_{0.05}=1.711$이다. 제조업자는 25개의 표본으로부터 얻은 t값이 -1.711과 1.711 사이에 있으면 그의 주장을 만족한다. 평균이 $\mu=500$이면

$$t = \frac{518-500}{40/\sqrt{25}} = 2.25$$

이고 자유도 24인 t의 값이 2.25와 같거나 클 확률은 약 0.02이다. 만일 $\mu > 500$이면 표본으로부터 계산된 t의 값은 더 합리적이다. 따라서 제조업자는 그의 전구가 더 좋은 제품이라고 평가할 수 있다.

제7장 추정

7.1

01 각 추정량의 기댓값을 구하면,

$$E(\widehat{\mu_1}) = \frac{1}{3}E(X_1+X_2+X_3) = \mu,\ E(\widehat{\mu_2}) = \frac{1}{4}E(X_1+2X_2+X_3) = \mu,$$

$$E(\widehat{\mu_3}) = \frac{1}{5}E(X_1+2X_2+X_3) = \frac{4}{5}\mu$$

이다. 그러므로 각 추정량의 편의는

$$bias_1 = E(\widehat{\mu_1}) - \mu = 0,\ bias_2 = E(\widehat{\mu_2}) - \mu = 0,\ bias_3 = E(\widehat{\mu_3}) - \mu = -\frac{1}{5}\mu$$

이고, 따라서 $\widehat{\mu_1}$와 $\widehat{\mu_2}$는 불편추정량이고 $\widehat{\mu_3}$는 편의추정량이다.

02 표본평균과 표본분산이 각각 모평균과 모분산의 불편추정량이므로 표본평균과 표본분산을 구한다.

$$\hat{\mu} = \overline{X} = \frac{1}{10}(2.62 + 2.69 + 2.71 + 2.73 + 2.66 + 2.64 + 2.81 + 2.78 + 2.76 + 2.84)$$

$$= 2.724$$

$$\widehat{\sigma^2} = S^2 = \frac{1}{9}\sum (x_i - 2.724)^2 = 0.0054$$

03 X_1과 X_2가 모수 λ인 푸아송분포를 이루는 확률변수이므로

$E(X_1) = E(X_2) = \lambda$이고 $E\left(\frac{X_1 + X_2}{2}\right) = \frac{1}{2}E(X_1 + X_2) = \frac{1}{2}(\lambda + \lambda) = \lambda$이므로 λ의 불편추정량이다.

04 $aT_1 + bT_2$가 모수 θ에 대한 불편추정량이므로 $E(aT_1 + bT_2) = (a+b)\theta = \theta$이어야 한다. 따라서 $a + b = 1$이고,

$$Var(aT_1 + bT_2) = a^2 Var(T_1) + b^2 Var(T_2) = (a^2 + 4b^2) Var(T_1)$$

의 최솟값은 $a^2 + 4b^2 = a^2 + 4(1-a)^2 = 5a^2 - 8a + 4 = 5\left(a - \frac{4}{5}\right)^2 + \frac{4}{5}$가 최소일 때이다. 그러므로 $a = \frac{4}{5}$, $b = \frac{1}{5}$이다.

05 (1) 모집단 분포는 $X \sim P(\lambda)$이고, 모수 λ는 모평균 μ를 나타낸다. 그러므로 모평균에 대한 불편추정량의 하나는 표본평균이므로 $\hat{\lambda} = \overline{X}_{10}$이다.

(2) $\hat{\lambda} = \frac{1}{10}(X_1 + X_2 + \cdots + X_{10}) = 21.8$

(3) 시간당 수신된 평균 신호 수가 21.8로 추정되므로 30분당 평균 10.9회 신호가 수신될 것으로 추정한다.

06 $\dfrac{n-1}{\sigma^2}S^2 \sim \chi^2(n-1)$이므로

$$Var\left(\frac{n-1}{\sigma^2}S^2\right)=\frac{(n-1)^2}{\sigma^4}Var(S^2)=2(n-1)$$

이고, 따라서 $Var(S^2)=\dfrac{2\sigma^4}{n-1}$이다. 그러므로 체비쇼프(Chebyshev) 부등식에 의하여

$$P(|S^2-\sigma^2|\geq\epsilon)\leq\frac{Var(S^2)}{\epsilon^2}=\frac{2\sigma^4}{(n-1)\epsilon^2}$$

이고, 다음 극한이 성립하므로 표본분산은 모분산의 일치추정량이다.

$$\lim_{n\to\infty}P(|S^2-\sigma^2|\geq\epsilon)\leq\lim_{n\to\infty}\frac{2\sigma^4}{(n-1)\epsilon^2}=0$$

7.2

01 (1) 우도함수는

$$L(\theta)=\prod_{i=1}^{n}f(x_i;\theta)=\theta^n(1-\theta)^{\sum x_i-n},\ 0<\theta<1$$

이고, 따라서 로그 우도함수는

$$\ln L(\theta)=n\ln\theta+\left(\sum_{i=1}^{n}x_i-n\right)\ln(1-\theta),\ 0<\theta<1$$

이다. 그러므로 우도방정식

$$\frac{d}{d\theta}\ln L(\theta)=\frac{n}{\theta}-\frac{1}{1-\theta}\left(\sum_{i=1}^{n}x_i-n\right)=0$$

이고, 이 방정식의 해를 구하면 $\theta=\dfrac{n}{\sum_{i=1}^{n}x_i}=\dfrac{1}{\overline{x}}$이다. 한편 $\theta<\dfrac{1}{\overline{x}}$이면 $\dfrac{d}{d\theta}\ln L(\theta)>0$이고 $\theta>\dfrac{1}{\overline{x}}$이면 $\dfrac{d}{d\theta}\ln L(\theta)<0$이므로 $\ln L(\theta)$는 $\theta=\dfrac{1}{\overline{x}}$에서 최대이다. 따라서 모수 θ에 대한 최대우도추정량은 $\hat{\theta}=\dfrac{1}{\overline{X}}$이다.

(2) 우도함수는

$$L(\theta) = \prod_{i=1}^{n} f(x_i;\theta) = \theta^{\sum x_i}(1-\theta)^{n-\sum x_i}\ ,\ 0<\theta<1$$

이고, 따라서 로그 우도함수는

$$\ln L(\theta) = \left(\sum_{i=1}^{n} x_i\right)\ln\theta + \left(n - \sum_{i=1}^{n} x_i\right)\ln(1-\theta),\ 0<\theta<1$$

이다. 그러므로 우도방정식

$$\frac{d}{d\theta}\ln L(\theta) = \frac{1}{\theta}\sum_{i=1}^{n} x_i - \frac{1}{1-\theta}\left(n - \sum_{i=1}^{n} x_i\right) = 0$$

이고, 이 방정식의 해를 구하면 $\theta = \frac{1}{n}\sum_{i=1}^{n} x_i = \overline{x}$이다. 한편 $\theta < \overline{x}$이면 $\frac{d}{d\theta}\ln L(\theta) > 0$이고 $\theta > \overline{x}$이면 $\frac{d}{d\theta}\ln L(\theta) < 0$이므로 $\ln L(\theta)$는 $\theta = \overline{x}$에서 최대이다. 따라서 모수 θ에 대한 최대우도추정량은 $\hat{\theta} = \overline{X}$이다.

02 모수 θ에 대한 최대우도추정량은 $\hat{\theta} = \overline{X}$이고,

$$u(\theta) = P(X \geqq 1) = \int_{1}^{\infty} \frac{1}{\theta} e^{-x/\theta} dx = e^{-1/\theta}$$

이므로 $u(\hat{\theta}) = e^{-1/\hat{\theta}} = e^{-1/\overline{X}}$, 즉 $P(X \geqq 1)$의 최대우도추정량은 $e^{-1/\overline{X}}$이다.

03 $L(\theta) = \frac{1}{\theta^n}$, $0 < x_i \le \theta$이고, 이 함수는 θ의 단조감소함수이다. 이 함수의 최댓값은 미분을 이용하여 구할 수 없으며, θ를 가능한 한 작게 취함으로써 구한다. 한편 $\theta \ge x_i$이고 특히 $\theta \ge max(x_i)$이므로 $L(\theta)$는 $\frac{1}{[max(X_i)]^n}$보다 크게 될 수 없다. 따라서 θ의 유일한 최대우도추정량은 n번째 순서 통계량 $max(X_i)$이다.

04 (1) 우도함수는

$$L(\theta)=\prod_{i=1}^{n} f(x_i;\theta)=\frac{1}{\theta}x_1^{(1-\theta)/\theta}\cdot\frac{1}{\theta}x_2^{(1-\theta)/\theta}\cdots\frac{1}{\theta}x_n^{-(1-\theta)/\theta}$$
$$=\frac{1}{\theta^n}\left(\prod_{i=1}^{n}x_i\right)^{(1-\theta)/\theta}$$

이다. 그러므로 로그 우도함수는

$$\ln L(\theta)=-n\ln\theta+\frac{1-\theta}{\theta}\ln\left(\prod_{i=1}^{n}x_i\right)=-n\ln\theta+\frac{1-\theta}{\theta}\sum_{i=1}^{n}\ln x_i$$

이고, 우도방정식

$$\frac{d}{d\theta}\ln L(\theta)=-\frac{n}{\theta}-\frac{1}{\theta^2}\sum_{i=1}^{n}\ln x_i=0$$

을 얻는다. 그러므로 이 방정식을 풀면, θ에 대한 최대우도추정량은 다음과 같다.

$$\hat{\theta}=-\frac{1}{n}\sum_{i=1}^{n}\ln x_i$$

(2) 모집단 분포로부터

$$E(\ln x)=\int_0^1(\ln x)\cdot\frac{1}{\theta}x^{(1-\theta)/\theta}dx=-\theta$$

이므로

$$E(\hat{\theta})=-\frac{1}{n}\sum_{i=1}^{n}E(\ln x_i)=-\frac{1}{n}(-n\theta)=\theta$$

이고, 따라서 $\hat{\theta}=-\frac{1}{n}\sum_{i=1}^{n}\ln x_i$는 θ에 대한 불편추정량이다.

7.3

01 $z_{0.025} = 1.96$이고, $\sigma = 5.4$, $n = 25$이므로 μ에 대한 95% 신뢰구간은 다음과 같다.

$$\left(\overline{X} - z_{0.025}\frac{\sigma}{\sqrt{n}},\ \overline{X} + z_{0.025}\frac{\sigma}{\sqrt{n}}\right)$$
$$= \left(127 - (1.96)\cdot\frac{5.4}{\sqrt{25}},\ 127 + (1.96)\cdot\frac{5.4}{\sqrt{25}}\right)$$
$$= (124.8832,\ 129.1168)$$

02 (1) $z_{0.025} = 1.96$이고, $\sigma = 2$, $n = 25$이므로 μ에 대한 95% 신뢰구간은 다음과 같다.

$$\left(\overline{X} - z_{0.025}\frac{\sigma}{\sqrt{n}},\ \overline{X} + z_{0.025}\frac{\sigma}{\sqrt{n}}\right)$$
$$= \left(97 - (1.96)\cdot\frac{2}{\sqrt{25}},\ 97 + (1.96)\cdot\frac{2}{\sqrt{25}}\right)$$
$$= (96.216,\ 97.784)$$

(2) $t_{0.025}(24) = 2.064$이고, $S = \sqrt{4.25} = 2.062$이므로 μ에 대한 95% 신뢰구간은 다음과 같다.

$$\left(\overline{X} - t_{0.025}(24)\frac{S}{\sqrt{n}},\ \overline{X} + t_{0.025}(24)\frac{S}{\sqrt{n}}\right)$$
$$= \left(97 - (2.064)\cdot\frac{2.062}{\sqrt{25}},\ 97 + (2.064)\cdot\frac{2.062}{\sqrt{25}}\right)$$
$$= (96.149,\ 97.851)$$

03 (1) 표본으로부터 얻은 표본평균과 표본표준편차는 각각 $\overline{X} = 216.29$, $S = 21.53$이다. 한편 모표본표준편차가 $\sigma = 20$이므로 $z_{0.025} = 1.96$이므로 95% 신뢰구간은 다음과 같다.

$$\left(\overline{X} - z_{0.025}\frac{\sigma}{\sqrt{n}},\ \overline{X} + z_{0.025}\frac{\sigma}{\sqrt{n}}\right)$$
$$= \left(216.29 - (1.96)\cdot\frac{20}{\sqrt{20}},\ 216.29 + (1.96)\cdot\frac{20}{\sqrt{20}}\right)$$
$$= (207.52,\ 225.06)$$

(2) 표본표준편차가 0.06이므로 t-추정을 한다. $t_{0.025}(19) = 2.093$이므로 95% 신뢰구간은 다음과 같다.

$$\left(\overline{X}-t_{0.025}(19)\frac{S}{\sqrt{n}},\ \overline{X}+t_{0.025}(19)\frac{S}{\sqrt{n}}\right)$$
$$=\left(216.29-(2.093)\cdot\frac{21.53}{\sqrt{20}},\ 216.29+(2.093)\cdot\frac{21.53}{\sqrt{20}}\right)$$
$$=(206.214,\ 226.366)$$

04 모표준편차가 0.05이므로 z-추정을 한다. $z_{0.025}=1.96$이므로 95% 신뢰구간은 다음과 같다.

$$\left(\overline{X}-z_{0.025}\frac{\sigma}{\sqrt{n}},\ \overline{X}+z_{0.025}\frac{\sigma}{\sqrt{n}}\right)$$
$$=\left(0.3-(1.96)\cdot\frac{0.05}{\sqrt{101}},\ 0.3+(1.96)\cdot\frac{0.05}{\sqrt{101}}\right)$$
$$=(0.2902,\ 0.3098)$$

05 표본평균과 표본표준편차를 구하면 각각 $\overline{X}=172.04$, $S=8.18$이다. 또한 $t_{0.05}(19)=1.729$이므로 90% 신뢰구간은 다음과 같다.

$$\left(\overline{X}-t_{0.05}(19)\frac{S}{\sqrt{n}},\ \overline{X}+t_{0.05}(19)\frac{S}{\sqrt{n}}\right)$$
$$=\left(172.04-(1.729)\cdot\frac{8.18}{\sqrt{20}},\ 172.04-(1.729)\cdot\frac{8.18}{\sqrt{20}}\right)$$
$$=(168.88,\ 175.20)$$

06 $n=400$인 대표본에 대하여 표본평균과 표본표준편차가 각각 $\overline{X}=25$, $S=4.99$이고 $z_{0.025}=1.96$이므로 구하고자 하는 95% 신뢰구간의 하한과 상한은 각각 다음과 같다.

$$\hat{\theta}_1=\overline{X}-z_{0.025}\frac{S}{\sqrt{n}}=25-(1.96)\frac{4.99}{\sqrt{400}}=24.511$$
$$\hat{\theta}_2=\overline{X}+z_{0.025}\frac{S}{\sqrt{n}}=25+(1.96)\frac{4.99}{\sqrt{400}}=25.489$$

따라서 구하고자 하는 95% 신뢰구간은 (24.511, 25.489)이다.

07

쌍	1	2	3	4	5	6	7	8	9	10
X	76	60	85	58	91	75	82	64	79	88
Y	81	52	87	70	86	77	90	63	85	83
$D=X-Y$	−5	8	−2	−12	5	−2	−8	1	−6	5
$(D-\overline{D})^2$	11.56	92.16	0.16	108.16	43.56	0.16	92.16	6.76	19.36	43.56

이므로

$$\overline{D}=\frac{1}{10}\sum D_i=-1.6,\quad S_D^2=\frac{1}{9}\sum(D_i-\overline{D})^2=46.4,\quad S_D=\sqrt{46.4}=6.812$$

이다. $t_{0.025}(9)=2.262$이므로 $\mu_X-\mu_Y$에 대한 95% 신뢰구간의 하한과 상한은 각각 다음과 같다.

$$\hat{\theta}_1=\overline{D}-t_{0.025}(n-1)\frac{S_D}{\sqrt{n}}=-1.6-(2.262)\frac{6.812}{\sqrt{10}}=-6.4727$$

$$\hat{\theta}_2=\overline{D}+t_{0.025}(n-1)\frac{S_D}{\sqrt{n}}=-1.6-(2.262)\frac{6.812}{\sqrt{10}}=3.2727$$

따라서 $\mu_X-\mu_Y$에 대한 95% 신뢰구간은 $(-6.4727,\ 3.2727)$이다.

7.4

01 표본의 불량률은 $\hat{p}=\frac{9}{400}=0.0225$이고, $n=400$, $z_{0.05}=1.645$이므로 90% 신뢰구간의 하한과 상한은 각각 다음과 같다.

$$\hat{\theta}_1=\hat{p}-z_{0.05}\sqrt{\frac{\hat{p}(1-\hat{p})}{n}}=0.0225-1.645\sqrt{\frac{(0.0225)(0.9775)}{400}}=0.0103$$

$$\hat{\theta}_2=\hat{p}+z_{0.05}\sqrt{\frac{\hat{p}(1-\hat{p})}{n}}=0.0225+1.645\sqrt{\frac{(0.0225)(0.9775)}{400}}=0.0347$$

따라서 90% 신뢰구간은 $(0.0103,\ 0.0347)$이다.

02 표본비율은 $\hat{p}=\frac{385}{1500}=0.257$이고, $n=1500$, $z_{0.05}=1.645$이므로 90% 신뢰구간의 하한과 상한은 각각 다음과 같다.

$$\hat{\theta}_1 = \hat{p} - z_{0.05}\sqrt{\frac{\hat{p}(1-\hat{p})}{n}} = 0.257 - 1.645\sqrt{\frac{(0.257)(0.743)}{1500}} = 0.2384$$

$$\hat{\theta}_2 = \hat{p} + z_{0.05}\sqrt{\frac{\hat{p}(1-\hat{p})}{n}} = 0.257 + 1.645\sqrt{\frac{(0.257)(0.743)}{1500}} = 0.2756$$

따라서 90% 신뢰구간은 $(0.2384, 0.2756)$이다.

03 표본으로 추출된 900명에 대한 취업 비율은 $\hat{p} = \frac{135}{200} = 0.271$이고, $n = 900$, $z_{0.05} = 1.645$이므로 90% 신뢰구간의 하한과 상한은 각각 다음과 같다.

$$\hat{\theta}_1 = \hat{p} - z_{0.05}\sqrt{\frac{\hat{p}(1-\hat{p})}{n}} = 0.271 - 1.645\sqrt{\frac{(0.271)(0.729)}{200}} = 0.2466$$

$$\hat{\theta}_2 = \hat{p} + z_{0.05}\sqrt{\frac{\hat{p}(1-\hat{p})}{n}} = 0.271 + 1.645\sqrt{\frac{(0.271)(0.729)}{200}} = 0.2954$$

따라서 90% 신뢰구간은 $(0.2466, 0.2954)$이다.

04 표본의 지지율은 $\hat{p} = 0.26$이고, $n = 2500$, $z_{0.025} = 1.96$이므로 95% 신뢰구간의 하한과 상한은 각각 다음과 같다.

$$\hat{\theta}_1 = \hat{p} - z_{0.025}\sqrt{\frac{\hat{p}(1-\hat{p})}{n}} = 0.26 - 1.96\sqrt{\frac{(0.26)(0.74)}{2500}} = 0.2428$$

$$\hat{\theta}_2 = \hat{p} + z_{0.025}\sqrt{\frac{\hat{p}(1-\hat{p})}{n}} = 0.26 + 1.96\sqrt{\frac{(0.26)(0.74)}{2500}} = 0.2772$$

따라서 95% 신뢰구간은 $(0.2428, 0.2772)$이다.

7.5

01 신뢰구간의 길이가 4% 이내로 하고자 하므로 최대허용오차는 $d = 0.02$이고, 신제품에 대한 구매율을 알고자 하므로 사전 정보가 전혀 없다. 그러므로

$$n \ge \frac{z_{\alpha/2}^2}{4d^2} = \frac{1.96^2}{4 \cdot (0.02)^2} = 2401$$

이고, 따라서 $n = 2,401$이다.

02 $z_{0.025} = 1.96$, $S = 2$ 그리고 $d = 0.5$이므로

$n \geq \left(z_{\alpha/2}\frac{S}{d}\right)^2 = \left((1.96) \cdot \frac{2}{0.5}\right)^2 = 61.46$이고 따라서 62개의 표본을 조사해야 한다.

03 (1) 예전에 조사한 결과 선호도가 $p^* = 0.32$이고, $d = 0.02$이므로

$$n \geq \frac{z_{\alpha/2}^2 p^*(1-p^*)}{d^2} = \frac{(1.96)^2(0.32)(0.68)}{(0.02)^2} = 2089.8$$

이고, 따라서 $n = 2{,}090$명을 조사해야 한다.

(2) 사전 정보가 전혀 없으므로 $n \geq \frac{z_{\alpha/2}^2}{4d^2} = \frac{(1.96)^2}{4 \cdot (0.02)^2} = 2401$이고, 따라서 $n = 2{,}401$명을 조사해야 한다.

04 (1) 예전에 조사한 결과 선호도가 $p^* = 0.325$이고, $d = 0.03$이므로

$$n \geq \frac{z_{\alpha/2}^2 p^*(1-p^*)}{d^2} = \frac{(2.58)^2(0.325)(0.675)}{(0.03)^2} = 1622.5$$

이고, 따라서 $n = 1{,}623$명을 조사해야 한다.

(2) 사전 정보가 전혀 없으므로 $n \geq \frac{z_{\alpha/2}^2}{4d^2} = \frac{(2.58)^2}{4 \cdot (0.03)^2} = 1849$이고, 따라서 $n = 1{,}849$명을 조사해야 한다.

7.6

01 $S^2 = 4$, $n = 20$이고 $\chi^2_{0.975}(19) = 8.91$, $\chi^2_{0.025}(19) = 32.85$이므로 σ^2에 대한 95% 신뢰구간의 상한과 하한은 각각

$$\hat{\theta}_1 = \frac{19\,S^2}{\chi^2_{0.025}(19)} = \frac{19 \cdot 4}{32.85} = 2.3135\,,\ \hat{\theta}_2 = \frac{19\,S^2}{\chi^2_{0.975}(19)} = \frac{19 \cdot 4}{8.91} = 8.5297$$

이므로 신뢰구간은 $(2.3135,\ 8.5297)$이다.

02 모평균을 알고, 표본의 크기가 9이므로 $\chi^2 = \frac{1}{\sigma^2}\sum_{i=1}^{n}(X_i-\mu)^2$은 자유도 9인 χ^2-분포를 이룬다. 한편 $\sum_{i=1}^{9}(X_i-8)^2 = 7.35$, $\chi^2_{0.95}(9)=3.33$, $\chi^2_{0.05}(9)=16.92$이므로 σ^2에 대한 90% 신뢰구간은

$$\left(\frac{1}{\chi^2_{0.05}(9)}\sum_{i=1}^{n}(X_i-\mu)^2,\ \frac{1}{\chi^2_{0.95}(9)}\sum_{i=1}^{n}(X_i-\mu)^2\right) = (0.4344,\ 2.2072)$$

이다.

03 표본의 크기가 10이므로 $9S^2/\sigma^2$은 자유도 9인 χ^2-분포를 이룬다. 한편 표본평균과 표본분산을 구하면 각각 $\overline{X}=14.61$, $S^2=\frac{1}{9}\sum_{i=1}^{10}(X_i-14.61)^2=\frac{7.069}{9}=0.7854$이다. 또한 자유도 9인 χ^2-분포로부터 $\chi^2_{0.975}(9)=2.70$, $\chi^2_{0.025}(9)=19.02$이다. 따라서 σ^2에 대한 95% 신뢰구간의 상한과 하한은 각각

$$\hat{\theta}_1 = \frac{9\,S^2}{\chi^2_{0.025}(9)} = \frac{9\cdot(0.7854)}{19.02} = 0.3716,$$

$$\hat{\theta}_2 = \frac{9\,S^2}{\chi^2_{0.975}(9)} = \frac{9\cdot(0.7854)}{2.70} = 2.618$$

이고, σ^2에 대한 95% 신뢰구간은 (0.3716, 2.618)이다. 또한 σ에 대한 95% 신뢰구간의 상한과 하한은 각각 $l=\sqrt{0.3716}=0.6096$, $u=\sqrt{2.618}=1.618$이고, 따라서 σ에 대한 95% 신뢰구간은 (0.6096, 1.618)이다.

04 $S^2=2.56$이고 $\chi^2_{0.975}(24)=12.40$, $\chi^2_{0.025}(24)=39.36$이므로 σ^2에 대한 95% 신뢰구간의 상한과 하한은 각각

$$\hat{\theta}_1 = \frac{24\,S^2}{\chi^2_{0.025}(24)} = \frac{24\cdot(2.56)}{39.36} = 1.561,$$

$$\hat{\theta}_2 = \frac{24\,S^2}{\chi^2_{0.975}(24)} = \frac{24\cdot(2.56)}{39.36} = 4.955$$

이므로 신뢰구간은 (1.561, 4.955)이다.

05 표본의 크기가 20이므로 $19S^2/\sigma^2$은 자유도 19인 χ^2-분포를 이룬다. 한편 표본평균과 표본분산을 구하면 각각 $\overline{X} = \frac{1}{20}\sum_{i=1}^{20} X_i = 2.545$, $S^2 = \frac{1}{19}\sum_{i=1}^{20}(X_i - 2.545)^2 = 1.4752$이다. 또한 자유도 19인 χ^2-분포로부터 $\chi^2_{0.975}(19) = 8.91$, $\chi^2_{0.025}(19) = 32.85$이다. 따라서 σ^2에 대한 95% 신뢰구간의 상한과 하한은 각각

$$\hat{\theta}_1 = \frac{19S^2}{\chi^2_{0.025}(19)} = \frac{19 \cdot (1.4752)}{32.85} = 0.853,$$

$$\hat{\theta}_2 = \frac{19S^2}{\chi^2_{0.975}(19)} = \frac{19 \cdot (1.4752)}{8.91} = 3.146$$

이고, σ^2에 대한 95% 신뢰구간은 $(0.853,\ 3.146)$이다.

제8장 가설검정

8.1

01 $p\text{-}value = P(\overline{X} \geq 64.25 \mid \mu = 62)$

$$= P\left(\frac{\overline{X} - 62}{10/\sqrt{48}} \geq \frac{64.25 - 62}{10/\sqrt{48}} \mid \mu = 62\right)$$

$$= 1 - \Phi\left(\frac{64.25 - 62}{10/\sqrt{48}}\right) = 1 - \Phi(1.559) = 0.05952$$

이다. 그러므로 $\alpha_1 < p$-값$= 0.05952 < \alpha_2$이고, 따라서 유의수준 $\alpha_1 = 0.05$에서 담당교수의 주장에 타당성이 있다. 그러나 유의수준 $\alpha_2 = 0.1$에서 담당교수의 주장을 기각할 수 있다.

02 $\gamma(\mu) = 1 - \beta(\mu) = P(H_0 : \text{기각} \mid H_0 : \text{거짓})$

$$= P(\overline{X} \leq 88.5 \mid \mu < 90)$$

$$= P\left(\frac{\overline{X} - \mu}{3/\sqrt{16}} \leq \frac{88.5 - \mu}{3/\sqrt{16}} \mid \mu < 90\right) = \Phi\left(\frac{88.5 - \mu}{3/4}\right)$$

이다. 따라서 $\gamma(88) = \Phi\left(\frac{88.5 - 88}{3/4}\right) = \Phi(0.667) = 0.7476$,

$$\gamma(87) = \Phi\left(\frac{88.5-87}{3/4}\right) = \Phi(2) = 0.9772$$

이고, $\overline{X} = 88.5$에 대한 p-값은

$$\begin{aligned} p\text{-값} &= P(\overline{X} \le 88.5 \mid \mu = 90) \\ &= P\left(\frac{\overline{X}-90}{3/4} \le \frac{88.5-90}{3/4}\right) \\ &= \Phi(-2) = 1-\Phi(2) = 0.0228 \end{aligned}$$

이다.

03 (1) $P(\overline{X} \ge c \mid \mu = 10) = P\left(\frac{\overline{X}-10}{4/\sqrt{25}} \ge \frac{c-10}{4/\sqrt{25}}\right)$

$$= 1 - \Phi\left(\frac{c-10}{4/\sqrt{25}}\right) = 0.05$$

즉, $\Phi\left(\frac{c-10}{4/\sqrt{25}}\right) = \Phi(z_{0.95}) = 0.95;\quad z_{0.95} = \frac{c-10}{4/\sqrt{25}} = 1.645;\quad c = 11.316;$

$\overline{x} \ge 11.316$이다.

(2) $\beta = P(\overline{X} < 11.316 \mid \mu_1 = 11) = P\left(\frac{\overline{X}-11}{4/\sqrt{25}} < \frac{11.316-11}{4/\sqrt{25}}\right)$

$$= \Phi(0.395) = 0.654$$

8.2

01 귀무가설 $H_0:\ \mu = 7.88$과 대립가설 $H_1:\ \mu \ne 7.88$을 설정한다.

유의수준 $\alpha = 0.05$에 대한 양측검정의 기각역은 $R: |Z| > 1.96$이다.

모분산이 $\sigma = 0.15$이므로 검정통계량과 그의 분포는

$Z = \frac{\overline{X} - 7.88}{0.15/\sqrt{10}} \sim N(0,1)$이다.

표본평균이 $\overline{x} = 7.8$이므로 검정통계량의 관측값은 $z_0 = \frac{7.8-7.88}{0.15/\sqrt{10}} = -1.687$

이다.

그러므로 관찰값 z_0이 기각역 R 안에 들어있지 않으므로 $H_0: \mu = 7.88$은 타당하다.

02 귀무가설 $H_0 : \mu_1 = 60.2$와 대립가설 $H_1 : \mu_1 > 60.2$를 설정한다.

$\alpha = 0.05$ 인 상단측검정이므로 기각역은 $Z \geq z_{0.05} = 1.645$이다.

검정통계량은 $Z = \dfrac{\overline{X} - 60.2}{\sigma / \sqrt{n}} \sim N(0, 1)$이므로

검정통계량의 관찰값은 $z_0 = \dfrac{62.3 - 60.2}{3/\sqrt{9}} = 2.1$이다

그러므로 H_0을 기각한다. 즉, 공정의 변화에 따라 제품의 치수가 60.2mm보다 커졌다고 할 수 있다.

03 귀무가설 $H_0 : \mu = 60$와 대립가설 $H_1 : \mu < 60$을 설정한다.

검정통계량과 검정통계량의 확률분포는 $T = \dfrac{\overline{X} - 60}{S/\sqrt{50}} \sim t(49)$이고, 표본조사한 자료로부터 평균과 표준편차 $\overline{X} = 59.062$, $S = 3.077$을 구한다.

주어진 유의수준 $\alpha = 0.05$에 대한 임곗값과 기각역

$R : T \leq t_{0.05}(49) = -1.6766$이므로

검정통계량의 측정값 $t_0 = \dfrac{\sqrt{50}\,(59.062 - 60)}{3.077} = -2.1556$이다.

검정통계량의 측정값이 기각역 안에 들어가므로 귀무가설을 기각한다. 즉, 유의수준 0.05에서 베어링의 평균 직경이 60mm라는 제조회사의 주장은 타당성이 없다.

04 귀무가설 $H_0 : \mu = 2550$과 대립가설 $H_1 : \mu < 2550$을 설정한다.

유의수준 $\alpha = 0.05$에 대한 하단측검정 기각역은 $R : Z < -1.645$이다.

모분산을 모르는 대표본이므로 검정통계량과 그의 분포는

$Z = \dfrac{\overline{X} - 2550}{S/\sqrt{360}} \approx N(0, 1)$이다.

$\overline{x} = 2516$, $s = 132$이므로 검정통계량의 관측값은

$z_0 = \dfrac{2516 - 2550}{132/\sqrt{360}} = -4.887 < -1.645$이므로 H_0을 기각한다.

즉, 이 회사에서 생산되는 진공관의 수명이 2550시간 이상 된다고 할 수 없다.

05 귀무가설 $H_0 : \mu = 1600$와 대립가설 $H_1 : \mu \neq 1600$을 설정한다.

유의수준 $\alpha_1 = 0.05$에 대한 기각역은 $|Z| \geq z_{0.025} = 1.96$이고,

유의수준 $\alpha_2 = 0.01$에 대한 기각역은 $|Z| \geq z_{0.005} = 2.58$이다.

대표본이므로 검정통계량은 $Z = \dfrac{\overline{X} - 1600}{S/\sqrt{n}} \approx N(0,\ 1)$이고,

검정통계량의 관찰값은 $z_0 = \dfrac{1570 - 1600}{120/\sqrt{100}} = -2.5$이다.

유의수준 $\alpha_1 = 0.05$에서 $z_0 = -2.5 < -1.96$이므로 H_0을 기각한다.

그러나 유의수준 $\alpha_1 = 0.01$에서 $z_0 = -2.5 > -2.58$이므로

H_0을 기각할 수 없다.

06 귀무가설 $H_0 : \mu_X - \mu_Y = 0$과 대립가설 $H_1 : \mu_X - \mu_Y > 0$을 설정한다.

검정통계량 $T = \dfrac{\overline{D}}{S_D/\sqrt{10}} \sim t(9)$을 사용하며, 유의수준 $\alpha = 0.05$에 대한 기각역은 $t_0 \geqq t_{0.05}(9) = 1.833$이다.

검정통계량의 관찰값은 $t_0 = \dfrac{10}{2.3/\sqrt{10}} = 13.749 > 1.833$이므로 H_0을 기각한다.

즉, 복용 후의 혈압을 낮추는 데 효과가 있다는 주장은 합리적이다.

8.3

01 귀무가설 $H_0 : p = 0.5$와 대립가설 $H_1 : p \neq 0.5$를 설정한다.

z-통계량 $Z = \dfrac{X - np_0}{\sqrt{np_0(1-p_0)}} = \dfrac{X - 2500}{35.355}$을 선택한다.

$x = 2566$이므로 z-통계량의 관찰값은 $z_0 = \dfrac{2566 - 2500}{35.355} = 1.87$이다.

p-값 $= 2(1 - \Phi(1.87)) = 2 \cdot (1 - 0.9693) = 0.0614$이고 유의수준 0.05보다 크므로 귀무가설을 기각할 수 없다. 그러나 유의수준 0.1보다 작으므로 귀무가설을 기각한다. 즉, 숫자 '0'이 나올 가능성이 0.5라는 주장은 타당성이 없다.

02 (1) 귀무가설 $H_0 : p_0 = 0.7$과 대립가설 $H_1 : p_0 \neq 0.7$을 설정한다.

z-통계량을 선택한다.

$$Z = \frac{\hat{p} - p_0}{\sqrt{p_0(1-p_0)/n}} = \frac{X - np_0}{\sqrt{np_0(1-p_0)}}$$

$n = 200,\ x = 151$ 그리고 $p_0 = 0.7$이므로 z-통계량의 관찰값은 다음과 같다.

$$z_0 = \frac{151 - 200 \cdot (0.7)}{\sqrt{200 \cdot (0.7) \cdot (0.3)}} = \frac{11}{6.4807} = 1.697$$

유의수준 0.05에서 양측검정을 하므로 임곗값은 $z_{0.025} = 1.96$이고 따라서 기각역은 $R : |Z| \geq 1.96$이다.

검정통계량의 관찰값 1.697이 기각역 안에 들어있지 않으므로 귀무가설 H_0을 기각할 수 없다. 즉, 특정한 원인에 의한 비율이 70%라고 할 수 있다.

(2) Z-통계량의 관찰값이 $z_0 = 1.697$이므로

$$p\text{-값} = 2\Phi(-1.697) = 2 \cdot (1 - 0.9555) = 0.089$$

이고, 따라서 유의수준 0.05보다 p-값이 크므로 귀무가설 H_0을 기각할 수 없다.

03 귀무가설 $H_0 : p = 0.551$과 대립가설 $H_1 : p \neq 0.551$을 설정한다.

z-통계량 $Z = \dfrac{X - np_0}{\sqrt{np_0(1-p_0)}}$을 선택하고 $n = 850,\ x = 503,\ p_0 = 0.551$이므로 z-통계량의 관찰값은 다음과 같다.

$$z_0 = \frac{503 - 850 \cdot (0.551)}{\sqrt{850 \cdot (0.551) \cdot (0.449)}} = \frac{34.65}{14.501} = 2.39$$

p-값 $= 2\Phi(-2.39) = 0.0168$이고 유의수준 0.01보다 크므로 한국금연운동협의회의 주장이 타당성을 갖는다.

04 귀무가설 $H_0 : p = 0.524$과 대립가설 $H_1 : p \neq 0.524$를 설정한다.

표본비율 $\hat{p} = 14/25 = 0.56$이고, 따라서 $\hat{p} > p_0 = 0.524$이다.

표본의 확률분포는 $X \sim B(25, 0.524)$이고 $x = 14$이므로

p-값 $= 2P(X \geq 14) = 2 \cdot (0.2888) = 0.5776$이다.

p-값이 유의수준 $\alpha = 0.05$보다 크므로 $H_0 : p = 0.524$를 기각하지 않는다.

05 귀무가설 $H_0 : p = 0.5$와 대립가설 $H_1 : p \neq 0.5$를 설정한다.

z–통계량 $Z = \dfrac{\hat{p} - p_0}{\sqrt{p_0(1-p_0)/n}} = \dfrac{\hat{p} - 0.5}{0.0167}$을 선택한다.

$\hat{p} = 510/900 = 0.5667$이므로 z–통계량의 관찰값은 $z_0 = \dfrac{0.5667 - 0.5}{0.0167} = 3.994$이다.

통계량의 관찰값이 기각역 $R : |Z| \geq 1.96$ 안에 놓이므로 귀무가설을 기각한다. 즉, 국민의 절반이 지지한다고 할 타당한 근거가 없다.

06 z–통계량은 $Z = \dfrac{\hat{p} - p_0}{\sqrt{p_0(1-p_0)/n}} = \dfrac{\hat{p} - 0.5}{0.0527}$이고, $\hat{p} = 51/90 = 0.5667$이므로 검정통계량의 관찰값은 $z_0 = \dfrac{0.5667 - 0.5}{0.0527} = 1.266$이고 따라서 유의수준 5%에 대한 기각역 $R : |Z| \geq 1.96$ 안에 놓이지 않는다. 따라서 국민의 절반이 이 정책을 지지한다고 할 수 있다.

8.4

01 귀무가설 $H_0 : \sigma^2 = 55$와 대립가설 $H_1 : \sigma^2 \neq 55$를 설정한다.
크기 25이므로 자유도는 24이고, 유의수준 $\alpha = 0.1$에 대한 양측검정의 기각역은 다음과 같다.

$$\chi^2 \leq \chi^2_{0.95}(24) = 13.85,\ \chi^2 \geq \chi^2_{0.05}(24) = 36.42$$

검정을 위한

χ^2–통계량의 관찰값은 $\chi^2_0 = \dfrac{24 \cdot 49}{55} = 21.38$이다.

관찰값은 $\chi^2_0 = 21.38$은 유의수준 $\alpha = 0.1$에 대한 기각역 안이 들어가지 않으므로 모분산이 55라고 할 수 있다.

02 귀무가설 $H_0 : \sigma = 0.9$와 대립가설 $H_1 : \sigma > 0.9$를 설정하며, 이러한 가설은 귀무가설 $H_0 : \sigma^2 = 0.9^2$과 대립가설 $H_1 : \sigma^2 > 0.9^2$으로 바꾸어 생각한다.
크기 10이므로 자유도는 9이고, 유의수준 $\alpha = 0.05$에 대한 상단측검정의 기각역은 다음과 같다.

$$\chi^2 \geq \chi^2_{0.05}(9) = 16.92$$

검정을 위한 χ^2–통계량의 관찰값은 $\chi_0^2 = \dfrac{9 \cdot (1.2)^2}{0.9^2} = 16$이다.

관찰값은 $\chi_0^2 = 16$은 유의수준 $\alpha = 0.05$에 대한 기각역 안이 들어가지 않으므로 이 회사에서 제조된 배터리 수명의 표준편차는 0.9년이라고 할 수 있다.

03 귀무가설 $H_0 : \sigma^2 = 36$와 대립가설 $H_1 : \sigma^2 \neq 36$를 설정한다.

크기 12이므로 자유도는 11이고, 유의수준 $\alpha = 0.05$에 대한 양측검정의 기각역은 다음과 같다.

$$\chi^2 \leq \chi^2_{0.975}(11) = 3.82,\ \chi^2 \geq \chi^2_{0.025}(11) = 21.92$$

검정을 위한 χ^2–통계량의 관찰값은 다음과 같다.

$$\chi_0^2 = \frac{11 \cdot (16.48)}{36} = 5.04$$

관찰값은 $\chi_0^2 = 5.04$는 유의수준 $\alpha = 0.05$에 대한 기각역 안이 들어가지 않으므로 이 고등학교 남학생들의 키에 대한 모분산이 36이라고 할 수 있다.

04 (1) $\overline{X} = \sum X_i = 946.11,\ S^2 = (1/9)\sum (X_i - 946.11)^2 ≒ 80.99$이다.

(2) $\sigma = 11.2$ 또는 $\sigma^2 = 125.44$에 대하여 검증하므로

귀무가설 $H_0 : \sigma^2 = 125.44$와 반대되는 대립가설 $H_1 : \sigma^2 \neq 125.44$를 설정한다.

10개의 캠코더 가격을 조사하였으므로 자유도는 9이고,

$S^2 ≒ 80.99$이므로 χ^2–통계량의 관찰값은 $\chi_0^2 = \dfrac{9 \cdot (80.99)}{125.44} ≒ 5.81$이다.

유의수준 $\alpha = 0.05$에 대한 임곗값은 $\chi^2_{0.975}(9) = 2.7$, $\chi^2_{0.025}(9) = 19.02$이므로, 기각역은 $\chi^2 \leq 2.7$, $\chi^2 \geq 19.02$이다. 그러므로 관찰값 $\chi_0^2 = 5.81$은 기각역 안에 들어가지 않고, 따라서 $H_0 : \sigma^2 = 125.44$, 즉 $\sigma = 11.2$를 기각할 수 없다.

05 (1) 귀무가설 $H_0 : \sigma^2 = 0.5$과 반대되는 대립가설 $H_1 : \sigma^2 > 0.5$를 설정한다.

(2) 크기 16이므로 자유도는 15이고, 유의수준 $\alpha = 0.01$에 대한 상단측검정의 임곗값은 $\chi^2_{0.05}(15) = 25$이므로, 기각역은 $\chi^2 \geq 25$이다.

(3) 검정을 위한 χ^2-통계량의 관찰값은 $\chi_0^2 = 30 \cdot (0.9) = 27$이다.

(4) 관찰값은 $\chi_0^2 = 27$, 유의수준 $\alpha = 0.05$에 대한 기각역 안이 들어가므로 $H_0 : \sigma^2 = 0.5$를 기각한다.

06 귀무가설 $H_0 : \sigma^2 = 0.42$와 반대되는 대립가설 $H_1 : \sigma^2 > 0.42$를 설정한다.
25개의 음료수 팩을 조사하였으므로 자유도는 24이고,
유의수준 $\alpha = 0.01$에 대한 임곗값은 $\chi_{0.01}^2 (24) = 42.98$이므로,
기각역은 $\chi^2 \geq 42.9798$이다.
검정통계량의 측정값은 $\chi_0^2 = \dfrac{24 \cdot (0.81)}{0.42} = 46.286$이고, 이 측정값은 기각역 안에 들어가므로 유의수준 1%에서 귀무가설 H_0을 기각한다. 즉, 이 회사에서 제조되는 음료수의 순수 용량은 분산이 0.42리터 이상이라고 할 수 있다.

8.5

01 다음과 같은 귀무가설과 대립가설을 설정한다.
$H_0 : p_1 = p_2 = p_3 = p_4 = 0.25$, $H_1 : H_0$이 아니다.
χ^2-통계량 $\chi^2 = \sum_{i=1}^{k} \dfrac{(n_i - e_i)^2}{e_i}$을 사용하며, 범주의 수가 4이므로
자유도 3인 χ^2-분포에서 유의수준 $\alpha = 0.05$에 대한 기각역은
$\chi^2 \geq \chi_{0.05}^2 (3) = 7.81$이다.
검정통계량의 측정값은 다음 표와 같이 $\chi_0^2 = 2.89$이고,
이 관찰값은 기각역 안에 놓이지 않으므로 귀무가설 H_0을 기각할 수 없다.

범주	n_i	p_i	$e_i = np_i$	$n_i - e_i$	$(n_i - e_i)^2$	$\dfrac{(n_i - e_i)^2}{e_i}$
1	6	0.25	9	-3	9	1.00
2	8	0.25	9	-1	1	0.11
3	9	0.25	9	0	0	0.00
4	13	0.25	9	4	16	1.78
	36					2.89

02 요일별 교통사고 비율이 동등한가에 대하여 검정하므로 다음과 같은 귀무가설과 대립가설을 설정한다.

$H_0 : p_1 = 0.2,\ p_2 = 0.2,\ p_3 = 0.2,\ p_4 = 0.2,\ p_5 = 0.2,\ H_1 : H_0$이 아니다.

χ^2–통계량 $\chi^2 = \sum_{i=1}^{k} \frac{(n_i - e_i)^2}{e_i}$을 사용하며, 범주의 수가 5이므로

자유도 4인 χ^2–분포에 대하여 유의수준 $\alpha = 0.05$인 상단측검정에 대한 임계점은 $\chi^2_{0.05}(4) = 9.49$이고, 따라서 기각역은 $\chi^2 \geq 9.49$이다.

검정통계량의 측정값은 다음 표와 같이 $\chi_0^2 = 13.47$이고,

이 관찰값은 기각역 안에 놓이므로 귀무가설 H_0을 기각한다.

즉, 교통사고 건수는 요일별로 동일하다고 할 수 없다.

범주	n_i	p_i	$e_i = np_i$	$n_i - e_i$	$(n_i - e_i)^2$	$\frac{(n_i - e_i)^2}{e_i}$
1	86	0.2	64	22	484	7.56
2	56	0.2	64	-8	64	1.00
3	51	0.2	64	13	169	2.64
4	55	0.2	64	-9	81	1.27
5	72	0.2	64	8	64	1.00
	$n = 320$					합 : 13.47

03 청소년들이 고민하는 문제의 각 범주별 비율에 변화가 있는가에 대하여 검정하므로 다음과 같은 귀무가설과 대립가설을 설정한다.

$$H_0 : p_1 = 0.241,\ p_2 = 0.385,\ p_3 = 0.127,$$
$$p_4 = 0.051,\ p_5 = 0.052,\ p_6 = 0.144,$$

$H_1 : H_0$이 아니다.

χ^2–통계량 $\chi^2 = \sum_{i=1}^{k} \frac{(n_i - e_i)^2}{e_i}$을 사용하며, 범주의 수가 6이므로 자유도 5인 χ^2–분포에 대하여 유의수준 $\alpha = 0.01$인 상단측검정에 대한 임계점은 $\chi^2_{0.01}(5) = 15.09$이고, 따라서 기각역은 $\chi^2 \geq 15.09$이다.

검정통계량의 측정값은 다음 표와 같이 $\chi_0^2 = 20.55$이고, 이 관찰값은 기각역 안에 놓이므로 귀무가설 H_0을 기각한다. 즉, 최근에 청소년들이 고민하는 문제의 비율은 2008년도와 차이가 있다고 할 수 있다.

범주	n_i	p_i	$e_i = np_i$	$n_i - e_i$	$(n_i - e_i)^2$	$\frac{(n_i - e_i)^2}{e_i}$
직업	96	0.241	72	24	576	8.00
공부	93	0.385	116	-23	529	4.56
외모	36	0.127	38	-2	4	0.11
가정	19	0.051	15	4	16	1.07
용돈	24	0.052	16	8	64	4.00
기타	32	0.144	43	-11	121	2.81
	$n = 300$					합 : 20.55

04 (1) 다음과 같은 귀무가설과 대립가설을 설정한다.

H_0 : $p_1 = 0.25$, $p_2 = 0.25$, $p_3 = 0.50$, H_1 : H_0이 아니다.

χ^2-통계량 $\chi^2 = \sum_{i=1}^{k} \frac{(n_i - e_i)^2}{e_i}$을 사용하며, 범주의 수가 3이므로 자유도 2인 χ^2-분포에서 유의수준 $\alpha = 0.1$에 대한 기각역은 $\chi^2 \geq \chi^2_{0.1}(2) = 4.61$이다. 검정통계량의 측정값은 다음 표와 같이 $\chi_0^2 = 5$이고, 이 관찰값은 기각역 안에 놓이므로 귀무가설 H_0을 기각한다.

범주	n_i	p_i	$e_i = np_i$	$n_i - e_i$	$(n_i - e_i)^2$	$\frac{(n_i - e_i)^2}{e_i}$
1	5	0.25	10	-5	25	2.5
2	15	0.25	10	5	25	2.5
3	20	0.50	20	0	0	0.0
	40					5.0

(2) 다음과 같은 귀무가설과 대립가설을 설정한다.

H_0 : $p_1 = 0.25$, $p_2 = 0.375$, $p_3 = 0.375$, H_1 : H_0이 아니다.

χ^2-통계량 $\chi^2 = \sum_{i=1}^{k} \frac{(n_i - e_i)^2}{e_i}$을 사용하며, 범주의 수가 3이므로 자유도 2인 χ^2-분포에서 유의수준 $\alpha = 0.1$에 대한 기각역은 $\chi^2 \geq \chi^2_{0.1}(2) = 4.61$이다. 검정통계량의 측정값은 다음 표와 같이 $\chi_0^2 = 4.2$이고, 이 관찰값은 기각역 안에 놓이지 않으므로 귀무가설 H_0을 기각할 수 없다.

범주	n_i	p_i	$e_i = np_i$	$n_i - e_i$	$(n_i - e_i)^2$	$\frac{(n_i - e_i)^2}{e_i}$
1	5	0.25	10	-5	25	2.5
2	15	0.375	15	0	0	0.0
3	20	0.375	15	5	25	1.7
	40					4.2

8.6

01 귀무가설과 대립가설을 설정한다.

$H_0 : p_{ij} = p_{i.}p_{.j}$, $i = 1, 2, 3$, $j = 1, 2, 3$, $H_1 : H_0$가 아니다.

χ^2-통계량 $\chi^2 = \sum_{j=1}^{3}\sum_{i=1}^{3}\frac{(n_{ij} - e_{ij})^2}{e_{ij}}$을 선택하고 $r = 3$, $k = 3$이므로

자유도는 $(3-1)(3-1) = 4$이고,

따라서 유의수준 $\alpha = 0.05$에 대한 기각역은 $\chi^2 > \chi^2_{0.05}(4) = 9.49$이다.

H_0이 참이라는 조건 아래서 추정 기대도수를 구한다.

$$e_{11} = \frac{n_{1.}n_{.1}}{N} = \frac{60 \cdot 60}{200} = 18, \quad e_{12} = \frac{n_{1.}n_{.2}}{N} = \frac{60 \cdot 70}{200} = 21$$

$$e_{13} = \frac{n_{1.}n_{.3}}{N} = \frac{60 \cdot 70}{200} = 21, \quad e_{21} = \frac{n_{2.}n_{.1}}{N} = \frac{100 \cdot 60}{200} = 30$$

$$e_{22} = \frac{n_{2.}n_{.2}}{N} = \frac{100 \cdot 70}{200} = 35, \quad e_{23} = \frac{n_{2.}n_{.3}}{N} = \frac{100 \cdot 70}{200} = 35$$

$$e_{31} = \frac{n_{3.}n_{.1}}{N} = \frac{40 \cdot 60}{200} = 12, \quad e_{32} = \frac{n_{3.}n_{.2}}{N} = \frac{40 \cdot 70}{200} = 14$$

$$e_{33} = \frac{n_{3.}n_{.3}}{N} = \frac{40 \cdot 70}{200} = 14$$

괄호 안의 수는 관찰도수

추정기대도수 (e_{ij})	상류층	중류층	하류층
백화점	18 (30)	21 (20)	21 (10)
대형할인매장	30 (20)	35 (40)	35 (40)
재래시장	12 (10)	14 (10)	14 (20)

그러면 χ^2–통계량의 관찰값은 다음 표와 같이 $\chi_0^2 = 22.6$이다.

표본	범주	관찰도수 (n_i)	기대도수 (e_{ij})	$n_{ij}-e_{ij}$	$(n_{ij}-e_{ij})^2$	$\frac{(n_{ij}-e_{ij})^2}{e_{ij}}$
1	A	30	18	12	144	8.00
	B	20	21	-1	1	0.05
	C	10	21	-11	121	5.76
2	A	20	30	-10	100	3.33
	B	40	35	5	25	0.71
	C	40	35	5	25	0.71
3	A	10	12	-2	4	0.33
	B	10	14	-4	16	1.14
	C	20	14	6	36	2.57
합계		200				22.60

관찰값이 $\chi_0^2 = 22.6 > 9.49$이므로 H_0을 기각한다. 즉, 경제 사정과 쇼핑장소의 선택은 독립이라고 할 수 없다.

02 귀무가설과 대립가설을 설정한다.

$H_0 : p_{ij} = p_{i.}\,p_{.j}, \quad i = 1,\ 2, \quad j = 1,\ 2,\ 3,\ 4, \qquad H_1 : H_0$가 아니다.

χ^2–통계량 $\chi^2 = \sum_{i=1}^{2}\sum_{j=1}^{3}\frac{(n_{ij}-e_{ij})^2}{e_{ij}}$을 선택하고 $r=3,\ k=2$이므로

자유도는 $(2-1)(3-1)=2$이고,

따라서 유의수준 $\alpha = 0.05$에 대한 기각역은 $\chi^2 > \chi^2_{0.05}(2) = 5.99$이다.

H_0이 참이라는 조건 아래서 추정 기대도수를 구한다.

$$e_{11} = \frac{n_{1.}\,n_{.1}}{N} = \frac{240 \cdot 160}{400} = 96, \qquad e_{12} = \frac{n_{1.}\,n_{.2}}{N} = \frac{240 \cdot 90}{400} = 54$$

$$e_{13} = \frac{n_{1.}\,n_{.3}}{N} = \frac{240 \cdot 120}{400} = 72, \qquad e_{14} = \frac{n_{1.}\,n_{.4}}{N} = \frac{240 \cdot 30}{400} = 18$$

$$e_{21} = \frac{n_{2.}\,n_{.1}}{N} = \frac{160 \cdot 160}{400} = 64, \qquad e_{22} = \frac{n_{2.}\,n_{.2}}{N} = \frac{160 \cdot 90}{400} = 36$$

$$e_{23} = \frac{n_{2.}\,n_{.3}}{N} = \frac{160 \cdot 120}{400} = 48, \qquad e_{24} = \frac{n_{2.}\,n_{.4}}{N} = \frac{160 \cdot 30}{400} = 12$$

괄호 안의 수는 관찰도수

추정기대도수 (e_{ij})	A	B	O	AB
푸른색	95 (96)	40 (54)	80 (72)	25 (18)
갈색	65 (64)	50 (36)	40 (48)	5 (12)

그러면 χ^2-통계량의 관찰값은 다음 표와 같이 $\chi_0^2 = 18.12$이다.

표본	범주	관찰도수 (n_i)	기대도수 (e_{ij})	$n_{ij}-e_{ij}$	$(n_{ij}-e_{ij})^2$	$\frac{(n_{ij}-e_{ij})^2}{e_{ij}}$
푸른색	A	95	96	-1	1	0.01
	B	40	54	-14	196	3.63
	O	80	72	8	64	0.89
	AB	25	18	7	49	2.72
갈색	A	65	64	1	1	0.02
	B	50	36	14	196	5.44
	O	40	48	-8	64	1.33
	AB	5	12	-7	49	4.08
합계		400				18.12

관찰값이 $\chi_0^2 = 18.12 > 5.99$이므로 H_0을 기각한다. 즉, 혈액형과 눈의 색상은 독립이라고 할 수 없다.

03 귀무가설과 대립가설을 설정한다.

$H_0 : p_{ij} = p_{i.}p_{.j},\quad i=1,\ 2,\ 3,\ j=1,\ 2,\ 3,\quad H_1 : H_0$가 아니다.

χ^2-통계량 $\chi^2 = \sum_{j=1}^{3}\sum_{i=1}^{3}\frac{(n_{ij}-e_{ij})^2}{e_{ij}}$을 선택하고 $r=3,\ k=3$이므로

자유도는 $(3-1)(3-1)=4$이고,

따라서 유의수준 $\alpha=0.05$에 대한 기각역은 $\chi^2 > \chi^2_{0.05}(4) = 9.49$이다.

H_0이 참이라는 조건 아래서 추정 기대도수를 구한다.

$$e_{11} = \frac{n_{1.}n_{.1}}{N} = \frac{60 \cdot 135}{360} = 22.5,\quad e_{12} = \frac{n_{1.}n_{.2}}{N} = \frac{60 \cdot 150}{360} = 25$$

$$e_{13}=\frac{n_{1.}n_{.3}}{N}=\frac{60\cdot 75}{360}=12.5,\quad e_{21}=\frac{n_{2.}n_{.1}}{N}=\frac{210\cdot 135}{360}=78.75$$

$$e_{22}=\frac{n_{2.}n_{.2}}{N}=\frac{210\cdot 150}{360}=87.5,\quad e_{23}=\frac{n_{2.}n_{.3}}{N}=\frac{210\cdot 75}{360}=43.75$$

$$e_{31}=\frac{n_{3.}n_{.1}}{N}=\frac{90\cdot 135}{360}=33.75,\quad e_{32}=\frac{n_{3.}n_{.2}}{N}=\frac{90\cdot 150}{360}=37.5$$

$$e_{33}=\frac{n_{3.}n_{.3}}{N}=\frac{90\cdot 75}{360}=18.75$$

괄호 안의 수는 관찰도수

추정기대도수 (e_{ij})	20~35	35~50	51 이상
보수	22.50 (10)	25.00 (40)	12.50 (10)
중도	78.75 (80)	87.50 (85)	43.75 (45)
진보	33.75 (45)	37.50 (25)	18.75 (20)

그러면 χ^2-통계량의 관찰값은 다음 표와 같이 $\chi_0^2 = 24.57$이다.

표본	범주	관찰도수 (n_i)	기대도수 (e_{ij})	$n_{ij}-e_{ij}$	$(n_{ij}-e_{ij})^2$	$\frac{(n_{ij}-e_{ij})^2}{e_{ij}}$
보수	A	10	22.50	-12.50	156.25	6.94
	B	40	25.00	15.00	225.00	9.00
	C	10	12.50	-2.50	6.25	0.50
중도	A	80	78.75	1.25	1.56	0.02
	B	85	87.50	-2.50	6.25	0.07
	C	45	43.75	1.25	1.56	0.04
진보	A	45	33.75	11.25	126.56	3.75
	B	25	37.50	-12.50	156.25	4.17
	C	20	18.75	1.25	1.56	0.08
합계		360				24.57

관찰값이 $\chi_0^2 = 24.57 > 9.49$이므로 H_0을 기각한다. 즉, 정치적 성향과 나이는 독립이라고 할 수 없다.

제9장 상관분석과 회귀분석

9.1

01

번호	X_i	Y_i	도수	$X_i-\overline{X}$	$Y_i-\overline{Y}$	$(X_i-\overline{X})^2$	$(Y_i-\overline{Y})^2$	$(X_i-\overline{X})(Y_i-\overline{Y})$
1	50	50	5	-24.4	-25.6	2976.8	3276.8	3123.2
2	50	60	4	-24.4	-15.6	2381.4	973.4	1522.6
3	50	70	3	-24.4	-5.6	1786.1	94.1	409.9
4	60	50	1	-14.4	-25.6	207.4	655.4	368.6
5	60	60	5	-14.4	-15.6	1036.8	1216.8	1123.2
6	60	70	7	-14.4	-5.6	1451.5	219.5	564.5
7	60	80	4	-14.4	4.4	829.4	77.4	-253.4
8	70	60	4	-4.4	-15.6	77.4	973.4	274.6
9	70	70	10	-4.4	-5.6	193.6	313.6	246.4
10	70	80	5	-4.4	4.4	96.8	96.8	-96.8
11	70	90	2	-4.4	14.4	38.7	414.7	-126.7
12	80	70	5	5.6	-5.6	156.8	156.8	-156.8
13	80	80	12	5.6	4.4	376.3	232.3	295.7
14	80	90	7	5.6	14.4	219.5	1451.5	564.5
15	90	70	1	15.6	-5.6	243.4	31.4	-87.4
16	90	80	9	15.6	4.4	2190.2	174.2	617.8
17	90	90	5	15.6	14.4	1216.8	1036.8	343.2
18	90	100	2	15.6	24.4	486.7	1190.7	761.3
19	100	80	3	25.6	4.4	1966.1	58.1	337.9
20	100	90	4	25.6	14.4	2621.4	829.4	1474.6
21	100	100	2	25.6	24.4	1310.7	1190.7	1249.3
합계			100			21863.8	14663.8	12556.2

표본평균 : $\overline{X} = \frac{1}{100}\sum_{i=1}^{100} X_i = 74.4, \quad \overline{Y} = \frac{1}{100}\sum_{i=1}^{100} Y_i = 75.6$

표본공분산 : $S_{XY} = \frac{1}{99}\sum_{i=1}^{100}(X_i - \overline{X})(Y_i - \overline{Y}) = \frac{12556.2}{99} = 126.83$

표본분산 : $S_X^2 = \frac{1}{99}\sum_{i=1}^{100}(X_i - \overline{X})^2 = \frac{21863.8}{99} = 220.85,$

$S_Y^2 = \frac{1}{99}\sum_{i=1}^{100}(Y_i - \overline{Y})^2 = \frac{14663.8}{99} = 148.12$

표본표준편차 : $S_X = \sqrt{220.85} = 14.86, \quad S_Y = \sqrt{148.12} = 12.17$

상관계수 : $r = \frac{S_{XY}}{S_X S_Y} = \frac{126.83}{(14.86)\cdot(12.17)} = 0.701$

02 X와 Y의 평균편차와 편차제곱합을 구한다.

번호	X_i	Y_i	$X_i - \overline{X}$	$Y_i - \overline{Y}$	$(X_i - \overline{X})^2$	$(Y_i - \overline{Y})^2$	$(X_i - \overline{X})(Y_i - \overline{Y})$
1	180	79	9	18.6	81	345.96	167.4
2	177	62	6	1.6	36	2.56	9.6
3	167	62	-4	1.6	16	2.56	-6.4
4	170	61	-1	0.6	1	0.36	-0.6
5	171	66	0	5.6	0	31.36	0
6	163	56	-8	-4.4	64	19.36	35.2
7	165	52	-6	-8.4	36	70.56	50.4
8	164	54	-7	-6.4	49	40.96	44.8
9	168	58	-3	-2.4	9	5.76	7.2
10	185	54	14	-6.4	196	40.96	-89.6
합계	1710	604			488	560.4	218.0

$\overline{X} = \frac{1}{10}\sum_{i=1}^{10} X_i = 171, \quad \overline{Y} = \frac{1}{10}\sum_{i=1}^{10} Y_i = 60.4$

$S_{XY} = \frac{1}{9}\sum_{i=1}^{10}(X_i - \overline{X})(Y_i - \overline{Y}) = \frac{218}{9} = 24.22$

$S_X^2 = \frac{1}{9}\sum_{i=1}^{10}(X_i - \overline{X})^2 = \frac{488}{9} = 54.22,$

$$S_Y^2 = \frac{1}{9}\sum_{i=1}^{10}(Y_i - \overline{Y})^2 = \frac{560.4}{9} = 62.27$$

$$S_X = \sqrt{54.22} = 7.36, \quad S_Y = \sqrt{62.27} = 7.89$$

그러므로 구하고자 하는 X와 Y의 표본상관계수는 다음과 같다.

$$r_0 = \frac{S_{XY}}{S_X S_Y} = \frac{24.22}{(7.36)\cdot(7.89)} = 0.417$$

따라서 t-통계량의 관찰값은

$$t_0 = \frac{r_0\sqrt{n-2}}{\sqrt{1-r_0^2}} = \frac{(0.417)\cdot(2.83)}{\sqrt{0.8261}} = 1.297$$

이다. 한편 유의수준 5%에서 기각역은 $|T| \ge |t_{0.025}(8)| = 2.306$이므로 $|t_0| = 1.297 < 2.306$이고, 따라서 $H_0 : \rho = 0$을 기각할 수 없다. 또는 r-통계량에 의한 95% 기각역은 $|R| \ge r_{0.025}(8) = 0.6319$이므로 $|r_0| = 0.417 < 0.6319$이고, $H_0 : \rho = 0$을 기각할 수 없다.

03 (1) X와 Y의 평균편차와 편차제곱합을 구한다.

번호	X_i	Y_i	$X_i - \overline{X}$	$Y_i - \overline{Y}$	$(X_i - \overline{X})^2$	$(Y_i - \overline{Y})^2$	$(X_i - \overline{X})(Y_i - \overline{Y})$
1	20	2.5	-25	-1.2	625	1.44	30.0
2	30	3.0	-15	-0.7	225	0.49	10.5
3	25	2.5	-20	-1.2	400	1.44	24.0
4	40	3.5	-5	-0.2	25	0.04	1.0
5	35	4.0	-10	0.3	100	0.09	-3.0
6	50	4.5	5	0.8	25	0.64	4.0
7	70	5.0	25	1.3	625	1.69	32.5
8	60	4.5	15	0.8	225	0.64	12.0
9	65	4.0	20	0.3	400	0.09	6.0
10	55	3.5	10	-0.2	100	0.04	-2.0
합계	450	37.0			2750	6.60	115.0

$$\overline{X} = \frac{1}{10}\sum_{i=1}^{10} X_i = 45, \quad \overline{Y} = \frac{1}{10}\sum_{i=1}^{10} Y_i = 3.7$$

$$S_{XY} = \frac{1}{9}\sum_{i=1}^{10}(X_i - \overline{X})(Y_i - \overline{Y}) = \frac{115}{9} = 12.78$$

$$S_X^2 = \frac{1}{9}\sum_{i=1}^{10}(X_i - \overline{X})^2 = \frac{2750}{9} = 305.55,$$

$$S_Y^2 = \frac{1}{9}\sum_{i=1}^{10}(Y_i - \overline{Y})^2 = \frac{6.6}{9} = 0.73$$

$$S_X = \sqrt{305.55} = 17.48, \quad S_Y = \sqrt{0.73} = 0.85$$

그러므로 구하고자 하는 X와 Y의 표본상관계수는 다음과 같다.

$$r_0 = \frac{S_{XY}}{S_X S_Y} = \frac{12.78}{(17.48)\cdot(0.85)} = 0.86$$

(2) t-통계량의 관찰값은

$$l_0 - \frac{r_0\sqrt{n-2}}{\sqrt{1-r_0^2}} = \frac{(0.86)\cdot(2.83)}{\sqrt{0.2604}} = 4.769$$

이다. 한편 유의수준 5%에서 기각역은 $|T| \geq |t_{0.025}(8)| = 2.306$이므로 $|t_0| = 4.769 > 2.306$이고, 따라서 $H_0 : \rho = 0$을 기각한다. 즉, 물 소비량과 세탁량 사이에는 상관관계가 있다고 할 수 있다.

04 표본상관계수가 $r_0 = 0.67$, $n = 12$ 그리고 유의수준 1%에서 기각역은

$$|T| \geq |t_{0.005}(10)| = 3.169$$

이다. 한편 t-통계량의 관찰값은

$$t_0 = \frac{r_0\sqrt{n-2}}{\sqrt{1-r_0^2}} = \frac{(0.67)\cdot(3.16)}{\sqrt{0.5511}} = 2.85$$

이다. 그러므로 $|t_0| = 2.85 < 3.169$이고, 따라서 $H_0 : \rho = 0$을 기각할 수 없다. 즉, 초등학생들의 키와 몸무게에 대한 상관관계가 없다고 할 수 있다.

05 표본상관계수가 $r_0 = 0.836$, $\rho_0 = 0.8$, $n = 12$ 그리고 유의수준 5%에서 기각역은

$$|Z| \ge |z_{0.025}| = 1.96$$

이다. 한편 검정통계량의 관찰값은

$$\begin{aligned} z_0 &= \sqrt{n-3}\left[\frac{1}{2}\ln\left(\frac{1+r_0}{1-r_0}\right) - \frac{1}{2}\ln\left(\frac{1+\rho_0}{1-\rho_0}\right)\right] \\ &= \sqrt{12-3}\left[\frac{1}{2}\ln\left(\frac{1+0.836}{1-0.836}\right) - \frac{1}{2}\ln\left(\frac{1+0.8}{1-0.8}\right)\right] \\ &= 3 \cdot (0.1091) \\ &= 0.3273 < 1.96 \end{aligned}$$

이다. 그러므로 $H_0 : \rho = 0.8$을 기각할 수 없다.

9.2

01 X와 Y의 평균편차 제곱합과 곱은 다음 표와 같다.

번호	X_i	Y_i	$X_i - \overline{X}$	$Y_i - \overline{Y}$	$(X_i - \overline{X})^2$	$(Y_i - \overline{Y})^2$	$(X_i - \overline{X})(Y_i - \overline{Y})$
1	1	2	−2	−3	4	9	6
2	2	5	−1	0	1	0	0
3	3	3	0	−2	0	4	0
4	4	7	1	2	1	4	2
5	5	8	2	3	4	9	6
합계	15	25	0	0	10	26	14

따라서 X와 Y의 표본평균과 표본공분산 그리고 표본분산은 각각 다음과 같다.

표본평균 : $\overline{X} = \frac{1}{5}\sum X_i = 3$, $\overline{Y} = \frac{1}{5}\sum Y_i = 5$

표본공분산 : $S_{XY} = \frac{1}{4}\sum (X_i - \overline{X})(Y_i - \overline{Y}) = \frac{14}{4} = 3.5$

표본분산 : $S_X^2 = \frac{1}{4}\sum (X_i - \overline{X})^2 = \frac{10}{4} = 2.5$,

$$S_Y^2 = \frac{1}{4}\sum (Y_i - \overline{Y})^2 = \frac{26}{4} = 6.5$$

α와 β에 대한 최소제곱추정값은

$$\hat{\beta} = \frac{S_{XY}}{S_X^2} = \frac{35}{2.5} = 1.4$$
$$\hat{\alpha} = \overline{Y} - \hat{\beta}\,\overline{X} = 5 - (1.4)\cdot(3) = 0.8$$

이고, 그러므로 추정회귀직선은 $\hat{Y} = \hat{\alpha} + \hat{\beta}X = 0.8 + 1.4X$이다.

02 X와 Y의 평균편차 제곱합과 곱은 다음 표와 같다.

번호	X_i	Y_i	$X_i - \overline{X}$	$Y_i - \overline{Y}$	$(X_i - \overline{X})^2$	$(Y_i - \overline{Y})^2$	$(X_i - \overline{X})(Y_i - \overline{Y})$
1	2	5	-4	2	16	4	-8
2	4	4	-2	1	4	1	-2
3	6	3	0	0	0	0	0
4	8	2	2	-1	4	1	-2
5	10	1	4	-2	16	4	-8
합계	30	15	0	0	40	10	-20

따라서 X와 Y의 표본평균과 표본공분산 그리고 표본분산은 각각 다음과 같다.

표본평균 : $\overline{X} = \frac{1}{5}\sum X_i = 6, \quad \overline{Y} = \frac{1}{5}\sum Y_i = 3$

표본공분산 : $S_{XY} = \frac{1}{4}\sum (X_i - \overline{X})(Y_i - \overline{Y}) = -\frac{20}{4} = -5$

표본분산 : $S_X^2 = \frac{1}{4}\sum (X_i - \overline{X})^2 = \frac{40}{4} = 10,$

$S_Y^2 = \frac{1}{4}\sum (Y_i - \overline{Y})^2 = \frac{10}{4} = 2.5$

표본표준편차 : $S_X = \sqrt{10}, \quad S_Y = \sqrt{2.5}$

한편 α와 β에 대한 최소제곱추정값은

$$\hat{\beta} = \frac{S_{XY}}{S_X^2} = -\frac{5}{10} = -0.5$$
$$\hat{\alpha} = \overline{Y} - \hat{\beta}\,\overline{X} = 3 - (-0.5)\cdot(6) = 6$$

이므로 추정회귀직선은 $\hat{Y} = \hat{\alpha} + \hat{\beta}X = 6 - (0.5)\cdot 7 = 2.5$이다.

03 $r_0 = \dfrac{S_{XY}}{S_X S_Y}$이므로 X와 Y의 공분산은 $S_{XY} = r_0\, S_X S_Y = (0.74)(4)(3) = 8.88$이고 $S_X^2 = 16$이므로 $\hat{\beta} = \dfrac{S_{XY}}{S_X^2} = \dfrac{8.88}{16} = 0.555$, $\hat{\alpha} = \overline{Y} - \hat{\beta}\,\overline{X} = 30 - (0.555)\cdot(40) = 7.8$이다. 그러므로 추정회귀직선은 $\hat{Y} = 7.8 + 0.555X$이다.

04 $r_0 = \dfrac{S_{XY}}{S_X S_Y}$이므로 X와 Y의 공분산은 $S_{XY} = r_0\, S_X S_Y = (0.7)(5)(4) = 14$이고 $S_X^2 = 25$이므로 $\hat{\beta} = \dfrac{S_{XY}}{S_X^2} = \dfrac{14}{25} = 0.56$, $\hat{\alpha} = \overline{Y} - \hat{\beta}\,\overline{X} = 60 - (0.56)\cdot(170) = -35.2$이다. 그러므로 추정회귀직선은 $\hat{Y} = -35.2 + 0.56X$이고 신장이 175 cm인 학생의 추정체중은 $\hat{Y} = -35.2 + (0.56)(175) = 62.8$이다.

05 (1) X와 Y의 평균편차 제곱합과 곱은 다음 표와 같다.

번호	X_i	Y_i	$X_i - \overline{X}$	$Y_i - \overline{Y}$	$(X_i - \overline{X})^2$	$(Y_i - \overline{Y})^2$	$(X_i - \overline{X})(Y_i - \overline{Y})$
1	72	93	-5.1	10.8	26.01	116.64	-55.08
2	65	86	-12.1	3.8	146.41	14.44	-45.98
3	90	59	12.9	-23.2	166.41	538.24	-299.28
4	92	69	14.9	-13.2	222.01	174.24	-196.68
5	80	77	2.9	-5.2	8.41	27.04	-15.08
6	76	94	-1.1	11.8	1.21	139.24	-12.98
7	86	75	8.9	-7.2	79.21	51.84	-64.08
8	77	84	-0.1	1.8	0.01	3.24	-0.18
9	67	88	-10.1	5.8	102.01	33.64	-58.58
10	66	97	-11.1	14.8	123.04	219.04	-164.28
합계	771	822	0	0	874.90	1317.60	-912.2

따라서 X와 Y의 표본평균과 표본공분산 그리고 표본분산은 각각 다음과 같다.

표본평균 : $\overline{X} = \dfrac{1}{10}\sum X_i = 77.1$, $\overline{Y} = \dfrac{1}{10}\sum Y_i = 82.2$

표본공분산 : $S_{XY} = \dfrac{1}{9}\sum (X_i - \overline{X})(Y_i - \overline{Y}) = -\dfrac{912.2}{9} = 101.36$

표본분산 : $S_X^2 = \frac{1}{9}\sum(X_i - \overline{X})^2 = \frac{874.9}{9} = 97.21,$

$$S_Y^2 = \frac{1}{9}\sum(Y_i - \overline{Y})^2 = \frac{1317.6}{9} = 146.4$$

표본표준편차 : $S_X = \sqrt{97.21} = 9.86, \quad S_Y = \sqrt{146.4} = 12.1$

한편 α와 β에 대한 최소제곱추정값은

$$\hat{\beta} = \frac{S_{XY}}{S_X^2} = \frac{101.36}{97.21} = 1.04$$

$$\hat{\alpha} = \overline{Y} - \hat{\beta}\,\overline{X} = 82.2 - (1.04) \cdot (77.1) = 2.016$$

이다.

(2) 추정회귀직선은 $\hat{Y} = \hat{\alpha} + \hat{\beta}X = 2.016 + 1.04X$이다.

통계표

[표 1] 이항계수표

n	$\binom{n}{0}$	$\binom{n}{1}$	$\binom{n}{2}$	$\binom{n}{3}$	$\binom{n}{4}$	$\binom{n}{5}$	$\binom{n}{6}$	$\binom{n}{7}$	$\binom{n}{8}$	$\binom{n}{9}$	$\binom{n}{10}$	$\binom{n}{11}$	$\binom{n}{12}$	$\binom{n}{13}$
	$\binom{n}{r}=\frac{n!}{r!(n-r)!}=\binom{n}{n-r}$													
0	1													
1	1	1												
2	1	2	1											
3	1	3	3	1										
4	1	4	6	4	1									
5	1	5	10	10	5	1								
6	1	6	15	20	15	6	1							
7	1	7	21	35	35	21	7	1						
8	1	8	28	56	70	56	28	8	1					
9	1	9	36	84	126	126	84	36	9	1				
10	1	10	45	120	210	252	210	120	45	10	1			
11	1	11	55	165	330	462	462	330	165	55	11	1		
12	1	12	66	220	495	792	924	792	495	220	66	12	1	
13	1	13	78	286	715	1,287	1,716	1,716	1,287	715	286	78	13	1
14	1	14	91	364	1,001	2,002	3,003	3,432	3,003	2,002	1,001	364	91	14
15	1	15	105	455	1,365	3,003	5,005	6,435	6,435	5,005	3,003	1,365	455	105
16	1	16	120	560	1,820	4,368	8,008	11,440	12,870	11,440	8,008	4,368	1,820	560
17	1	17	136	680	2,380	6,188	12,376	19,448	24,310	24,310	19,448	12,376	6,188	2,380
18	1	18	153	816	3,060	8,568	18,564	31,824	43,758	48,620	43,758	31,824	18,564	8,568
19	1	19	171	969	3,876	11,628	27,132	50,388	75,582	92,378	92,378	75,582	50,388	27,132
20	1	20	190	1,140	4,845	15,504	38,760	77,520	125,970	167,960	184,756	167,960	125,970	77,520
21	1	21	210	1,330	5,985	20,349	54,264	116,280	203,490	293,930	352,716	352,716	293,930	203,490
22	1	22	231	1,540	7,315	26,334	74,613	170,544	319,770	497,420	646,646	705,432	646,646	497,420
23	1	23	253	1,771	8,855	33,649	100,947	245,157	490,314	817,190	1,144,066	1,352,078	1,352,078	1,144,066
24	1	24	276	2,024	10,626	42,504	134,596	346,104	735,471	1,307,504	1,961,256	2,496,144	2,704,156	2,496,144
25	1	25	300	2,300	12,650	53,130	177,100	480,700	1,081,575	2,042,975	3,268,760	4,457,400	5,200,300	5,200,300
26	1	26	325	2,600	14,950	65,780	230,230	657,800	1,562,275	3,124,550	5,311,735	7,726,160	9,657,700	10,400,600

$r>13$인 경우 등식 $\binom{n}{r}=\binom{n}{n-r}$을 사용할 수 있다.

[표 2] 이항 누적분포함수 $F(x) = P(X \le x) = \sum_{k=0}^{x} \binom{n}{k} p^k (1-p)^{n-k}$

		p								
n	x	0.05	0.10	0.15	0.20	0.25	0.30	0.35	0.40	0.45
1	0	0.9500	0.9000	0.8500	0.8000	0.7500	0.7000	0.6500	0.6000	0.5500
2	0	0.9025	0.8100	0.7225	0.6400	0.5625	0.4900	0.4225	0.3600	0.3025
	1	0.9975	0.9900	0.9775	0.9600	0.9375	0.9100	0.8775	0.8400	0.7975
3	0	0.8574	0.7290	0.6141	0.5120	0.4219	0.3430	0.2746	0.2160	0.1664
	1	0.9928	0.9720	0.9393	0.8960	0.8438	0.7840	0.7182	0.6480	0.5748
	2	0.9999	0.9990	0.9967	0.9920	0.9844	0.9730	0.9571	0.9360	0.9089

		p									
n	x	0.50	0.55	0.60	0.65	0.70	0.75	0.80	0.85	0.90	0.95
1	0	0.5000	0.4500	0.4000	0.3500	0.3000	0.2500	0.2000	0.1500	0.1000	0.0500
2	0	0.2500	0.2025	0.1600	0.1225	0.0900	0.0625	0.0400	0.0225	0.0100	0.0025
	1	0.7500	0.6975	0.6400	0.5775	0.5100	0.4375	0.3600	0.2775	0.1900	0.0975
3	0	0.1250	0.0911	0.0640	0.0429	0.0270	0.0156	0.0080	0.0034	0.0010	0.0001
	1	0.5000	0.4252	0.3520	0.2818	0.2160	0.1406	0.1040	0.0608	0.0280	0.0072
	2	0.8750	0.8336	0.7840	0.7254	0.6570	0.5625	0.4880	0.3859	0.2710	0.1426

[표 2] 이항 누적분포함수(계속)

		p								
n	x	0.05	0.10	0.15	0.20	0.25	0.30	0.35	0.40	0.45
4	0	0.8145	0.6561	0.5220	0.4096	0.3164	0.2401	0.1785	0.1296	0.0915
	1	0.9860	0.9477	0.8905	0.8192	0.7383	0.6517	0.5630	0.4752	0.3910
	2	0.9995	0.9963	0.9880	0.9728	0.9492	0.9163	0.8735	0.8208	0.7585
	3	1.0000	0.9999	0.9995	0.9984	0.9961	0.9919	0.9850	0.9744	0.9590
5	0	0.7738	0.5905	0.4437	0.3277	0.2373	0.1681	0.1160	0.0778	0.0503
	1	0.9774	0.9185	0.8352	0.7373	0.6328	0.5282	0.4284	0.3370	0.2562
	2	0.9988	0.9914	0.9734	0.9421	0.8965	0.8369	0.7648	0.6826	0.5931
	3	1.0000	0.9995	0.9978	0.9933	0.9844	0.9692	0.9460	0.9130	0.8688
	4	1.0000	1.0000	0.9999	0.9997	0.9990	0.9976	0.9947	0.9898	0.9815
6	0	0.7351	0.5314	0.3771	0.2621	0.1780	0.1176	0.0754	0.0467	0.0277
	1	0.9672	0.8857	0.7765	0.6554	0.5339	0.4202	0.3191	0.2333	0.1636
	2	0.9978	0.9842	0.9527	0.9011	0.8306	0.7443	0.6471	0.5443	0.4415
	3	0.9999	0.9987	0.9941	0.9830	0.9624	0.9295	0.8826	0.8208	0.7447
	4	1.0000	0.9999	0.9996	0.9984	0.9954	0.9891	0.9777	0.9590	0.9308
	5	1.0000	1.0000	1.0000	0.9999	0.9998	0.9993	0.9982	0.9959	0.9917
7	0	0.6983	0.4783	0.3206	0.2097	0.1335	0.0824	0.0490	0.0280	0.0152
	1	0.9556	0.8503	0.7166	0.5767	0.4449	0.3294	0.2338	0.1586	0.1024
	2	0.9962	0.9743	0.9262	0.8520	0.7564	0.6471	0.5323	0.4199	0.3164
	3	0.9998	0.9973	0.9879	0.9667	0.9294	0.8740	0.8002	0.7102	0.6083
	4	1.0000	0.9998	0.9988	0.9953	0.9871	0.9712	0.9444	0.9037	0.8471
	5	1.0000	1.0000	0.9999	0.9996	0.9987	0.9962	0.9910	0.9812	0.9643
	6	1.0000	1.0000	1.0000	1.0000	0.9999	0.9998	0.9994	0.9984	0.9963

[표 2] 이항 누적분포함수(계속)

		p									
n	x	0.50	0.55	0.60	0.65	0.70	0.75	0.80	0.85	0.90	0.95
4	0	0.0625	0.0410	0.0256	0.0150	0.0081	0.0039	0.0016	0.0005	0.0001	0.0000
	1	0.3125	0.2415	0.1792	0.1265	0.0837	0.0508	0.0272	0.0120	0.0037	0.0005
	2	0.6875	0.6090	0.5248	0.4370	0.3483	0.2617	0.1808	0.1095	0.0523	0.0140
	3	0.9375	0.9085	0.8704	0.8215	0.7599	0.6836	0.5904	0.4780	0.3439	0.1855
5	0	0.0312	0.0185	0.0102	0.0053	0.0024	0.0010	0.0003	0.0001	0.0000	0.0000
	1	0.1875	0.1312	0.0870	0.0540	0.0308	0.0156	0.0067	0.0022	0.0005	0.0000
	2	0.5000	0.4069	0.3174	0.2352	0.1631	0.1035	0.0579	0.0266	0.0086	0.0012
	3	0.8125	0.7438	0.6630	0.5716	0.4718	0.3672	0.2627	0.1648	0.0815	0.0226
	4	0.9688	0.9497	0.9222	0.8840	0.8319	0.7627	0.6723	0.5563	0.4095	0.2262
6	0	0.0156	0.0083	0.0041	0.0018	0.0007	0.0002	0.0001	0.0000	0.0000	0.0000
	1	0.1094	0.0692	0.0410	0.0223	0.0109	0.0046	0.0016	0.0004	0.0001	0.0000
	2	0.3438	0.2553	0.1792	0.1174	0.0705	0.0376	0.0170	0.0059	0.0013	0.0001
	3	0.6562	0.5585	0.4557	0.3529	0.2557	0.1694	0.0989	0.0473	0.0158	0.0022
	4	0.8906	0.8364	0.7667	0.6809	0.5798	0.4661	0.3446	0.2235	0.1143	0.0328
	5	0.9844	0.9723	0.9533	0.9246	0.8824	0.8220	0.7379	0.6229	0.4686	0.2649
7	0	0.0078	0.0037	0.0016	0.0006	0.0002	0.0001	0.0000	0.0000	0.0000	0.0000
	1	0.0625	0.0357	0.0188	0.0090	0.0038	0.0013	0.0004	0.0001	0.0000	0.0000
	2	0.2266	0.1529	0.0963	0.0556	0.0288	0.0129	0.0047	0.0012	0.0002	0.0000
	3	0.5000	0.3917	0.2898	0.1998	0.1260	0.0706	0.0333	0.0121	0.0027	0.0002
	4	0.7734	0.6836	0.5801	0.4677	0.3529	0.2436	0.1480	0.0738	0.0257	0.0038
	5	0.9375	0.8976	0.8414	0.7662	0.6706	0.5551	0.4233	0.2834	0.1497	0.0444
	6	0.9922	0.9848	0.9720	0.9510	0.9176	0.8665	0.7903	0.6794	0.5217	0.3017

[표 2] 이항 누적분포함수(계속)

		p								
n	x	0.05	0.10	0.15	0.20	0.25	0.30	0.35	0.40	0.45
8	0	0.6634	0.4305	0.2725	0.1678	0.1001	0.0576	0.0319	0.0168	0.0084
	1	0.9428	0.8131	0.6572	0.5033	0.3671	0.2553	0.1691	0.1064	0.0632
	2	0.9942	0.9619	0.8948	0.7969	0.6785	0.5518	0.4278	0.3154	0.2201
	3	0.9996	0.9950	0.9786	0.9437	0.8862	0.8059	0.7064	0.5941	0.4770
	4	1.0000	0.9996	0.9971	0.9896	0.9727	0.9420	0.8939	0.8263	0.7396
	5	1.0000	1.0000	0.9998	0.9988	0.9958	0.9887	0.9747	0.9502	0.9115
	6	1.0000	1.0000	1.0000	0.9999	0.9996	0.9987	0.9964	0.9915	0.9819
	7	1.0000	1.0000	1.0000	1.0000	1.0000	0.9999	0.9998	0.9993	0.9983
9	0	0.6302	0.3874	0.2316	0.1342	0.0751	0.0404	0.0207	0.0101	0.0046
	1	0.9288	0.7748	0.5995	0.4362	0.3003	0.1960	0.1211	0.0705	0.0385
	2	0.9916	0.9470	0.8591	0.7382	0.6007	0.4628	0.3373	0.2318	0.1495
	3	0.9994	0.9917	0.9661	0.9144	0.8343	0.7297	0.6089	0.4826	0.3614
	4	1.0000	0.9991	0.9944	0.9804	0.9511	0.9012	0.8283	0.7334	0.6214
	5	1.0000	0.9999	0.9994	0.9969	0.9900	0.9747	0.9464	0.9006	0.8342
	6	1.0000	1.0000	1.0000	0.9997	0.9987	0.9957	0.9888	0.9750	0.9502
	7	1.0000	1.0000	1.0000	1.0000	0.9999	0.9996	0.9986	0.9962	0.9909
	8	1.0000	1.0000	1.0000	1.0000	1.0000	1.0000	0.9999	0.9997	0.9992
	0	0.5987	0.3487	0.1969	0.1074	0.0563	0.0282	0.0135	0.0060	0.0025
	1	0.9139	0.7361	0.5443	0.3758	0.2440	0.1493	0.0860	0.0464	0.0233
10	2	0.9885	0.9298	0.8202	0.6778	0.5256	0.3828	0.2616	0.1673	0.0996
	3	0.9990	0.9872	0.9500	0.8791	0.7759	0.6496	0.5138	0.3823	0.2660
	4	0.9999	0.9984	0.9901	0.9672	0.9219	0.8497	0.7515	0.6331	0.5044
	5	1.0000	0.9999	0.9986	0.9936	0.9803	0.9527	0.9051	0.8338	0.7384
	6	1.0000	1.0000	0.9999	0.9991	0.9965	0.9894	0.9740	0.9452	0.8980
	7	1.0000	1.0000	1.0000	0.9999	0.9996	0.9984	0.9952	0.9877	0.9726
	8	1.0000	1.0000	1.0000	1.0000	1.0000	0.9999	0.9995	0.9983	0.9955
	9	1.0000	1.0000	1.0000	1.0000	1.0000	1.0000	1.0000	0.9999	0.9997

[표 2] 이항 누적분포함수(계속)

		p									
n	x	0.50	0.55	0.60	0.65	0.70	0.75	0.80	0.85	0.90	0.95
8	0	0.0039	0.0017	0.0007	0.0002	0.0001	0.0000	0.0000	0.0000	0.0000	0.0000
	1	0.0352	0.0181	0.0085	0.0036	0.0013	0.0004	0.0001	0.0000	0.0000	0.0000
	2	0.1445	0.0885	0.0498	0.0253	0.0113	0.0042	0.0012	0.0002	0.0000	0.0000
	3	0.3633	0.2604	0.1737	0.1061	0.0580	0.0273	0.0104	0.0029	0.0004	0.0000
	4	0.6367	0.5230	0.4059	0.2936	0.1941	0.1138	0.0563	0.0214	0.0050	0.0004
	5	0.8555	0.7799	0.6846	0.5722	0.4482	0.3215	0.2031	0.1052	0.0381	0.0058
	6	0.9648	0.9368	0.8936	0.8309	0.7447	0.6329	0.4967	0.3428	0.1869	0.0572
	7	0.9961	0.9916	0.9832	0.9681	0.9424	0.8999	0.8322	0.7275	0.5695	0.3366
9	0	0.0020	0.0008	0.0003	0.0001	0.0000	0.0000	0.0000	0.0000	0.0000	0.0000
	1	0.0195	0.0091	0.0038	0.0014	0.0004	0.0001	0.0000	0.0000	0.0000	0.0000
	2	0.0898	0.0498	0.0250	0.0112	0.0043	0.0013	0.0003	0.0000	0.0000	0.0000
	3	0.2539	0.1658	0.0994	0.0536	0.0253	0.0100	0.0031	0.0006	0.0001	0.0000
	4	0.5000	0.3786	0.2666	0.1717	0.0988	0.0489	0.0196	0.0056	0.0009	0.0000
	5	0.7461	0.6386	0.5174	0.3911	0.2703	0.1657	0.0856	0.0339	0.0083	0.0006
	6	0.9102	0.8505	0.7682	0.6627	0.5372	0.3993	0.2618	0.1409	0.0530	0.0084
	7	0.9805	0.9615	0.9295	0.8789	0.8040	0.6997	0.5638	0.4005	0.2252	0.0712
	8	0.9980	0.9954	0.9899	0.9793	0.9596	0.9249	0.8658	0.7684	0.6126	0.3698
10	0	0.0010	0.0003	0.0001	0.0000	0.0000	0.0000	0.0000	0.0000	0.0000	0.0000
	1	0.0107	0.0045	0.0017	0.0005	0.0001	0.0000	0.0000	0.0000	0.0000	0.0000
	2	0.0547	0.0274	0.0123	0.0048	0.0016	0.0004	0.0001	0.0000	0.0000	0.0000
	3	0.1719	0.1020	0.0548	0.0260	0.0106	0.0035	0.0009	0.0001	0.0000	0.0000
	4	0.3770	0.2616	0.1662	0.0949	0.0473	0.0197	0.0064	0.0014	0.0001	0.0000
	5	0.6230	0.4956	0.3669	0.2485	0.1503	0.0781	0.0328	0.0099	0.0016	0.0001
	6	0.8281	0.7340	0.6177	0.4862	0.3504	0.2241	0.1209	0.0500	0.0128	0.0010
	7	0.9453	0.9004	0.8327	0.7384	0.6172	0.4474	0.3222	0.1798	0.0702	0.0115
	8	0.9893	0.9767	0.9536	0.9140	0.8507	0.7560	0.6242	0.4557	0.2639	0.0861
	9	0.9990	0.9975	0.9940	0.9865	0.9718	0.9437	0.8926	0.8031	0.6513	0.4013

[표 2] 이항 누적분포함수(계속)

		p								
n	x	0.05	0.10	0.15	0.20	0.25	0.30	0.35	0.40	0.45
15	0	0.4633	0.2059	0.0874	0.0352	0.0134	0.0047	0.0016	0.0005	0.0001
	1	0.8290	0.5490	0.3186	0.1671	0.0802	0.0353	0.0142	0.0052	0.0017
	2	0.9638	0.8159	0.6042	0.3980	0.2361	0.1268	0.0617	0.0271	0.0107
	3	0.9945	0.9444	0.8227	0.6482	0.4613	0.2969	0.1727	0.0905	0.0424
	4	0.9994	0.9873	0.9383	0.8358	0.6865	0.5155	0.3519	0.2173	0.1204
	5	0.9999	0.9978	0.9832	0.9389	0.8516	0.7216	0.5643	0.4032	0.2608
	6	1.0000	0.9997	0.9964	0.9819	0.9434	0.8689	0.7548	0.6098	0.4522
	7	1.0000	1.0000	0.9994	0.9958	0.9827	0.9500	0.8868	0.7869	0.6535
	8	1.0000	1.0000	0.9999	0.9992	0.9958	0.9848	0.9578	0.9050	0.8182
	9	1.0000	1.0000	1.0000	0.9999	0.9992	0.9963	0.9876	0.9662	0.9231
	10	1.0000	1.0000	1.0000	1.0000	0.9999	0.9993	0.9972	0.9907	0.9745
	11	1.0000	1.0000	1.0000	1.0000	1.0000	0.9999	0.9995	0.9981	0.9937
	12	1.0000	1.0000	1.0000	1.0000	1.0000	1.0000	0.9999	0.9997	0.9989
	13	1.0000	1.0000	1.0000	1.0000	1.0000	1.0000	1.0000	1.0000	0.9999
	14	1.0000	1.0000	1.0000	1.0000	1.0000	1.0000	1.0000	1.0000	1.0000
20	0	0.3585	0.1216	0.0388	0.0115	0.0032	0.0008	0.0002	0.0000	0.0000
	1	0.7358	0.3917	0.1756	0.0692	0.0243	0.0076	0.0021	0.0005	0.0001
	2	0.9245	0.6769	0.4049	0.2061	0.0913	0.0355	0.0121	0.0036	0.0009
	3	0.9841	0.8670	0.6477	0.4114	0.2252	0.1071	0.0444	0.0160	0.0049
	4	0.9974	0.9568	0.8298	0.6296	0.4148	0.2375	0.1182	0.0510	0.0189
	5	0.9997	0.9887	0.9327	0.8042	0.6172	0.4164	0.2454	0.1256	0.0553
	6	1.0000	0.9976	0.9781	0.9133	0.7858	0.6080	0.4166	0.2500	0.1299
	7	1.0000	0.9996	0.9941	0.9679	0.8982	0.7723	0.6010	0.4159	0.2520
	8	1.0000	0.9999	0.9987	0.9900	0.9591	0.8867	0.7624	0.5956	0.4143
	9	1.0000	1.0000	0.9998	0.9974	0.9861	0.9520	0.8782	0.7553	0.5914
	10	1.0000	1.0000	1.0000	0.9994	0.9961	0.9829	0.9468	0.8725	0.7507
	11	1.0000	1.0000	1.0000	0.9999	0.9991	0.9949	0.9804	0.9435	0.8692
	12	1.0000	1.0000	1.0000	1.0000	0.9998	0.9987	0.9940	0.9790	0.9420
	13	1.0000	1.0000	1.0000	1.0000	1.0000	0.9997	0.9985	0.9935	0.9786
	14	1.0000	1.0000	1.0000	1.0000	1.0000	1.0000	0.9997	0.9984	0.9936
	15	1.0000	1.0000	1.0000	1.0000	1.0000	1.0000	1.0000	0.9997	0.9985
	16	1.0000	1.0000	1.0000	1.0000	1.0000	1.0000	1.0000	1.0000	0.9997
	17	1.0000	1.0000	1.0000	1.0000	1.0000	1.0000	1.0000	1.0000	1.0000
	18	1.0000	1.0000	1.0000	1.0000	1.0000	1.0000	1.0000	1.0000	1.0000
	19	1.0000	1.0000	1.0000	1.0000	1.0000	1.0000	1.0000	1.0000	1.0000
	20	1.0000	1.0000	1.0000	1.0000	1.0000	1.0000	1.0000	1.0000	1.0000

[표 2] 이항 누적분포함수(계속)

		p									
n	*x*	0.50	0.55	0.60	0.65	0.70	0.75	0.80	0.85	0.90	0.95
15	0	0.0000	0.0000	0.0000	0.0000	0.0000	0.0000	0.0000	0.0000	0.0000	0.0000
	1	0.0005	0.0001	0.0000	0.0000	0.0000	0.0000	0.0000	0.0000	0.0000	0.0000
	2	0.0037	0.0011	0.0003	0.0001	0.0000	0.0000	0.0000	0.0000	0.0000	0.0000
	3	0.0176	0.0063	0.0019	0.0005	0.0001	0.0000	0.0000	0.0000	0.0000	0.0000
	4	0.0592	0.0255	0.0093	0.0028	0.0007	0.0001	0.0000	0.0000	0.0000	0.0000
	5	0.1509	0.0769	0.0338	0.0124	0.0037	0.0008	0.0001	0.0000	0.0000	0.0000
	6	0.3036	0.1818	0.0950	0.0422	0.0152	0.0042	0.0008	0.0001	0.0000	0.0000
	7	0.5000	0.3465	0.2131	0.1132	0.0500	0.0173	0.0042	0.0006	0.0000	0.0000
	8	0.6964	0.5478	0.3902	0.2452	0.1311	0.0566	0.0181	0.0036	0.0003	0.0000
	9	0.8491	0.7392	0.5968	0.4357	0.2784	0.1484	0.0611	0.0168	0.0022	0.0001
	10	0.9408	0.8796	0.7827	0.6481	0.4845	0.3135	0.1642	0.0617	0.0127	0.0006
	11	0.9824	0.9576	0.9095	0.8273	0.7031	0.5387	0.3518	0.1773	0.0556	0.0055
	12	0.9963	0.9893	0.9729	0.9383	0.8732	0.7639	0.6020	0.3958	0.1841	0.0362
	13	0.9995	0.9983	0.9948	0.9858	0.9647	0.9198	0.8329	0.6814	0.4510	0.1710
	14	1.0000	0.9999	0.9995	0.9984	0.9953	0.9866	0.9648	0.9126	0.7941	0.5367
20	0	0.0000	0.0000	0.0000	0.0000	0.0000	0.0000	0.0000	0.0000	0.0000	0.0000
	1	0.0000	0.0000	0.0000	0.0000	0.0000	0.0000	0.0000	0.0000	0.0000	0.0000
	2	0.0002	0.0000	0.0000	0.0000	0.0000	0.0000	0.0000	0.0000	0.0000	0.0000
	3	0.0013	0.0003	0.0000	0.0000	0.0000	0.0000	0.0000	0.0000	0.0000	0.0000
	4	0.0059	0.0015	0.0003	0.0000	0.0000	0.0000	0.0000	0.0000	0.0000	0.0000
	5	0.0207	0.0064	0.0016	0.0003	0.0000	0.0000	0.0000	0.0000	0.0000	0.0000
	6	0.0577	0.0214	0.0065	0.0015	0.0003	0.0000	0.0000	0.0000	0.0000	0.0000
	7	0.1316	0.0580	0.0210	0.0060	0.0013	0.0002	0.0000	0.0000	0.0000	0.0000
	8	0.2517	0.1308	0.0565	0.0196	0.0051	0.0009	0.0001	0.0000	0.0000	0.0000
	9	0.4119	0.2493	0.1275	0.0532	0.0171	0.0039	0.0006	0.0000	0.0000	0.0000
	10	0.5881	0.4086	0.2447	0.1218	0.0480	0.0139	0.0026	0.0002	0.0000	0.0000
	11	0.7483	0.5857	0.4044	0.2376	0.1133	0.0409	0.0100	0.0013	0.0001	0.0000
	12	0.8684	0.7480	0.5841	0.3990	0.2277	0.1018	0.0321	0.0059	0.0004	0.0000
	13	0.9423	0.8701	0.7500	0.5834	0.3920	0.2142	0.0867	0.0219	0.0024	0.0000
	14	0.9793	0.9447	0.8744	0.7546	0.5836	0.3828	0.1958	0.0673	0.0113	0.0003
	15	0.9941	0.9811	0.9490	0.8818	0.7625	0.5852	0.3704	0.1702	0.0432	0.0026
	16	0.9987	0.9951	0.9840	0.9556	0.8929	0.7748	0.5886	0.3523	0.1330	0.0159
	17	0.9998	0.9991	0.9964	0.9879	0.9645	0.9087	0.7939	0.5951	0.3231	0.0755
	18	1.0000	0.9999	0.9995	0.9979	0.9924	0.9757	0.9308	0.8244	0.6083	0.2642
	19	1.0000	1.0000	1.0000	0.9998	0.9992	0.9968	0.9885	0.9612	0.8784	0.6415
	20	1.0000	1.0000	1.0000	1.0000	1.0000	1.0000	1.0000	1.0000	1.0000	1.0000

[표 3] 푸아송 누적분포함수 $F(x) = P(X \le x) = \sum_{k=0}^{x} \frac{e^{-\lambda}\lambda^k}{k!}$

x	λ									
	0.1	0.2	0.3	0.4	0.5	0.6	0.7	0.8	0.9	1.0
0	0.9048	0.8187	0.7408	0.6730	0.6065	0.5488	0.4966	0.4493	0.4066	0.3679
1	0.9953	0.9825	0.9631	0.9384	0.9098	0.8781	0.8442	0.8088	0.7725	0.7358
2	0.9998	0.9989	0.9964	0.9921	0.9856	0.9769	0.9659	0.9526	0.9371	0.9197
3	1.0000	0.9999	0.9997	0.9992	0.9982	0.9966	0.9942	0.9909	0.9865	0.9810
4		1.0000	1.0000	0.9999	0.9998	0.9996	0.9992	0.9986	0.9977	0.9963
5				1.0000	1.0000	1.0000	0.9999	0.9998	0.0997	0.9994
6							1.0000	1.0000	1.0000	0.9999

x	λ									
	2.0	3.0	4.0	5.0	6.0	7.0	8.0	9.0	10.0	15.0
0	0.1353	0.0498	0.0183	0.0067	0.0025	0.0009	0.0003	0.0001	0.0000	
1	0.4060	0.1991	0.0916	0.0404	0.0174	0.0073	0.0030	0.0012	0.0005	
2	0.6767	0.4232	0.2381	0.1247	0.0620	0.0296	0.0138	0.0062	0.0028	0.0000
3	0.8571	0.6472	0.4335	0.2650	0.1512	0.0818	0.0424	0.0212	0.0103	0.0002
4	0.9473	0.8153	0.6288	0.4405	0.2851	0.1730	0.0996	0.0550	0.0293	0.0009
5	0.9834	0.9161	0.7851	0.6160	0.4457	0.3007	0.1912	0.1157	0.0671	0.0028
6	0.9955	0.9665	0.8893	0.7622	0.6063	0.4497	0.3134	0.2068	0.1301	0.0076
7	0.9989	0.9881	0.9489	0.8666	0.7440	0.5987	0.4530	0.3239	0.2202	0.0180
8	0.9998	0.9962	0.9786	0.9319	0.8472	0.7291	0.5925	0.4557	0.3328	0.0374
9	1.0000	0.9989	0.9919	0.9682	0.9161	0.8305	0.7166	0.5874	0.4579	0.0699
10		0.9997	0.9972	0.9863	0.9574	0.9015	0.8159	0.7060	0.5830	0.1185
11		0.9999	0.9991	0.9945	0.9799	0.9466	0.8881	0.8030	0.6968	0.1848
12		1.0000	0.9997	0.9980	0.9912	0.9730	0.9362	0.8758	0.7916	0.2676
13			0.9999	0.9993	0.9964	0.9872	0.9658	0.9261	0.8645	0.3632
14			1.0000	0.9998	0.9986	0.9943	0.9827	0.9585	0.9165	0.4657
15				0.9999	0.9995	0.9976	0.9918	0.9780	0.9513	0.5681
16				1.0000	0.9998	0.9990	0.9963	0.9889	0.9730	0.6641
17					0.9999	0.9996	0.9984	0.9947	0.9857	0.7489
18					1.0000	0.9999	0.9994	0.9976	0.9928	0.8195
19						1.0000	0.9997	0.9989	0.9965	0.8752
20							0.9999	0.9996	0.9984	0.9170
21							1.0000	0.9998	0.9993	0.9469
22								0.9999	0.9997	0.9673
23								1.0000	0.9999	0.9805
24									1.0000	0.9888
25										0.9938
26										0.9967
27										0.9983
28										0.9991
29										0.9996
30										0.9998
31										0.9999
32										1.0000

[표 4] 정규분포표

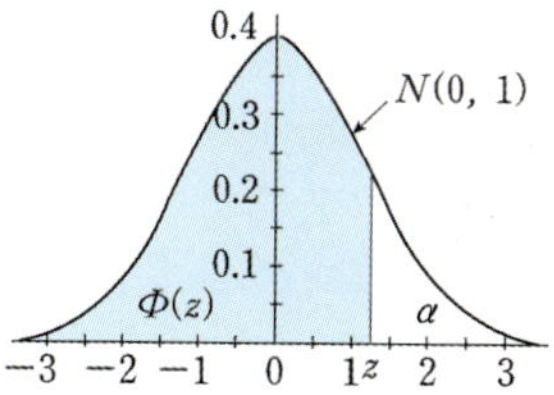

$$P(X \le z) = \Phi(z) = \int_{-\infty}^{z} \frac{1}{\sqrt{2\pi}} e^{-w^2/2} dw$$

$$|\Phi(-z) = 1 - \Phi(z)|$$

z	0.00	0.01	0.02	0.03	0.04	0.05	0.06	0.07	0.08	0.09
0.0	0.5000	0.5040	0.5080	0.5120	0.5160	0.5199	0.5239	0.5279	0.5319	0.5359
0.1	0.5398	0.5438	0.5478	0.5517	0.5557	0.5596	0.5636	0.5675	0.5714	0.5753
0.2	0.5793	0.5832	0.5871	0.5910	0.5948	0.5987	0.6026	0.6064	0.6103	0.6141
0.3	0.6179	0.6217	0.6255	0.6293	0.6331	0.6368	0.6406	0.6443	0.6480	0.6517
0.4	0.6554	0.6591	0.6628	0.6664	0.6700	0.6736	0.6772	0.6808	0.6844	0.6879
0.5	0.6915	0.6950	0.6985	0.7019	0.7054	0.7088	0.7123	0.7157	0.7190	0.7224
0.6	0.7257	0.7291	0.7324	0.7357	0.7389	0.7422	0.7454	0.7486	0.7517	0.7549
0.7	0.7580	0.7611	0.7642	0.7673	0.7703	0.7734	0.7764	0.7794	0.7823	0.7852
0.8	0.7881	0.7910	0.7939	0.7967	0.7995	0.8023	0.8051	0.8078	0.8106	0.8133
0.9	0.8159	0.8186	0.8212	0.8238	0.8264	0.8289	0.8315	0.8340	0.8365	0.8389
1.0	0.8413	0.8438	0.8461	0.8485	0.8508	0.8531	0.8554	0.8577	0.8599	0.8621
1.1	0.8643	0.8665	0.8686	0.8708	0.8729	0.8749	0.8770	0.8790	0.8810	0.8830
1.2	0.8849	0.8869	0.8888	0.8907	0.8925	0.8944	0.8962	0.8980	0.8997	0.9015
1.3	0.9032	0.9049	0.9066	0.9082	0.9099	0.9115	0.9131	0.9147	0.9162	0.9177
1.4	0.9192	0.9207	0.9222	0.9236	0.9251	0.9265	0.9279	0.9292	0.9306	0.9319
1.5	0.9332	0.9345	0.9357	0.9370	0.9382	0.9394	0.9406	0.9418	0.9429	0.9441
1.6	0.9452	0.9463	0.9474	0.9484	0.9495	0.9505	0.9515	0.9525	0.9535	0.9545
1.7	0.9554	0.9564	0.9573	0.9582	0.9591	0.9599	0.9608	0.9616	0.9625	0.9633
1.8	0.9641	0.9649	0.9656	0.9664	0.9671	0.9678	0.9686	0.9693	0.9699	0.9706
1.9	0.9713	0.9719	0.9726	0.9732	0.9738	0.9744	0.9750	0.9756	0.9761	0.9767
2.0	0.9772	0.9778	0.9783	0.9788	0.9793	0.9798	0.9803	0.9808	0.9812	0.9817
2.1	0.9821	0.9826	0.9830	0.9834	0.9838	0.9842	0.9846	0.9850	0.9854	0.9857
2.2	0.9861	0.9864	0.9868	0.9871	0.9875	0.9878	0.9881	0.9884	0.9887	0.9890
2.3	0.9893	0.9896	0.9898	0.9901	0.9904	0.9906	0.9909	0.9911	0.9913	0.9916
2.4	0.9918	0.9920	0.9922	0.9925	0.9927	0.9929	0.9931	0.9932	0.9934	0.9936
2.5	0.9938	0.9940	0.9941	0.9943	0.9945	0.9946	0.9948	0.9949	0.9951	0.9952
2.6	0.9953	0.9955	0.9956	0.9957	0.9959	0.9960	0.9961	0.9962	0.9963	0.9964
2.7	0.9965	0.9966	0.9967	0.9968	0.9969	0.9970	0.9971	0.9972	0.9973	0.9974
2.8	0.9974	0.9975	0.9976	0.9977	0.9977	0.9978	0.9979	0.9979	0.9980	0.9981
2.9	0.9981	0.9982	0.9982	0.9983	0.9984	0.9984	0.9985	0.9985	0.9986	0.9986
3.0	0.9987	0.9987	0.9987	0.9988	0.9988	0.9989	0.9989	0.9989	0.9990	0.9990
α	0.400	0.300	0.200	0.100	0.050	0.025	0.010	0.005	0.001	
z_α	0.253	0.524	0.842	1.282	1.645	1.960	2.326	2.576	3.090	
$z_{\alpha/2}$	0.842	1.036	1.282	1.645	1.960	2.240	2.576	2.807	3.291	

[표 5] 카이제곱분포표

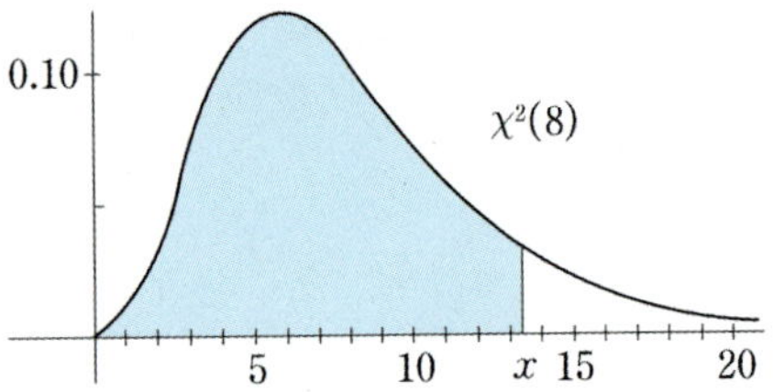

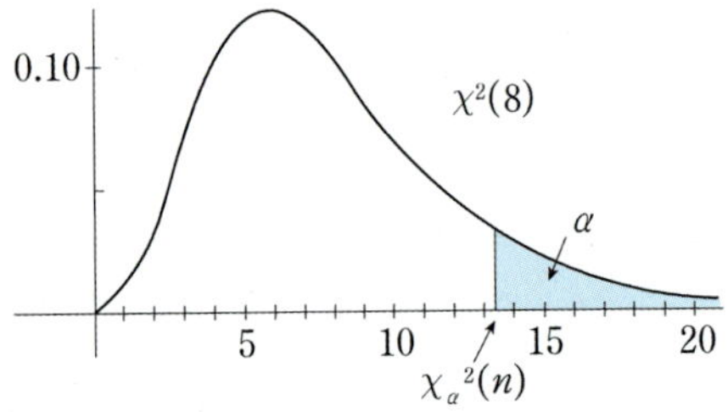

$$P(X \leq x) = \int_0^x \frac{1}{\Gamma(n/2)2^{n/2}} w^{n/2-1} e^{-w/2}\, dw$$

	$P(X \leq x)$							
	0.010	0.025	0.050	0.100	0.900	0.950	0.975	0.990
n	$\chi^2_{0.99}(r)$	$\chi^2_{0.975}(r)$	$\chi^2_{0.95}(r)$	$\chi^2_{0.90}(r)$	$\chi^2_{0.10}(r)$	$\chi^2_{0.05}(r)$	$\chi^2_{0.025}(r)$	$\chi^2_{0.01}(r)$
1	0.000	0.001	0.004	0.016	2.706	3.841	5.024	6.635
2	0.020	0.051	0.103	0.211	4.605	5.991	7.378	9.210
3	0.115	0.216	0.352	0.584	6.251	7.815	9.348	11.34
4	0.297	0.484	0.711	1.064	7.779	9.488	11.14	13.28
5	0.554	0.831	1.145	1.610	9.236	11.07	12.83	15.09
6	0.872	1.237	1.635	2.204	10.64	12.59	14.45	16.81
7	1.239	1.690	2.167	2.833	12.02	14.07	16.01	18.48
8	1.646	2.180	2.733	3.490	13.36	15.51	17.54	20.09
9	2.088	2.700	3.325	4.168	14.68	16.92	19.02	21.67
10	2.558	3.247	3.940	4.865	15.99	18.31	20.48	23.21
11	3.053	3.816	4.575	5.578	17.28	19.68	21.92	24.72
12	3.571	4.404	5.226	6.304	18.55	21.03	23.34	26.22
13	4.107	5.009	5.892	7.042	19.81	22.36	24.74	27.69
14	4.660	5.629	6.571	7.790	21.06	23.68	26.12	29.14
15	5.229	6.262	7.261	8.547	22.31	25.00	27.49	30.58
16	5.812	6.908	7.962	9.312	23.54	26.30	28.84	32.00
17	6.408	7.564	8.672	10.08	24.77	27.59	30.19	33.41
18	7.015	8.231	9.390	10.86	25.99	28.87	31.53	34.80
19	7.633	8.907	10.12	11.65	27.20	30.14	32.85	36.19
20	8.260	9.591	10.85	12.44	28.41	31.41	34.17	37.57
21	8.897	10.28	11.59	13.24	29.62	32.67	35.48	38.93
22	9.542	10.98	12.34	14.04	30.81	33.92	36.78	40.29
23	10.20	11.69	13.09	14.85	32.01	35.17	38.08	41.64
24	10.86	12.40	13.85	15.66	33.20	36.42	39.36	42.98
25	11.52	13.12	14.61	16.47	34.38	37.65	40.65	44.31
26	12.20	13.84	15.38	17.29	35.56	38.88	41.92	45.64
27	12.88	14.57	16.15	18.11	36.74	40.11	43.19	46.96
28	13.56	15.31	16.93	18.94	37.92	41.34	44.46	48.28
29	14.26	16.05	17.71	19.77	39.09	42.56	45.72	49.59
30	14.95	16.79	18.49	20.60	40.26	43.77	46.98	50.89
40	22.16	24.43	26.51	29.05	51.80	55.76	59.34	63.69
50	29.71	32.36	34.76	37.69	63.17	67.50	71.42	76.15
60	37.48	40.48	43.19	46.46	74.40	79.08	83.30	88.38
70	45.44	48.76	51.74	55.33	85.53	90.53	95.02	100.4
80	53.34	57.15	60.39	64.28	96.58	101.9	106.6	112.3

[표 6] t 분포표

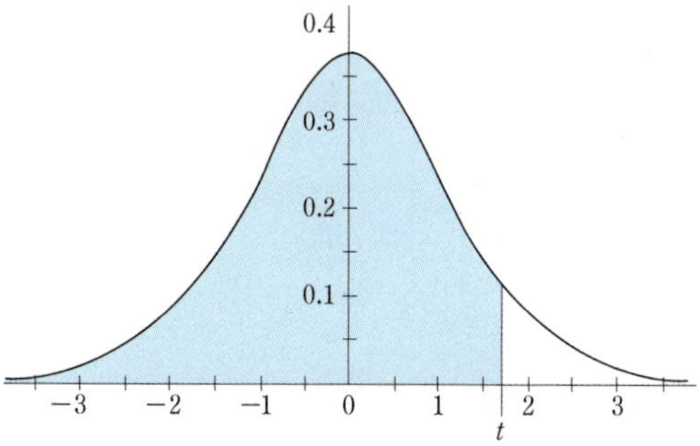

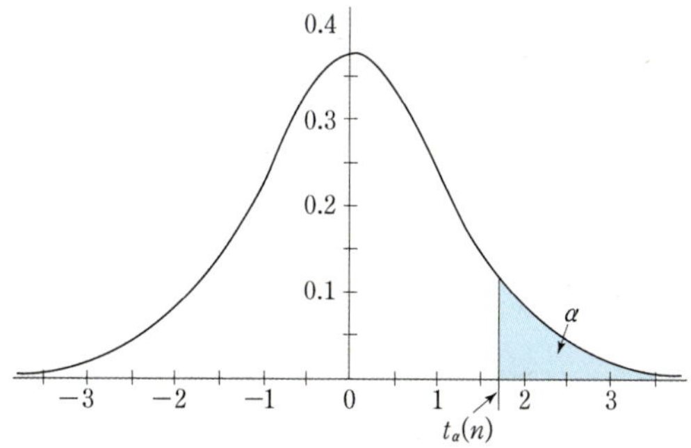

$$P(T \le t) = \int_{-\infty}^{t} \frac{\Gamma[(n+1)/2]}{\sqrt{n\pi}\,\Gamma(n/2)} \left(1+\frac{w^2}{n}\right)^{-\frac{n+1}{2}} dw$$

$$[P(T \le -t) = 1 - P(T \le t)]$$

	$P(T \le t)$						
	0.60	0.75	0.90	0.95	0.975	0.99	0.995
n	$t_{0.40}(r)$	$t_{0.25}(r)$	$t_{0.10}(r)$	$t_{0.05}(r)$	$t_{0.025}(r)$	$t_{0.01}(r)$	$t_{0.005}(r)$
1	0.325	1.000	3.078	6.314	12.706	31.821	63.657
2	0.289	0.816	1.886	2.920	4.303	6.965	9.925
3	0.277	0.765	1.638	2.353	3.182	4.541	5.841
4	0.271	0.741	1.533	2.132	2.776	3.747	4.604
5	0.267	0.727	1.476	2.015	2.571	3.365	4.032
6	0.265	0.718	1.440	1.943	2.447	3.143	3.707
7	0.263	0.711	1.415	1.895	2.365	2.998	3.499
8	0.262	0.706	1.397	1.860	2.306	2.896	3.355
9	0.261	0.703	1.383	1.833	2.262	2.821	3.250
10	0.260	0.700	1.372	1.812	2.228	2.764	3.169
11	0.260	0.697	1.363	1.796	2.201	2.718	3.106
12	0.259	0.695	1.356	1.782	2.179	2.681	3.055
13	0.259	0.694	1.350	1.771	2.160	2.650	3.012
14	0.258	0.692	1.345	1.761	2.145	2.624	2.997
15	0.258	0.691	1.341	1.753	2.131	2.602	2.947
16	0.258	0.690	1.337	1.746	2.120	2.583	2.921
17	0.257	0.689	1.333	1.740	2.110	2.567	2.898
18	0.257	0.688	1.330	1.734	2.101	2.552	2.878
19	0.257	0.688	1.328	1.729	2.093	2.539	2.861
20	0.257	0.687	1.325	1.725	2.086	2.528	2.845
21	0.257	0.686	1.323	1.721	2.080	2.518	2.831
22	0.256	0.686	1.321	1.717	2.074	2.508	2.819
23	0.256	0.685	1.319	1.714	2.069	2.500	2.807
24	0.256	0.685	1.318	1.711	2.064	2.492	2.797
25	0.256	0.684	1.316	1.708	2.060	2.485	2.787
26	0.256	0.684	1.315	1.706	2.056	2.479	2.779
27	0.256	0.684	1.314	1.703	2.052	2.473	2.771
28	0.256	0.683	1.313	1.701	2.048	2.467	2.763
29	0.256	0.683	1.311	1.699	2.045	2.462	2.756
30	0.256	0.683	1.310	1.697	2.042	2.457	2.750
∞	0.253	0.674	1.282	1.645	1.960	2.326	2.576

[표 7] 상관계수 R의 확률분포

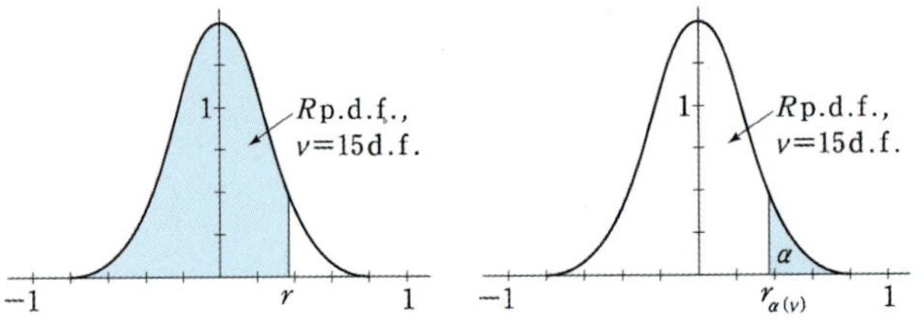

$$P(R \le r) = \int_{-1}^{r} \frac{\Gamma[(n-1)/2]}{\Gamma(1/2)\Gamma[(n-2)/2]}(1-w^2)^{(n-4)/2}dw$$

$\nu=n-2$ degrees of freedom	$P(R\le r)$			
	0.95	0.975	0.99	0.995
	$r_{0.05}(\nu)$	$r_{0.025}(\nu)$	$r_{0.01}(\nu)$	$r_{0.005}(\nu)$
1	0.9877	0.9969	0.9995	0.9999
2	0.9000	0.9500	0.9800	0.9900
3	0.8053	0.8783	0.9343	0.9587
4	0.7292	0.8113	0.8822	0.9172
5	0.6694	0.7544	0.8329	0.8745
6	0.6215	0.7067	0.7887	0.8343
7	0.5822	0.6664	0.7497	0.7977
8	0.5493	0.6319	0.7154	0.7646
9	0.5214	0.6020	0.6850	0.7348
10	0.4972	0.5759	0.6581	0.7079
11	0.4761	0.5529	0.6338	0.6835
12	0.4575	0.5323	0.6120	0.6613
13	0.4408	0.5139	0.5922	0.6411
14	0.4258	0.4973	0.5742	0.6226
15	0.4123	0.4821	0.5577	0.6054
16	0.4000	0.4683	0.5425	0.5897
17	0.3887	0.4555	0.5285	0.5750
18	0.3783	0.4437	0.5154	0.5614
19	0.3687	0.4328	0.5033	0.5487
20	0.3597	0.4226	0.4920	0.5367
25	0.3232	0.3808	0.4450	0.4869
30	0.2959	0.3494	0.4092	0.4487
35	0.2746	0.3246	0.3809	0.4182
40	0.2572	0.3044	0.3578	0.3931
45	0.2428	0.2875	0.3383	0.3721
50	0.2306	0.2732	0.3218	0.3541
60	0.2108	0.2500	0.2948	0.3248
70	0.1954	0.2318	0.2736	0.3017
80	0.1829	0.2172	0.2565	0.2829
90	0.1725	0.2049	0.2422	0.2673
100	0.1638	0.1946	0.2300	0.2540

참고문헌

1. 김수택, 수리통계학 I, II, 자유아카데미 (1997)
2. 안승철, 이재원, 최 원, 최신 수리통계학, 경문사 (2021)
3. 전명식, 수리통계학, 자유아카데미 (1996)
4. Lee J. Bain, Max Engelhardt, Introduction to Probability and Mathematical Statistics, PWS－KENT Publishing Company (1989)
5. M. H. Degroot, Probability and Statistics, Addison－Wesley (1987)
6. R. V. Hogg and A. T. Craig, Introduction to Mathematical Statistics. Prentice Hall Inc. (1978)
7. R. V. Hogg and E. A. Tanis, Probability and Statistical InferenceMacmillan Publishing Co. (1993)
8. V. K. Rohatgi, An Introduction to Probability Theory and Mathematical Statistics, John Wiley & Sons (1976)

찾아보기

ㅊ

ㅋ

ㅌ

ㅍ

ㅎ

제3판

알기 쉬운 통계 원리 기초통계학

지은이 최원
펴낸이 조경희
펴낸곳 경문사
펴낸날 2011년 3월 5일 1판 1쇄
2022년 6월 24일 3판 1쇄
등 록 1979년 11월 9일 제1979-000023호
주 소 04057, 서울특별시 마포구 와우산로 174
전 화 (02)332-2004 팩스 (02)336-5193
이메일 kyungmoon@kyungmoon.com

값 28,000원

ISBN 979-11-6073-540-6

★ **경문사의 다양한 도서와 콘텐츠를 만나보세요!**

홈페이지 www.kyungmoon.com
포스트 post.naver.com/kyungmoonbooks
북이오 buk.io/@pa9309
페이스북 facebook.com/kyungmoonsa
블로그 blog.naver.com/kyungmoonbooks
유튜브 https://www.youtube.com/channel/UCIDC8x4xvA8eZlrVaD7QGoQ

경문사 출간 도서 중 수정판에 대한 **정오표**는 **홈페이지 자료실**에 있습니다.